编 写 说 明

本实验是化学工业出版社出版的高职非化工类专业使用的《实用化学基础》第二版的配套实验教材，并附有实验报告。

根据高职教育的特点和《实用化学基础》课程的基本要求，我们开发和选编了一些效果明显、实用性强的验证性和实用性以及趣味性的实验。

本实验编入了化学实验室常识、化学实验基本操作和十个实验，其中实验十编入了七项趣味性实验，用来激发学生的实验兴趣，同时鼓励学生在此基础上，把学过的化学知识用于生产和生活实践，从而达到提高学生认识物质世界水平的目的。

本实验虽经编者认真筛选和多次试做，但因水平所限，不当之处在所难免，欢迎使用本实验的广大教师和读者提出宝贵意见。

编者

2011 年 11 月

目 录

第一节 化学实验室常识 …… 1
第二节 化学实验基本操作 …… 2
实验一 实用化学基础实验基本操作练习 …… 11
实验二 溶液的配制 …… 12
实验三 化学反应速率与化学平衡 …… 14
实验四 电解质溶液 …… 16
实验五 电化学基础 …… 18
实验六 物质的结构与性质的关系 …… 20
实验七 硫和氮的化合物 …… 22
实验八 有机化合物的性质 …… 25
实验九 常见纤维、塑料的鉴别与胶黏剂的使用 …… 27
实验十 趣味实验 …… 30
Ⅰ 污水的处理 …… 30
Ⅱ 硬水的软化 …… 30
Ⅲ 褪色灵和消字液的配制 …… 32
Ⅳ 番茄趣味实验 …… 33
Ⅴ 肥皂的制备 …… 33
Ⅵ 白酒中甲醇的测定 …… 34
Ⅶ 果皮的妙用 …… 36
实验一 实用化学基础实验基本操作练习实验报告 …… 37
实验二 溶液的配制实验报告 …… 39
实验三 化学反应速率与化学平衡实验报告 …… 41
实验四 电解质溶液实验报告 …… 43
实验五 电化学基础实验报告 …… 45
实验六 物质的结构与性质的关系实验报告 …… 47
实验七 硫和氮的化合物实验报告 …… 49
实验八 有机化合物的性质实验报告 …… 51
实验九 常见纤维、塑料的鉴别与胶黏剂的使用实验报告 …… 53

第一节 化学实验室常识

一、化学实验的任务、要求和学习方法

1. 化学实验的任务

（1）正确掌握化学实验的基本操作。

（2）培养理论联系实际和分析问题、解决问题的能力。

（3）培养实事求是的科学态度和严谨的工作作风。

2. 化学实验的要求

（1）学会选择和使用化学实验的常用仪器。

（2）学会常用玻璃仪器的洗涤方法。

（3）正确掌握加热、溶解、搅拌、溶液的转移、试剂的取用和称量、气体的制取和收集等基本操作。

（4）掌握物质的量浓度溶液的配制方法。

（5）学会正确观察和记录实验现象，根据原始记录书写实验报告，并逐步学会分析解释实验现象。

（6）通过实验验证、巩固并加深理解课堂上学过的理论知识。

3. 化学实验的学习方法

（1）预习　充分预习是做好实验的基本保证。通过预习实验内容，搞清实验的目的、原理、内容、操作方法和注意事项，并做好预习笔记。

（2）实验　根据实验要求，严格遵守操作规程，细心操作，如实详细记录，认真思考每一现象产生的原因。

（3）书写实验报告　根据原始记录，联系理论知识，认真书写实验报告一按时交给指导老师；实验报告要求目的明确、文字简练、书写整洁、实事求是、解释清楚。

二、化学实验室安全守则

1. 严禁饮食、吸烟和存放饮食用具；实验完毕，必须洗净双手。

2. 不允许随意混合各种化学药品。

3. 熟悉实验室中水、电、煤气开关、消防器材、安全用具、急救药箱的位置。

4. 注意电源；水、电、煤气、高压气瓶使用完毕要立即关闭；火柴用后注意防火；废弃物品不许乱扔。

5. 煤气、高压气瓶、仪器等使用前必须熟悉使用说明和要求，严格按要求使用。

6. 对有毒、有刺激性、强腐蚀性、易燃易爆物质的使用，要注意安全。

7. 加热的试管不要对着人。倾注试剂、开启浓氨水等试剂瓶和加热液体时，不要俯视容器口。

8. 实验室内严禁嬉闹喧哗。

9. 化学试剂使用完毕放回原处，剩余有毒物质必须交给教师。实验室中药品和器材不得带出室外。

三、化学实验室规则

1. 实验前应认真预习，明确实验目的，了解实验原理、方法和步骤。实验开始前，应先检查和清点所需的仪器、药品是否齐全。

2. 遵守纪律，不得无故缺席。实验时，必须保持安静，不得大声谈笑。集中精力，认真操作，仔细观察实验现象，并如实详细记录。

3. 随时保持实验台的整洁，用过的废纸、火柴杆等杂物，不要投入水池，应放到指定的废物箱中；具有腐蚀性的废液，应倒入废液缸内；破碎玻璃应放到废玻璃箱中。

4. 取用药品时，应按规定用量取用，若没规定用量是指取最小限度的用量，一般液体 1mL 左右，固体刚能盖满试管底部即可。

用剩的药品不要随便抛弃或倒回原瓶，应交还实验室教师。

5. 实验时要注意安全，不要乱动实验室中的电器设备、煤气阀和消防器材。谨慎处理腐蚀性药品和易燃物质；加热的试管，管口不要指向自己或别人；倾倒试剂和加热液体时，不要俯视容器，以防液体溅出伤人。

6. 实验结束，应将所有仪器洗涮干净，物品摆放整齐，桌面擦净，经指导教师允许后，才可离开实验室。

第二节　化学实验基本操作

一、常用玻璃仪器的洗涤与干燥

1. 玻璃仪器的洗涤

玻璃仪器的清洁与否，直接影响实验的效果和结果，所以，实验前玻璃仪器必须进行洗涤，常用仪器如图 1 所示。

洗涤时通常是先用自来水进行洗涤，不能奏效时再用肥皂液、合成洗涤剂等刷洗，仍不能除去的污物采用铬酸洗液或其他洗涤液进行洗涤。洗完后都要用自来水冲洗干净，必要时再用少量蒸馏水淋洗 2～3 次。

洗涤玻璃仪器时，可采用下列洗涤方法。

(1) 振荡洗涤　又叫冲洗法，是利用水把可溶性污物溶解而除去。往仪器中注入少一半水，稍用力振荡后倒掉，照此连洗数次。试管和烧瓶的振荡洗涤如图 2 和图 3 所示。

(2) 刷洗法　仪器内壁有不易冲洗掉的污物，可用毛刷刷洗。先倒掉废液，再注入少量水或肥皂液等洗涤液对容器进行刷洗，利用毛刷对器壁的摩擦使污物去掉。试管的刷洗如图 4 所示。

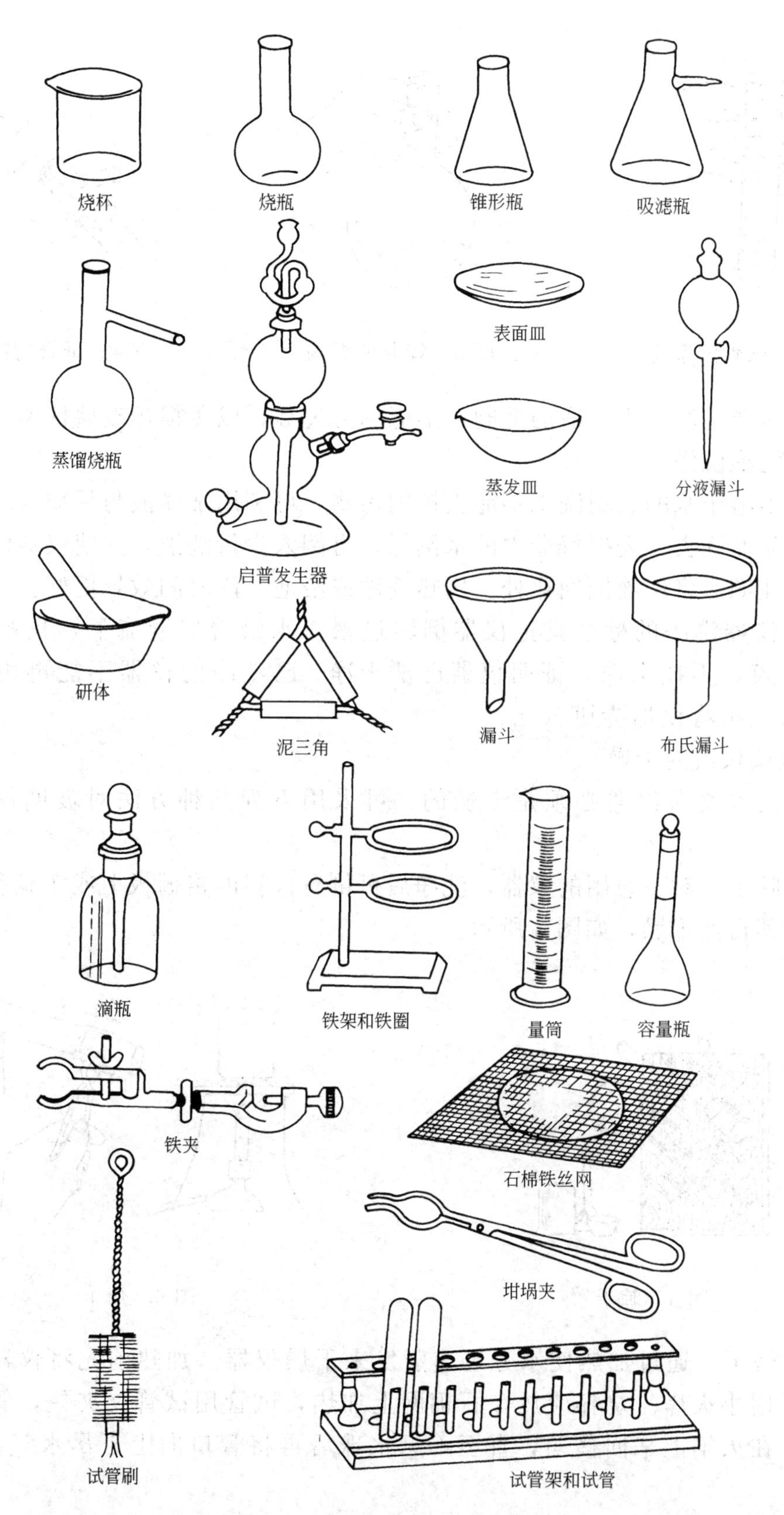

图1　化学实验中的常用仪器

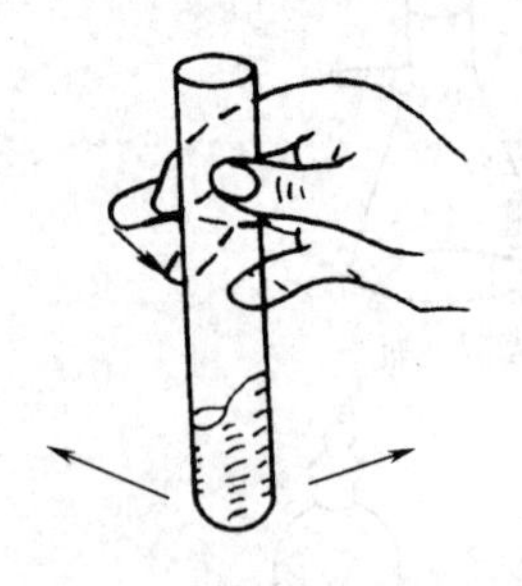

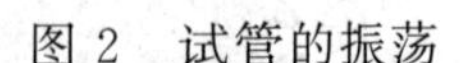

图 2　试管的振荡

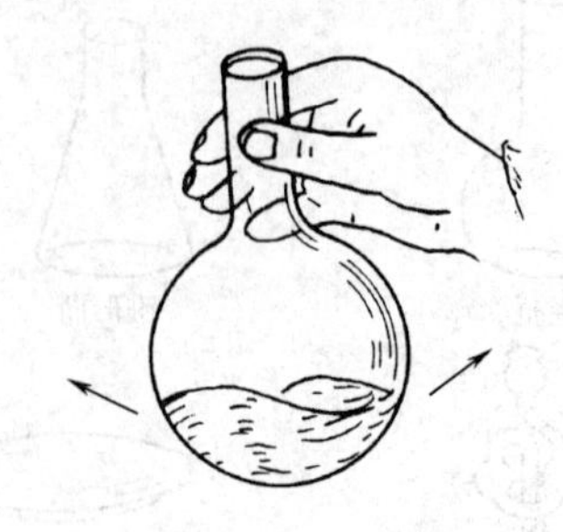

图 3　烧瓶的振荡

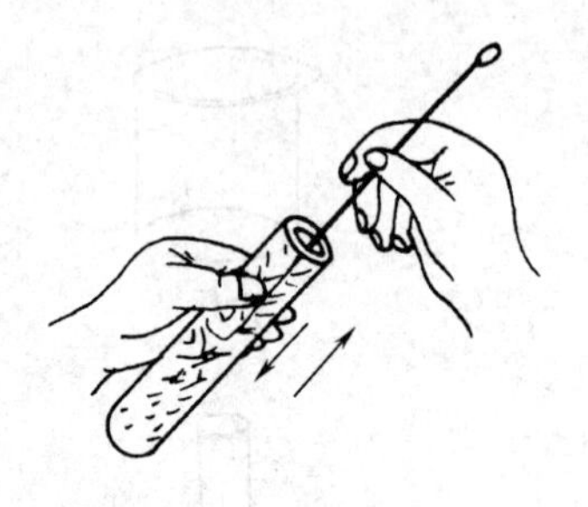

图 4　试管的刷洗

刷洗时要选取大小合适的毛刷，不能用力过猛，以免损坏玻璃仪器。

（3）浸泡洗涤

当有不溶于水的、刷洗也不能去掉的污物，可利用洗涤液与污物反应转化成可溶性物质而除去。先把仪器中的水倒尽，再倒入少量洗液，并使仪器内壁全部润湿，转几圈后将洗液倒回原处。用热洗液或浸泡一段时间效果更好。

玻璃仪器洗净的标志是把仪器倒转过来，水沿着器壁流下，只留下一层均匀的水膜，不挂水珠，证明仪器已洗干净。已洗净的仪器不能再用布或纸擦拭，以免再将仪器弄脏。

2. 玻璃仪器的干燥

有些实验要求仪器必须是干燥的，可采用下列几种方法对玻璃仪器进行干燥。

（1）晾干　对不急用的仪器，洗净后可倒置仪器的格栅板上或实验室的干燥架上，让其自然干燥，如图 5 所示。

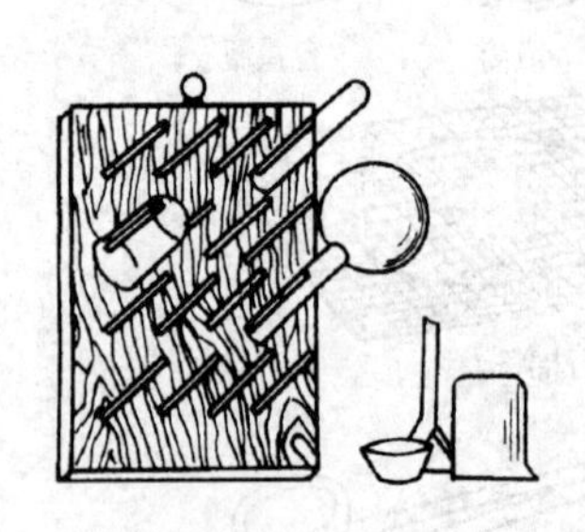

图 5　晾干

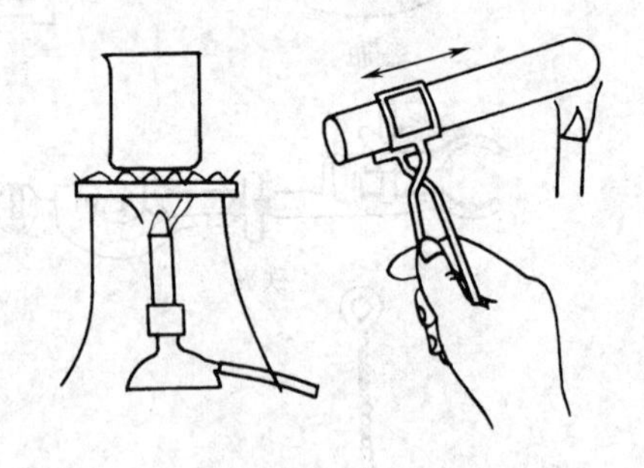

图 6　烤干

（2）烤干　通过加热使水分迅速蒸发来干燥仪器。加热前先将仪器外壁擦干，然后用小火烤。烧杯应放在石棉网上加热，试管用试管夹夹住，管口略向下倾斜，在火焰上来回移动，直至不见水珠后再将管口向上赶尽水气，如图 6 所示。

除了上述两种方法外，还有吹干（如图 7、图 8 所示）、快干（有机溶剂法）

和烘干等干燥方法。带有刻度的计量容器不能用加热方法干燥，否则会影响仪器的精度。如需要干燥时，可采用晾干或冷风吹干的方法。

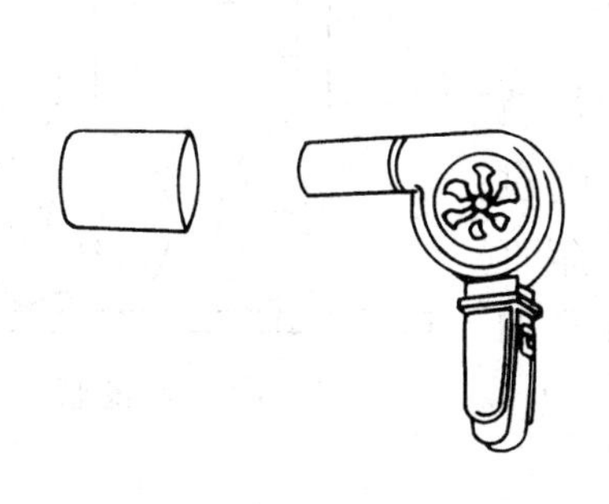

图 7　吹干

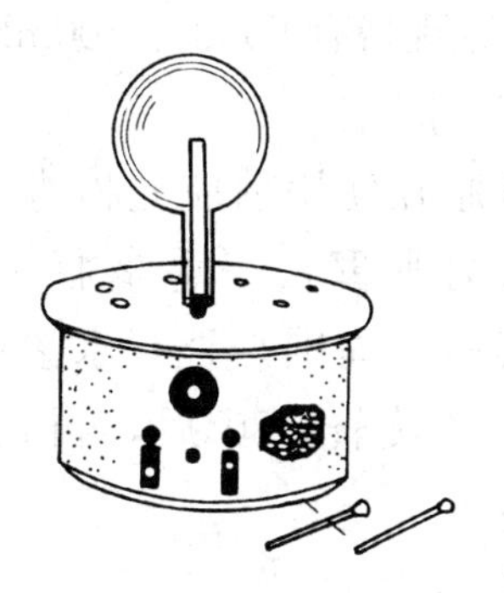

图 8　气流烘干器

二、托盘天平的使用

托盘天平是化学实验常用的称量器具，用于精确度不高的称量，如图 9 所示。

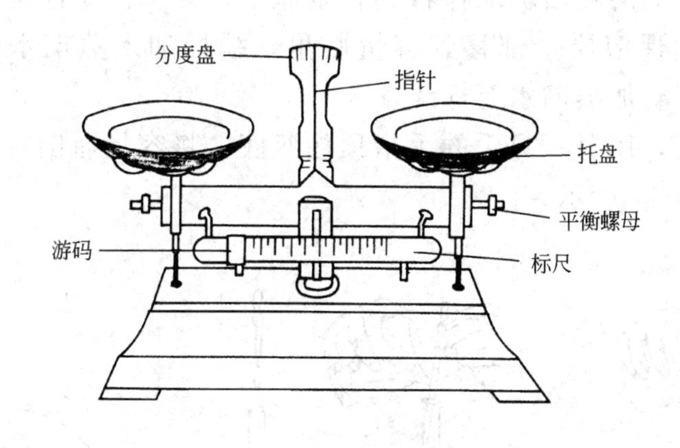

图 9　托盘天平

1. 使用方法

使用前首先调整零点，使指针停止在刻度盘的中间位置称天平的零点。然后进行称量，左盘放称量物，右盘放砝码，一定要用镊子夹取砝码，加入顺序为：先大砝码，然后小砝码，最后是游码。当指针停在零点时，砝码值和游码值的和即为称量物的质量。

2. 使用时注意事项

（1）称量物不能直接放在托盘上；

（2）不能称量热的物品；

（3）称量完毕，将砝码放回砝码盒中，游码退到“0”处，将托盘放在一侧；

（4）保持天平整洁。

三、容量瓶的使用

容量瓶是一种“量入式量器”，主要用于配制标准溶液或试样溶液，也可用于将一定量的浓溶液稀释成准确容积的稀溶液，如图 10 所示。它的颈部刻有标线，瓶上注有温度和容量。常用的容量瓶规格有 50mL、100mL、250mL、500mL 等。

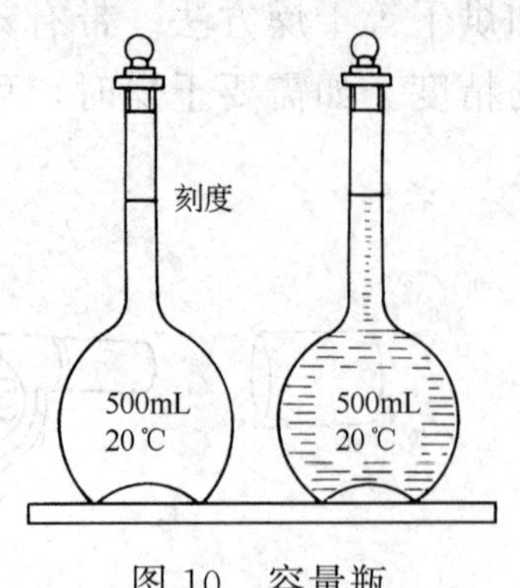

图 10　容量瓶

1. 使用方法

容量瓶在使用前应先检查密闭性。方法是：往瓶内加水塞好瓶塞，一手拿瓶一手顶住瓶塞将瓶倒过来，观察瓶塞周围是否有水渗出。若不漏水，将瓶直立，把瓶塞旋转 180°后，再试一试，若不漏水，即可使用。

2. 配制溶液

(1) 如果试样是固体，先把称量好的试样在烧杯里溶解；如果试样是液体，需要用量筒量取倒入烧杯里，然后再加少量蒸馏水，用玻璃棒搅拌使它混合均匀。

(2) 将烧杯中的溶液沿玻璃棒移到容量瓶中，并多次洗涤烧杯，将洗涤液也移入容量瓶，以确保溶质全部移到容量瓶里。缓慢加入蒸馏水接近标线约 1～2cm 处，再用滴管滴加蒸馏水至标线。

(3) 盖好瓶塞，用另一只手的手指顶住瓶底，将容量瓶倒转摇动几次，使溶液混合均匀，如图 11 所示。

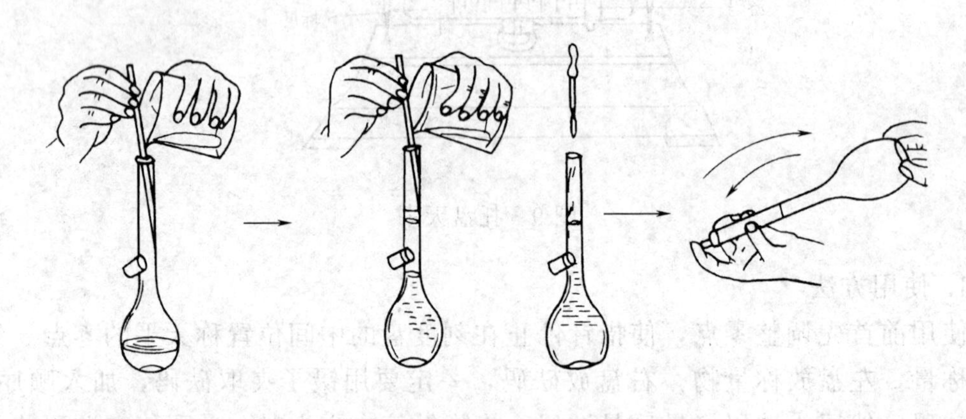
图 11　溶液的配制

四、化学试剂的取用

1. 不要用手拿药剂，不要品尝药剂的味道，不要直接嗅药剂的气味，要用手煽闻，如图 12 所示。

2. 取用一定体积的溶液时，要用量筒。向量筒或试管中倒入液体的方法如图 13 所示。读量筒里溶液容积的数据时，眼睛应和液体凹面成水平，如图 14 所示。

3. 取少量溶液时，要用滴瓶上所附的滴管或单独的干净滴管。不要使药剂进入滴管上的胶管内，以免玷污药品和损坏胶管。用滴管向容器或试管中滴加药剂时，不要使滴管碰在容器壁上。

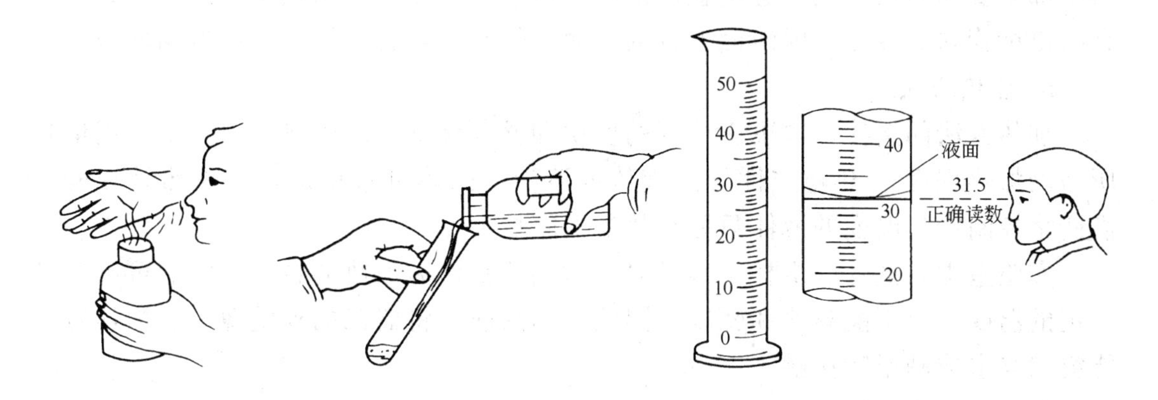

图 12　闻气体的方法　　图 13　液体的倾倒　　图 14　读取液体容积数据

4. 取用粉末状固体试剂应用药匙或纸槽，将装有试剂的纸槽平伸入试管底部，然后竖直取出纸槽。块状固体试剂的取用要用镊子，将试剂平放入试管口，再将试管慢慢竖起，使试剂慢慢滑到试管底部。

5. 千万不要把药品溅到皮肤、眼内、桌子及其他地方。如不小心把腐蚀性的药剂溅到人身上，应立即用抹布擦掉，再用大量水冲洗。同时报告实验教师以便及时处理。

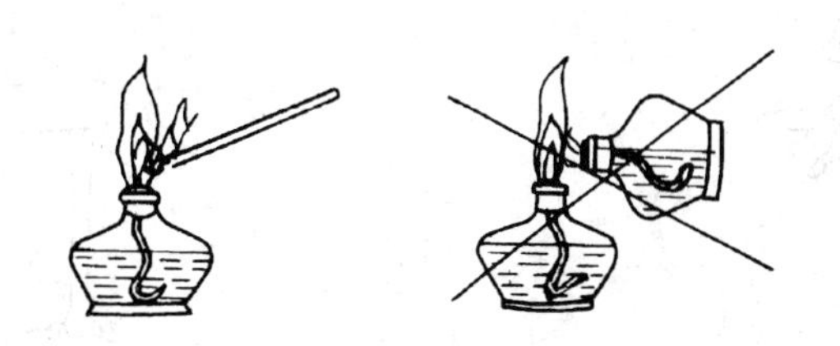

图 15　酒精灯的点燃

五、加热方法

1. 酒精灯的使用

（1）使用酒精灯时，应首先检查灯、芯和灯内有无酒精，然后再把火柴移近灯芯点燃，如图 15 所示。不能拿灯移近另一只酒精灯去点燃，这样做，很容易使酒精灯里的酒精漏出，发生危险。酒精灯使用完毕，用灯帽把火焰罩熄，不可用嘴吹。用嘴吹会使酒精灯内的酒精着火。少量酒精着火时，只要用湿抹布覆盖即可熄灭。

（2）加热液体物质可用试管、烧杯、烧瓶、蒸发皿等器皿。在加热烧杯和烧瓶时，要用石棉铁丝网垫着，使其受热均匀，避免炸裂。烧热的玻璃器皿，不能和冷物体接触。

（3）给试管里的物质加热时，要用试管夹将试管倾斜而受热，这样可以增大被蒸发液体的表面，同时液体也不易溅出。试管口不要对着别人或自己。热试管的底部不要和酒精灯的灯芯接触，以免使试管受冷炸裂。用试管加热时，火焰不宜高出试管内的液面，因液面上方的玻璃很热时，溅着液体就能使玻璃炸裂。

2. 加热方法

加热方法的选择，取决于试剂的性质和盛放该试剂的器皿，以及试剂用量和所需的加热程度 。热稳定性好的液体或溶液、固体可直接加热，受热易分解及需严格控制加热温度的液体只能在热浴上间接加热。

实验室中，试管、烧杯、蒸发皿、坩埚等常作为加热的容器，它们可以承受一定的温度，但不能骤热和骤冷。因此，加热前应将器皿的外壁擦干。加热后不能突然与水或潮湿物接触。

（1）直接加热法

① 加热试管中的液体　加热时，用试管夹夹在试管的中上部，试管略倾斜，管口向上，不能对着自己或别人。先加热液体的中上部，再慢慢下移，然后不时地上下移动，使液体各部分受热均匀，否则容易引起暴沸，使液体冲出试管外。试管中的液体量不得超过试管容积的 1/2。如图 16 所示。

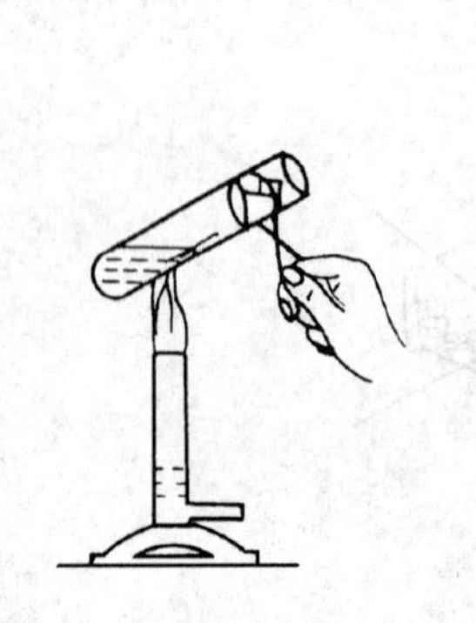

图 16　加热试管中的液体

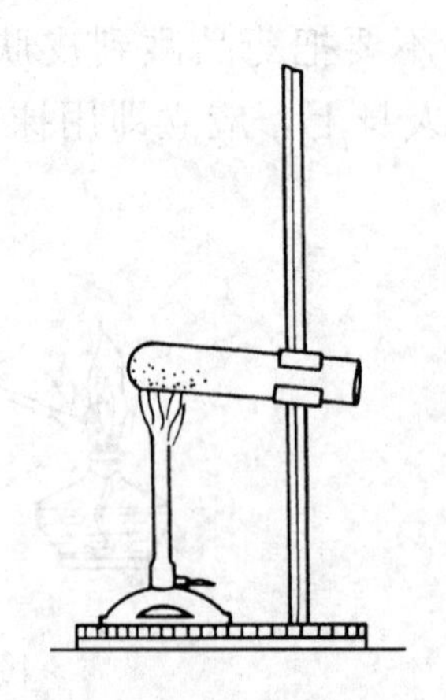

图 17　加热试管中的固体

② 加热试管中的固体　将块状或粒状固体试剂研细，再用纸槽或角匙装入硬质试管底部，装入量不能超过试管容量的 1/3，然后铺平，管口略向下倾斜，以免凝结在管口的水珠倒流到灼热的试管底部，使试管炸裂。加热时，先来回将整个试管预热，然后在有固体物质的部位加强热。一般随着反应进行，灯焰从试管内固体试剂的前部慢慢往后部移动。如图 17 所示。

③ 加热烧杯和烧瓶中的液体　将盛有液体的烧杯或烧瓶放在石棉网上加热，以免因受热不均使玻璃器皿破裂。如图 18 所示。

④ 灼烧坩埚中的固体　在高温加热固体时，可以把固体放在坩埚中灼烧。开始时，火不要太大，使坩埚均匀地受热，然后加大火焰，用氧化焰将坩埚灼烧至红热。灼烧一定时间后，停止加热，在泥三角上稍冷后，用已预热的坩埚钳夹

住放在干燥器内。如图 19 所示。

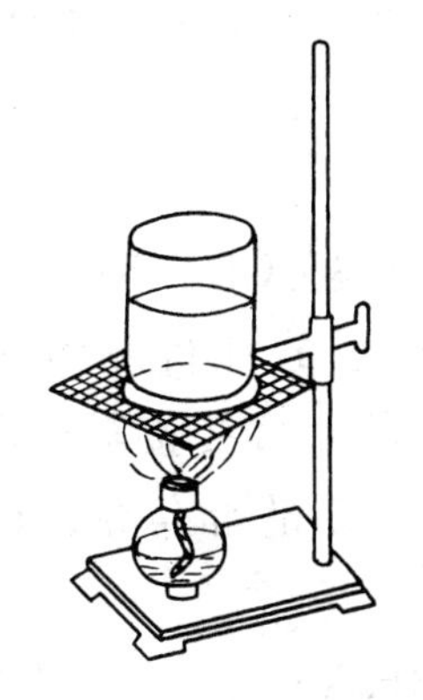

图 18　加热烧杯中的液体

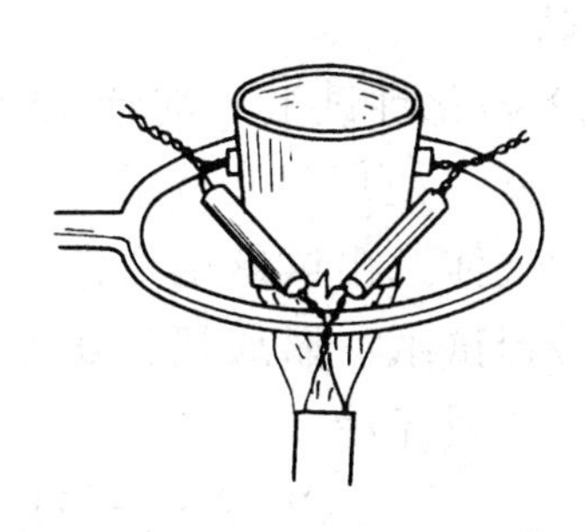

图 19　灼烧坩埚中的固体

（2）间接加热法

为了使被加热容器或物质受热均匀，或者进行恒温加热，实验室中常采用水浴方法。

当被加热物质要求受热均匀，而温度不超过 100℃时，可采用水浴方法，利用受热的水或产生的蒸汽对受热器皿和物质进行加热。常用铜质水浴锅（水浴锅内盛水量不超过容积的 2/3），选用适当的水浴锅铜圈来支承被加热器皿。也可以用大烧杯代替水浴锅，如图 20 所示。

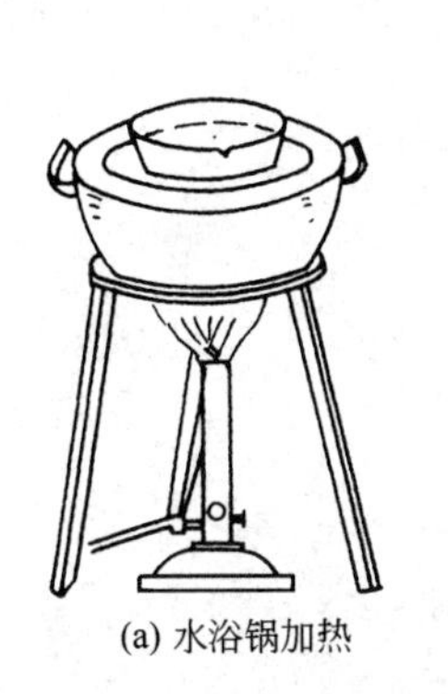

(a) 水浴锅加热

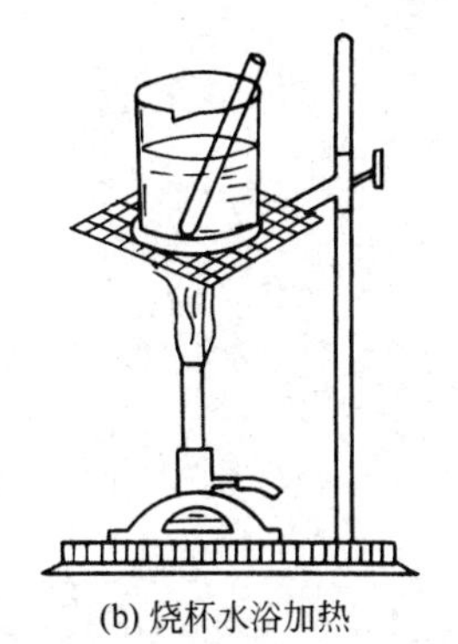

(b) 烧杯水浴加热

图 20　水浴加热

除水浴外，还有油浴、砂浴、金属（合金）浴、空气浴等加热方法。

六、试纸的使用

试纸是用滤纸浸渍了指示剂或液体试剂制成的。用来定性检验一些溶液的性质或某些物质是否存在，操作简单，使用方便。

1. 检验溶液酸碱性的试纸

（1）石蕊试纸　石蕊试纸分红色和蓝色两种。酸性溶液使蓝色试纸变红，碱性溶液使红色试纸变蓝。

用镊子取一小块试纸放在干净的表面皿上或滴板上，用玻璃棒端沾少量溶液点在试纸的中部，观察试纸颜色的变化，确定溶液的酸碱性。切不可将试纸投入溶液中，以免弄脏溶液。

（2）pH 试纸　用法与石蕊试纸相近，待试纸变色后与标准色阶比较，确定溶液的 pH。

2. 特性试纸

（1）淀粉-碘化钾试纸　淀粉-碘化钾试纸是用来检验 Cl_2、Br_2、H_2O_2 等氧化剂，试纸变蓝。使用时，先将一小块试纸润湿，然后放在待测溶液的试管口上，如有待测气体逸出试纸则变色。必须注意不要让试纸直接接触待测物。

（2）醋酸铅试纸　醋酸铅试纸是用来检验痕量 H_2S 是否存在，试纸由无色变黑褐色并有金属光泽。

$$Pb(Ac)_2 + H_2S \xlongequal{} PbS\downarrow + 2HAc$$

醋酸铅试纸的用法与淀粉-碘化钾试纸基本相同，区别是润湿后的试纸盖在放有反应溶液的试管口上。

实验一　实用化学基础实验基本操作练习

一、实验目的

练习玻璃仪器的洗涤、化学试剂的取用、加热等基本操作。

二、仪器和药品

仪器：试管架、试管、烧杯、烧瓶、容量瓶、锥形瓶、漏斗、表面皿、毛刷(各种规格)、洗瓶、酒精灯、石棉网、铁架台。

试剂：洗衣粉或肥皂水、铬酸洗液、$CuSO_4 \cdot 5H_2O$ 晶体、H_2SO_4（1mol/L)、CuO。

三、实验步骤

1. 玻璃仪器的洗涤

用水或洗涤液将实验台面上的仪器洗涤干净，将洗净后的仪器合理放置，用过的铬酸洗液倒回原瓶。

2. 化学试剂的取用与加热

（1）用纸槽向试管中加入少量 CuO 粉末，然后加入约 4mL 1mol/L 的稀 H_2SO_4 溶液，加热至 CuO 全部溶解，观察现象，写出化学反应方程式。

（2）往试管中加入 1 药匙 $CuSO_4 \cdot 5H_2O$ 晶体，把试管固定在铁架台上，加热至固体由蓝色变成白色为止，观察现象，写出化学反应方程式。

四、思考题

1. 取用液体试剂时应注意什么？

2. 加热 $CuSO_4 \cdot 5H_2O$ 晶体时，为什么试管口要略向下倾斜？

实验二 溶液的配制

一、实验目的

1. 练习化学实验的基本操作方法。

2. 掌握一定的物质的量浓度溶液的配制方法。

二、实验原理

配制一定浓度的溶液，其操作过程基本上可分为计算、称量、溶解、转移、定容等步骤。

计算中常用的公式是：

$$m=n\cdot M=c\cdot V\cdot M$$

溶液浓度稀释公式是： $c_1V_1=c_2V_2$

若已知溶质A的质量分数和溶液的密度 ρ，求物质的量浓度，则：

$$c=\frac{1000\rho w}{M}$$

三、仪器和药品

仪器：托盘天平、量筒、100mL容量瓶、200mL烧杯、密度计。

药品：NaOH（固）、$CuSO_4\cdot 5H_2O$（固）、H_2SO_4（98%，ρ=1.84）。

四、实验步骤

1. 配制100mL 2mol/L的NaOH溶液

（1）计算：计算出配制上述NaOH溶液所需NaOH的质量。

（2）称量：在托盘天平上先称出一个干燥而洁净的烧杯的质量，然后根据计算，在烧杯中称量出所需NaOH的质量。

（3）溶解、转移、定容：往烧杯中加入约50mL水，用玻璃棒搅拌，使其溶解并冷却，然后将冷却的NaOH溶液沿玻璃棒注入容量瓶中，并用约30mL水分两次洗涤烧杯，洗液也注入容量瓶中，振荡使溶液混合均匀，然后继续往容量瓶中小心地加水，直至液面离刻度1～2cm处时，改用胶头滴管加水，使溶液凹面恰好与刻度相切。把容量瓶盖紧，再振荡均匀，这样得到的溶液即是2mol/L的NaOH溶液。

2. 配制100mL 0.5mol/L $CuSO_4$溶液

（1）计算：计算出配制上述硫酸铜溶液所需$CuSO_4\cdot 5H_2O$的质量。

（2）称量：在天平的两个托盘上分别放置一张大小相等的白纸，调整天平，按计算结果称取硫酸铜晶体，将其倒入洗净的烧杯中。

（3）溶解、转移、定容：往烧杯中加入约50mL水，用玻璃棒搅拌使其溶解，然后按配制 NaOH 溶液的方法进行转移、定容，配成 100mL，0.5mol/L $CuSO_4$ 溶液。

3. 配制 100mL 0.5mol/L H_2SO_4 溶液

（1）计算：计算配制上述 H_2SO_4 溶液所需要 98% H_2SO_4（$\rho=1.84$）的体积。

（2）稀释、转移、定容：先在 200mL 的烧杯中加入 40～50mL 蒸馏水，然后将量取的浓硫酸缓慢地注入烧杯中，边注入边搅拌，冷却，再把此溶液移入 100mL 容量瓶中，用少量水冲洗烧杯 2～3 次，冲洗液也一起并入容量瓶中，最后用水将溶液稀释至刻度为止。

五、思考题

1. 为什么必须在容器中称量固体 NaOH?

2. 为什么要把浓硫酸缓慢注入水中?

实验三　化学反应速率与化学平衡

一、实验目的

1. 了解浓度、温度和催化剂对化学反应速率的影响。

2. 了解浓度、温度对化学平衡的影响。

二、实验原理

1. 化学反应速率的大小首先取决于反应物的本性，同时也受外界条件的影响。例如，对下列反应：

$$5NaHSO_3 + 2KIO_3 = Na_2SO_4 + 3NaHSO_4 + K_2SO_4 + I_2 + H_2O$$

当增大反应物浓度或升高温度时，均能加快反应速率。

使用适当的催化剂，也能改变反应速率，例如 MnO_2 能加快 H_2O_2 的分解速率。

2. 在一定条件下，当可逆反应达到平衡时，若改变能影响平衡的任何一个条件，平衡就向着能减弱这种改变的方向移动，例如：

$$\underset{\text{(棕黄色)}}{FeCl_3} + 3KSCN \rightleftharpoons \underset{\text{(血红色)}}{Fe(SCN)_3} + 3KCl$$

当增大 $FeCl_3$ 或 KSCN 的浓度时，溶液颜色变深，表示平衡向右移动。又如：

$$2NO_2(g) \rightleftharpoons N_2O_4(g) + 57kJ$$

当升高温度时平衡向左移动，降低温度时，平衡向右移动。

三、仪器和药品

仪器：试管、玻璃管、烧杯、温度计、秒表、酒精灯、量筒、铁架台、胶头滴管、二氧化氮平衡仪。

药品：KIO_3（0.05mol/L）、$NaHSO_3$[1]（0.05mol/L）、MnO_2 粉末、H_2O_2（3%）、$FeCl_3$（0.5mol/L）、KSCN（0.5mol/L）、冰块。

四、实验步骤

1. 浓度对反应速率的影响

用量筒量取 10mL、0.05mol/L $NaHSO_3$ 溶液，倒入小烧杯中，量取 35mL 蒸馏水，也倒入小烧杯中。量取 5mL 0.05mol/L KIO_3 溶液，准备好秒表和玻璃棒，将量筒中的 KIO_3 迅速倒入盛有 $NaHSO_3$ 溶液的小烧杯中，同时用秒表计时，并加以搅拌，记下溶液变蓝所需时间，填入下面表格中。用同样方法，依次

---

[1] 称 5g 淀粉，以少量水调成糊状，然后加入 100～200mL 沸水，煮沸，冷却后加入 $NaHSO_3$ 溶液（5.2g $NaHSO_3$ 溶于少量水中），再加水稀释到 1L。

按下表进行实验。

编号	$NaHSO_3$ 的 V_1 /mL	H_2O 的 V_2 /mL	KIO_3 的 V_3 /mL	KIO_3 的浓度 /(mol/L)	溶液变蓝时间 t/s
1	10	35	5		
2	10	30	10		
3	10	25	15		
4	10	20	20		

2. 温度对反应速率的影响

在 100mL 小烧杯中，加入 10mL 0.05mol/L 的 $NaHSO_3$ 溶液和 30mL 水，用量筒量取 10mL 的 0.05mol/L KIO_3 溶液加入另一试管中，将小烧杯和试管同时放在水浴中，加热至比室温高 10℃时，取出，将 KIO_3 溶液倒入 $NaHSO_3$ 溶液中，立即看表计时，记下淀粉变蓝所需时间，填入下面表格中。

用同样方法，在比室温高 20℃下进行反应，结果填入下表。

编号	$NaHSO_3$ 体积/mL	H_2O 体积/mL	KIO_3 体积/mL	实验温度/℃	淀粉变蓝时间 t/s
1	10	30	10	室温	
2	10	30	10	室温＋10	
3	10	30	10	室温＋20	

3. 催化剂对反应速率的影响

取两支试管，分别加入 2mL 3% H_2O_2 溶液，其中一支加入少量 MnO_2 粉末，比较两支试管的现象。并用余烬火柴插入试管中检验，说明 MnO_2 在反应中的作用。

4. 浓度对化学平衡的影响

在小烧杯中加入 10mL 蒸馏水，然后加入 0.5mol/L $FeCl_3$ 溶液和 0.5mol/L KSCN 溶液各 3 滴，得到浅红色溶液。将所得溶液等分于三支试管中，然后在第一支试管中加入 3 滴 0.5mol/L $FeCl_3$ 溶液，第二支试管中加入 3 滴 0.5mol/L KSCN 溶液，第三支试管留作对照，观察前两支试管中溶液颜色的变化，从而说明浓度对化学平衡的影响。

5. 温度对化学平衡的影响

取盛有 NO_2、N_2O_4 的密闭平衡仪，将一只球浸入盛有热水的烧杯中，另一只球浸入在盛有冰水的烧杯中，比较两球气体的颜色，从而说明温度对化学平衡的影响。

五、思考题

1. 影响化学反应速率的因素有哪些？

2. 在实验步骤 2 中，测定温度时，是测试管的温度，还是只测水浴的温度？

实验四　电解质溶液

一、实验目的

1. 掌握强、弱电解质的区别，学习使用 pH 试纸。

2. 了解盐类水解及其影响因素。

二、实验原理

1. 弱电解质在水溶液中只能部分电离，因而存在着电离平衡。当电离达到平衡状态时，加入与弱电解质含有共同离子的强电解质，可引起弱电解质电离平衡的移动。

2. 弱酸弱碱盐都能发生水解，影响水解平衡的因素主要有温度和溶液的酸碱性。

三、仪器和药品

仪器：点滴板、试管、滴管、酒精灯、量筒、烧杯。

药品：NaAc（固）、NH_4Ac（固）、$FeCl_3$（固）、HCl（0.1mol/L）、HAc（0.1mol/L）、NaCl（0.1mol/L）、Na_2S（0.1mol/L）、$FeCl_3$（0.1mol/L）、$Al_2(SO_4)_3$（饱和）、NH_4Ac（0.1mol/L）、$NaHCO_3$（饱和）、NaOH（0.1mol/L）、NaAc（0.1mol/L）、NH_4Cl（0.1mol/L）、$NH_3 \cdot H_2O$（0.1mol/L）、HCl（2mol/L）、甲基橙、酚酞、锌粒、pH 试纸。

四、实验步骤

1. 比较盐酸和醋酸的酸性

（1）分别在两支试管中加入 1mL 0.1mol/L HCl 和 0.1mol/L HAc 溶液，再各加 1 滴甲基橙指示剂，比较两试管中溶液的颜色。

（2）分别在两只试管中加入 1mL 0.1mol/L HCl 和 0.1mol/L HAc 溶液，再各加 1 颗锌粒，并加热试管，观察反应现象。

（3）分别在两片 pH 试纸上滴 1 滴 0.1mol/L HCl 和 0.1mol/L 的 HAc 溶液，观察 pH 试纸的颜色并判断 pH。

根据上述实验结果比较两者酸性有何不同？为什么？

2. 同离子效应对弱电解质电离平衡的影响

（1）在试管中加入 1mL 0.1mol/L 的 HAc 溶液，加 1 滴甲基橙，再加入少量固体 NaAc，观察溶液颜色的变化。

（2）在试管中加入 1mL 0.1mol/L $NH_3 \cdot H_2O$，加入 1 滴酚酞，再加少量固体 NH_4Cl，观察溶液颜色的变化。

根据上述实验结果，总结同离子效应对弱电解质电离平衡的影响。

3. 盐类的水解

(1) 用 pH 试纸测定下列几种盐的 0.1mol/L 溶液的 pH。把小块 pH 试纸放在点滴板的空穴内，将待检验的溶液滴在试纸上，观察颜色变化，将结果填入下表。

项　目	NaCl	NH_4Cl	Na_2S	$FeCl_3$	NH_4Ac
盐的水解					
pH					
酸碱性					

(2) 取少量固体 $FeCl_3$ 于试管中，用 6～8mL 蒸馏水溶解后，等分于三支试管中，第一支加入 2mol/L HCl 溶液 5 滴，第二支微热，第三支留作对照，比较三支试管现象有何不同。为什么？

(3) 取少量固体 NaAc 于试管中，加入 4～6mL 蒸馏水溶解后，加入 2 滴酚酞指示剂，摇匀后，等分于两支试管中，一支留作对照，另一支微热，观察溶液的颜色。

通过 (2)、(3) 试验归纳出温度、酸度（以强酸弱碱盐为例）对盐类水解的影响。

(4) 取两支试管，分别加入 2mL 饱和 $NaHCO_3$ 溶液和饱和 $Al_2(SO_4)_3$ 溶液，把 $NaHCO_3$ 溶液倒入 $Al_2(SO_4)_3$ 溶液中，观察反应现象。此反应属弱酸弱碱盐的水解。泡沫灭火器就是根据此反应原理设计而成。反应方程式为：

$$Al^{3+} + 3H_2O \rightleftharpoons 3H^+ + Al(OH)_3$$

$$+$$

$$3HCO_3^- + 3H_2O \rightleftharpoons 3OH^- + 3H_2CO_3$$

$$\Updownarrow$$

$$3H_2O$$

总反应式为：$Al^{3+} + 3HCO_3^- + 3H_2O = Al(OH)_3\downarrow + 3H_2CO_3$

$$H_2CO_3 \longrightarrow 3H_2O + 3CO_2\uparrow$$

五、思考题

1. 哪些盐类可发生水解，影响盐类水解的因素有哪些？
2. 如何证明实验 3 (4) 中生成的沉淀是 $Al(OH)_3$ 而不是 $Al_2(CO_3)_3$。

实验五　电化学基础

一、实验目的

1. 了解金属腐蚀与防腐的应用。

2. 了解电解的装置和反应。

3. 了解钢铁发蓝的工艺处理。

二、实验原理

1. 金属腐蚀的实质是金属原子失去电子变成离子的过程。电化学腐蚀是金属在电解质溶液中形成原电池，较活泼的金属作为负极失去电子而被氧化的过程。

2. 电解池装置中，阳极发生氧化反应、阴极发生还原反应。电镀时，被镀工件作为阴极，镀层金属一般作为阳极。用含有镀层金属离子的溶液作电镀液。

3. 钢铁发蓝就是对钢铁工件表面进行化学氧化处理，使金属制品表面生成一层稳定而致密的氧化膜。增强了金属制品的抗腐蚀性能。

三、仪器和药品

仪器：烧杯、镊子、铜片、锌片、砂纸、铜丝、铁丝、炭棒、直流电源、发蓝工件、导线。

药品：H_2SO_4（0.5mol/L）、$CuSO_4$（0.5mol/L）、$FeCl_3$（2mol/L）、$CuSO_4$（3%）、锌粒、机油、淀粉-KI溶液、去油液（NaOH 60g，Na_2CO_3 40g，水玻璃30g加水1L）、除锈液（HCl 20%，乌洛托品5%，水75%）、氧化处理液（NaOH 60g，$NaNO_2$ 3g，$NaNO_3$ 10g，加水100mL）。

四、实验步骤

1. 金属的腐蚀

（1）取一支试管，放入一粒纯锌，加入2mL 0.5mol/L H_2SO_4溶液，观察现象。取一根粗铜丝，插入上述盛有纯锌的试管中，观察粗铜丝与纯锌接触和未接触时反应速率有何不同。取出铜丝向试管中滴入2滴0.5mol/L $CuSO_4$溶液，观察锌与硫酸反应的速率有何变化。其原因是什么？

（2）在烧杯里加入20mL 0.5mol/L H_2SO_4溶液，把一块系有铜丝的铜片垂直插入溶液中，有无现象发生。再垂直插入系有铜丝的锌片，有何现象发生。其原因是什么？

把两条铜丝连接起来，如图21所示，有何现象发生，原因为何？

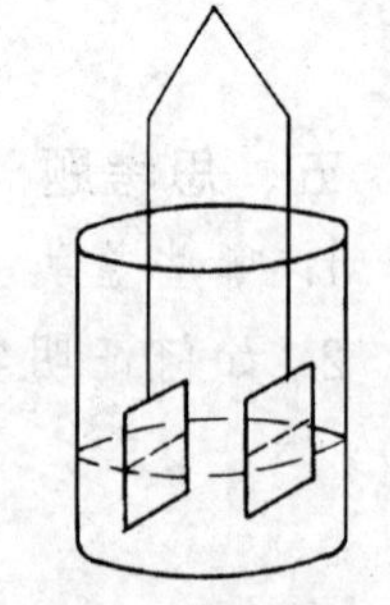

图21　用铜丝连接锌片和铜片

2. 电解 $CuSO_4$ 溶液

将一个固定好的U形管，装入 0.5mol/L $CuSO_4$ 溶液（溶液离管口约 2cm）。在U形管的两个管口各插入石墨电极，接通直流电源，观察两极有何现象发生？

用带余烬的火柴放在阳极管口处，有何现象发生？说明什么气体放出？

3. 电解饱和 NaCl 溶液

按上述装置，在固定好的U形管内装入饱和食盐水，以石墨为电极，在阳极附近液面滴入 2 滴淀粉-KI 溶液，阴极附近液面滴入 2 滴酚酞指示剂，接通电源，观察现象。写出电极反应方程式和总反应方程式。

4. 学生自己设计铁钉镀铜的装置。写出电极反应和实验现象。

5. 钢铁发蓝

钢铁发蓝分如下步骤进行。

（1）除油　将经过砂纸打磨的工件系上铁丝，放入煮沸的去油液中，5～10min 后取出，用水冲洗净。

（2）除锈　将除油后的工件放入烧杯中，加入 20～30mL 除锈液，5min 后取出，用清水洗净。

（3）发蓝　将已处理好的工件置于盛有 30mL 氧化处理液的烧杯中，加热煮沸 10min 后取出，用水冲洗净，观察工件表面呈现一层蓝黑色致密的氧化膜。

（4）浸油　经氧化处理后的工件表面氧化膜仍有微孔，为了提高防锈能力，将其置于热机油中（90℃以上）浸几分钟，取出擦干。

（5）检查　将处理过的工件浸在 3% $CuSO_4$ 溶液中，30s 后取出，用滤纸吸去表面上的溶液，如果表面上氧化膜色泽无变化，即没有出现还原铜，可确定产品合格，否则需重做本次实验。

五、思考题

1. 在实验 1（1）中，为什么加入 $CuSO_4$ 溶液使反应速率加快？

2. 在实验 3 中，为什么阴极附近使酚酞变红？

实验六　物质的结构与性质的关系

一、实验目的

1. 进一步认识物质的结构与性质的关系。

2. 掌握周期表中同周期元素及其化合物性质的递变规律。

3. 掌握同一主族元素性质的递变规律。

二、实验原理

在同一周期中，从左向右核电荷数依次增多，最外层电子数逐渐增多，原子失电子能力逐渐减弱，得电子能力逐渐增强。因此，同周期从左到右主族元素的金属性逐渐减弱，非金属性逐渐增强。

在同一主族元素中，从上到下电子层数逐渐增多，原子半径逐渐增大，失电子能力逐渐增强，得电子能力逐渐减弱。所以，从上到下元素的金属性逐渐增强，非金属性逐渐减弱。

三、仪器和药品

仪器：100mL 烧杯、酒精灯、镊子、试管、砂纸。

药品：金属钠、金属钾、酚酞指示剂、铝片、镁粉、滤纸屑、砂纸、镁带、HCl（2mol/L）、$MgCl_2$（0.1mol/L）、$AlCl_3$（0.1mol/L）、NaOH（2mol/L）、$MgSO_4$（0.1mol/L）、$Al_2(SO_4)_3$（0.1mol/L）、KI（0.1mol/L）、CCl_4、KBr（0.1mol/L）、Br_2 水、Cl_2 水。

四、实验内容

1. 同周期元素及其化合物性质的递变规律

（1）金属性强弱的比较

① 取一只 100mL 的小烧杯，向烧杯中注入约 50mL 水，然后用镊子取绿豆大小的一块金属钠，用滤纸擦干表面的煤油，再放入烧杯中，注意观察现象。另取一支试管注入约 5mL 水，取镁粉少许加入试管中，用酒精灯加热，注意观察现象。写出反应式。

向上述烧杯及试管中各滴入 2～3 滴酚酞试液，观察现象。

② 另取一小片铝片和一小段镁带，用砂纸擦去氧化膜，分别放入两支试管中，再各加入 2mol/L HCl 2mL，观察现象。

③ 取两支试管分别加入 3mL 0.1mol/L $MgCl_2$ 溶液和 3mL 0.1mol/L $AlCl_3$ 溶液，然后逐滴加入过量的 2mol/L NaOH 溶液，观察现象。

（2）最高价氧化物的水化物的酸碱性

① 取试管两支分别注入 1mL 0.1mol/L $MgSO_4$ 溶液，再分别滴入 2mol/L

NaOH 溶液到析出 $Mg(OH)_2$ 白色沉淀为止。然后在其中一支试管中注入 1～2mL 2mol/L HCl 溶液，在另一支试管中注入 1～2mL 2mol/L NaOH 溶液，观察 $Mg(OH)_2$ 沉淀在酸和碱中溶解情况有什么不同？

② 用 0.1mol/L $Al_2(SO_4)_3$ 溶液代替 0.1mol/L $MgSO_4$ 溶液，做同样的实验，结果怎样？

2. 同一主族元素性质的递变规律

（1）钾、钠金属性比较

用镊子分别取米粒大的钾和钠，用滤纸擦去表面的煤油，分别投入 2 只盛有半杯水的烧杯中，观察两种金属与水反应的情况，反应完后，每只烧杯中滴入 1～2 滴酚酞试液，有何现象？

（2）非金属性的比较

① 取试管 1 支，滴入 2 滴 0.1mol/L KI 溶液和 5 滴 CCl_4，然后逐滴滴入氯水并振荡，观察四氯化碳层颜色的变化。写出反应方程式。

② 取试管 1 支，滴入 2 滴 0.1mol/L KBr 溶液和 5 滴 CCl_4，然后逐滴滴入氯水并振荡，观察四氯化碳层颜色的变化。写出反应方程式。

③ 取试管 1 支，滴入 2 滴 0.1mol/L KI 溶液和 5 滴 CCl_4，然后逐滴滴入溴水并振荡，观察四氯化碳层颜色的变化。通过实验总结出同一主族元素性质的递变规律，并写出反应方程式。

五、思考题

1. 对于同周期和同主族元素来说，元素的金属性和非金属性是怎样递变的？在元素周期表上金属元素和非金属元素是怎样区分的？

2. 本实验证明了哪些变化规律？它和物质的结构有何关系？

实验七　硫和氮的化合物

一、实验目的

1. 认识浓硫酸的特性，并掌握检验硫酸根离子的方法。

2. 了解铵盐的性质，掌握检验氨和铵离子的方法。

二、实验原理

1. 浓硫酸是高沸点、非挥发性的酸，具有强烈的吸水性、脱水性、强氧化性等特性。

2. 硫酸和可溶性硫酸盐溶液里都存在 SO_4^{2-}，它和 Ba^{2+} 作用生成白色的 $BaSO_4$ 沉淀，既不溶于水、也不溶于酸，因而可用 $BaCl_2$ 溶液和盐酸，或 $Ba(NO_3)_2$ 溶液和稀 HNO_3 来检验 SO_4^{2-} 的存在。

铵盐与碱反应放出氨气，这是所有铵盐的共同性质。可利用这个性质来检验 NH_4^+ 的存在。

例：$2NH_4Cl+Ca(OH)_2 \xlongequal{} CaCl_2+2NH_3\uparrow+2H_2O$

三、仪器和药品

仪器：试管、试管夹、玻璃棒、玻璃片、托盘天平、酒精灯、研钵、带导管的橡皮塞、铁架台、水槽。

药品：H_2SO_4（浓）、HNO_3（浓）、HCl（浓，6mol/L）、NaOH（2mol/L）、NH_4Cl（固）、NH_4NO_3（固）、$(NH_4)_2SO_4$（固）、$BaCl_2$（1mol/L）、Na_2SO_4（0.5mol/L）、Na_2CO_3（1mol/L）、酚酞、石蕊、红色和蓝色石蕊试纸、铜片。

四、实验步骤

1. 浓硫酸的特性

（1）浓硫酸的稀释　取一支试管，加入约 5mL 蒸馏水，然后小心地沿试管壁加入约 1mL 浓硫酸。轻轻振荡后，用手触摸外管壁，可知浓硫酸稀释时放出大量的热。此稀硫酸留做下面实验使用。

（2）浓硫酸的脱水性　用玻璃棒蘸取浓硫酸在纸（下面垫上玻璃片）上写字，观察字迹起了什么变化。

（3）浓硫酸的氧化性　在一支试管里放入一小块铜片，并倒入自配的稀硫酸 3mL，观察有无反应发生。在酒精灯上加热片刻，再观察有无反应发生并作出解释。

在另一支试管里放入一小块铜片，并倒入 2mL 浓硫酸，在酒精灯上小心加热（试管口不要对着人），并用润湿的蓝色石蕊试纸在试管口（不要触及试管口）

检验所生成的气体。观察有什么现象发生。片刻后，停止加热，待试管中液体冷却后，把这些溶液沿试管壁倒入另一盛有 5mL 水的试管中，观察溶液的颜色。得到了什么溶液？写出浓硫酸与铜反应的化学方程式。

2. 硫酸根离子的检验

（1）在盛有自配的稀硫酸溶液的试管里，滴加氯化钡溶液 2 滴，观察有什么现象发生。再向该试管里加入少量 6mol/L 盐酸，观察有何变化。写出反应的化学方程式。

（2）在两支试管里，分别加入 1mL 硫酸钠溶液和碳酸钠溶液，并且分别滴入 2 滴氯化钡溶液，注意观察发生的现象。再向这两支试管中分别加入少量 6mol/L 盐酸，观察有什么现象发生。解释这些现象并写出它们的化学反应方程式。

3. 氨气的制取和性质

（1）氨气的制取　取研细的氯化铵和氢氧化钙各 2g，放在研钵里，用玻璃棒充分搅拌，注意有什么气味产生。解释这一现象并写出化学反应方程式。把上面的混合物放在干燥的试管里，如图 22 所示，用带导管的塞子塞住试管口，并固定在铁架台上，导管的另一头朝上伸进另一支干燥倒置的收集试管里。用小火加热试管；便有氨气生成。在收集氨气的试管口处放一条润湿的红色石蕊试纸，待试纸变蓝时，即说明试管中已经充满了氨气，此时停止加热。注意观察氨气的颜色、状态，并闻气味。把倒置的收集试管轻轻拿下，并用拇指堵住管口。留做下面的性质实验。

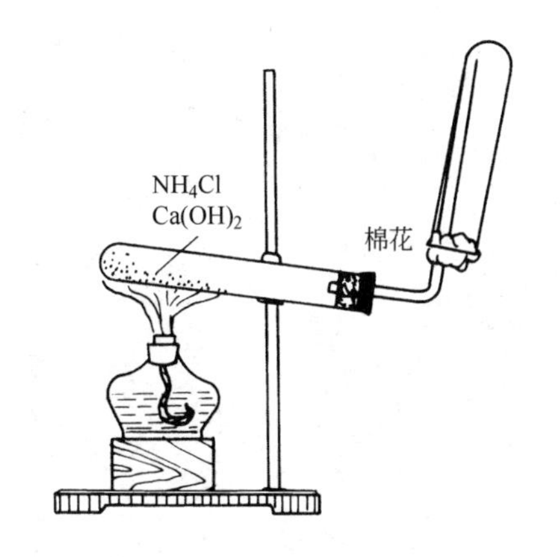

图 22　氨气的制取

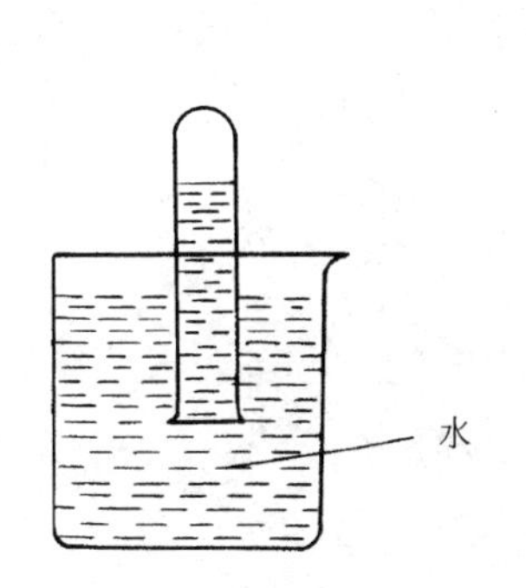

图 23　氨气在水中的溶解

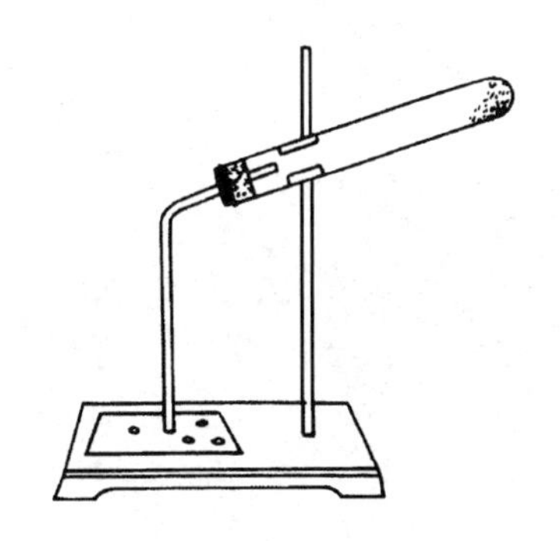

图 24　氨气与酸的反应

（2）氨气的性质

① 如图 23 将上述充满氨气的试管倒置在盛有水的水槽里，把拇指放开。观察有什么现象发生，并加以解释。在水面下用拇指堵住试管口，把试管从水面取出，管口朝上，振荡试管，并向溶液里滴入几滴酚酞试液，观察有什么现象发生，并加以解释。

② 将制取氨气的试管按图 24 装好。在玻璃片上的不同地方分别滴一滴浓硫酸、浓硝酸和浓盐酸。然后加热氯化铵和氢氧化钙的混合物，当有氨气放出时，移动玻璃片，使导管口依次对着三滴不同的酸。这时各有什么现象发生？为什么有的酸滴上冒白雾？玻璃片上生成的三种白色物质各是什么？写出三个反应的化学反应方程式。

4. 铵离子的检验

取少量氯化铵、硝酸铵和硫酸铵晶体，分别放在三支试管里，然后分别滴入少量氢氧化钠溶液，加热试管，再把润湿的红色石蕊试纸放在管口处，观察试纸的颜色有什么变化？并闻一闻有何气味？写出化学反应方程式。根据这个实验可以得出什么结论。

五、思考题

浓硫酸有哪些特性？如何检验硫酸根离子和铵离子？

实验八　有机化合物的性质

一、实验目的

1. 了解乙炔的制取及其主要性质。

2. 掌握苯和甲苯的鉴别方法。

3. 了解醇、醛、核酸和酯的性质。

二、实验原理

1. 实验室用电石和水反应制得乙炔。

$$CaC_2 + 2H_2O \longrightarrow C_2H_2 + Ca(OH)_2$$

因乙炔分子是含 $—C \equiv C—$ 的不饱和烃，易发生氧化反应，使 $KMnO_4$ 溶液褪色；与溴发生加成反应，使溴水褪色。

2. 在甲苯分子中，由于苯环与甲基的相互影响，使得甲苯可被 $KMnO_4$ 氧化。而苯却不发生此反应，因而可用 $KMnO_4$ 溶液鉴别苯和甲苯。

3. 乙醇分子中含有—OH，羟基中的 H 可被 Na 置换。但反应比较缓慢。

4. 醛类分子中的—CHO 能与弱氧化剂发生氧化反应，如银镜反应。葡萄糖分子中含有－CHO，因此能发生银镜反应。

5. 酸＋醇$\rightleftharpoons$酯＋H_2O

三、仪器和药品

仪器：铁架台、试管、酒精灯、温度计、烧杯、水浴锅。

药品：电石、苯、甲苯、$KMnO_4$（0.01mol/L）、金属钠、无水乙醇、冰醋酸、酚酞、Na_2CO_3（饱和）、NaCl（饱和）、H_2SO_4（1mol/L）、NaOH（2mol/L）、甲醛（40%）、葡萄糖（10%）、$AgNO_3$（2%）、$NH_3 \cdot H_2O$（2%）。

四、实验步骤

1. 乙炔的制取和性质

如图 25 所示装置，在试管中注入 3mL 水，放入 3g CaC_2，立即用疏松的棉花塞在试管的上部，以防生成的泡沫堵塞导管。用装有直角导管的橡皮塞塞住管口，并将导管通入 0.1%$KMnO_4$ 溶液中，有什么现象发生。再通入溴水中，有何现象？再接上尖嘴玻璃管，点燃乙炔，观察亮度，写出化学反应方程式。

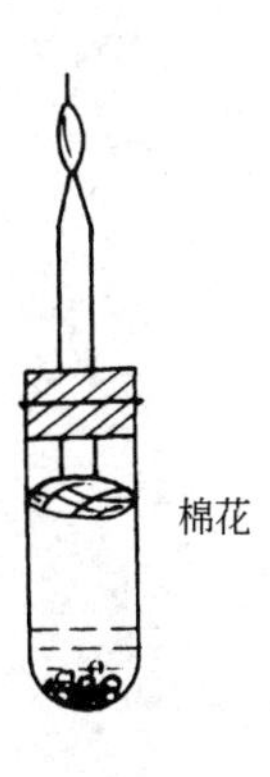

图 25　制取乙炔的装置

2. 苯和甲苯的鉴别

在两支试管中分别加入 1mL 苯和甲苯，分别滴入 5 滴 $KMnO_4$ 溶液，观察现象。

3. 乙醇的性质

在试管中放入 2mL 无水乙醇，加入一小块金属钠，观察现象。

4. 银镜反应

在试管中加入 2mL 2% $AgNO_3$ 溶液，加 2 滴 2mol/L NaOH 溶液，再逐滴加入 2%的 $NH_3 \cdot H_2O$ 溶液，边滴加边振荡试管，直到生成的沉淀恰好溶解为止。将溶液等分于另一支试管中，然后，一支试管中加入甲醛溶液 2 滴，另一支试管中加入葡萄糖溶液 2 滴，振荡后，把试管置于 60～70℃的热水浴中。观察有何现象发生。

5. 酯的生成和水解

(1) 酯的生成：在一支干燥的试管中依次加入 2mL 无水乙醇、2mL 冰醋酸、8 滴浓硫酸，振荡后，将试管浸入 70～80℃的热水浴中，并不断摇动，加热大约 10min 后，将试管浸入冷水中冷却，再加入 2mL 饱和 Na_2CO_3 溶液和 5mL 饱和 NaCl 溶液，静置一会儿，观察试管中有无酯层析出。

(2) 酯的水解：在 3 支装有 1mL 水的试管中，分别加入 1mL 2mol/L 的 NaOH 溶液、1mL 2mol/L 的 H_2SO_4 溶液和 1mL 水（用做对照），再各加前面制得的乙酸乙酯 1mL。振荡后，将试管浸入 70～80℃的热水浴中数分钟（试管要不断离开水浴进行振荡，以免酯挥发）。观察试管中酯层和香味消失的速度。

五、思考题

1. 怎样鉴别不饱和烃、苯和甲苯？

2. 葡萄糖为什么也能发生银镜反应？

3. 在酯化反应中，浓硫酸的作用是什么？

4. 酯的水解反应中为什么要加入少量的酸和碱？哪种情况水解反应进行得较彻底？

实验九　常见纤维、塑料的鉴别与胶黏剂的使用

一、实验目的

1. 学会用燃烧法鉴别几种塑料和纤维。

2. 熟悉环氧树脂的配制。

3. 掌握几种胶黏剂的使用。

二、实验原理

1. 各类纤维或塑料都是含碳的高分子，在高温下大多可以燃烧。但由于它们的组成、结构各有差异，故在燃烧时，燃烧的现象、气味也有差异，可借燃烧法鉴别它们，如下表所示。

燃烧几种常用塑料和纤维的燃烧鉴别表

类别	名称	燃烧难易	离火燃烧情况	燃烧状态	表面状态	气味
热塑性塑料	聚苯乙烯	易燃	继续燃烧	冒浓烟喷炭束	软化起泡	苯乙烯味
	聚氯乙烯	难燃	熄灭	呈黄色下端绿色	软化	氯化氢气味
	聚乙烯	易燃	继续燃烧	无黑烟	熔融滴落	烧石蜡味
	聚丙烯	易燃	继续燃烧	上端黄色	熔融滴落	石油味
	有机玻璃	易燃	继续燃烧	下端蓝色	软化起泡	水果香味
热固性塑料	酚醛塑料	难燃	熄灭	黄色	膨胀起裂	苯酚甲醛味
	脲醛塑料	难燃	熄灭	顶端呈浅绿色	烧过部分发白	强甲醛味
天然纤维	棉	易燃	继续燃烧	冒黑烟	能保持原线形 手触灰烬易碎	烧纸的气味
	羊毛	易燃	熄灭	黄色火焰 先卷曲有黑烟	烧成黑褐色灰	烧羽毛的臭味
	蚕丝	易燃	熄灭	燃烧较缓慢	卷缩成褐色	同上
合成纤维		较难燃		明亮黄白色	灰烬为黑	有芳香味
	涤纶	较难燃	熄灭	边燃边熔边滴落	褐色玻璃球	煤焦油的酸味
	腈纶	（先熔后燃）	能燃	火焰有黄色闪光	呈黑色硬球	
	锦纶（尼龙）	较难燃	熄灭	微弱枯黄色	灰烬为坚硬褐色，玻璃球状	芹菜味
	丙纶	（先熔后燃）	继续燃烧			
		易燃		冒黑烟	熔融或蜡状物	石蜡气味

2. 胶黏剂是具有良好黏合性能、可使两种或几种材料紧密黏结在一起的物

质，以合成高分子为基料配制的各种合成胶黏剂在机械、电子、建筑、航空航天领域及日常生活的应用非常广泛。

三、仪器和药品

仪器：不锈钢镊子、酒精灯、火柴、滴管、表面皿、玻璃棒、台秤、陶片、铜片、橡皮块、木材、大烧杯。

药品：聚乙烯塑料、聚氯乙烯塑料、聚苯乙烯塑料、聚丙烯、有机玻璃（聚甲基丙烯酸甲酯）、环氧树脂（6101）、乙二胺、邻苯二甲酸二丁酯、丙酮、酚醛-丁腈胶黏剂、聚醋酸乙烯乳胶、氯丁胶黏剂。浅色的棉布条、羊毛、蚕丝、涤纶、腈纶、锦纶、丙纶。

四、实验步骤

1. 用燃烧法鉴别几种常用塑料和纤维

按实验原理中的“燃烧鉴别表”画出表格，并增加“说明”一栏。

（1）用燃烧法鉴别塑料

取长3cm、宽2cm的已知名称的塑料薄片，用镊子夹住一角，在酒精灯上点燃，观察并记录现象，与表中相应内容对照。

注意：① 实验应在通风柜中进行；

② 燃烧时间不要太长，看清楚、闻过气味后还有余物不应继续烧完，而应及时熄灭，以免有毒物质吸入过多而影响健康；

③ 燃烧时应注意不要将塑料熔化脱落后掉在酒精灯芯上。

（2）用燃烧法鉴别纤维

取浅色或白色的各类纤维条一小块，置于石棉网上，在通风柜内用酒精灯加热至燃烧，观察并记录现象。

2. 环氧树脂的配制

取环氧树脂（6101）5g、加邻苯二甲酸二丁酯1mL，再加乙二胺10滴左右，加适量丙酮调节黏度，用力搅拌到树脂呈均匀的乳白色为止，尽快使用，完成有关实验（注意在1h内用完）。

3. 几种胶黏剂的使用

操作程序如下。

（1）被粘物表面用洗涤剂清洗干净；

（2）干燥；

（3）表面用砂纸打磨（使表面粗糙度增大），再用干毛刷刷干净；

（4）按下表所列，将胶黏剂均匀地涂在被粘接物的表面上，压紧，使被粘物紧密接触；

（5）胶接完毕后常温下干燥24h，用环氧树脂胶接的最好再放在烘箱内烘烤1h（80～100℃）；

（6）检查粘接质量，填入下表空格。

粘接物	胶粘剂	胶接质量
金属与金属(铜片)	酚醛-丁腈胶黏剂	
金属与陶瓷片	环氧树脂(自配)	
陶瓷片与陶瓷片	环氧树脂(自配)	
木材与木材	聚醋酸乙烯乳胶(白乳胶)	
橡胶与橡胶	氯丁胶黏剂	
木材与陶瓷片	环氧树脂(自配)	

五、思考题

1. 在配制和使用胶黏剂时，应注意哪些问题？
2. 用燃烧法鉴别塑料的操作中应注意些什么问题？
3. 用燃烧法鉴别纤维的操作中应注意些什么问题？

实验十 趣味实验

Ⅰ 污水的处理

一、实验目的

了解和探求防治水污染的方法。

二、实验原理

在电流的作用下，阳极金属放电，发生氧化反应而溶解，铝成为 Al^{3+} 进入水中，并与 OH^- 结合。

$$Al-3e^- = Al^{3+} \qquad Al^{3+}+3OH = Al(OH)_3\downarrow$$

生成的 $Al(OH)_3$ 与污水中的浮悬微粒发生了胶体的凝聚作用，这些絮凝物密度较小时就上浮分离，密度较大时就向下沉淀分离，从而完成了化学凝聚的过程。

三、仪器和药品

1. 仪器：烧杯、铝、不锈钢电极、导线、直流电源。

2. 药品：食盐。

四、实验步骤

在一只烧杯中注入 500mL 待处理的污水，再加 1～2g 食盐，平行悬置两个电极，用铝片作阳极，不锈钢片作阴极，接通 6V 直流电源。数分钟后，在污水表面逐渐形成一层浮渣层，而在烧杯底部也积聚了一层沉渣，中间层则为澄清的水。

这是因为当接通直流电源后，水被电解，在阳极产生 $Al(OH)_3$ 沉淀和在阴极产生的氢气泡上升时，就将悬浮物带到水面，于是水面上就形成了浮渣层，带到水面的污物增多后，浮渣层就变密或变厚，撇掉后，就完成了浮选净化的过程。

说明：

1. 加入食盐的目的在于增强导电性。另外，电解时产生的氯气还具有消毒污水的作用。

2. 电极材料也可用铁作阳极，铝或铁作阴极。

3. 上述处理污水的方法，是目前工业处理污水较先进的方法，称为电浮选凝聚法，其缺点是电耗较高，电极消耗量较多。

Ⅱ 硬水的软化

一、实验目的

了解硬水软化的两种方法。

二、实验原理

通常把含较多Ca^{2+}、Mg^{2+}的天然水叫做硬水。硬水有许多危害，故在使用之前，应除去或减少所含的Ca^{2+}、Mg^{2+}，降低水的硬度，这就是硬水的软化。本实验采用药剂法及离子交换法。

药剂法是在水中加入某些化学试剂，使水中溶解的钙盐、镁盐成为沉淀物析出。常用的试剂有石灰、纯碱、磷酸钠等。根据对水质的要求，可以用一种或几种试剂。

若水的硬度是由$Ca(HCO_3)_2$或$Mg(HCO_3)_2$所引起的，这种水称为暂时硬水，可用煮沸的方法，将$Ca(HCO_3)_2$、$Mg(HCO_3)_2$分解生成不溶性$CaCO_3$、$MgCO_3$及$Mg(OH)_2$沉淀，使水的硬度降低。

若水的硬度是由Ca^{2+}、Mg^{2+}的硫酸盐或盐酸盐所引起的，这种水称为永久硬水，可采用药剂法（如石灰-纯碱法）来降低水的硬度。

$$CaSO_4+Na_2CO_3 = CaCO_3\downarrow+Na_2SO_4$$

$$MgSO_4+Na_2CO_3 = MgCO_3\downarrow+Na_2SO_4$$

$$Ca(HCO_3)_2+Ca(OH)_2 = 2CaCO_3\downarrow+2H_2O$$

$$Mg(HCO_3)_2+2Ca(OH)_2 = 2CaCO_3\downarrow+Mg(OH)_2\downarrow+2H_2O$$

$$Ca(HCO_3)_2+Na_2CO_3 = CaCO_3\downarrow+NaHCO_3$$

离子交换法是利用离子交换剂或离子交换树脂来软化水的方法。离子交换剂中的阳离子能与水中的Ca^{2+}、Mg^{2+}交换，从而使硬水得到软化，如图26所示。

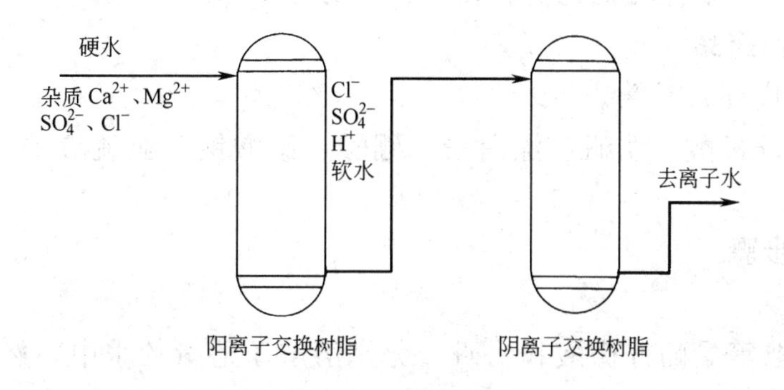

图26　离子交换法软化硬水

三、仪器和药品

仪器：试管、砂纸、酒精灯、三角架、试管夹、酸式滴定管（100mL）。

药品：$CaSO_4$（2mol/L）、石灰水（饱和）、肥皂水、Na_2CO_3（1mol/L）、阳离子交换树脂（已处理好，H^+型）、玻璃棉。

四、实验步骤

1. 对硬水的识别

取三支试管，分别加入蒸馏水、暂时硬水［含有$Ca(HCO_3)_2$的水］和永久硬水［含有 $CaSO_4$ 的水］各 3mL，在每一支试管里倒入肥皂水约 2mL。观察在哪支试管里有钙肥皂生成？为什么？

2. 暂时硬水的软化

取两支试管各装暂时硬水 5mL，把一支试管煮沸约 2～3min；在另一支试管里加入澄清的石灰水 1～2mL，用力振荡。观察两试管中发生的现象，说明了什么问题？写出反应方程式。

3. 永久硬水的软化

在一支试管里加 $CaSO_4$ 溶液 3mL 作为永久硬水。先用加热的方法，煮沸是否能除去 Ca^{2+}？后滴入 Na_2CO_3 溶液 1mL，有什么现象发生？为什么？写出反应式。

4. 离子交换法软化硬水

在 100mL 滴定管下端铺一层玻璃棉，将已处理好的 H^+ 型阳离子交换树脂带水装入柱中。将 500mL 自来水注入树脂柱中，保持流经树脂的流速为 6～7mL/min，液面高出树脂1～1.5cm 左右，所得即为软水。

取两只试管，分别取 3mL 的软水和自来水，并分别加入 2mL 肥皂水，振荡，观察哪只试管的泡沫多，并且也没有沉淀产生？

Ⅲ 褪色灵和消字液的配制

一、实验目的

学会自制使用方便的褪色灵、消字液的方法。

二、仪器和药品

1. 仪器：烧杯、量筒。

2. 药品：柠檬酸、明矾、漂白粉、硼酸、碳酸钠、亚硫酸钠、亚硫酸氢钠、丙氨酸。

三、实验步骤

1. 褪色灵

方法一　取等量的柠檬酸和明矾，分别溶解于适量的水中，然后混合均匀即成。该药液去污效果尚好，且腐蚀性小，是廉价而实用的褪色液。

方法二　取漂白粉 1 份、碳酸钠 2 份、硼酸 0.5 份、水 16 份。将各原料按配方取量混合，充分搅拌溶解，静置澄清，然后进行过滤，所得滤液置于棕色瓶内密封存放备用。

这种褪色液可用于褪去衣物、图纸上的蓝墨污迹。

2. 消字液

取 7%～20%亚硫酸钠或亚硫酸氢钠、5%～10%两性表面活性剂、68%～77%的水。先把亚硫酸盐溶于水，待全溶解后，再加入活性剂，搅拌均匀即成。如在消字液中加入少量的碱性物质可提高稳定性，加入乙二醇可增加溶液的耐寒性。

注：常用的两性表面活性剂有三甲胺乙内酯型、乙氨酸型、磺化三甲胺乙内酯型及丙氨酸型等两性界面活性剂。

Ⅳ 番茄趣味实验

一、实验目的

1. 验证番茄含有机酸。

2. 利用番茄自制电池。

二、仪器和药品

1. 仪器：吸管、试管、电流表、铜棒、铁棒、毛笔。

2. 药品：无水乙醇、浓硫酸、蓝色石蕊试纸。

三、实验步骤

番茄又称西红柿。在夏季番茄收获的季节，用它做化学实验，很有趣味。

取一只较大的半熟番茄，洗净后剥皮，切成小块，用两层纱布包起来挤压，然后过滤得到纯净的番茄汁。

1. 测酸性

用吸管吸取一些番茄汁，滴一滴到蓝色石蕊试纸上，试纸会变成淡红色。在微热条件下，番茄汁和锌反应冒出气泡（氢气）。这说明番茄汁显酸性。

2. 测有机酸

用毛笔蘸取一些番茄汁在白纸上写字或作画，让它自然干燥，这时纸上几乎看不出什么痕迹，然后将此纸放在火上稍烘一下，很快白纸上出现焦黄色的字迹或图画。什么原因呢？原来纸的主要成分是纤维素，番茄汁中的有机酸和纤维素反应生成了酯，其燃点较低。因此，涂有番茄汁的纸就先被火烤焦变黄，显出字迹或图画。

为了进一步证明番茄汁中含有有机酸，还可再做一个实验：在试管中加入3mL番茄汁，再加入2mL乙醇（无水），接着逐滴慢慢加入3mL浓硫酸，摇匀浸入热水中约5min，在试管口可闻到水果香味。这是因为番茄汁中的有机酸在浓硫酸作用下和乙醇反应生成酯的缘故。

3. 番茄电池

利用番茄汁中的酸性，在半熟的番茄中，相隔一定距离，插入一根铜棒、一根铁棒，分别和电流计相联，可以看到电流计指针偏转。

Ⅴ 肥皂的制备

一、实验目的

1. 了解制备肥皂的化学原理。

2. 学会制备肥皂的实验操作技能。

二、实验原理

油脂在纯水中很稳定，但在强碱作用下，能发生水解反应。肥皂是油脂发生水解反应的主要产物，其主要成分是由高级脂肪酸的钠盐。

$$\underset{油脂}{C_3H_5(OOCR)_3} + 3NaOH \xrightleftharpoons[\triangle]{H_2O} \underset{肥皂}{3RCOONa} + \underset{甘油}{C_3H_5(OH)_3}$$

这个反应叫皂化反应，根据这个反应来制备肥皂。

制取肥皂时还须加进一定量的填充剂，以便起到增大肥皂的体积和质量，同时还可以改善肥皂的性能，提高肥皂的助洗性、硬度和耐用性。

三、仪器和药品

仪器：圆底烧瓶、胶头滴管、电动搅拌器、玻璃棒、铁架台、酒精灯、石棉网、烧杯、白布、温度计、橡皮塞、玻璃导管

药品：牛油（或猪油）、NaOH（10mol/L）、NaCl（饱和）、乙醇（95%）

四、实验步骤

用250mL的烧瓶，先往烧瓶里注入95%乙醇及10mol/L NaOH溶液各50mL后，再把称好的50g猪油或牛油放入烧瓶中并混合均匀。安装在铁架台上，配好温度计、搅拌器、导管（作为冷凝器）的橡皮塞并固定好。

加热，开动搅拌器，使混合液保持沸腾状态约30min左右，停转后用玻璃棒取出液珠滴于冷水中，马上观察有无游离油珠悬浮在液体表面，如有油珠仍需进一步加热使皂化完全。

皂化完全时可加大火，除去冷凝器使乙醇蒸发掉。取部分热的混合液放入烧杯内，看到泡沫上升，杯底出现白色时，停止加热。将混合液倒入烧杯即可凝成肥皂。

往上面盛有混合液的烧杯中倒入150mL热水，用力搅拌后得到黏稠的皂液，趁热加入饱和食盐水，搅拌，静置，肥皂便盐析上浮。

用布将上层肥皂捞出，挤压出水，即得固体肥皂。

说明：

1. 加入酒精的目的是促进油脂的溶解，利于进行皂化反应。

2. 皂化时要保持反应液煮沸，所用氢氧化钠的质量应稍稍过量，挤干后的肥皂中含皂量应在90%～95%。

3. 分离时可反复盐析，以除去甘油和氢氧化钠，盐析后肥皂含水约20%，多余的水应用布挤压掉。

Ⅵ　白酒中甲醇的测定

一、实验目的

1. 甲醇有毒，误饮5～10mL可使人失明，严重时会丧命。国家标准规定：

凡是以各种谷类为原料制成的白酒，甲醇的含量不得超过 0.4g/L，以薯类为原料制成的白酒，则不得超过 1.2g/L。通过甲醇的测定，提高对甲醇危害人体健康的认识。

2. 介绍比色测定分析方法的初步知识，培养配制化学试剂，进行比色分析实验的操作技能。

二、实验原理

甲醇在磷酸介质中被高锰酸钾氧化为甲醛，甲醛与希夫试剂（亚硫酸钠-品红溶液）反应后使溶液呈蓝紫色，反应式为：

$$CH_3OH \xrightarrow{KMnO_4} HCHO$$

HCHO＋希夫试剂→蓝紫色溶液

在一定酸度下，甲醛所形成的蓝紫色不易褪色，而其他醛类形成的蓝紫色很容易消失，可利用此反应测定甲醛。

三、仪器和药品

1. 仪器：1～2mL 吸量管、洗耳球、25mL 比色管三支。

2. 试剂及其配制

（1）高锰酸钾-磷酸溶液　称取 3g 高锰酸钾，加入 15mL 85％磷酸与 70mL 水混合液中，溶解后加水至 100mL。贮于棕色瓶中，为防止氧化能力下降保存时间不宜过长。

（2）草酸-硫酸溶液　称 5g 无水草酸或 7g 含 2 分子结晶水的草酸（$H_2C_2O_4 \cdot 2H_2O$）溶于 9mol/L 硫酸中，并用其稀释至 100mL。

希夫试剂　取 0.1g 碱性品红，分批加入热水 60mL，研磨溶解，冷却后取上清液，加入 10mL 质量分数为 10％ Na_2SO_3 溶液和 1mL 浓 H_2SO_4，再加水至 100mL 摇匀。若溶液还有颜色，可加活性炭脱色过滤即可。希夫试剂见光受热易变质，应贮于棕色瓶中避光保存，亦不宜久存。

（3）甲醇标准溶液　称取 1.000g（或 99.5％1.27mL）甲醇置于 1000mL 容量瓶中，加水稀释至刻度，使每毫升相当于 1mg 甲醇。即 $\rho(CH_3OH)=$ 1.000mg/mL。

（4）样酒（45 度）

本实验所用水均为蒸馏水或去离子水，使用试剂均为分析纯试剂。

四、实验步骤

1. 在三支 25mL 的比色管中，用吸量管分别加入样酒（45 度）0.66mL，甲醇标准溶液 0.27mL 和 0.80mL，再分别加水稀释至 5mL（两份标准溶液是和样酒稀释了同样倍数的 0.4g/L 和 1.2g/L 甲醇样品）。

2. 在上述三种溶液中，分别加入 2mL 高锰酸钾-磷酸溶液，摇匀后放置 10min，再加 2mL 草酸-硫酸溶液，振荡使其褪色。加入 5mL 希夫试剂（品红-亚硫酸钠溶液）摇匀后置于20℃以上静置15～30min，观察颜色变化，并与甲醇标准溶液对照颜色的深浅，估计是否超过标准。若颜色比标准管颜色深即为假劣酒，不能饮用。

为使实验取得较好效果，必须注意下列事项。

① 测定时白酒以酒精度5%～6%效果最佳。故测定时白酒需稀释。

② 若没有1～2mL吸量管，可用普通毛细滴管取样，方法是先测量毛细滴管每滴的体积，再根据需要量确定滴数，必须注意，不同溶液每1滴的体积不一定相同，甚至相差很大。

③ 加入$H_2C_2O_4$是为了还原过量的$KMnO_4$。但$H_2C_2O_4$不能过量，否则，HCHO又可能被$H_2C_2O_4$还原为CH_3OH，而不与希夫试剂反应。

Ⅶ 果皮的妙用

一、实验目的

了解果皮经水解生成的葡萄糖可代替葡萄糖进行银镜反应，以活跃思维，认识到“生活中处处有化学。”

二、仪器和药品

1. 仪器：试管、水浴锅、pH试纸。

2. 药品：硫酸（浓）、NaOH（2mol/L）、银氨溶液。

三、实验步骤

取一些橘皮，在研钵中捣碎至糊状，用清水冲洗1～2次，洗去香精油，然后取绿豆大小的一粒橘皮糊，放入一支试管中，滴3～5滴浓硫酸作为催化剂，水浴加热5min，直到溶液呈亮棕色为止。取出试管，加入1～2mL的清水，在水浴上加热5min（使纤维素充分水解）。取出后，滴加氢氧化钠溶液，中和硫酸，调pH至8～9为最佳（银镜反应须在碱性环境中进行，pH大于9，镀出的银会发黑，pH小于8，银太薄易脱落）。另外，在一个干净的试管中配好银氨溶液，在其中加入3滴配好的橘皮水解液，振荡，水浴加热，大约1min左右就能看到明显的银镜现象。将试管取出，可以看到试管壁上有一层光亮的银。与用葡萄糖制成的银镜相比，效果相同。用苹果皮和梨皮，同样可以得到银镜反应的成功。

实验证明了利用果皮代替葡萄糖，可以进行银镜反应。

实验一　实用化学基础实验基本操作练习实验报告

姓名__________　班级__________　学号__________　实验日期__________

一、实验目的

____

二、实验步骤

1. 玻璃仪器的洗涤

玻璃仪器洗涤的一般程序是____

____

____

____

玻璃仪器洗净的标准是____

____

2. 化学试剂的取用

（1）现象____

____

化学方程式____

（2）现象____

____

化学方程式____

三、思考题讨论

裁剪线

实验二　溶液的配制实验报告

姓名＿＿＿＿＿＿　班级＿＿＿＿＿＿　学号＿＿＿＿＿＿　实验日期＿＿＿＿＿＿

一、实验目的

1. ＿＿＿＿＿＿＿＿＿＿＿＿＿＿＿＿＿＿＿＿＿＿＿＿＿＿＿＿＿＿＿＿。

2. ＿＿＿＿＿＿＿＿＿＿＿＿＿＿＿＿＿＿＿＿＿＿＿＿＿＿＿＿＿＿＿＿。

二、实验原理

1. 配制一定浓度的溶液，其操作过程可分为＿＿＿＿＿＿、＿＿＿＿＿＿、＿＿＿＿＿＿、＿＿＿＿＿＿、＿＿＿＿＿＿等步骤。

2. 计算所需公式＿＿＿＿＿＿＿＿＿＿＿＿、＿＿＿＿＿＿＿＿＿＿＿＿、＿＿＿＿＿＿＿＿＿＿。

三、填空题

1. 实验规则第一条是＿＿

第五条是＿＿。

2. 洗净的玻璃仪器，应＿＿＿＿，当把仪器倒置时，器壁上＿＿＿＿。

3. 酒精灯应用＿＿＿＿＿＿点燃，不能用＿＿＿＿＿＿点燃。需要添加酒精时，应先将火＿＿＿＿，然后再＿＿＿＿。要熄灭灯焰时，应用＿＿＿＿熄灭，切勿＿＿＿＿。

4. 加热盛液体的试管时，要使试管＿＿＿倾斜，试管口不许＿＿＿＿＿，试管底部不要＿＿＿＿＿。

5. 用台秤称量固体药品时，应注意：①调整＿＿＿。②被称物品放在一盘，被码放在＿＿＿＿盘。③称量易吸湿或具有腐蚀性的药品时＿＿＿＿＿。

四、实验步骤

1. 配制 100mL 0.5mol/L NaOH 溶液

计算所需固体 NaOH 的质量＿＿＿＿g，配制过程＿＿＿＿＿＿＿＿＿＿＿＿＿＿＿＿＿＿＿＿＿＿＿＿＿。

2. 配制 100mL 0.5mol/L $CuSO_4$ 溶液

计算所需 $CuSO_4 \cdot 5H_2O$ 的质量＿＿＿＿＿＿g，配制过程＿＿＿＿＿＿＿＿＿＿＿＿＿＿＿＿＿＿＿＿＿＿＿＿＿＿＿＿＿＿

3. 配制 100mL 0.5mol/L H_2SO_4 溶液

裁剪线

计算所需 98%（H_2SO_4）(ρ=1.84）的体积________mL，配制过程______

____

____

________________________。

五、思考题讨论

实验三　化学反应速率与化学平衡实验报告

姓名__________　班级__________　学号__________　实验日期__________

一、实验目的

1. ____。

2. ____。

二、实验原理

1. ____

____

____。

2. ____

____

____。

三、实验步骤

1. 浓度对反应速率的影响

编号	$NaHSO_3$ 的体积 V_1/mL	H_2O 的体积 V_2 /mL	KIO_3 的体积 V_3 /mL	KIO_3 的浓度 /(mol/L)	溶液变蓝时间 t/s
1	10	35	5		
2	10	30	10		
3	10	25	15		
4	10	20	20		

结论：____。

2. 温度对反应速率的影响

编号	$NaHSO_3$ 体积/mL	H_2O 体积/mL	KIO_3 体积/mL	实验温度/℃	淀粉变蓝时间 t/s
1	10	30	10	室温	
2	10	30	10	室温＋10	
3	10	30	10	室温＋20	

结论：____。

3. 催化剂对反应速率的影响

反应方程式____。

MnO_2 的作用____。

4. 浓度对化学平衡的影响

反应方程式____________________增加____________________浓度，平衡向

裁剪线

______移动。

5. 温度对化学平衡的影响

反应平衡式______________，在冷水中气体的颜色______________，在热水中气体的颜色__________________，该反应的正反应是______热反应。

四、思考题讨论

实验四　电解质溶液实验报告

姓名__________　班级__________　学号__________　实验日期__________

一、实验目的

1. ______________________________

2. ______________________________

二、实验原理

____

____

____

____

____

____

三、实验步骤

1. 比较盐酸和醋酸的酸性

作用对象	甲基橙	锌粒并加热	pH 试纸
HCl			
HAc			

酸性比较及说明：______________________________

______________________________。

2. 同离子效应对弱电解质电离平衡的影响

（1）观察比较溶液的颜色______________________________。

（2）观察比较溶液的颜色______________________________。

结论：______________________________。

3. 盐类的水解

（1）实验结果填入下表：

项　目	NaCl	NH_4Cl	Na_2S	$FeCl_3$	NH_4Ac
盐的类型					
pH					
酸碱性					

裁剪线

（2）加入 5 滴 HCl 的试管中观察到的现象______________________________。

（3）微热试管中的现象________________________。

由（2）、（3）实验现象，归纳出温度、酸度对盐类水解的影响：__________
____
____
________________________。

（4）有关反应方程式：____
____
____
____
____

四、思考题讨论

裁剪线

实验五　电化学基础实验报告

姓名＿＿＿＿＿　班级＿＿＿＿＿　学号＿＿＿＿＿　实验日期＿＿＿＿＿

一、实验目的

1. ＿＿＿＿＿＿＿＿＿＿＿＿＿＿＿＿＿＿＿＿＿＿＿＿＿＿＿＿＿＿。

2. ＿＿＿＿＿＿＿＿＿＿＿＿＿＿＿＿＿＿＿＿＿＿＿＿＿＿＿＿＿＿。

二、实验原理

＿＿＿＿＿＿＿＿＿＿＿＿＿＿＿＿＿＿＿＿＿＿＿＿＿＿＿＿＿＿＿＿＿＿
＿＿＿＿＿＿＿＿＿＿＿＿＿＿＿＿＿＿＿＿＿＿＿＿＿＿＿＿＿＿＿＿＿＿
＿＿＿＿＿＿＿＿＿＿＿＿＿＿＿＿＿＿＿＿＿＿＿＿＿＿＿＿＿＿＿＿＿＿
＿＿＿＿＿＿＿＿＿＿＿＿＿＿＿＿＿＿＿＿＿＿＿＿＿＿＿＿＿＿＿＿＿＿
＿＿＿＿＿＿＿＿＿＿＿＿＿＿＿＿＿＿＿＿＿＿＿＿＿＿＿＿＿＿＿＿＿＿
＿＿＿＿＿＿＿＿＿＿＿＿＿＿＿＿＿＿＿＿＿＿＿＿。

三、实验步骤

1. 金属的腐蚀

（1）锌粒与 H_2SO_4 反应现象＿＿＿＿＿＿＿＿＿＿＿＿，反应方程式：＿＿＿＿＿＿＿＿＿＿＿＿＿＿＿＿＿；铜丝接触锌粒使反应速率＿＿＿＿＿＿＿＿＿＿＿＿，原因是＿＿＿＿＿＿＿＿＿＿；滴入 $CuSO_4$ 溶液后锌粒与 H_2SO_4 反应速率＿＿＿＿＿＿＿＿＿＿，原因是＿＿＿＿＿＿＿，反应方程式＿＿＿＿＿＿＿＿＿＿＿＿＿＿＿＿＿＿＿＿＿＿＿＿＿。

（2）铜片放入 H_2SO_4 溶液中，有无现象发生＿＿＿＿＿＿＿＿＿＿；系有铜丝的锌片放入 H_2SO_4 溶液中，有何现象发生＿＿＿原因是＿＿＿＿＿＿＿＿＿＿＿＿＿＿＿＿＿＿＿＿；把两条铜丝连起来，插入溶液有何现象＿＿＿＿＿＿＿＿＿＿＿＿＿＿＿＿＿＿＿＿＿＿＿＿＿，原因是＿＿＿＿＿＿＿＿＿＿＿＿＿＿＿＿＿＿。

2. 电解 $CuSO_4$ 溶液，两极有何现象发生＿＿＿＿＿＿＿＿＿＿，阳极反应为：＿＿＿＿＿＿＿＿＿＿；阴极反应为：＿＿＿＿＿＿＿＿＿＿＿＿＿＿＿。

3. 电解饱和食盐水溶液

现象：＿＿＿＿＿＿＿＿＿＿＿＿＿＿＿＿＿＿＿＿＿＿＿＿＿＿＿＿＿＿＿；
阳极反应＿＿＿＿＿＿＿＿＿＿＿＿＿＿＿＿＿＿＿＿＿＿＿＿＿＿＿＿；阴极反应＿＿＿＿＿＿＿＿＿＿＿＿＿＿＿＿＿＿＿＿＿＿＿＿＿＿＿＿＿；总反应式：＿＿＿＿＿＿＿＿＿＿＿＿＿＿＿＿＿＿＿＿＿＿＿＿＿。

4. 设计铁钉镀铜装置

电源正极与__________相连，负极与__________相连，以__________为电镀液，电极反应为：____。

四、思考题讨论

实验六　物质的结构与性质的关系实验报告

姓名__________　班级__________　学号__________　实验日期__________

一、实验目的

1. ____。

2. ____。

3. ____。

二、实验原理

____

____

____。

三、实验内容

1. 同周期元素及其化合物性质和递变规律

(1) 金属性强弱的比较

① 现象：____

____。

方程式：____。

② 现象：____

____。

方程式：____。

③ 现象：____

____。

方程式：____。

(2) 最高价氧化物的水化物的酸碱性

① 现象：____

____。

方程式：____。

② 现象：____

____。

方程式：____。

2. 同一主族元素性质的递变规律

(1) 钾、钠金属性比较

现象：____

裁剪线

____。

方程式：____。

(2) 元素非金属性的比较

① 现象：____

____。

方程式：____。

② 现象：____

____。

方程式：____。

③ 现象：____

____。

方程式：____。

四、思考题讨论

实验七　硫和氮的化合物实验报告

姓名＿＿＿＿＿　班级＿＿＿＿＿　学号＿＿＿＿＿　实验日期＿＿＿＿＿

一、实验目的

1. ＿＿＿＿＿＿＿＿＿＿＿＿＿＿＿＿＿＿＿＿。

2. ＿＿＿＿＿＿＿＿＿＿＿＿＿＿＿＿＿＿＿＿。

二、实验原理

＿＿＿＿＿＿＿＿＿＿＿＿＿＿＿＿＿＿＿＿

＿＿＿＿＿＿＿＿＿＿＿＿＿＿＿＿＿＿＿＿

＿＿＿＿＿＿＿＿＿＿＿＿＿＿＿＿＿＿＿＿

＿＿＿＿＿＿＿＿＿＿＿＿＿＿＿＿＿＿＿＿。

三、实验内容

1. 浓硫酸的特性

浓硫酸稀释时可以放出＿＿＿＿＿＿＿＿＿＿；

实验中浓硫酸的脱水性表现在＿＿＿＿＿＿＿＿＿＿；

浓硫酸与铜反应的现象：＿＿＿＿＿＿＿＿＿＿。

反应方程式：＿＿＿＿＿＿＿＿＿＿

2. 硫酸根离子的检验

(1) 现象：＿＿＿＿＿＿＿＿＿＿

＿＿＿＿＿＿＿＿＿＿＿＿＿＿＿＿＿＿＿＿。

方程式：＿＿＿＿＿＿＿＿＿＿

(2) 现象：＿＿＿＿＿＿＿＿＿＿

＿＿＿＿＿＿＿＿＿＿＿＿＿＿＿＿＿＿＿＿。

3. 氨的制取和性质

(1) 现象：＿＿＿＿＿＿＿＿＿＿

＿＿＿＿＿＿＿＿＿＿＿＿＿＿＿＿＿＿＿＿。

方程式：＿＿＿＿＿＿＿＿＿＿

(2) 现象：＿＿＿＿＿＿＿＿＿＿

＿＿＿＿＿＿＿＿＿＿＿＿＿＿＿＿＿＿＿＿。

方程式：＿＿＿＿＿＿＿＿＿＿

4. 铵离子的检验

现象：＿＿＿＿＿＿＿＿＿＿

＿＿＿＿＿＿＿＿＿＿＿＿＿＿＿＿＿＿＿＿。

裁剪线

方程式：____

____。

结论：____

____。

四、思考题讨论

实验八　有机化合物的性质实验报告

姓名__________　班级__________　学号__________　实验日期__________

一、实验目的

1. ____。
2. ____。
3. ____。

二、实验原理

____。

裁剪线

三、实验步骤

1. 乙炔的制取和性质

制取乙炔的方程式：____________________，将乙炔通入 $KMnO_4$ 溶液，观察到的现象____________________，说明了____________________；将乙炔通入溴水中，观察到____________________；点燃乙炔，观察亮度__________。

2. 苯和甲苯的鉴别

苯
甲苯}

3. 乙醇的性质

乙醇与钠反应的现象：____________________。

4. 银镜反应

写出银氨溶液与甲醛反应的方程式：____________________。通过实验观察到的现象：____________________，说明葡萄糖分子内含有__________官能团。

5. 酯的生成与水解

(1) 酯的生成　写出生成酯的反应方程式：____________________。观察试管中的现象：____________________，气味__________。

（2）酯的水解　比较三支试管中的变化________________________。原因：____。酯的水解反应方程式：________________________。

四、思考题讨论

裁
剪
线

实验九　常见纤维、塑料的鉴别与胶黏剂的使用实验报告

姓名＿＿＿＿＿＿　班级＿＿＿＿＿＿　学号＿＿＿＿＿＿　实验日期＿＿＿＿＿＿

一、实验目的

1. ＿＿＿＿＿＿＿＿＿＿＿＿＿＿＿＿＿＿＿＿

2. ＿＿＿＿＿＿＿＿＿＿＿＿＿＿＿＿＿＿＿＿

3. ＿＿＿＿＿＿＿＿＿＿＿＿＿＿＿＿＿＿＿＿

二、实验原理

1. ＿＿＿＿＿＿＿＿＿＿＿＿＿＿＿＿＿＿＿＿

2. ＿＿＿＿＿＿＿＿＿＿＿＿＿＿＿＿＿＿＿＿

三、实验步骤

1. 用燃烧法鉴别几种常用塑料和纤维

名 称	燃烧难易	离火情况	燃烧状态	表面状态	气 味	说 明

2. 环氧树脂的配制

3. 几种胶黏剂的使用

粘 接 物	胶 黏 剂	胶 接 质 量
金属与金属(铜片)	酚醛-丁腈胶黏剂	
金属与陶瓷片	环氧树脂(自配)	
陶瓷片与陶瓷片	环氧树脂(自配)	
木材与木材	聚醋酸乙烯乳胶(白乳胶)	
橡胶与橡胶	氯丁胶黏剂	
木材与陶瓷片	环氧树脂(自配)	

四、思考题讨论

教育部高职高专规划教材

实用化学基础

第二版

(非化工专业通用)

王英健　主编

王雪鹰　张杰　副主编

化学工业出版社

·北京·

本书主要内容有：基本概念和基本计算，化学反应速率和化学平衡，电解质溶液的平衡及应用，物质结构与元素周期系，烃及其衍生物，糖类、蛋白质和高分子化合物，金属与金属材料，非金属与非金属材料，环境与化学，健康与化学及化学实验。每章都配备了习题和为拓展学生视野的阅读材料。

本书根据高职高专实用化学基础教材的基本要求编写，突出高职特色，强调基本知识及基础理论与生产实践和日常生活的紧密结合，旨在提高高职学生认识物质世界的水平，突出知识的实际、实践、实用。教材文字叙述精炼，简明扼要，通俗易懂。

本书为高职高专工科非化工专业实用化学基础教材，也可以供高职高专其他专业学生学习或化学爱好者参考使用。

图书在版编目（CIP）数据

实用化学基础/王英健主编．—2 版．—北京：化学工业出版社，2011.12（2024.9重印）

ISBN 978-7-122-12447-0

Ⅰ．实…　Ⅱ．王…　Ⅲ．化学-高等职业教育-教材　Ⅳ．O6

中国版本图书馆 CIP 数据核字（2011）第 200958 号

责任编辑：王文峡　　装帧设计：杨　北

责任校对：顾淑云

出版发行：化学工业出版社（北京市东城区青年湖南街 13 号　邮政编码 100011）

印　　装：大厂聚鑫印刷有限责任公司

787mm×1092mm　1/16　印张 18¾　彩插 1　字数 360 千字　2024年 9 月北京第 2 版第10次印刷

购书咨询：010-64518888　　售后服务：010-64518899

网　　址：http://www.cip.com.cn

凡购买本书，如有缺损质量问题，本社销售中心负责调换。

定　　价：45.00 元（含实验）

编 审 人 员

主　　编　王英健

副 主 编　王雪鹰　张　杰

编写人员　（按姓氏笔画为序）

马　虹　王　凯　王英健　王炳强　王雪鹰

田　凡　芮菊新　李志富　李居参　余希成

张　杰　张正兢　杨亚新　胡伟光　赵连俊

侯文顺　唐利平　黄桂芝　蒙桂娥　穆华荣

主　　审　李新华

第二版前言

《实用化学基础》第一版教材于2001年出版以来，得到了广大教师和使用者的肯定，同时使用本教材的各院校提出了很多修改建议。第二版实用化学基础教材保持了第一版的基本结构和编写特色，不断扬弃教材内容对有关内容作了适当精选、调整和补充。突出高职特色，体现化学知识的实用性，与时俱进，内容简洁、突出重点。参照各兄弟学校提出的建议，以及结合编者多年从事化学教学的实践，本次修订主要做了如下工作。

1. 重新构建了实用化学基础教材知识体系。按“必需够用”构建教材内容，充分体现实际、实践、实用的原则。增加第七章金属与金属材料和第八章非金属与非金属材料。

2. 更新教材部分内容。修改了过时的知识，对教材内容进行修改，改写了第十章健康与化学。

3. 对教材的内容进行了编排和精简。注重近年来化学新成果，新知识、新技术、新方法编入教材中。

4. 更新了阅读材料。教材各章节中的阅读材料进行了更新，以开阔学生视野，激发学习兴趣，引导学生继续学习。

全书共分十章。主要包括：基本概念和基本计算，化学反应速率和化学平衡，电解质溶液的平衡及应用，物质结构与元素周期系，烃及其衍生物，糖类、蛋白质和高分子化合物，金属与金属材料，非金属与非金属材料，环境与化学，健康与化学等。加*的内容可根据具体情况选学。

全书由王英健统稿，并担任主编，王雪鹰、张杰担任副主编。马虹、王炳强、王凯、田凡、芮菊新、李志富、李居参、余希成、张正兢、杨亚新、胡伟光、侯文顺、赵连俊、唐利平、黄桂芝、蒙桂娥、穆华荣为教材第一版的编审人员。参加教材修订工作的有：辽宁石化职业技术学院王英健教授（执笔修订第一章、第二章、第三章、第四章、第五章、第六章、附录），张杰（执笔修订第七章、第八章），锦州市中心医院王雪鹰教授（执笔修订第九章、第十章）。

本书由渤海大学化学化工与食品安全学院李新华教授主审，并邀请高职院的专家对书稿进行审阅，他们提出许多宝贵建议，在此一并表示感谢。

限于修订者的水平，教材修订后难免有疏漏，敬请读者批评指正。

编者

2011年11月

第一版前言

本书是依据1999年教育部组织制定的“高职高专教育实用化学基础课程教学基本要求”和“高职高专教育专业人才培养目标及规格”编写的《实用化学基础》教材。供高等职业学校工科非化工专业学生使用，也可供高职高专其他专业学生参考和使用。

本书由辽宁石化职业技术学院李居参同志任主编，并组成了由主任兼主编负责的《实用化学基础》教材编审委员会，由马虹、王炳强、王凯、田凡、芮菊新、李志富、李居参、余希成、张正兢、杨亚新、胡伟光、侯文顺、赵连俊、唐利平、黄桂芝、蒙桂娥、穆华荣17名编审人员组成。

本书贯彻教育部［2000］2号文件精神，注重突出高职特色：适当地降低了理论深度和广度；尽量做到与现行的初中化学教材相衔接，避免重复与脱节；力求创新，努力反映新的科技成果；编入了一些阅读材料，尽可能去拓展学生视野；注意了内容的趣味性，以激发学生的学习热情。本书着重编写的内容是最基本的化学理论及在生产实践和日常生活中广泛应用的化学知识，旨在提高学生认识物质世界的水平，加*的内容可根据具体情况选学。

本书编写过程中，得到了全国化工类高职教材编写委员会和化学工业出版社的大力支持，在此一并表示感谢。

由于编者水平有限，缺点和不足恳请各位教师和读者给予批评指正。

编者

2001年8月

目　录

第一章　基本概念和基本计算 …… 1

第一节　物质的量及单位 …… 1
一、物质的量（n） …… 1
二、摩尔质量 …… 2
第二节　气体摩尔体积 …… 3
一、摩尔体积 …… 3
二、气体的摩尔体积 …… 3
第三节　物质的量浓度 …… 5
一、物质的量浓度的含义 …… 5
二、物质的量浓度的计算 …… 5
三、溶液的配制和稀释 …… 6
第四节　化学方程式及其计算 …… 8
一、化学方程式 …… 8
二、有关化学方程式的计算 …… 8
三、热化学方程式 …… 10
第五节　氧化-还原反应 …… 11
一、氧化还原反应的概念 …… 11
二、氧化剂和还原剂 …… 12
三、氧化还原反应式的配平 …… 13
阅读材料 1-1 …… 14
阅读材料 1-2 …… 14
本章小结 …… 15
习题 …… 16

第二章　化学反应速率和化学平衡 …… 19

第一节　化学反应速率 …… 19
一、化学反应速率 …… 19
二、影响化学反应速率的外界因素 …… 20
第二节　化学平衡 …… 23
一、可逆反应与化学平衡 …… 23
二、平衡常数 …… 24
三、化学平衡的移动 …… 24
阅读材料 …… 27
本章小结 …… 28
习题 …… 29

第三章　电解质溶液的平衡及应用 …… 32

第一节　酸碱平衡及应用 …… 32
一、强电解质和弱电解质 …… 32
二、水的电离与溶液的酸碱性 …… 35
三、离子反应和离子方程式 …… 38
四、盐类的水解及其应用 …… 40
第二节　沉淀-溶解平衡及其应用 …… 42
一、溶度积 …… 42
二、溶度积规则及应用 …… 43
*第三节　氧化还原平衡及其应用 …… 44
一、原电池 …… 44
二、电解及其应用 …… 46
*三、化学电源 …… 50
*第四节　配位平衡及其应用 …… 51
一、配位化合物的基本概念 …… 51
二、配离子在水溶液中的稳定性 …… 53
三、配合物的应用 …… 55
阅读材料 3-1 …… 55
阅读材料 3-2 …… 56

本章小结 …………………………… 57
习题 ……………………………………… 59

第四章　物质结构与元素周期系 …………………………………………………… 63

第一节　原子结构 ………………… 63
一、原子的组成 …………………… 63
二、同位素 ………………………… 64
*第二节　原子核外电子的运动状态 ………………………… 65
一、核外电子的运动特征 ……… 65
二、核外电子的运动状态 ……… 65
三、原子轨道的能级 …………… 67
*第三节　原子核外电子的分布 …… 68
一、泡利不相容原理 …………… 68
二、能量最低原理 ……………… 68
三、洪特规则 …………………… 69
第四节　元素周期律 …………… 71
一、核外电子分布的周期性变化 …………………………… 71
二、原子半径的周期性变化 …… 71
三、元素性质的周期性变化 …… 71
第五节　元素周期表 …………… 72
一、元素周期表的结构 ………… 72
二、周期表中主族元素性质递变规律 ……………………… 73
第六节　化学键 ………………… 76
一、离子键 ……………………… 76
二、共价键 ……………………… 77
第七节　共价键的极性和分子的极性 ………………………… 79
一、非极性键和极性键 ………… 79
二、非极性分子和极性分子 …… 80
阅读材料 4-1 ……………………… 81
阅读材料 4-2 ……………………… 81
本章小结 ………………………… 82
习题 ……………………………… 83

第五章　烃及其衍生物 ……………………………………………………………… 86

第一节　有机化合物概述 ……… 86
一、有机化合物 ………………… 86
二、有机化合物的结构 ………… 87
三、有机物的同分异构现象 …… 87
四、有机化合物的分类 ………… 89
第二节　饱和烃 ………………… 90
一、烷烃的同系列和同系物 …… 90
二、烷烃的命名 ………………… 90
三、甲烷的结构及性质 ………… 92
四、环烷烃简介 ………………… 94
五、常见烷烃的性质和用途 …… 94
第三节　不饱和烃 ……………… 95
一、烯烃 ………………………… 95
二、炔烃 ………………………… 97
三、常见不饱和烃的性质和用途 …………………………… 99
第四节　芳香烃 ………………… 99
一、苯分子的结构 ……………… 100
二、苯的性质和用途 …………… 100
三、苯的同系物 ………………… 101
四、稠环芳烃 …………………… 102
五、常见芳香烃的性质和用途 … 103
第五节　烃的衍生物 …………… 103
一、卤代烃 ……………………… 103
二、醇、酚、醚 ………………… 105
三、醛和酮 ……………………… 109
四、羧酸 ………………………… 111
五、酯 …………………………… 112
六、油脂 ………………………… 113
阅读材料 5-1 ……………………… 113
阅读材料 5-2 ……………………… 116
本章小结 ………………………… 116
习题 ……………………………… 118

*第六章　糖类、蛋白质和高分子化合物 …… 122

第一节　糖类 …… 122
一、单糖 …… 122
二、二糖 …… 124
三、多糖 …… 124
第二节　蛋　白　质 …… 125
一、α-氨基酸 …… 126
二、蛋白质 …… 126
第三节　高分子化合物 …… 127
一、高分子的基本概念 …… 127
二、高分子化合物的基本性质 …… 130
阅读材料 6-1 …… 133
阅读材料 6-2 …… 134
本章小结 …… 135
习题 …… 136

第七章　金属与金属材料 …… 137

第一节　金属元素 …… 137
一、金属概述 …… 138
二、铁及其化合物 …… 141
三、铝及其重要化合物 …… 143
四、铜 …… 145
五、铬 …… 146
六、锰 …… 146
七、钛 …… 146
第二节　金属的腐蚀与防护 …… 147
一、金属的腐蚀 …… 147
二、金属的防护 …… 149
阅读材料 …… 151
本章小结 …… 151
习题 …… 152

第八章　非金属与非金属材料 …… 154

第一节　非金属元素 …… 154
一、非金属概述 …… 154
二、氯及其化合物 …… 154
三、硫及其化合物 …… 157
四、氮 …… 161
五、硅 …… 164
第二节　常用非金属材料 …… 166
一、无机非金属材料 …… 166
二、合成有机高分子材料 …… 170
三、复合材料简介 …… 173
四、材料的循环和回收 …… 174
阅读材料 …… 175
本章小结 …… 176
习题 …… 178

第九章　环境与化学 …… 181

第一节　环境与化学概述 …… 181
一、环境和环境问题 …… 181
二、可持续性发展与环境 …… 182
第二节　大气污染与防治 …… 183
一、大气的组成 …… 183
二、大气污染和大气污染源 …… 184
三、大气污染源及危害 …… 184
四、大气污染的综合防治 …… 185
第三节　水污染与防治 …… 188
一、水体和水体污染 …… 188
二、水体污染物及危害 …… 189
三、水污染的综合防治 …… 190
第四节　土壤的污染与防治 …… 193
一、土壤污染的概念 …… 193
二、土壤污染及危害 …… 193
三、土壤污染的防治 …… 194
阅读材料 9-1 …… 196
阅读材料 9-2 …… 196
本章小结 …… 197
习题 …… 198

第十章　健康与化学 …… 200

第一节　生命元素与健康 …… 200
一、生命必需元素 …… 200
二、几种必需矿物质元素的生理功能简述 …… 202
三、几种有毒的微量元素 …… 204
第二节　生命物质与健康 …… 208
一、蛋白质与健康 …… 208
二、脂类与健康 …… 209
三、糖与健康 …… 210
四、维生素与健康 …… 210
第三节　食品与健康 …… 212
一、食品添加剂与健康 …… 212
二、食品污染与健康 …… 214
三、烧烤、膨化、油炸食品与健康 …… 215
四、饮酒、功能饮料、饮茶与健康 …… 216
第四节　生活用品与健康 …… 219
一、化妆品与健康 …… 219
二、洗涤剂与健康 …… 221
三、服装与健康 …… 222
阅读材料 …… 224
本章小结 …… 225
习题 …… 227

附录一　相对原子质量表 …… 229

附录二　一些常见元素中英文名称对照表 …… 230

附录三　部分酸、碱和盐的溶解性表（20℃） …… 231

参考文献 …… 232

元素周期表

第一章　基本概念和基本计算

学习目标

1. 掌握物质的量及其单位的定义和应用。
2. 掌握摩尔质量、气体摩尔体积、物质的量浓度的含义，能进行简单的计算。
3. 熟悉化学方程式的计算。
4. 了解热化学方程式。

自然界中存在的各种物质都是由原子、分子、离子等微观粒子构成的，构成物质的各种微观粒子的质量极微小，难以称量。然而，在生产和实践中，参加反应的物质都可以称量，这是因为反应物质是大量微粒的集合体。化学反应就是在这些微粒的集合体之间按一定的数量关系发生的。那么，怎样才能将肉眼看不见的难以称量的微观粒子与可称量的宏观物质之间联系起来呢？在1971年的第14届国际计量大会上引入一个新的物理量，其名称为“物质的量（amount of substance)”，被广泛用于科学研究、工农业生产等方面。

第一节　物质的量及单位

一、物质的量（n）

物质的量是表示物质所含微观粒子数目多少的物理量，其单位为摩尔，符号为mol。

根据国际单位制规定，系统中所包含的基本单元数与0.012kg碳-12（可用^{12}C表示）的原子数目相等，则该系统的物质的量就是1mol。

0.012kg ^{12}C含有的碳原子数叫做阿伏伽德罗常数，用符号N_A表示。阿伏伽德罗常数是经过实验测得的数值，约为6.02×10^{23}。即在0.012kg ^{12}C中所含有碳原子数约为6.02×10^{23}个，物质的量为1mol。在使用摩尔单位时，要指明基本单元，例如：

1mol碳原子含有6.02×10^{23}个碳原子；

1mol氮分子含有6.02×10^{23}个氮分子；

1mol水分子含有6.02×10^{23}个水分子；

1mol 氢氧根离子含有 6.02×10^{23} 个氢氧根离子；

2mol 二氧化碳分子含有 $2\times6.02\times10^{23}$ 个二氧化碳分子。

由此可以推出：

物质中的微粒数＝物质的量×阿伏伽德罗常数

即

$$N=nN_A \tag{1-1}$$

上述公式中的微粒数即基本单元，可以是分子、原子、离子、电子，或是它们的特定组合。

根据式(1-1) 可进行物质的量与微粒数目之间的换算，例如：

0.5mol 的 NH_3 约含有 $0.5\times6.02\times10^{23}$ 个 NH_3 分子；

0.1mol 的 H_2SO_4 约含有 $0.1\times6.02\times10^{23}$ 个 H_2SO_4 分子。

由此可见，用物质的量表示物质所含微观粒子数目的多少，在科学技术和化学计算等方面带来了很大的方便。

二、摩尔质量

元素的相对原子质量是以碳-12 原子质量的 1/12 为标准，其他元素原子的质量与它相比较所得的数值。1mol 碳-12 的质量是 12g，即 6.02×10^{23} 个碳原子的质量是 12g。利用 1mol 任何物质都含有相同数目的粒子这个关系，可以推知 1mol 任何粒子的质量。例如，1 个 ^{12}C 与 1 个 H 的质量比约为 12∶1，1mol ^{12}C 与 1mol H 含有的原子数相同，因此，1mol ^{12}C 与 1mol H 的质量比也是 12∶1。因为 1mol ^{12}C 的质量是 12g，所以，1mol H 的质量就是 1g。

由此可以得出，1mol 任何原子的质量，以克作单位时，数值上等于这种原子的相对原子质量。例如：

氧原子的相对原子质量为 16，则 1mol 氧原子的质量为 16g；

硫原子的相对原子质量为 32，则 1mol 硫原子的质量为 32g；

氯原子的相对原子质量为 35.5，则 1mol 氯原子的质量为 35.5g。

同理可推出，1mol 任何物质的质量，以克作单位时，数值上等于这种物质的相对分子质量。例如：

氧气的相对分子质量为 32，则 1mol 氧气的质量是 32g；

二氧化碳的相对分子质量为 44，则 1mol 二氧化碳的质量是 44g；

硫酸的相对分子质量为 98，则 1mol 硫酸的质量是 98g；

氢氧化钠的相对分子质量为 40，则 1mol 氢氧化钠的质量是 40g。

由于电子质量很小，原子失去或得到电子的质量可以忽略不计，由此可以推知 1mol 任何离子的质量。例如：

1mol 氢离子的质量为 1g；

1mol 钠离子的质量为 23g；

1mol 硫酸根的质量为 96g；

1mol 氢氧根的质量为 17g；

综上所述，**1mol 任何物质的质量，以克为单位时，数值上等于该物质的化学相对分子质量**。根据国家标准 GB 3102.8—86 规定，同一物质的质量（m_B）除以其物质的量（n_B）称为该物质的摩尔质量（M_B），摩尔质量的 SI 单位为 kg/mol，在化学上常用 g/mol。物质的量（n_B）、物质的质量（m_B）和摩尔质量（M_B）之间的关系可用式(1-2) 表示。

$$n_B = \frac{m_B}{M_B} \tag{1-2}$$

利用此式可以进行物质的质量与物质的量之间的换算。

【例 1-1】 2mol 铜原子的质量是多少克？含多少个铜原子？

解　已知 $M(Cu) = 63.5g/mol$

（1）根据
$$n_B = \frac{m_B}{M_B}$$

$$m(Cu) = n(Cu) \cdot M(Cu) = 2mol \times 63.5g/mol = 127g$$

（2）根据
$$N = n \cdot N_A$$

$$N = 2mol \times 6.02 \times 10^{23} 个/mol = 1.204 \times 10^{24} 个$$

答：2mol 铜原子物质的质量是 127g，含 1.204×10^{24} 个铜原子。

【例 1-2】 22g CO_2 的物质的量是多少摩尔？

解　已知 $M(CO_2) = 44g/mol$

根据
$$n_B = \frac{m_B}{M_B}$$

$$n(CO_2) = \frac{m(CO_2)}{M(CO_2)} = \frac{22g}{44g/mol} = 0.5mol$$

答：22g CO_2 的物质的量是 0.5mol。

第二节　气体摩尔体积

一、摩尔体积

1mol 物质的体积称为摩尔体积。

对于固体或液体来说，1mol 各种物质体积是不同的，如温度为 20℃、压力为 1.01325×10^5Pa 时测得 1mol 铁的体积是 7.1cm³，1mol 铝的体积是 9.5cm³，1mol 铅的体积是 18.3cm³，1mol 汞的体积是 14.8cm³，1mol 水的体积是 18cm³，1mol 纯硫酸的体积是 54.1cm³，如图 1-1、图 1-2 所示。

二、气体的摩尔体积

对气体来说情况就大不相同，分别计算 1mol 氢气、氮气、氧气和二氧化碳在标准状况下（即温度为 0℃，压力为 1.01325×10^5Pa）的体积，列入表 1-1。

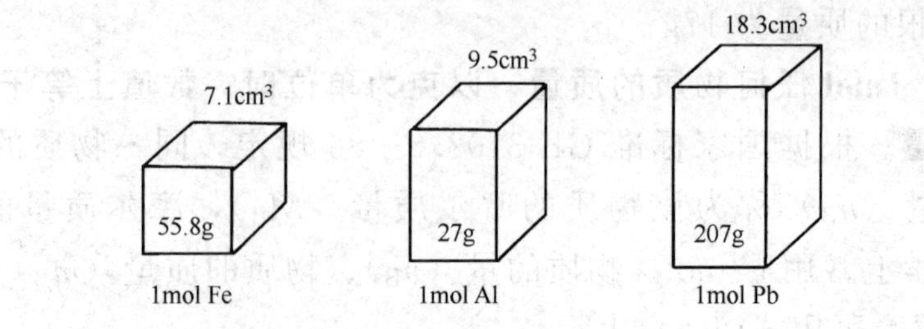

图 1-1 1mol 几种固体物质体积的比较

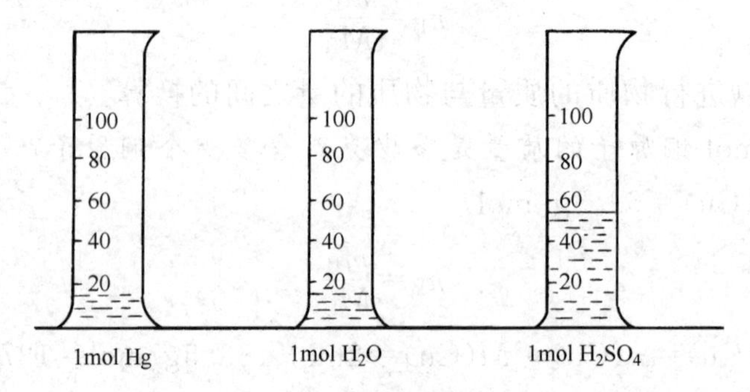

图 1-2 1mol 几种液体物质体积的比较

表 1-1 标准状况下某些气体的摩尔体积

气　　体	摩尔质量 M/(g/mol)	密度 ρ_0/(g/L)	摩尔体积 V_m/(L/mol) $V_m=M/\rho$
H_2	2.02	0.09	约 22.4
N_2	28.01	1.25	约 22.4
O_2	32.00	1.43	约 22.4
CO_2	44.01	1.98	约 22.2

由上述几个例子可以看出，在标准状况下，它们的体积都约是 22.4L。经过实验进一步证实，**在标准状况下，1mol 的任何气体所占的体积都约是 22.4L，这个体积叫做气体摩尔体积，用 V_m 表示。**

这是因为，在标准状况下气体分子间的距离是分子直径的 10 倍左右，所以气体的体积大小主要取决于分子间的平均距离，分子间距离的大小又与温度和压力有密切关系。一定量的气体，温度升高，分子间距离增大，体积随之增大；压力增大，分子间距离减小，体积随之减小。在同温同压下，不同气体的分子间平均距离几乎是相同的，因而，在标准状况下气体的摩尔体积都约是 22.4L。由此可得出标准状况下气体的物质的量与它所占体积的关系为：

$$n_B=\frac{V}{V_m} \qquad (1\text{-}3)$$

【例 1-3】 5.5g 氨在标准状况时的体积是多少升？

解 $M(NH_3)=17g/mol$

根据
$$n_B = \frac{m_B}{M_B}$$
$$n(NH_3) = \frac{m(NH_3)}{M(NH_3)} = \frac{5.5g}{17g/mol} = 0.32mol$$
再根据
$$n_B = \frac{V}{V_m}$$
$$V(NH_3) = n(NH_3)V_m = 0.32mol \times 22.4L/mol = 7.2L$$
答：5.5g 氨在标准状况下的体积是 7.2L。

【例 1-4】 在标准状况时，0.4L 的容器里含某气体的质量为 0.5g，计算该气体的相对分子质量。

解 根据
$$n_B = \frac{V}{V_m}$$
$$n_B = \frac{0.4L}{22.4L/mol} = 0.018mol$$
再根据
$$n_B = \frac{m_B}{M_B}$$
$$M_B = \frac{m_B}{n_B} = \frac{0.5g}{0.018mol} = 28g/mol$$
摩尔质量在数值上就等于该物质的相对分子质量。所以该气体的相对分子质量为 28。

答：这种气体的相对分子质量是 28。

第三节 物质的量浓度

一、物质的量浓度的含义

在实际工作中，很多化学反应都是在溶液中进行的，常常需要量取溶液的体积。因此知道一定体积溶液中含有溶质的“物质的量”计算起来就很方便。

单位体积溶液中含溶质 B 的“物质的量”，称为溶质 B 的物质的量浓度，其常用符号为 c_B，单位为 mol/L。
$$物质的量浓度 = \frac{溶质的物质的量}{溶液的体积}$$
即
$$c_B = \frac{n_B}{V_B} \qquad (1\text{-}4)$$

二、物质的量浓度的计算

【例 1-5】 0.5mol 氢氧化钠溶于水，配成 0.25L 溶液，计算此溶液的物质的量浓度。

解 根据
$$c_B = \frac{n_B}{V_B}$$

$$c(\mathrm{NaOH})=\frac{n(\mathrm{NaOH})}{V(\mathrm{NaOH})}=\frac{0.5\mathrm{mol}}{0.25\mathrm{L}}=2\mathrm{mol/L}$$

答：配成溶液的浓度为 2mol/L。

【例 1-6】 配制 500mL 0.1mol/L 的 NaOH 溶液，需要多少克 NaOH？

解 根据

$$c_{\mathrm{B}}=\frac{n_{\mathrm{B}}}{V_{\mathrm{B}}}$$

$$n(\mathrm{NaOH})=c(\mathrm{NaOH})\cdot V(\mathrm{NaOH})=0.1\mathrm{mol/L}\times 0.5\mathrm{L}=0.05\mathrm{mol}$$

再根据

$$n_{\mathrm{B}}=\frac{m_{\mathrm{B}}}{M_{\mathrm{B}}}$$

$$m(\mathrm{NaOH})=n(\mathrm{NaOH})\cdot M(\mathrm{NaOH})=0.05\mathrm{mol}\times 40\mathrm{g/mol}=2\mathrm{g}$$

答：需要 2g NaOH。

【例 1-7】 实验室常用质量分数为 98％的硫酸溶液，密度是 1.84g/mL，求该溶液的物质的量浓度？

解 可根据等体积的溶液中溶质的质量相等的关系，列式求解。

设该溶液的体积为 1L，则有：

$$c\times 1\mathrm{L}\times 98\mathrm{g/mol}=1000\mathrm{mL}\times 1.84\mathrm{g/mL}\times 98\%$$

$$c=\frac{1000\mathrm{mL}\times 1.84\mathrm{g/mL}\times 98\%}{1\mathrm{L}\times 98\mathrm{g/mol}}=18.4\mathrm{mol/L}$$

答：这种溶液的物质的量的浓度为 18.4mol/L。

用符号 ρ 代表溶液的密度，用 w 代表溶质的质量分数，M 代表溶质的摩尔质量，则物质的量浓度公式可表示为：

$$c=\frac{1000\rho w}{M} \tag{1-5}$$

此式即为物质的量浓度与溶质的质量分数之间的换算公式。

【例 1-8】 2mol/L 的 NaOH 溶液的密度是 1.08g/mL，求溶质的质量分数？

解 根据

$$c=\frac{1000\rho w}{M}$$

$$w=\frac{cM}{1000\rho}=\frac{1\mathrm{L}\times 2\mathrm{mol/L}\times 40\mathrm{g/mol}}{1000\mathrm{mL}\times 1.08\mathrm{g/mL}}=7.4\%$$

答：此溶液中溶质的质量分数为 7.4％。

三、溶液的配制和稀释

1. 溶液的配制

要配制一定浓度的溶液，其操作基本上可分为计算、称量、溶解、转移、定容等过程。

配制 250mL 0.1mol/L 的 NaCl 溶液。配制过程见图 1-3 所示。

（1）计算　固体 NaCl 的质量

$$m=nM=cVM=0.1\text{mol/L}\times0.25\text{L}\times58.5\text{g/mol}=1.5\text{g}$$

（2）称量　用天平称取 1.5g 固体 NaCl 放入烧杯里。

（3）溶解　加适量蒸馏水，用玻璃棒充分搅拌，使其完全溶解。

（4）转移　将小烧杯里的溶液沿玻璃棒转移到 250mL 的溶液量瓶中，用少量蒸馏水洗涤烧杯内壁 2～3 次，并将洗涤液全部转移到容量瓶中。轻轻摇动容量瓶，使溶液混合均匀。

（5）定容　继续向容量瓶中加入蒸馏水，使用溶液凹面恰好与刻度相切。盖好容量瓶瓶塞，反复倒置摇匀。

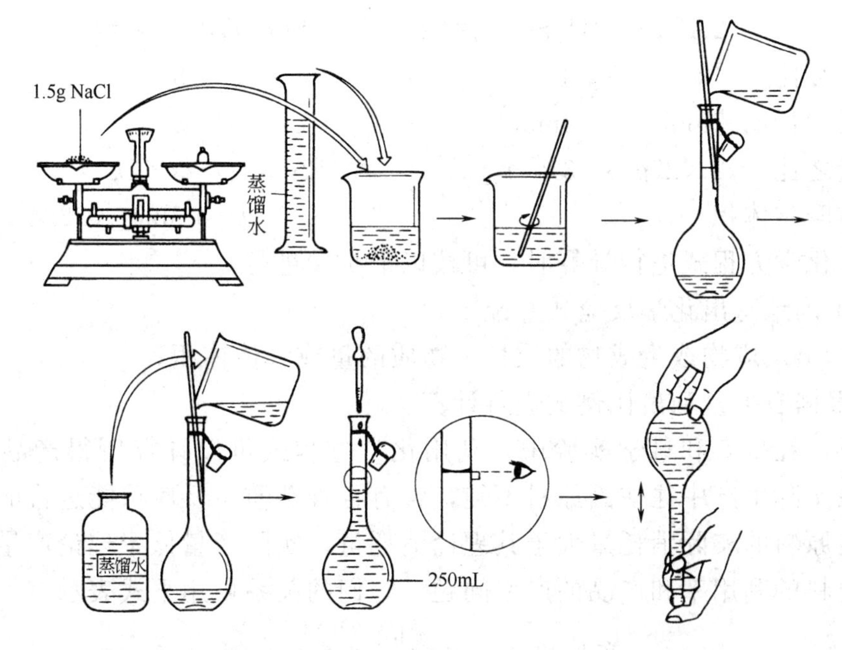

图 1-3　配制 250mL 0.1mol/L NaCl 溶液过程示意图

2. 溶液的稀释

在溶液中加溶剂后溶液的体积增大而浓度变小的过程叫溶液的稀释。溶液无论是浓缩还是稀释，只是溶剂的量发生变化，而所含溶质的质量（或物质的量）不变。即：稀释前溶质的“物质的量”等于稀释后溶质的“物质的量”。

设稀释前溶质的“物质的量”为 c_1V_1，稀释后溶质的“物质的量”为 c_2V_2，则溶液稀释的关系式为：

$$c_1V_1=c_2V_2 \tag{1-6}$$

应用上述关系式时，c_1 和 c_2，V_1 和 V_2 各自的单位必须统一。

【例 1-9】　配制 500mL 浓度为 3mol/L 的硫酸溶液，需要浓度为 12mol/L 的浓硫酸多少毫升？

解　根据 $c_1V_1=c_2V_2$

$$V_1=\frac{c_2V_2}{c_1}=\frac{500\text{mL}\times 3\text{mol/L}}{12\text{mol/L}}=125\text{mL}$$

答：需浓硫酸125mL。

第四节　化学方程式及其计算

一、化学方程式

用化学式来表示化学反应的式子叫化学反应式。而化学方程式与化学反应式有所不同，它不仅能表示反应物和生成物的种类，而且还表述了它们相互的量的关系，例如：

	$2Al$	+ $3H_2SO_4$(稀)	$=\!=\!=$ $Al_2(SO_4)_3$	+ $3H_2\uparrow$
微粒数比	2	∶ 3	∶ 1	∶ 3
物质的量比	2mol	∶ 3mol	∶ 1mol	∶ 3mol
质量之比	2×27g	∶ 3×98g	∶ 342g	∶ 3×2g
气体摩尔体积				3mol×22.4L/mol

根据化学方程式进行计算时，可按以下步骤进行：

① 正确地写出化学反应式并配平；

② 标出反应物或生成物的质量，物质的量或气体体积；

③ 根据有关量列出比例式进行计算。

另外，在生产和科学实验中，利用化学方程式可以计算所得产品的理论产量，而在实际生产中往往因原料不纯，含有各种杂质，反应可能进行的不完全等原因而使原料的实际消耗量大于其理论消耗量，实际产量低于理论产量，这就需要了解原料的利用率和产品的产率问题，它们的关系可用下式表示。

$$产品的产率=\frac{实际产量}{理论产量}\times 100\%$$

$$原料的利用率=\frac{理论消耗量}{实际消耗量}\times 100\%$$

二、有关化学方程式的计算

【例 1-10】 欲制取96g氧气，需要氯酸钾多少克？

解 首先写出正确的反应方程式，依题意设需氯酸钾的质量为 x 克。

$$2KClO_3 \xrightarrow[\triangle]{MnO_2} 2KCl+3O_2\uparrow$$

$$2\times 122.5 \qquad\qquad 3\times 32$$

$$x \qquad\qquad 96$$

$$x=\frac{2\times 122.5\times 96}{3\times 32}=245\ (\text{g})$$

答：需要氯酸钾245g。

【例 1-11】 合成 219kgHCl 气体，在标准状况下需氢气和氯气各多少立方米？

解 设需 H_2 为 $x$kmol，Cl_2 为 $y$kmol，欲合成 HCl 气体物质的量为：

$$\frac{219\text{kg}}{36.5\text{kg/kmol}}=6\text{kmol}$$

$$H_2+Cl_2 = 2HCl$$

$$1 \quad 1 \quad 2$$

$$x \quad y \quad 6$$

则 $x=y=3$kmol

标准状况下的体积为 3kmol×22.4m^3/kmol＝67.2m^3

答：标准状况下需 H_2 和 Cl_2 各为 67.2m^3。

【例 1-12】 工业上用煅烧石灰石来生产生石灰和二氧化碳，若煅烧 5t 含 90% $CaCO_3$ 的石灰石，问：(1) 能得到生石灰多少吨？生产的 CO_2 在标准状况下是多少立方米？(2) 若实际得到生石灰是 2.4t，其产率是多少？(3) 每生产 1t 生石灰，用去 2t 石灰石，其原料利用率是多少？

解 (1) 设得到 CaO 为 x 吨，生产 CO_2 为 y 立方米，原料中含纯 $CaCO_3$ 为 5t×90%＝4.5t

$$CaCO_3 = CaO+CO_2\uparrow$$

$$100 \quad 56 \quad 22400$$

$$4.5 \quad x \quad y$$

$$x=\frac{4.5\times 56}{100}=2.52\ (\text{t})$$

$$y=\frac{4.5\times 22400}{100}=1008\ (\text{m}^3)$$

(2) 生石灰的理论产量为 2.52t

$$\text{石灰石的产率}=\frac{\text{实际产量}}{\text{理论产量}}\times 100\%=\frac{2.4}{2.52}\times 100\%=95.2\%$$

(3) 由 (1) 理论计算可知生产 2.52t 氧化钙需碳酸钙 4.5t，那么生产 1t 消耗碳酸钙为 $\frac{4.5}{2.52}=1.78$t

$$\text{石灰石的利用率}=\frac{\text{理论消耗量}}{\text{实际消耗量}}\times 100\%=\frac{1.78}{2.0}\times 100\%=89\%$$

答：能得到生石灰 2.52t，生产 CO_2 是 1008m^3，生石灰的产率为 95.2%，生石灰的利用率为 89%。

【例 1-13】 完全中和 1L 0.5mol/L 的 NaOH 溶液，需要 2mol/L 的 H_2SO_4 溶液多少升？

解 设需 2mol/L 的 H_2SO_4 溶液为 x 升。

$$2NaOH \quad + \quad H_2SO_4 = Na_2SO_4 + 2H_2O$$

$$2mol \qquad\qquad 1mol$$

$$1L \times 0.5mol/L \qquad x \cdot 2mol/L$$

解得　$x=0.125L$

答：需用 2mol/L 的 H_2SO_4 溶液 0.125L。

【例 1-14】 现用密度为 1.0g/mL 的盐酸 800g 与足量 $CaCO_3$ 反应，在标准状况下收集到 44.8LCO_2，问此盐酸的物质的量浓度是多少？

解　设需 HCl 的物质的量为 x 摩尔。

$$2HCl + CaCO_3 = CaCl_2 + H_2O + CO_2\uparrow$$

$$2mol \qquad\qquad\qquad 22.4L$$

$$x mol \qquad\qquad\qquad 44.8L$$

解　$x=4mol$

盐酸溶液的体积　$V=\frac{m}{\rho}=\frac{800g}{1.0g/mL}=800mL=0.8L$

HCl 的物质的量浓度　$c=\frac{n}{V}=\frac{4mol}{0.8L}=5mol/L$

答：此盐酸物质的量浓度是 5mol/L。

三、热化学方程式

化学反应都伴随着能量的变化，通常表现为热量的变化，即有放热或吸热的现象发生，反应过程中放出或吸收的热量叫做该反应的反应热。

化学反应中的热量变化，一般可通过实验方法来测定，并用化学方程式表示出来。例如，在 298K 和 1.01325×10^5Pa 下测得 1mol 碳在氧气中燃烧时放热 393.5kJ；1mol 水蒸气与灼烧的碳反应时吸热 131.8kJ，分别表示如下。

$$C(s)+O_2(g) = CO_2(g)+393.5kJ$$

$$C(s)+H_2O(g) = CO(g)+H_2(g)-131.8kJ$$

这种表明化学反应所放出或吸收热量的化学方程式叫热化学方程式。

热化学方程式与普通化学方程式的主要区别如下。

(1) 热量以 kJ 为单位，其数值写在方程式右边，放热用“+”号，吸热用“−”号表示。

(2) 因为在反应中放出或吸收热量的多少与反应物和生成物的聚集状态有关，所以在热化学方程式中要注明物质的状态。气态用 (g) 表示、固态用 (s) 表示、液态用 (l) 表示。

(3) 热化学方程式中各物质前的系数只代表“物质的量”，它可以是整数，也可以是分数。而且反应的热效应随系数的变化而成比例变化。如：

$$2H_2(g)+O_2(g) = 2H_2O(g)+483.6kJ$$

$$H_2(g)+\frac{1}{2}O_2(g) = H_2O(g)+241.8kJ$$

(4) 反应热与温度和压力有关，如果测定时的温度为 298K，压力为 1.01325×10^5 Pa，一般可不用注明。

第五节 氧化-还原反应

在初中化学里，对氧化还原反应有了初步的了解，在此基础上，从化合价和电子转移的角度进一步讨论氧化还原反应的本质。

一、氧化还原反应的概念

分析氢气还原氧化铜的反应：

$$CuO+H_2 = H_2O+Cu$$

其中 CuO 是氧化剂，H_2 是还原剂，CuO 发生还原反应，H_2 发生氧化反应。

现在从元素化合价和电子转移的观点分析该反应。其中铜元素的化合价从+2 价降到 0 价被还原；与此同时，氢元素的化合价从 0 价上升到+1 价被氧化。元素的化合价发生变化的根本原因是该元素在反应过程中发生了电子得失或偏移。某元素在反应过程中失去电子则表现为化合价升高，反之若得到电子则表现为化合价降低，所以，通过化合价变化的表象得知，氧化还原反应的本质是电子得失或偏移。

可以用双线桥的方式表示出氧化还原反应中化合价改变与电子得失的情况。

失去 $2e^-$，化合价升高，发生氧化反应

$$\overset{+2}{Cu}O+\overset{0}{H_2} = \overset{0}{Cu}+\overset{+1}{H_2}O$$

得到 $2e^-$，化合价降低，发生还原反应

也可以用单线桥直接表示原子或离子间电子转移的情况。

$$\overset{+2}{Cu}O+\overset{0}{H_2} \xrightarrow{} \overset{2e^-}{\ } = Cu+\overset{+1}{H_2}O$$

综上所述，可得出以下几点。

(1) 凡是有电子转移（电子得失或共用电子对偏移）的反应，叫做氧化还原反应。电子得失或共用电子对的偏移是氧化还原反应的实质。

(2) 元素（原子或离子）失去电子（化合价升高）的过程叫氧化；元素（原子或离子）得到电子（化合价降低）的过程叫还原。元素原子的化合价升高和降低是氧化还原反应的特征。

元素转移电子数=反应前化合价-反应后化合价

(3) 氧化和还原是同时发生的。也就是说，得失电子的过程是同时进行的，而且得失电子的总数必定相等。

二、氧化剂和还原剂

物质失去电子的反应是氧化反应，物质得到电子的反应是还原反应。得到电子的物质是氧化剂，失去电子的物质是还原剂。在氧化还原反应中，电子是从还原剂转移到氧化剂。例如铁在氯气中的燃烧反应：

$$2\overset{0}{Fe}+3\overset{0}{Cl_2} \xrightarrow{点燃} 2\overset{+3}{Fe}\overset{-1}{Cl_3}$$

Fe 失电子，被氧化，铁是还原剂；Cl 得电子，被还原，氯气是氧化剂。

化学上常用氧化性和还原性来描述物质的氧化能力或还原能力，物质获得电子的能力越强，其氧化性越强，它就是越强的氧化剂。例如，卤素单质的氧化性变化趋势是：

$$F_2 \quad Cl_2 \quad Br_2 \quad I_2$$

$$强 \xrightarrow[得电子的能力]{氧化性} 弱$$

常用的氧化剂有 $FeCl_3$、HNO_3、MnO_2、$KMnO_4$、浓 H_2SO_4、K_2CrO_7 以及活泼的非金属如卤素、氧气。由于氧化剂在化学反应中总是得到电子，本身被还原（化合价降低），所以氧化剂中起氧化作用的元素一定具有较高或最高的化合价。物质失去电子能力越强，其还原性越强，它就是越强的还原剂。例如，一些金属的还原性强弱顺序是：

$$K \quad Ca \quad Na \quad Mg \quad Al \quad Fe \quad Cu$$

$$强 \xrightarrow[失去电子能力]{还原性} 弱$$

常用的还原剂有活泼的金属以及 H_2、C、CO、H_2S、NH_3 等。由于还原剂在化学反应中总是失去电子，本身被氧化（化合价升高），所以还原剂中起还原作用的元素一定具有较低或最低的化合价。

氧化性、还原性的强弱决定于得失电子的难易而不决定于得失电子的多少。

在氧化还原反应中，氧化剂及其还原产物，还原剂及其氧化产物，分别是两类不同价态的物质。

如果氧化剂的氧化性越强，则其反应产物的还原性就越弱，例如卤素阴离子的还原性变化趋势是：

$$F^- \quad Cl^- \quad Br^- \quad I^-$$

$$弱 \xrightarrow[失电子的能力]{还原性} 强$$

同理，如果还原剂的还原性越强，则其反应产物的氧化性就越弱。

某些处于中间化合价的物质，如 SO_2，亚硫酸（H_2SO_3）及其盐，亚硝酸（HNO_2）及其盐，过氧化氢（H_2O_2）等。当它们遇到更强氧化剂时表现出还原性；当它们遇到更强还原剂时则表现出氧化性。例如：

$$2FeCl_2+Cl_2 = 2FeCl_3$$

$$FeCl_2 + Zn \xlongequal{} Fe + ZnCl_2$$

除此以外，有时在反应中氧化剂和还原剂是同一种物质。如：

$$2KClO_3 \xlongequal[\triangle]{MnO_2} 2KCl + 3O_2 \uparrow$$

$$Cl_2 + 2NaOH \xlongequal{} NaCl + NaClO + H_2O$$

三、氧化还原反应式的配平

氧化还原反应式往往比较复杂，不易用观察法配平，根据氧化还原反应的实质或特征，可以通过分析电子转移或化合价升降来配平反应式。

1. 配平氧化还原反应式的原则

（1）在氧化还原反应中，氧化剂得到电子的总数等于还原剂失去电子的总数。

（2）反应前后各元素的原子数目相等。

2. 确定元素化合价的原则

（1）化合物中，氧通常为－2 价，氢为＋1 价；

（2）单质为零价；

（3）金属为正价；

（4）化合物中各元素化合价的代数和为零。

3. 配平氧化还原反应式的步骤

（1）写出反应物和生成物的化学式，并标出参加氧化还原反应元素的正负化合价。

（2）求出化合价升高数值与降低数值的最小公倍数，找出使其得失电子总数相等应乘以的最简系数，此系数即为氧化剂和还原剂的系数。

（3）用观察法配平化学式中其他元素的原子个数，即物质化学式前的系数。若系数中有分数出现，则需化成最简整数比，电子转移总数也应作相同比例变化。配平后把箭号改为等号。

【例 1-15】 配平铜和稀硝酸的反应式。

（1）$Cu + HNO_3(稀) \longrightarrow Cu(NO_3)_2 + NO\uparrow + H_2O$ （未配平）

（化合价升高）$-2e^- \times 3$

（2）$3\overset{0}{Cu} + 2H\overset{+5}{N}O_3 \xrightarrow{\triangle} 3\overset{+2}{Cu}(NO_3)_2 + 2\overset{+2}{N}O\uparrow + H_2O$ （配平过程）

（化合价降低）$+3e^- \times 2$

（3）$3Cu + 8HNO_3(稀) \xlongequal{\triangle} 3Cu(NO_3)_2 + 2NO\uparrow + 4H_2O$ （配平后）

在（2）式中，有 6 个 NO_3^- 没有参加氧化还原反应，因此，HNO_3 的系数应该是 2 加 6 等于 8。在（3）式中，比较两边氢原子数，左边是 8 个氢原子，所以右边必须生成 4 个 H_2O。最后核对两边的氧原子数，左边是 24 个氧原子，右边也是 24 个氧原子，因此反应式已配平。配平后，对气态生成物要标箭号，并把反应物和生成物之间的单箭号改为等号。

【例 1-16】 配平二氧化锰和浓盐酸的反应式，并注明氧化剂和还原剂。

（1） $MnO_2 + HCl(浓) \xrightarrow{\triangle} MnCl_2 + Cl_2 + H_2O$ （未配平）

（化合价升高）$-e^- \times 2$

（2） $\overset{+4}{Mn}O_2 + 2H\overset{-1}{Cl} \xrightarrow{\triangle} \overset{+2}{Mn}Cl_2 + \overset{0}{Cl_2} + H_2O$ （配平过程）

（化合价降低）$+2e^-$

（3） $MnO_2 + 4HCl(浓) \xlongequal{\triangle} MnCl_2 + Cl_2\uparrow + 2H_2O$ （配平后）

创立分子学说的阿伏伽德罗

在物理学和化学中，有一个重要的常数叫阿伏伽德罗常数；还有一个常见的定律叫阿伏伽德罗定律。这都是意大利物理学家阿伏伽德罗于 1811 年提出的。

然而在阿伏伽德罗提出这一分子学说后的 50 年里，人们的认识却不是这样的。原子这一概念及其理论被多数化学家所接受，并广泛地运用来推动化学的发展，而分子学说却遭到冷遇。阿伏伽德罗发表的关于分子学说的第一篇论文没有引起任何反响。3 年后的 1814 年，他发表了第二篇论文，继续阐述他的分子学说。1821 年他又发表了阐述分子学说的第三篇论文。尽管阿伏伽德罗作了再三的努力，但分子学说仍然没有被大多数化学家所承认。

1860 年 9 月在德国卡尔斯鲁厄召开了国际化学会议，这次会议力求通过讨论，在化学式、相对原子质量等问题上取得统一的意见。来自世界各国的 140 名化学家在会议上争论激烈，但没达成协议。这时意大利化学家康尼查罗散发了他所写的小册子，希望大家重视研究阿伏伽德罗的分子学说。他回顾了 50 年来化学发展的历程，成功的经验，失败的教训，都充分证实阿伏伽德罗的分子学说是正确的。经过 50 年的曲折经历，阿伏伽德罗的分子学说终于被承认。

化学中的美

哪里有生命哪里就有化学。化学物质是化学变化的产物，化学物质之美是化学变化之美达到终极表现。化学变化之美表现在其过程中的色态万千、奇异深邃、变化纷繁的美好形象和有规可循的内在结果。节日焰火的五彩缤纷；彩色照片的色调优美，栩栩如生；化学物质、化工产品的颜色状态，如晶莹华贵的金刚石、美如蓝宝石的胆矾、洒脱如珍珠的水银、鲜艳柔软的腈纶、状如鱼卵的尿素等赤橙黄绿青蓝紫，千姿百态。化学化工产品在人类生活中所扮演的重要角色，既体现了其自身的实用美，又体现了人们对美的追求。人们注重衣着美，选用合成纤维、合成染料、尼龙、涤纶、仿皮等，人们讲究饮食的营养、注重各种营养成分的调配、微量化学元素的吸收。为了美化环境，人们采用琳琅满目的塑料制品、四季茂盛的塑料鲜花、特别制成的五彩灯光，再加上那空气清新剂散发的阵阵清香，真是令人陶醉。这一切的一切，无不是化学化工产品带来的实用美。随着科技的发展，人们追求美的欲望必将引起化学工业上新材料、新产品的层出不穷，进一步发挥化学化工产品实用美的功效。

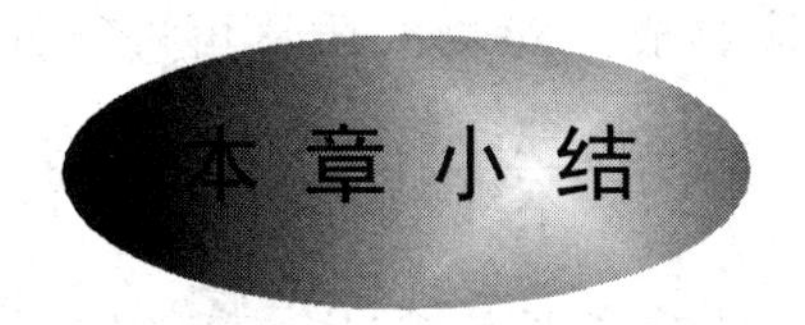

本章小结

一、物质的量

1. 物质的量（n）

物质的量是表示物质所含微观粒子数目多少的物理量。

摩尔（mol）是物质的量的单位。每摩尔物质中含有 6.02×10^{23} 个微观粒子。

$$n=\frac{N}{N_A}\qquad N_A=6.02\times10^{23}$$

$$n_B=\frac{m_B}{M_B}$$

2. 气体摩尔体积（V_m）

标准状况下，单位物质的量气体所占有体积都约为 22.4L，这个体积称为气体摩尔体积。

$$n_B=\frac{V}{V_m}\qquad V_m=22.4\text{L/mol}\text{（用于标准状况）}$$

阿佛加德罗定律：在相同的温度和压强下，相同体积的任何气体所含的分子数都相等。

3. 物质的量浓度（c）

以单位体积溶液中所含溶质的物质的量来表示溶液的浓度。

$$c_B=\frac{n_B}{V_B}$$

4. 溶液中溶质的质量分数和物质的量浓度可通过密度进行换算。

$$c=\frac{1000\rho w}{M}$$

以物质的量为核心的换算关系：

$$\begin{array}{c} \text{物质中的微粒数}(N) \\ N_A\times \Big\Downarrow\Big\Uparrow \div N_A \\ \text{标准状况下气体体积}(V) \underset{V_m\times}{\overset{\div V_m}{\rightleftharpoons}} \text{物质的量}(n) \underset{\div M}{\overset{\times M}{\rightleftharpoons}} \text{物质的质量}(m) \\ V\times \Big\Downarrow\Big\Uparrow \div V \\ \text{物质的量浓度}(c) \end{array}$$

二、化学方程式的计算

在化学方程式的计算中，学会使用“物质的量”可使计算更加方便，应注意以下几点。

（1）反应物和生成物都是纯净物，利用方程式计算可求得理论值。

（2）如有不纯物必须换算成纯净物的质量再进行计算。

$$\text{纯度}=\frac{\text{纯净物质量}}{\text{不纯物质量}}\times 100\%$$

（3）

$$\text{产品的产率}=\frac{\text{实际产量}}{\text{理论产量}}\times 100\%$$

$$\text{原料利用率}=\frac{\text{理论消耗量}}{\text{实际消耗量}}\times 100\%$$

（4）如原料或产品在标准状况下是气体，可直接运用气体摩尔体积进行计算。

三、热化学方程式

表明反应所放出或吸收热量的化学方程式叫热化学方程式。

四、氧化还原反应

氧化还原反应的实质是电子的得失或共用电子对的偏移，其表现是化合价的降低或升高。

氧化剂→得电子→化合价降低→发生还原反应→具有氧化性

还原剂→失电子→化合价升高→发生氧化反应→具有还原性

1. 求下列物质的摩尔质量

（1）Al　（2）CO_2　（3）NaCl　（4）K_2SO_4　（5）Mg

2. 求下列化合物的物质的量

（1）1kg $CaCO_3$　（2）8kg SO_2　（3）120g $MgSO_4$

（4）9kg H_2O　（5）146g HCl

3. 判断题

（1）摩尔是物质的质量单位。（　）

（2）1mol 氧含有 6.02×10^{23} 个氧。（　）

（3）在标准状况下 1mol 任何物质都占有相同的体积。（　）

（4）5.6L 氧气所含的分子数是 11.2L 氨气所含分子数的一半。（　）

（5）在标准状况下 44g CO_2 气体含有 6.02×10^{23} 个 CO_2 分子。（　　）

（6）0.5mol 电子和 0.5mol 离子的粒子数相等。（　　）

（7）4g　H_2 和 4gO_2 的分子数相等。（　　）

4. 下列物质的量均为 0.25mol，求其质量。

（1）Na_2CO_3　　（2）$CaSO_4$　　（3）Na_3PO_4

（4）$K_2Cr_2O_7$　　（5）$Al(OH)_3$

5. 在标准状况下，测得 0.96g 某气体的体积为 336mL，计算该气体的相对分子质量。

6. 某气体的相对分子质量是 14，在标准状况下与 1L 氮气质量相等，问这种气体的体积是多少升？

7. 求下列酸的物质的量浓度

（1）盐酸：密度 1.19g/mL，含量 37%；

（2）硝酸：密度 1.42g/mL，含量 71%。

8. 250mL 浓度为 3mol/L 氢氧化钠溶液中含 NaOH 多少克？

9. 配制 500mL 0.6mol/L 的 H_2SO_4 溶液需用 98%的密度为 1.84g/mL 的浓硫酸多少毫升？

10. 中和 4g NaOH 用去盐酸 25mL，计算该盐酸的物质的量浓度。

11. 填空

（1）在 5mL ______ mol/L 的 NaOH 溶液中含 NaOH1g。

（2）0.2mol/L 的 250mL $BaCl_2$ 溶液中含有 $BaCl_2$ 的“物质的量”是______ mol。$BaCl_2$ 的质量是______ g。

（3）由 100mL 浓度为 0.5mol/L 的 H_2SO_4 溶液中取出 10mL，H_2SO_4 溶液的浓度为______ mol/L。

（4）已知 $CaCl_2$ 溶液中，每 100mL 溶液中有 6.02×10^{23} 个 Cl^-，则该溶液的物质的量浓度是______。

（5）配制 250mL 0.2mol/L 的硫酸溶液需用 98%的密度为的 1.84g/mL 浓硫酸______ mL，需用仪器有______、______、______、______。操作过程分为______、______、______、______等步骤。

12. 某待测浓度 NaOH 溶液 25mL，加入 20mL 1.0mol/L 的硫酸溶液后显酸性。再加入 1.0mol/L KOH 溶液 1.5mL 达到中和。计算 NaOH 溶液物质的量浓度。

13. 物质的量为 1.5mol Zn 与足量的 HCl 溶液恰好完全反应。计算能生成多少克 $ZnCl_2$？多少摩尔氢气？

14. 配平下列反应式，并指出氧化剂和还原剂。

（1）$Cu+HNO_3(浓)\xrightarrow{\triangle}Cu(NO_3)_2+NO_2\uparrow+H_2O$

（2）$KMnO_4\xrightarrow{\triangle}K_2MnO_4+O_2\uparrow+MnO_2$

（3）$NH_3+O_2\longrightarrow NO+H_2O$

（4）$C+HNO_3\longrightarrow CO_2\uparrow+NO_2\uparrow+H_2O$

15. 下列反应是不是氧化还原反应？若属于氧化还原反应的，则标出电子转移方向和电子数目，并注明氧化剂和还原剂。

（1）$H_2+Cl_2=\!=\!=2HCl$

（2）$CaCO_3 \xlongequal{\triangle} CaO + CO_2\uparrow$

（3）$2CuO + C \xlongequal{} 2Cu + CO_2\uparrow$

（4）$C + H_2O(g) \xlongequal{} CO\uparrow + H_2\uparrow$

（5）$Na_2CO_3 + H_2SO_4 \xlongequal{} Na_2SO_4 + CO_2\uparrow + H_2O$

（6）$2Fe + 3Cl_2 \xlongequal{\triangle} 2FeCl_3$

*16. 在标准状况下，1 体积水能溶解 400 体积的氨气，测得密度为 0.98g/mL，求此氨水的质量分数和物质的量浓度（氨水的摩尔质量按 17g/mol 计算）。

*17. 某炼铁厂需炼成含杂质 2%的生铁 5t，需含 80% Fe_2O_3 的赤铁矿多少吨？

*18. 在标准状况下，1mol 氢气与足量氯气完全反应生成氯化氢气体，放出热量 185kJ，写出该反应的热化学方程式。

第二章　化学反应速率和化学平衡

学习目标

1. 掌握影响化学反应速率的因素，了解质量作用定律的数学表达式的含义。
2. 掌握影响化学平衡移动的因素。
3. 熟悉化学平衡的特征及平衡常数表达式。

一切化学反应都涉及两个方面的问题，第一是反应进行的快慢，也就是化学反应速率问题；第二是反应完成的程度，即有多少反应物可以转化为生成物，这是化学平衡问题。化学反应进行的快慢和程度是有一定规律的，掌握这些规律对理论研究和生产实践都具有重要意义。因此本章对化学反应速率和化学平衡作一些初步介绍，为后续学习打下基础。

第一节　化学反应速率

一、化学反应速率

各种化学反应的速率极不相同，即使同一反应，在不同的条件下，反应速率也不同。如炸药爆炸、酸碱中和反应几乎瞬间完成；溶液中的氧化还原反应相对慢些；钢铁的生锈，水泥的硬化还要慢得多；而煤和石油的形成则要长达亿万年时间。为了比较反应的快慢程度，就要弄清化学反应速率的概念。化学反应速率（chemical reaction rate）是指**在一定条件下，化学反应中的反应物转变为生成物的快慢。通常用单位时间内反应物浓度的减少或生成物浓度的增加来表示。**

$$化学反应速率=\frac{浓度的变化}{变化所需时间}或写成\ v=\frac{|c_2-c_1|}{t_2-t_1} \qquad (2\text{-}1)$$

式中$|c_2-c_1|$为物质浓度变化的绝对值，单位是mol/L；t_2-t_1为变化所需时间，单位是秒（s）或分钟（min）。例如，在一定条件下合成氨的反应：

$$N_2+3H_2 = 2NH_3$$

设N_2的初始浓度为1mol/L，2s后测得N_2的浓度为0.8mol/L，即2s内的浓度减少了0.2mol/L。

$$v(N_2)=\frac{|0.8-1|\,mol/L}{2s}=0.1mol/(L\cdot s)$$

如果用 H_2 或 NH_3 的浓度变化来表示该反应速率，由方程式得知，每减少 1mol 的 N_2，必然减少 3mol 的 H_2，生成 2mol 的 NH_3。所以 $v(H_2)$ 的数值是 $v(N_2)$ 数值的 3 倍，$v(NH_3)$ 的数值是 $v(N_2)$ 数值的 2 倍。

即
$$v(H_2)=3\times0.1mol/(L\cdot s)=0.3mol/(L\cdot s)$$
$$v(NH_3)=2\times0.1mol/(L\cdot s)=0.2mol/(L\cdot s)$$

由此可见，用 N_2 和 H_2 浓度的减少或 NH_3 浓度的增加都可以表示其反应速率，只是因为反应时物质的量之比不同，它们的数值也不同，但所表示的意义却是相同的。各物质速率的比等于各物质的量之比，即 $v(N_2):v(H_2):v(NH_3)=1:3:2$。因此，表示某一反应速率时，必须指明是用哪种物质的浓度变化来表示的。

二、影响化学反应速率的外界因素

化学反应速率的快慢，首先取决于反应物的本性，如锌粒与稀盐酸剧烈反应放出氢气，铜与稀盐酸就不反应。除内因外，几乎所有的反应速率都受反应时外界条件的影响，其中主要是浓度、压力、温度和催化剂的影响。

1. 浓度对反应速率的影响

把带有余烬的木条插入盛有氧气的集气瓶中，木条又重新剧烈地燃烧起来。在钢铁冶炼时，鼓入富氧风代替空气，以促进焦炭的燃烧。这些实例都说明燃料与氧气反应随着氧气浓度的增大而加剧。溶液中的化学反应也是如此。例如亚硫酸氢钠与碘酸钾溶液的化学反应：

$$5NaHSO_3+2KIO_3 = Na_2SO_4+3NaHSO_4+K_2SO_4+I_2+H_2O$$

反应中产生的 I_2 可使淀粉变为蓝色。如果在溶液中预先加入淀粉作为指示剂，则淀粉变蓝所需时间的长短，可反映化学反应速率的快慢。

课堂演示 2-1

取两个小烧杯各加入 30mL 浓度为 0.02mol/L 的 $NaHSO_3$（含淀粉），然后分别注入 1mL 浓度为 0.02mol/L 和 0.1mol/L 的 KIO_3 溶液，立即用秒表记时，并加以搅拌，记下溶液变蓝所需的时间。

实验结果表明，KIO_3 溶液的浓度越大，溶液变蓝所需时间越短。许多实验证明，**当其他条件不变时，增加反应物浓度，可以增大反应的速率。**

反应速率与反应物浓度之间究竟存在着什么关系呢？经过实验证明：**对于一步完成的反应，在一定条件下，反应速率与各反应物浓度幂的乘积成正比（反应物浓度的方次，等于反应方程式中各化学式前的系数）**。这个结论叫质量作用定律。

在一定条件下

$$\text{一步反应}\qquad 2NO+O_2 = 2NO_2$$

若以 [NO] 和 [O_2] 分别表示一氧化氮和氧气的浓度（单位为 mol/L），以 v 表示该温度时的反应速率，则

$$v \propto [NO]^2[O_2]$$

写成等式

$$v = k[NO]^2[O_2]$$

式中 k 叫反应速率常数，这个常数由反应物本性决定，并随温度而变化，与浓度无关，即对某一给定的反应在一定温度下，k 为正值。当 [NO] 和 [O_2] 都为 1mol/L 时，$v=k$。因此 k 的物理意义是：单位浓度时的反应速率。

对任何一个一步完成的反应来说，如

$$mA + nB = pC + qD$$

其质量作用定律表达式（也叫反应速率方程式）可写成

$$v = k[A]^m[B]^n \tag{2-2}$$

在质量作用定律中，反应物浓度是指气态或溶液的浓度，而不包括固态物质。对于有固态物质参加的反应来说，由于反应只在固体表面进行，因此反应速率仅与固体表面大小，扩散速度有关。对于某一反应，固体反应物的表面积是一定的，可并入常数 k。

煤在空气中燃烧的反应

$$C(s) + O_2 = CO_2$$

$$v = k[O_2]$$

生产上，对有固体参加的反应，常采用粉碎、搅拌等方法来加快反应速率，硫铁矿的沸腾焙烧就是一例。

稀溶液中有水参加的反应，由于水的浓度变化很小，也并入常数 k 中。

2. 压强对反应速率的影响

对有气体参加的反应，当温度一定时，一定量气体的体积与其所受的压强成反比，如果气体的压强增大到原来的 2 倍，气体的体积就缩小到原来的一半，单位体积内的分子数就增加到原来的 2 倍，这就相当于增大了气体的浓度，因而反应速率增大。如图 2-1 所示。相反，减少压强，气体的体积增大、浓度减小，因而反应速率减慢。所以，**对有气体参加的反应，压强对反应速率的影响，实际上就是浓度对速率的影响。**

如果参加反应的物质是固体或溶液时，由于改变压强对它们浓度的改变很

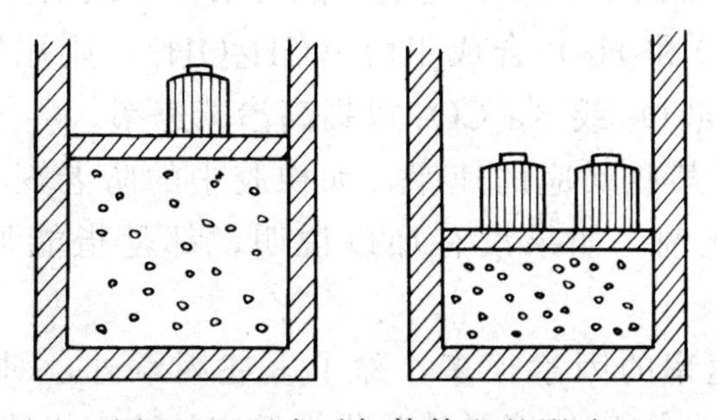

图 2-1 压力对气体体积的影响

小，因此可以认为反应速率与压强无关。

3. 温度对反应速率的影响

温度对化学反应速率的影响特别显著，一般升高温度使反应速率增大。质量作用定律告诉我们，反应速率不但与反应物浓度有关，还取决于速率常数 k。这里 k 值只是温度的函数，与浓度的变化无关。

温度对反应速率的影响，主要是影响速率常数 k。一般来说，温度升高，k 值增大，反应速率相应加快。根据实验总结出一个近似规律：**温度每升高 10℃，反应速率将增大到原来的 2～4 倍。**所以在实验室和生产中常用加热的方法来提高反应速率。

4. 催化剂对反应速率的影响

凡能改变反应速率而它本身的组成、质量和化学性质在反应前后保持不变的物质，称为催化剂。

在两支试管里，分别加入 3mL 3%的 H_2O_2 溶液，在其中的一支试管里加入少量二氧化锰，可见该试管中有气泡生成。这是因为 MnO_2 加快了 H_2O_2 的分解速度。

$$2H_2O_2 = 2H_2O + O_2\uparrow$$

像这种有催化剂参加的反应叫催化反应。在催化剂作用下，反应速率发生改变的现象叫催化作用。

催化剂在人类生活和生产中都具有十分重要的意义。目前化工生产中约有85%以上的反应是借助于催化剂的作用来加快反应速率，提高生产率的。例如，在硫酸工业中，SO_2 氧化成 SO_3 的反应进行缓慢，使用 V_2O_5 作催化剂，在一定温度下用接触法大大地加快了 SO_2 的转化速率。这样的例子不胜枚举，可见催化剂在现代化工工业中的重要作用。

人体内的生物化学反应（消化、新陈代谢等）是在生物催化剂——酶的催化作用下进行的。

催化剂是有选择性的，一种催化剂只能对某一（或某些）反应起催化作用。

如用水煤气（CO 和 H_2）合成甲醇（CH_3OH），则用铜作催化剂；对钢铁固体渗碳时，常加 $BaCO_3$ 或 Na_2CO_3 以提高渗碳速率。

有些物质能延缓某些反应的速率，如橡胶中的防老剂，这类物质叫负催化剂。以后提到的催化剂，如果没有加以说明，都是指能加快反应速率的正催化剂。

影响化学反应速率的因素很多，除了上述因素外，对一些化学反应来说，光、超声波、放射线、电磁波等对某些化学反应的速率也能产生影响，如光照能使 AgBr 分解速率加快，这个原理应用在照相技术上。

第二节 化学平衡

前面学习了化学反应速率及其影响反应速率的主要因素，在化工生产和化学研究中，只考虑反应速率是不够的，还要考虑反应能进行到何种程度，即反应物有多少转化为生成物，这就是化学平衡问题。

化学平衡（chemical equilibrium）主要是研究可逆反应进行的程度以及外界条件对平衡移动的影响问题。

一、可逆反应与化学平衡

有些化学反应一旦发生就能进行到底，如氯酸钾 $KClO_3$ 的分解反应：

$$2KClO_3 \xrightarrow[\triangle]{MnO_2} 2KCl + 3O_2\uparrow$$

在相同条件下，KCl 不能与 O_2 反应生成 $KClO_3$，像这种几乎只能往一个方向进行的反应，叫做不可逆反应。

但是，对于大多数化学反应来说，反应都具有可逆性，只是可逆程度有所不同。在常温、常压下将二氧化碳溶于水可生成碳酸；碳酸不稳定，又分解为二氧化碳和水。

$$CO_2 + H_2O \rightleftharpoons H_2CO_3$$

这种在同一条件下能够同时向两个相反方向进行的反应叫做可逆反应。

可逆反应中，化学方程式用两个相反的箭号代替等号。从左向右的反应叫做正反应，与此相反的叫做逆反应。

可逆反应有什么特点呢？下面通过在高温时一氧化碳与水蒸气作用生成二氧化碳和氢气的反应进行分析讨论。

$$CO + H_2O(g) \rightleftharpoons CO_2 + H_2$$

在 1200℃时的密闭容器内，放入一氧化碳和水蒸气。并且开始时反应物 CO 和 $H_2O(g)$ 的浓度最大，正反应速率最大。而 CO_2 和 H_2 的浓度为零，所以逆反应速率为零。随着反应的进行，反应物 CO 和 H_2O（g）的浓度逐渐降低，正反应速率（$v_{正}$）逐渐变小，同时，由于 CO_2 和 H_2 的生成且浓度逐渐增大，所以逆反应速率（$v_{逆}$）逐渐增大。经过一段时间最后正反应速率必定会等于逆反应速率（图 2-2）。

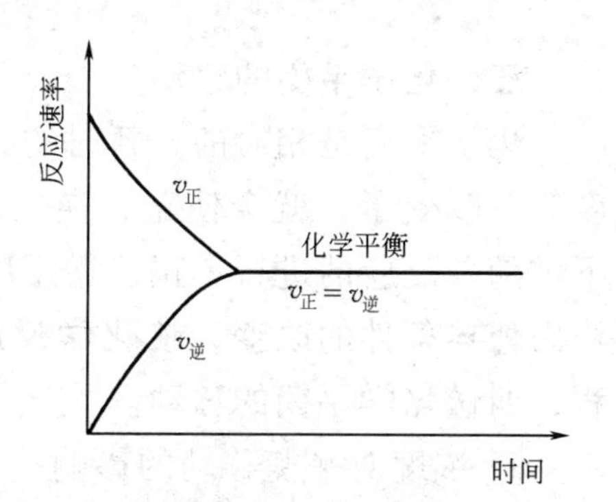

图 2-2 正逆反应速率与化学平衡的关系

在一定条件下可逆反应进行到正反应速率与逆反应速率相等时，反应物浓度和生成物的浓度不再随着时间而改变的状态，叫做化学平衡。

化学平衡是有条件的、相对的、暂时的动态平衡。在一定条件下，反应达到平衡状态时，正反应和逆反应虽仍然继续进行，但正、逆反应速率相等，因而物质的浓度保持不变。

二、平衡常数

在一定温度下，在密闭容器中发生的可逆反应，无论从正反应开始，还是从逆反应开始，无论反应起始时反应物浓度的大小，最后都能达到化学平衡状态。这时反应物和生成物浓度相对稳定，生成物浓度的幂的乘积与反应物浓度的幂的乘积之比为一个常数，这个常数称为化学平衡常数（chemical equilibrium constant）。

对于任何一个可逆反应，达到平衡时，其平衡常数可表示为

$$m\mathrm{A}+n\mathrm{B}\rightleftharpoons p\mathrm{C}+q\mathrm{D}$$

在一定温度下达到平衡时，其平衡常数

$$K=\frac{[\mathrm{C}]^p[\mathrm{D}]^q}{[\mathrm{A}]^m[\mathrm{B}]^n} \tag{2-3}$$

其中 [A]、[B]、[C]、[D] 为反应物和生成物平衡时的浓度，p、q、m、n 为反应式中各相应化学式前的系数。

化学平衡常数的大小是反应进行程度的衡量标志，K 值越大，表明达到平衡时，生成物浓度越大，反应物浓度越小，即正反应进行得越彻底。否则反之。所以由 K 值的大小可以推断反应完成的程度。应注意以下两点。

（1）平衡常数与物质的浓度无关，只随温度而变化。

（2）在平衡常数表达式中，只包括气体和溶液物质的浓度，不包括固体。例如

$$CO_2(g)+C(s)\rightleftharpoons 2CO(g)$$

它的平衡常数表达式为：

$$K=\frac{[CO]^2}{[CO_2]}$$

三、化学平衡的移动

化学平衡是相对的、暂时的、有条件的。如果外界条件（如浓度、压强、温度等）改变了，就会使正、逆反应速率不再相等，平衡受到破坏。在新的条件下，随着反应的进行，正、逆反应速率会再次相等，从而建立起新的平衡。像这样**因外界条件的改变，使化学反应由原来的平衡状态转变到新的平衡状态的过程，叫做化学平衡的移动。**

1. 浓度对平衡移动的影响

在其他条件不变的情况下，对一个已经达到平衡状态的可逆反应，改变任何一种反应物或生成物的浓度，都会引起化学平衡的移动。例如

$$FeCl_3 + 3KSCN \rightleftharpoons \underset{\text{(血红色)}}{Fe(SCN)_3} + 3KCl$$

课堂演示 2-3

将 0.01mol/L $FeCl_3$ 和 0.01mol/L KSCN 溶液各 10mL 混合均匀，由于生成硫氰酸铁，使溶液呈血红色。将上述血红色混合液平均分到 3 支试管中，往第一支试管中加入几滴 1.0mol/L $FeCl_3$ 溶液，第二支试管中加入几滴 1.0mol/L KSCN 溶液，第三支试管留作对照，观察三支试管中溶液颜色的区别。

由实验结果看到，加入试剂的两支试管里，溶液的红色都加深了。这说明，增加任何一种反应物的浓度都使化学平衡向正方向移动。

大量事实证明，对任何可逆反应，在其他条件不变时，增大反应物浓度或减小生成物浓度，都能使平衡向正反应方向移动；增大生成物浓度或减小反应物浓度，都能使平衡向逆反应方向移动。

在生产上，为了充分利用成本较高的原料，往往让较廉价的原料过量。例如在 $CO + H_2O(g) \rightleftharpoons CO_2 + H_2$ 的实际生产中将 $\frac{H_2O(g)}{CO}$ 的物质的量的比提高到 5～8 倍，尽可能提高 CO 的转化率。

2. 压强对平衡移动的影响

对于有气态物质参加的可逆反应来说，如果反应前、后气体的分子总数不等，那么增大或减小反应的压强都会使平衡发生移动。因为改变压强，会使气体的体积发生变化，从而使气体的浓度改变，正、逆反应速率不再相等，引起平衡的移动。

如图 2-3，用注射器吸入 NO_2 和 N_2O_4 混合气体之后，将细管端用橡皮塞封闭。NO_2 和 N_2O_4 在一定条件下处于化学平衡状态。

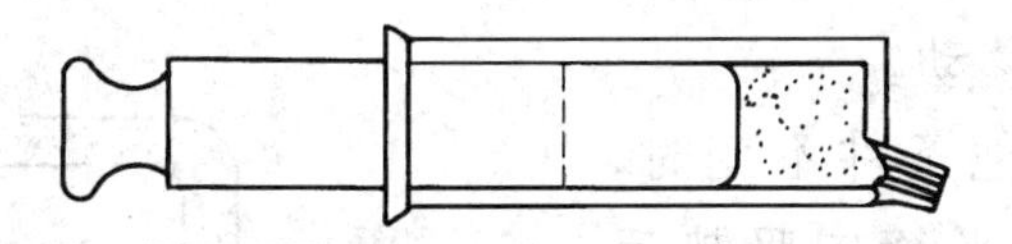

图 2-3　压强对化学平衡的影响

$$\underset{\text{(红棕色)}}{2NO_2(g)} \rightleftharpoons \underset{\text{(无色)}}{N_2O_4(g)}$$

在这个反应里，每减少 2 体积 NO_2 就会增加 1 体积 N_2O_4。将注射器活塞向后拉时，管内体积增大，气体的压强和浓度减小，可看到混合气体的颜色逐渐变深，证明生成了更多的 NO_2，平衡向逆反应方向移动，即向气体分子数增多的方向移动。当活塞向前推时，管内体积减小，气体的压强和浓度增大，混合气体的颜色逐渐变浅，证明了生成了更多的 N_2O_4，平衡向正反应方向移动，即向气体分子数减少的方向移动。

总之，在其他条件不变的情况下，增大压强会使化学平衡向着减少气体分子数的方向移动；减小压强会使化学平衡向着增多气体分子数的方向移动。

有些可逆反应，反应前后气态物质分子数没有变化，例如：

$$CO + H_2O(g) \rightleftharpoons CO_2 + H_2$$

$$H_2 + I_2(g) \rightleftharpoons 2HI(g)$$

对上述反应，增大或减小压强都不能使化学平衡移动。

固态物质或液态物质的体积，受压强的影响很小，可以略去不计，如果反应混合物里，既有气态物质，又有液态或固态物质，那么只考虑压强对气态物质的影响。例如：

$$CO_2(g) + C(s) \rightleftharpoons 2CO(g)$$

增大压强，平衡向气体分子数减少的方向移动，即向生成 CO_2 的方向移动。

3. 温度对平衡移动的影响

化学反应总伴随着热量的变化。如可逆反应的正反应是放热的，其逆反应必然是吸热的。当温度改变时，吸热反应和放热反应速率发生不同的变化，因而引起化学平衡的移动。

课堂演示 2-5

如图 2-4，用 NO_2 平衡球观察两球颜色变化研究温度对平衡移动的影响。

NO_2 转化为 N_2O_4 的过程是放热反应，则其逆反应必然是吸热反应。

$$\underset{\text{(红棕色)}}{2NO_2(g)} \rightleftharpoons \underset{\text{(无色)}}{N_2O_4(g)} + 57kJ$$

浸入冰水的球内气体颜色变浅，说明 N_2O_4 浓度增大，平衡向正反应（放热）方向移动；浸入热水的球内气体颜色变深，说明 NO_2 的浓度增大，平衡向逆反应（吸热）方向移动。

由此可见，在其他条件不变时，升高温度，会使化学平衡向吸热反应方向移动；降低温度，会使化学平衡向放热反应方向移动。

因为催化剂可同等程度的改变正、逆反应速率，所以它不会引起化学平衡的移动。但是，使用正催

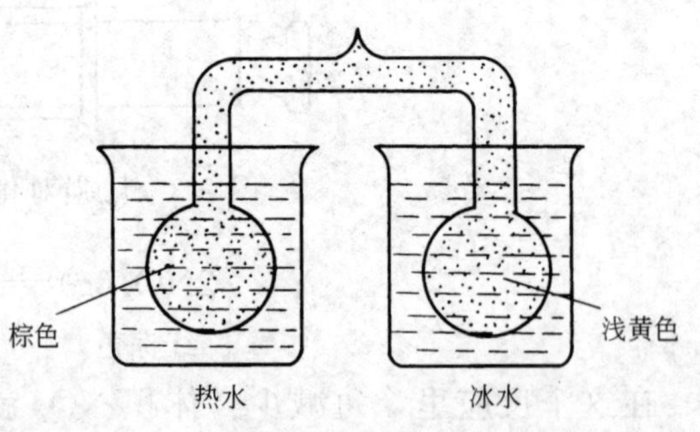

图 2-4　温度对平衡移动的影响

化剂能够大大地缩短反应达到平衡所需的时间，这对提高单位时间的产量有重要意义。

综合浓度、压力、温度等条件的改变对平衡移动的影响，法国化学家吕·查德里（1850～1936年）将其概括成为一条普遍规律：**假如改变平衡体系的条件之一，如温度、压力或浓度，平衡就向能减弱这种改变的方向移动。这个规律就称为吕·查德里原理，也叫平衡移动原理。**

4. 化学反应速率与化学平衡移动原理的应用

在化工生产中，常常需要综合考虑化学反应速率与化学平衡两个方面的因素来选择最适宜的条件，以便提高生产效率。如合成氨是一个气体总分子数减少的可逆放热反应。

$$N_2 + 3H_2 \rightleftharpoons 2NH_3 + 92.4kJ$$

根据平衡移动原理，合成氨的有利条件是增加压力，降低温度以及增加反应物浓度或降低氨的浓度。但是压力越大，对设备的耐压要求就越高，使设备投资增高，因而生产成本增高；温度过低，反应速率太慢，使生产效率降低。另外温度过低还对催化剂的活性产生影响，氮气和氢气极难化合。即使在高温高压下，反应仍然十分缓慢，所以氨的合成必须采用催化剂才具有工业意义。综合上述因素，目前我国采用铁催化剂合成氨的反应条件大多是：450～550℃，20×10^6～50×10^6Pa，还需将生成的氨及时从混合气体中分离出来，并不断地向循环气中补充氮气和氢气。

必须注意，平衡移动原理只适用于已达到平衡的体系。对反应速率非常小，达到平衡所需时间很长的反应，讨论平衡移动问题是没有意义的。

合成氨的发明

弗里茨·哈伯（Fritz Haber）是20世纪初世界闻名的德国物理化学家、合成氨的发明者。

利用氮、氢为原料合成氨的工业化生产曾是一个较难的课题，从第一次实验室研制到工业化投产，约经历了150年的时间。1795年有人试图在常压下进行氨合成，后来又有人在50个大气压下试验，结果都失败了。19世纪下半叶，物理化学的巨大进展，使人们认识到由氮、氢合成氨的反应是可逆的，增加压力将使反应推向生成氨的方向；提高温度会将反应移向相反的方向，然而温度过低又使反应速率过小；催化剂对反应将产生重要影响。这实际上就为合成氨的试验提供了理论指导。

哈伯首先进行一系列试验，探索合成氨的最佳物理化学条件。他依靠试验检验取得的某些数据，设计出一套适于高压试验的装置和合成氨的工艺流程。即在炽热的焦炭上方吹入水蒸气，可以获得几乎等体积的一氧化碳和氢气的混合气体。其中的一氧化碳在催化剂的作用下，进一步与水蒸气反应，得到二氧化碳和氢气。然后将混合气体在一定压力下溶于水，二氧化碳被吸收，制得了较纯净的氢气。同样将水蒸气与适量的空气混合通过红热的炭，空气中的氧和炭便生成一氧化碳和二氧化碳而被吸收除掉，从而得到了所需要的氮气。

经过不断试验和计算，哈伯终于在 1909 年在 600℃的高温、200 个大气压（1 大气压＝101325Pa）和锇为催化剂的条件下，得到产率约为 8%的合成氨。哈伯认为若能使反应气体在高压下循环加工，并从这个循环中不断地把反应生成的氨分离出来，则这个工艺过程是可行的。于是他成功地设计了原料气的循环工艺，这就是合成氨的哈伯法。

走出实验室，进行工业化生产，根据哈伯的工艺流程，生产出大量廉价的原料氮气、氢气。在 1913 年一个日产 30t 的合成氨工厂建成并投产。从此合成氨成为化学工业中发展较快，十分活跃的一个部分。

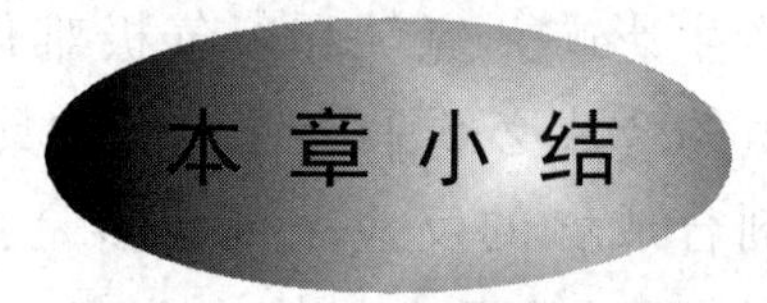

一、化学反应速率

1. 化学反应速率（v）：用单位时间内任何一种反应物或生成物的浓度变化来表示。单位：mol/(L·s) 或 mol/(L·min)。

2. 质量作用定律：在一定温度下，对于一步完成的反应，化学反应速率与各反应物浓度的幂的乘积成正比。例如：

$$mA+nB \xlongequal{} pC+qD$$

$$v=k\,[A]^m\,[B]^n$$

其中 k 为化学反应速率常数。

（1）不同的化学反应有不同的 k 值。

（2）同一反应的 k 值只随温度而改变，与浓度无关。

质量作用定律定量的表示了反应物浓度对反应速率的影响。

3. 影响化学反应速率的因素

影响因素
- 内因：参加反应的物体本身的性质。
- 外因
  - 浓度：增大任一反应物的浓度，反应速率加快。
  - 温度：升高温度，反应速率加快。
  - 压强：增大压强，反应速率加快。
  - 催化剂：加入正催化剂，反应速率加快。

二、化学平衡

1. 可逆反应：在同一条件下，能同时向两个相反方向进行的反应。

2. 化学平衡的特征

（1）平衡时，$v_{正}=v_{逆}\neq 0$

（2）平衡时，混合物中各成分的含量不随时间发生变化。

（3）化学平衡状态是一种有条件的动态平衡。

因此化学平衡的特征便于记忆可归纳为三个字：等、定、动。

3. 平衡常数 K

化学平衡常数是反应进行程度的标志。

对于可逆反应 $mA+nB \rightleftharpoons pC+qD$ 的平衡常数表达式为：

$$K=\frac{[C]^p[D]^q}{[A]^m[B]^n}$$

（1）有固体参加的可逆反应，平衡常数表达式不计入固体物质的浓度。

（2）不同的可逆反应有不同的平衡常数。

（3）K 只随温度变化，与浓度无关。K 值愈大，正反应趋势愈大；反之，K 值愈小，正反应趋势愈小。

三、化学平衡移动原理

当外界条件（浓度、压强、温度）对处于平衡状态的可逆反应施加某种影响时，平衡就向着能减弱这种影响的方向移动。

1. 增大反应物浓度，平衡向减小反应物浓度即增大生成物浓度的方向移动。

2. 增大压强，平衡向降低压强即向气体分子总数减少的方向移动。

3. 升高温度，平衡向降低温度即吸热方向移动。

4. 催化剂能同等程度地改变正、逆反应速率，不影响化学平衡，但它能缩短反应达到平衡的时间。

习题

1. 什么叫化学反应速率？影响化学反应速率的因素有哪些？

2. 为什么升高温度和增加反应物浓度都能增大反应的速率？

3. 反应速率常数的大小表示什么含义？它的数值与反应时的温度、浓度有什么关系？

4. 什么叫化学平衡，其特点是什么？反应处于平衡状态时各物质浓度之间有何定量关系？

5. 在反应 $2SO_2+O_2 \rightleftharpoons 2SO_3$ 中，SO_2 的初始浓度为 2mol/L，O_2 的初始浓度为 1mol/L，经过 5s 后测得 $[SO_2]=0.6$mol/L，求 SO_2、O_2、SO_3 的反应速率各为多少？

6. 写出下列各反应的质量作用定律表达式

（1）$H_2+Cl_2 = 2HCl$

（2）$CaO(s)+CO_2 = CaCO_3(s)$

（3）$2H_2S+O_2 = 2H_2O+2S$

（4）$CO_2+C(s) = 2CO$

7. 采取什么措施，可以加快下列反应的反应速率？

(1) $CH_4(g)+H_2O(g)=\!=\!=CO(g)+3H_2(g)-Q$

(2) $C(s)+O_2(g)=\!=\!=CO_2(g)+Q$

(3) $2H_2O(g)+2Cl_2(g)=\!=\!=4HCl(g)+O_2(g)-Q$

8. 对化学反应 $NH_3+HCl=\!=\!=NH_4Cl$ 在某温度下进行实验，测出了如下数据，试回答：

(1) 由反应速率变化与反应物浓度变化的实验数据，可得出什么结论？

(2) 计算该反应在这个温度下的 k 值。

(3) 若 NH_3 和 HCl 原来的浓度都是 0.5mol/L，那么 NH_4Cl 的反应速率是多少？

组　别	NH_3 的初始浓度 /(mol/L)	HCl 初始浓度 /(mol/L)	$v(NH_4Cl)$ /[mol/(L·s)]
第一组	2.0	2.0	0.04
第二组	2.0	4.0	0.08
第三组	4.0	4.0	0.16

9. 已知反应 $A+2B=\!=\!=C$。当 [A]=0.5mol/L、[B]=0.6mol/L 时反应速率等于 0.018mol/(L·min)。求该反应的速率常数。

10. 写出下列可逆反应的平衡常数表达式。

(1) $2SO_2+O_2 \rightleftharpoons 2SO_3$

(2) $C+H_2O(g) \rightleftharpoons CO+H_2$

(3) $Fe_3O_4(s)+4CO \rightleftharpoons 3Fe+4CO_2$

(4) $2NO_2 \rightleftharpoons N_2O_4$

11. 恒温下，某反应在密闭容器中进行，先后四次测定某生成物浓度分别为 0.003mol/L、0.012mol/L、0.020mol/L、0.020mol/L，问哪一次测定时反应已达到平衡状态？

12. 当反应 $2NO+O_2 \rightleftharpoons 2NO_2$ 达到平衡时，填写下表。

条件的改变	压缩体积	增加[O_2]	减少[NO_2]	升高温度
平衡移动方向				

13. 某容器中，$2SO_2+O_2 \rightleftharpoons 2SO_3+Q$ 反应从 SO_2、O_2 充入密闭容器开始至反应达到平衡，填写下列空格。

(1) 在这个过程中容器内压强________；

(2) 若将容器的容积缩小，SO_3 物质的量________；

(3) 升高温度，SO_3 物质的量________；

(4) 用 V_2O_5 为催化剂，SO_3 物质的量________。

14. 处于平衡状态的下列反应，若分别降低温度或增大压强，平衡将如何移动？为什么？

(1) $H_2+I_2(g) \rightleftharpoons 2HI(g)+Q$

(2) $CaCO_3(s) \rightleftharpoons CaO(s)+CO_2-Q$

(3) $N_2+3H_2 \rightleftharpoons 2NH_3+Q$

(4) $3NO_2+H_2O(l) \rightleftharpoons 2HNO_3(l)+NO-Q$

15. 化肥碳酸氢铵的生成反应式如下：

$$CO_2+NH_3+H_2O(g) \rightleftharpoons NH_4HCO_3(s)+Q$$

运用化学平衡移动原理，从理论上分析，怎样控制反应条件（浓度、压力、温度）才有利于 NH_4HCO_3 的生成？

16. 反应 $A(g)+2B(g) \rightleftharpoons 2C(g)+Q$ 已达到平衡，下列说法是否正确？

（1）由于 $K=\frac{[C]^2}{[A][B]^2}$，随着反应的进行，[C] 不断增大，[A]、[B] 不断减小，因此 K 值不断增大。

（2）由于 $v_{正}=v_{逆}$，所以反应物浓度与生成物浓度相等。

（3）增大压力，则 A、B、C 的浓度增加，正、逆反应速率同时增大，平衡并不移动。

（4）加入催化剂使正反应速率增大，平衡向右移动。

17. 判断题

（1）化学反应速率单位是 mol/s。（　）

（2）化学反应速率是指单位时间内物质浓度的变化。（　）

（3）反应速率常数由反应物本性决定，不随外界条件变化。（　）

（4）反应 $C+O_2 \rightleftharpoons CO_2$ 的反应速率方程 $v=k[C][O_2]$。（　）

（5）一切化学平衡都遵循吕·查德理原理。（　）

（6）对于在一定温度下已达平衡的反应：$C+H_2O(g) \rightleftharpoons CO+H_2$，若 $[H_2O]$ 增大，则 K 值增大。（　）

（7）当 $2N_2+3H_2 \rightleftharpoons 2NH_3$ 反应处于平衡状态，此时 N_2、H_2、NH_3 分子数之比为1∶3∶2。（　）

（8）升温使 $v_{正}$、$v_{逆}$ 都增大，所以对化学平衡无影响。（　）

（9）反应达到平衡时，平衡混合物中各成分的质量分数是个定值。（　）

（10）催化剂能加快化学反应速率，因此催化剂能使化学平衡移动。（　）

第三章　电解质溶液的平衡及应用

学习目标

1. 掌握强、弱电解质的定义及其区别，以及弱电解质的电离平衡。
2. 掌握水的离子积和溶液 pH 的表示方法。
3. 熟悉离子反应进行的条件，能正确书写离子反应方程式。
4. 熟悉各类盐水解后溶液的酸碱性。
5. 了解溶度积规则及其应用。
6. 掌握原电池的工作原理以及原电池和电解池的区别。
7. 熟悉常见配合物的命名。

第二章已经介绍了化学平衡的一般规律，现在运用化学平衡等知识来进一步讨论电解质溶液的性质，学习酸碱平衡、沉淀溶解平衡、氧化还原平衡、配位平衡等化学原理。

第一节　酸碱平衡及应用

一、强电解质和弱电解质

1. 电解质的分类

在水溶液中或熔融状态下，能够导电的化合物叫做电解质（electrolyte），在水溶液中和熔融状态下，不能够导电的化合物叫做非电解质。

酸、碱、盐都是电解质，它们在水溶液（或熔融状态）中能电离出自由移动的离子，因而能够导电。绝大多数有机化合物如蔗糖、酒精、甘油等都是非电解质，它们在水溶液和熔融状态下都不能电离，因而不能导电。

电解质水溶液虽然都能导电，但是不同的电解质在相同的条件下，导电能力并不一样。

课堂演示 3-1

按图 3-1 把仪器装配好，分别将 0.5mol/L 的等体积的盐酸、醋酸、氢氧化钠、氯化钠和氨水倒入 5 个烧杯中，接通电路。观察并比较灯泡的发光亮度。

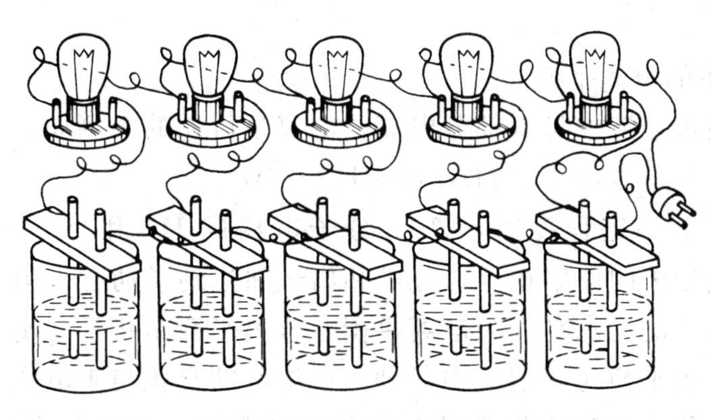

图 3-1 电解质溶液导电能力比较的装置

实验结果表明，连接在盐酸、氢氧化钠、氯化钠溶液电极上的灯泡比醋酸和氨水的亮，即说明强酸、强碱、可溶性盐的溶液导电能力强，弱酸、弱碱溶液的导电能力弱。

为什么同体积、同浓度而种类不同的酸、碱、盐的水溶液在同样的条件下导电能力不相同呢？电解质的导电现象是由于带电微粒作定向运动产生的。电解质水溶液之所以能导电，是由于溶液里有能够自由移动的离子存在。电解质溶液导电能力的强弱与溶液中自由移动的离子的数目有关。溶液中自由移动的离子数目越多，导电能力越强，反之则越弱。而离子数目的多少取决于电解质在水溶液里电离程度的大小。

根据电解质在水溶液中或熔融状态下的电离能力的大小，可将电解质分成强电解质和弱电解质两大类。强酸、强碱和大多数盐在水溶液中全部电离成为离子。通常，**将在水溶液中或熔融状态下能完全电离成自由移动离子的电解质叫强电解质（strong electrolyte）**。在强电解质的电离方程式中，用"$=$"表示完全电离。例如：

$$HCl = H^{+} + Cl^{-}$$
$$NaOH = Na^{+} + OH^{-}$$
$$NaCl = Na^{+} + Cl^{-}$$

由于强电解质在水溶液中完全电离，自由移动离子的浓度大，所以溶液的导电能力强。

弱酸（HAc）、弱碱（$NH_3 \cdot H_2O$）和极少数盐（$HgCl_2$）在水溶液中只有部分分子电离成为离子，将**在水溶液中只有部分电离的电解质叫弱电解质（weak electrolyte）**。弱电解质的电离是可逆的。在弱电解质的电离方程式中用"$\rightleftharpoons$"表示弱电解质的部分电离。例如：

$$HAc \rightleftharpoons H^{+} + Ac^{-}$$
$$NH_3 \cdot H_2O \rightleftharpoons NH_4^{+} + OH^{-}$$

由于弱电解质在水溶液中部分电离，自由移动的离子浓度小，所以溶液的导电能力弱。

2. 弱电解质的电离平衡

弱电解质在水溶液中只有部分电离，电离是可逆的。例如：

$$HAc \rightleftharpoons H^+ + Ac^-$$

当电离进行到一定程度时，HAc 分子电离成 H^+ 和 Ac^- 的速率与 H^+ 和 Ac^- 重新结合成分子的速率相等，分子和离子间达到了动态平衡，这种由电解质在电离过程中建立的动态平衡叫**电离平衡**，电离平衡是化学平衡的一种。在一定温度下，电离达到平衡时，溶液中各种离子浓度的乘积与未电离的分子浓度的比值是一个常数，称为**电离平衡常数**，简称电离常数。电离常数以符号 K_i 表示。弱酸的电离常数可用 K_a 表示。例如，醋酸溶液中存在下列平衡：

$$HAc \rightleftharpoons H^+ + Ac^-$$

$$K_a = \frac{[H^+][Ac^-]}{[HAc]}$$

弱碱的电离常数可用 K_b 表示，例如，氨水中存在着下列平衡：

$$NH_3 \cdot H_2O \rightleftharpoons NH_4^+ + OH^-$$

$$K_b = \frac{[NH_4^+][OH^-]}{[NH_3 \cdot H_2O]}$$

其中 $[H^+]$、$[Ac^-]$、$[NH_4^+]$、$[OH^-]$、$[HAc]$、$[NH_3 \cdot H_2O]$ 分别表示平衡时各有关离子或分子的浓度，其单位都是 mol/L。

电离常数可表示电离平衡时弱电解质电离能力的大小。由电离常数表达式可见，电离常数越大，离子浓度越大，说明该电解质的电离能力越强。所以，从电离常数的大小也可以看出弱电解质的相对强弱。对于同类型的弱酸、弱碱的相对强弱程度，可通过比较它们的 K_i 值大小来确定。例如在 25℃时

	HAc	HCN
K_a	1.76×10^{-5}	4.93×10^{-10}

虽然 HAc 和 HCN 都是弱酸，但 $K_{HCN} \ll K_{HAc}$，所以，HCN 是比 HAc 更弱的酸。

多元弱酸的电离是分步进行的，例如氢硫酸的电离是分两步进行的，每一步电离都有相应的电离平衡和电离常数。

$$H_2S \rightleftharpoons H^+ + HS^- \quad K_1 = \frac{[H^+][HS^-]}{[H_2S]} = 1.32\times10^{-7} \quad (25℃)$$

$$HS^- \rightleftharpoons H^+ + S^{2-} \quad K_2 = \frac{[H^+][S^{2-}]}{[HS^-]} = 7.10\times10^{-15} \quad (25℃)$$

K_1 和 K_2 分别为第一步和第二步的电离常数。$K_1 \gg K_2$，说明第二步比第一步更难电离，溶液中 H^+ 主要来自第一步电离。所以，近似计算多元弱酸 H^+ 的浓度，只需考虑第一步电离，按一元酸处理即可。电离常数 K_i 大小与温度有

关，而与浓度无关。电离常数可以通过实验测定。部分弱电解质在水溶液中的电离常数列于表3-1中。

表3-1　部分弱电解质在水溶液中的电离常数

电解质	电离平衡	温度/℃	电离常数
醋酸	$HAc \rightleftharpoons H^+ + Ac^-$	25	1.76×10^{-5}
碳酸	$H_2CO_3 \rightleftharpoons H^+ + HCO_3^-$ $HCO_3^- \rightleftharpoons H^+ + CO_3^{2-}$	25	$K_1=4.30\times10^{-7}$ $K_2=5.61\times10^{-11}$
磷酸	$H_3PO_4 \rightleftharpoons H^+ + H_2PO_4^-$ $H_2PO_4^- \rightleftharpoons H^+ + HPO_4^{2-}$ $HPO_4^{2-} \rightleftharpoons H^+ + PO_4^{3-}$	25	$K_1=7.52\times10^{-3}$ $K_2=6.23\times10^{-8}$ $K_3=4.4\times10^{-13}$
氢氟酸	$HF \rightleftharpoons H^+ + F^-$	25	3.53×10^{-4}
氢氰酸	$HCN \rightleftharpoons H^+ + CN^-$	25	4.93×10^{-10}
甲酸	$HCOOH \rightleftharpoons H^+ + HCOO^-$	20	1.77×10^{-1}
次氯酸	$HClO \rightleftharpoons H^+ + ClO^-$	18	3.0×10^{-6}
氢硫酸	$H_2S \rightleftharpoons H^+ + HS^-$ $HS^- \rightleftharpoons H^+ + S^{2-}$	25	$K_1=1.32\times10^{-7}$ $K_2=7.10\times10^{-15}$
亚硫酸	$H_2SO_3 \rightleftharpoons H^+ + HSO_3^-$ $HSO_3^- \rightleftharpoons H^+ + SO_3^{2-}$	18	$K_1=1.54\times10^{-2}$ $K_2=1.02\times10^{-7}$
亚硝酸	$HNO_2 \rightleftharpoons H^+ + NO_2^-$	12.5	4.6×10^{-4}
氨水	$NH_3\cdot H_2O \rightleftharpoons NH_4^+ + OH^-$	25	1.77×10^{-5}

弱电解质的电离平衡也是动态平衡，当外界条件改变时，平衡发生移动。其中离子浓度的改变对弱电解质电离程度的影响极为显著。

例如在HAc溶液中加入强电解质NaAc时，由于NaAc完全电离，溶液中Ac^-浓度会大大增加，使HAc的电离平衡向左移动，从而使HAc的电离度减小。

$$HAc \rightleftharpoons H^+ + Ac^-$$
$$NaAc = Na^+ + Ac^-$$

由此可知，**在弱电解质溶液中，加入与弱电解质具有相同离子的易溶强电解质时，可使弱电解质的电离度降低，这种现象叫做同离子效应**。

温度变化能使电离平衡发生移动，但由于温度变化时，电离平衡常数的改变很小，因此，常温下可以忽略温度对电离平衡的影响。

二、水的电离与溶液的酸碱性

研究电解质溶液往往涉及溶液的酸碱性，而电解质溶液酸碱性与水的电离有密切关系。为了从本质上认识溶液的酸碱性，首先要研究水的电离。

1. 水的电离和离子积常数

用精密的仪器可以测定出纯水有微弱的导电能力，说明水是一种极弱的电解质，它能部分地电离为 H^+ 和 OH^-。

$$H_2O \rightleftharpoons H^+ + OH^-$$

所以水也存在着电离平衡。其电离常数表达式为：

$$K_i = \frac{[H^+][OH^-]}{[H_2O]}$$

因为水的浓度可视为常数，所以可用 K_w 表示 $K_i[H_2O]$，上式可写成：

$$K_w = [H^+][OH^-]$$

此式表示，**在一定温度下，纯水中的 $[H^+]$ 和 $[OH^-]$ 的乘积是一个常数，叫做水的离子积常数，简称为水的离子积**（water ion product）。实验测得：

$$K_w = [H^+][OH^-] = 1\times10^{-7}\times1\times10^{-7} = 10^{-14} \quad (25℃)$$

因为水的电离是吸热反应，当温度升高时，水的电离度增加，离子积也必然增大。例如，25℃时，K_w 为 10^{-14}；100℃时，K_w 为 10^{-13}。在常温下，K_w 的值一般可认为是 1×10^{-14}。

2. 溶液的酸碱性和 pH

离子积 $K_w = [H^+][OH^-]$ 的关系式不仅适用于纯水，也适用于其他稀溶液，用此关系可以定量地说明溶液的酸碱性。

【例 3-1】 计算 0.01mol/L HNO_3 溶液和 0.05mol/L $Ba(OH)_2$ 溶液中的 $[H^+]$ 和 $[OH^-]$。

解 HNO_3 是强电解质，在水溶液中完全电离

$$HNO_3 = H^+ + NO_3^-$$

$$[H^+] = 0.01\text{mol/L}$$

则 $[OH^-] = \frac{K_w}{[H^+]} = \frac{1\times10^{-14}}{0.01} = 1\times10^{-12}$ (mol/L)

在 $Ba(OH)_2$ 溶液中

$$Ba(OH)_2 = Ba^{2+} + 2OH^-$$

$$[OH^-] = 2\times0.05 = 0.1 \text{ (mol/L)}$$

则 $[H^+] = \frac{K_w}{[OH^-]} = \frac{1\times10^{-14}}{0.1} = 1\times10^{-13}$ (mol/L)

由计算表明，酸溶液中不仅有 H^+，同时也存在 OH^-，只是 $[OH^-]$ 很小；碱溶液中不仅有 OH^-，同时也存在着 H^+，只是 $[H^+]$ 很小；在中性溶液中不是没有 H^+ 和 OH^-，而是 $[H^+]$ 和 $[OH^-]$ 相等，都等于 10^{-7}mol/L。所以，溶液的酸碱性与 $[H^+]$ 和 $[OH^-]$ 的关系可以表示如下：

酸性溶液 $[H^+] > [OH^-]$ $\quad$ $[H^+] > 10^{-7}$mol/L

中性溶液 $[H^+] = [OH^-]$ $\quad$ $[H^+] = 10^{-7}$mol/L

碱性溶液 $[H^+] < [OH^-]$ $\quad$ $[H^+] < 10^{-7}$mol/L

由此可见，溶液的酸碱性可以用［H^+］来衡量。［H^+］越小，溶液的酸性越弱；［H^+］越大，溶液的酸性越强。

在实际工作中，经常用到一些［H^+］很小的稀溶液，如［H^+］$=1.33\times10^{-5}$mol/L 等，书写和计算都很不方便。为此**常采用 H^+ 浓度的负对数来表示溶液酸碱性，叫做溶液的 pH**。

$$pH=-\lg[H^+] \quad (3\text{-}1)$$

例如，纯水的［H^+］$=10^{-7}$mol/L，其 pH 是

$$pH=-\lg10^{-7}=-(-7)=7$$

在［H^+］$=10^{-9}$mol/L 的碱性溶液中，其 pH 是

$$pH=-\lg10^{-9}=9$$

在［H^+］$=10^{-4}$mol/L 的酸性溶液中，其 pH 是

$$pH=-\lg10^{-4}=4$$

因此，在酸性溶液中 pH<7；在中性溶液中 pH=7；在碱性溶液中 pH>7。

溶液的酸性越强，pH 越小；碱性越强，pH 越大，因此可用 pH 表示溶液的酸碱性强弱。如图 3-2 所示为三种酸碱指示剂的变色范围。

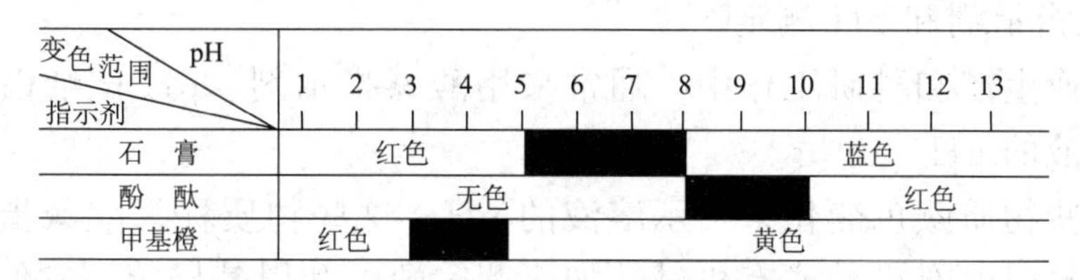

图 3-2　三种酸碱指示剂的变色范围

［H^+］在 $10^{-1}\sim10^{-14}$mol/L 之间，应用 pH 表示很方便，因而 pH 适用范围常在 1～14 之间。当溶液的［H^+］>1mol/L 时，一般不用 pH 表示，而是直接用 H^+ 的浓度表示。例如，当［H^+］=6mol/L 时，其 pH=−0.78，不如直接用［H^+］表示方便。

【例 3-2】 计算 0.005mol/L H_2SO_4 溶液的［H^+］和 pH。

解

$$H_2SO_4 = 2H^+ + SO_4^{2-}$$
$$0.005 \qquad 2\times0.005$$

$$[H^+]=2\times0.005=0.01(mol/L)$$

$$pH=-\lg[H^+]=-\lg 10^{-2}=2$$

答：此 H_2SO_4 溶液的［H^+］为 0.01mol/L，pH 是 2。

【例 3-3】 计算 0.002mol/L $Ba(OH)_2$ 溶液中［H^+］和 pH。

解

$$Ba(OH)_2 = Ba^{2+} + 2OH^-$$
$$0.002 \qquad 2\times0.002$$

$$[OH^-]=2\times0.002=0.004\ (mol/L)$$

$$[H^+]=\frac{K_w}{[OH^-]}=\frac{1\times10^{-14}}{4\times10^{-3}}=2.5\times10^{-12}\ (mol/L)$$

$$pH=-\lg 2.5\times 10^{-12}=12-\lg 2.5=11.6$$

答：0.002mol/L $Ba(OH)_2$ 溶液中 $[H^+]$ 为 2.5×10^{-12} mol/L，pH 为 11.6。

溶液的 pH 在化工生产、科学研究和日常生活中应用都很广泛，例如人体内的各种液体都有一定酸碱性，这是维持正常生理活动的主要条件之一。体内酸性物质主要来源于糖、脂类、蛋白质及核酸的代谢产物；体内碱性物质主要来源于蔬菜、水果和碱性药物。机体通过一系列的生理调节作用将多余的酸性或碱性物质排出体外，使体内 pH 维持在一定范围内，达到酸碱平衡。血液的 pH 在 7.3～7.5 之间，如果 pH 超出此范围，就会因酸中毒或碱中毒而生病，严重时引起电解质紊乱而威胁生命。

在工业生产中，许多反应必须在达到一定 pH 的溶液中才能进行。在农业生产中，农作物一般适宜在 pH 约为 7 的土壤里生长。在 pH$<$7 的酸性土壤或 pH$>$8 的碱性土壤中，农作物一般都难于生长，因此需要定期测量土壤的酸碱性。

当雨水的 pH$<$5.6 时，就成为酸雨，酸雨的形成将对生态环境造成危害。

3. 酸碱指示剂和 pH 测定

在工农业生产和科研工作中，通常采用酸碱指示剂、pH 试纸以及酸度计等方法测定溶液的 pH。

借助某些物质颜色变化来指示溶液的 pH，这些物质称为酸碱指示剂。酸碱指示剂一般是弱的有机酸或有机碱，如石蕊、酚酞和甲基橙等。它们的分子和离子在不同的 pH 下能呈现出不同的颜色。**肉眼能观察到的颜色变化的 pH 范围叫做该酸碱指示剂的变色范围**。每一种指示剂都有一定的变色范围，利用酸碱颜色变化可以判断溶液的 pH。

用 pH 试纸来测定溶液 pH 就比较简便。pH 试纸是由多种指示剂的混合溶液浸制成的。遇不同的 pH 溶液时，会显示出不同的颜色。把待测试液滴在 pH 试纸上，试纸呈现的颜色与标准比色板对照，即可知道溶液的 pH。

酸度计（也称 pH 计），是测定溶液 pH 的精确方法，当对溶液的 pH 要求严格时，可采用酸度计测定。

如果只定性测定溶液的酸碱性，使用石蕊试纸很方便。石蕊试纸有红、蓝两种颜色。红色石蕊试纸在碱性溶液中变蓝；蓝石蕊试纸在酸性溶液中变红。

三、离子反应和离子方程式

1. 离子反应和离子方程式

电解质在水中能电离成自由移动的离子，它在水溶液中发生的化学反应是离子间的反应（其中包括离子互换形式进行的复分解反应及有离子参加的氧化还原反应）。例如

$$AgNO_3+NaCl = AgCl\downarrow+NaNO_3$$

$$AgF+KCl \longrightarrow AgCl\downarrow+KF$$

上述反应中的 $AgNO_3$、NaCl、$NaNO_3$、AgF、KCl、KF 都是易溶于水的强电解质，在水中完全电离。只有 AgCl 为难溶物。上述两式可写成

$$Ag^{+}+NO_3^{-}+Na^{+}+Cl^{-} \longrightarrow AgCl\downarrow+NO_3^{-}+Na^{+} \quad (1)$$

$$Ag^{+}+F^{-}+K^{+}+Cl^{-} \longrightarrow AgCl\downarrow+F^{-}+K^{+} \quad (2)$$

式(1) 中 NO_3^-、Na^+ 和式(2) 中 F^- 和 K^+ 并未参加反应，把它们从等号两边消去，难溶解物质 AgCl 仍以化学式表示，式(1) 和式(2) 就得到相同的式子

$$Ag^{+}+Cl^{-} \longrightarrow AgCl\downarrow \quad (3)$$

式(3) 表明，无论是 $AgNO_3$ 和 NaCl 反应，还是 AgF 和 KCl 反应，实质上发生反应的是 Ag^+ 和 Cl^-，**这种用实际参加反应的离子的符号和化学式来表示离子反应的式子叫离子方程式**。

离子方程式不仅表示一定物质间的某个反应，而且表示了同一类型的离子反应。所以离子方程式更能说明离子反应的本质。

现以 $Ba(NO_3)_2$ 与 $MgSO_4$ 溶液反应为例，说明离子方程式的具体书写方法。

(1) 首先完成反应的化学方程式。

$$Ba(NO_3)_2+MgSO_4 \longrightarrow BaSO_4\downarrow+Mg(NO_3)_2$$

(2) 把反应前后的易溶强电解质都写成离子的形式；难溶、难电离物质以及易挥发物质仍以化学式表示。

$$Ba^{2+}+2NO_3^{-}+Mg^{2+}+SO_4^{2-} \longrightarrow BaSO_4\downarrow+2NO_3^{-}+Mg^{2+}$$

(3) 消去未参加反应的离子，得到离子方程式。

$$Ba^{2+}+SO_4^{2-} \longrightarrow BaSO_4\downarrow$$

(4) 检查离子方程式两边各元素的原子个数和电荷总数是否相等。

2. 离子反应进行的条件

溶液中离子间的反应是有条件的，例如

$$NaCl+KNO_3 \longrightarrow NaNO_3+KCl$$

写成 $Na^{+}+Cl^{-}+K^{+}+NO_3^{-} \longrightarrow Na^{+}+NO_3^{+}+K^{+}+Cl^{-}$

Na^+、Cl^-、K^+、NO_3^- 四种离子都没参加反应。可见，如果反应物和生成物之间都是易溶的强电解质，在溶液中均以离子形式存在，它们之间不可能生成新物质，因而没有发生离子反应。离子反应进行的条件如下。

(1) 生成沉淀

例如： $AgNO_3+KBr \longrightarrow AgBr\downarrow+KNO_3$

离子方程式： $Ag^{+}+Br^{-} \longrightarrow AgBr\downarrow$

(2) 生成气体

例如： $CaCO_3+2HCl \longrightarrow CaCl_2+H_2O+CO_2\uparrow$

离子方程式 $CaCO_3+2H^{+} \longrightarrow Ca^{2+}+H_2O+CO_2\uparrow$

(3) 生成水和其他弱电解质

例如：　　　　　　$NaOH+HCl═══NaCl+H_2O$

离子方程式　　　$H^{+}+OH^{-}\rightleftharpoons H_2O$

再如：　　　　　$NaAc+HCl\rightleftharpoons HAc+NaCl$

离子方程式　　　$Ac^{-}+H^{+}\rightleftharpoons HAc$

总之，**离子反应进行的条件是生成物中要有难溶物、易挥发物或难电离物，只要具备上述条件之一，离子反应就能进行。否则，反应便不能进行。**

四、盐类的水解及其应用

1. 盐类的水解

酸的水溶液显酸性，碱的水溶液显碱性。盐是酸碱中和反应的产物，那么盐的水溶液是否显中性呢？

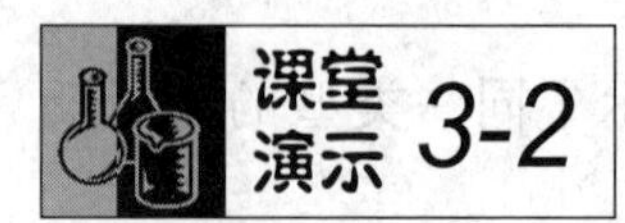

把少许 NaAc、NH_4Cl、NaCl 的晶体分别放入三支盛有纯水的试管中，振荡试管使之溶解。然后用 pH 试纸分别加以检验。

实验结果表明，NaAc 溶液显碱性，NH_4Cl 溶液显酸性，NaCl 溶液显中性。这些既不含 H^{+}，又不含 OH^{-} 的正盐，为什么在水溶液中显出酸性或碱性呢？这与生成这种盐的酸和碱的强弱以及水的电离有密切关系。现在分别讨论如下。

（1）弱酸和强碱所生成的盐？醋酸钠是由弱酸（HAc）和强碱（NaOH）所生成的盐，它的水溶液里存在着下列电离平衡：

$$\begin{array}{rcl} NaAc & ═══ & Na^{+}+Ac^{-} \\ & & \qquad\quad + \\ H_2O & \rightleftharpoons & OH^{-}+H^{+} \\ & & \qquad\quad \Downarrow \\ & & \qquad\quad HAc \end{array}$$

由于 Ac^{-} 与水电离出来的 H^{+} 结合成弱电解质 HAc，消耗了溶液中的 H^{+}，破坏了水的电离平衡，随着溶液中 H^{+} 的减少，水的电离平衡向右移动，使 $[OH^{-}]$ 增大，直至建立新的平衡。结果溶液中 $[OH^{-}]>[H^{+}]$，所以溶液显碱性，上述反应可用离子方程式表示如下

$$Ac^{-}+H_2O\rightleftharpoons HAc+OH^{-}$$

（2）弱碱和强酸所生成的盐？NH_4Cl 是由弱碱（$NH_3\cdot H_2O$）和强酸（HCl）所生成的盐。它的水溶液里存在着下列电离平衡

$$\begin{array}{rcl} NH_4Cl & ═══ & NH_4^{+}+Cl^{-} \\ & & \quad + \\ H_2O & \rightleftharpoons & OH^{-}+H^{+} \\ & & \Downarrow \\ & & NH_3\cdot H_2O \end{array}$$

由于NH_4^+与水电离出来的OH^-结合，生成弱电解质氨水，建立了氨水的电离平衡，使溶液中的$[OH^-]$降低，水的电离平衡向右移动，$[H^+]$随着增大，直至建立新的平衡。结果溶液里$[H^+]>[OH^-]$，所以溶液显酸性。这个反应也可用离子方程式表示：

$$NH_4^+ + H_2O \rightleftharpoons NH_3 \cdot H_2O + H^+$$

综上所述，由于盐类的离子和水电离出来的离子结合成弱酸或弱碱，使水的电离平衡发生移动，从而使溶液的H^+和OH^-的浓度不相等，盐类的水溶液显示出酸性或碱性，**把盐类的离子与水作用生成弱酸或弱碱的反应，叫做盐的水解反应**。

盐的水解反应是酸碱中和反应的逆反应。

$$酸+碱 \underset{水解}{\overset{中和}{\rightleftharpoons}} 盐+水$$

弱酸和强碱生成的盐水解呈碱性。弱碱和强酸生成的盐水解呈酸性。那么，弱酸和弱碱生成的盐水解又呈何性呢？

(3) 弱酸和弱碱所生成的盐？醋酸铵(NH_4Ac)是弱酸(HAc)和弱碱($NH_3 \cdot H_2O$)所生成的盐，它的水溶液中存在下列电离平衡。

$$\begin{array}{ccccc} NH_4Ac & \rightleftharpoons & NH_4^+ & + & Ac^- \\ & & + & & + \\ H_2O & \rightleftharpoons & OH^- & + & H^+ \\ & & \Updownarrow & & \Updownarrow \\ & & NH_3 \cdot H_2O & & HAc \end{array}$$

上述反应的离子方程式为：

$$NH_4^+ + Ac^- + H_2O \rightleftharpoons NH_3 \cdot H_2O + HAc$$

由于这类盐电离出来的阴、阳离子分别与水电离出来的H^+和OH^-结合，生成弱酸和弱碱，所以该溶液的酸碱性，取决于生成的弱酸和弱碱的相对强度，可能是酸性或碱性，也可能是中性。这里HAc和$NH_3 \cdot H_2O$的电离常数分别是1.76×10^{-5}和1.77×10^{-5}，两物质的电离常数基本相等，所以NH_4Ac的水溶液基本上是中性的。

(4) 强酸和强碱所生成的盐？强酸和强碱所生成的盐，如NaCl、K_2SO_4等，因为它们电离生成的阴、阳离子都不与溶液中的H^+或OH^-结合形成弱电解质，所以水中H^+和OH^-的浓度保持不变。因此，这种由强酸和强碱所生成的盐不发生水解，溶液显中性。

2. 盐类水解的应用

盐水解后生成弱电解质，由于改变了溶液中$[H^+]$和$[OH^-]$，使溶液呈酸性或碱性。这一性质在工农业生产和日常生活中得到广泛应用。

例如纯碱(Na_2CO_3)水解呈碱性，某些生产部门常利用纯碱代替烧碱(NaOH)使用，钢铁零件用酸洗除锈后，表面还沾附着许多酸液，除用清水冲洗外，一般把工件放入 Na_2CO_3 溶液里，以中和表面沾附的酸。日常生活中也用纯碱溶液除去油污、洗涤衣服等。因盐类水解反应是中和反应的逆反应，中和反应是放热反应，那么水解反应必然是吸热反应。因此，升高温度能促进盐类的水解。所以用纯碱洗涤物品时，热的碱水去污效果更好。

又如，泡沫灭火器内分别装有 $NaHCO_3$ 和 $Al_2(SO_4)_3$ 两种溶液，当它们混合时，就相互促进水解反应，生成 $Al(OH)_3$ 胶体和 CO_2 气体，达到灭火的目的。有关水解反应方程式如下

$$Al^{3+} + 3H_2O \rightleftharpoons 3H^+ + Al(OH)_3$$

$$+$$

$$3HCO_3^- + 3H_2O \rightleftharpoons 3OH^- + 3H_2CO_3$$

$$\Downarrow$$

$$3H_2O$$

总反应式为 $Al^{3+} + 3HCO_3^- + 3H_2O = Al(OH)_3\downarrow + 3H_2CO_3$

$$\llcorner\!\rightarrow 3H_2O + 3CO_2\uparrow$$

第二节　沉淀-溶解平衡及其应用

沉淀反应是一类在实际工作中非常重要的反应，许多化工产品的生产都涉及到沉淀。

一、溶度积

难溶强电解质的饱和溶液中，存在着固体和溶液中离子之间的平衡。例如：

$$AgCl(s) \rightleftharpoons Ag^+ + Cl^-$$

未溶解的固体　溶液中的离子

这种建立在固体和溶液中离子之间的动态平衡，称为沉淀溶解平衡。平衡常数表达式

$$K_{sp} = [Ag^+] \cdot [Cl^-]$$

K_{sp}称为溶度积常数，简称溶度积。它表示在一定温度下，难溶电解质的饱和溶液中，有关离子浓度幂的乘积是一个常数。对于 A_mB_n 型的难溶电解质，存在如下平衡

$$A_mB_n \rightleftharpoons mA^{n+} + nB^{m-}$$

$$K_{sp} = [A^{n+}]^m \cdot [B^{m-}]^n$$

K_{sp}与温度有关，一般影响不大。部分难溶电解质在常温下的溶度积常数见表 3-2。

溶度积能够表示难溶电解质的溶解能力大小。对于同类型难溶电解质，在相同温度下，K_{sp}越大，溶解度也越大；对于不同类型的难溶电解质的溶解能力，要用溶解度来进行比较。溶度积和溶解度都反映了物质的溶解能力，它们之间可以相互换算。

表 3-2 溶度积常数（K_{sp}）

化合物	K_{sp}		化合物	K_{sp}	
AgCl	1.6×10^{-10}	(298K)	$Fe(OH)_2$	1.64×10^{-14}	(291K)
AgBr	7.7×10^{-13}	(298K)	$Fe(OH)_3$	1.1×10^{-36}	(291K)
AgI	1.5×10^{-16}	(298K)	Hg_2Cl_2	2×10^{-18}	(298K)
Ag_2CrO_4	9.0×10^{-12}	(298K)	Hg_2Br_2	1.3×10^{-21}	(298K)
Ag_2S	1.6×10^{-49}	(291K)	Hg_2I_2	1.2×10^{-28}	(298K)
$BaCO_3$	8.1×10^{-9}	(298K)	$Mg(OH)_2$	1.2×10^{-11}	(291K)
$BaSO_4$	1.08×10^{-10}	(298K)	$PbCO_3$	3.3×10^{-14}	(291K)
$BaCrO_4$	1.6×10^{-10}	(291K)	$PbCrO_4$	1.77×10^{-14}	(291K)
$CaCO_4$	8.7×10^{-9}	(298K)	$PbSO_4$	1.06×10^{-8}	(291K)
CaC_2O_4	2.57×10^{-9}	(298K)	PbS	3.4×10^{-20}	(291K)
$CaSO_4$	2.4×10^{-6}	(298K)	PbI_2	1.39×10^{-8}	(298K)
CaF_2	3.95×10^{-11}	(299K)	ZnS	1.2×10^{-23}	(291K)
CuS	8.5×10^{-46}	(291K)	$Zn(OH)_2$	1.8×10^{-14}	(291～293K)
CuBr	4.15×10^{-8}	(291～293K)			

二、溶度积规则及应用

在实际工作中，经常需要判断难溶电解质沉淀或溶解反应进行的方向。例如，$AgCl(s) \rightleftharpoons Ag^+ + Cl^-$ 的平衡体系中，加入 Ag^+ 或 Cl^-，则有新的沉淀生成，直到 $[Ag^+]$ 和 $[Cl^-]$ 的乘积等于 K_{sp} 为止（此时 $[Ag^+]\neq[Cl^-]$）。若减少溶液中的 Ag^+ 或 Cl^- 的浓度，则 AgCl 沉淀发生溶解，直到 $[Ag^+]$ 和 $[Cl^-]$ 乘积又等于 K_{sp}（此时 $[Ag^+]\neq[Cl^-]$）为止。概括如下

$[Ag^+][Cl^-]>K_{sp,AgCl}$ 过饱和溶液，则有沉淀出现。

$[Ag^+][Cl^-]=K_{sp,AgCl}$ 饱和溶液，达平衡状态。

$[Ag^+][Cl^-]<K_{sp,AgCl}$ 未饱和溶液，则不出现沉淀；如有沉淀，则沉淀溶解，直至达到新平衡。

以上是难溶电解质的平衡移动规律，称为溶度积规则。利用此规则，可以通过控制离子浓度，使沉淀产生或溶解。现举例说明溶度积规则的应用。

【例 3-4】 将等体积的 0.004mol/L $AgNO_3$ 溶液和 0.004mol/L K_2CrO_4 溶液混合时，有无红色 Ag_2CrO_4 沉淀析出？（$K_{sp,Ag_2CrO_4}=9.0\times10^{-12}$）

解 两溶液等体积混合，浓度各减小一半，故

$[Ag^+]=0.002mol/L$

$[CrO_4^{2-}]=0.002mol/L$

则 $[Ag^+]^2[CrO_4^{2-}]=(2\times10^{-3})^2\times(2\times10^{-3})=8\times10^{-9}$

大于溶度积常数，所以有沉淀析出。

【例 3-5】 设溶液中 $[Cl^-]$ 和 $[CrO_4^{2-}]$ 各为 0.01mol/L，当慢慢滴加 $AgNO_3$ 溶液时 AgCl 和 Ag_2CrO_4，哪个先沉淀出来？

解 AgCl 开始沉淀时，溶液中 $[Ag^+]$ 应为

$$[Ag^+]=\frac{K_{sp}(AgCl)}{[Cl^-]}=\frac{1.6\times10^{-10}}{0.01}\times1.6\times10^{-8}\ (mol/L)$$

Ag_2CrO_4 开始沉淀时，溶液中 $[Ag^+]$ 应为

$$[Ag^+]^2=\frac{K_{sp}(Ag_2CrO_4)}{[CrO_4^{2-}]}=\frac{9.0\times10^{-12}}{0.01}=9.0\times10^{-10}\ (mol/L)$$

$$[Ag^+]=\sqrt{9.0\times10^{-10}}=3\times10^{-5}\ (mol/L)$$

AgCl 开始沉淀时，需要的 $[Ag^+]$ 低，所以 AgCl 首先沉淀出来。

只有当 $[Cl^-]$ 沉淀得几乎完全时，即溶液中 $[Cl^-]$ 小于 $\frac{1.6\times10^{-10}}{3\times10^{-5}}=5.3\times10^{-6}$ (mol/L) 时，才开始生成 Ag_2CrO_4 沉淀。**这种按次序先后沉淀的现象称为分步沉淀**。运用此原理，用 Ag^+ 测定 Cl^- 含量时，可用 CrO_4^{2-} 作为指示剂，红色的 Ag_2CrO_4 沉淀析出时，Ag^+ 和 Cl^- 的反应已近乎完全。

*第三节 氧化还原平衡及其应用

电化学是研究化学能与电能互相转化的一门科学。它在电解、电镀、金属防护和化学电源等方面有着广泛的应用。

一、原电池

氧化还原反应的本质是反应物之间发生了电子的转移，那么能否通过氧化还原反应获得电流呢？

锌片放在 $CuSO_4$ 溶液中，会看到 $CuSO_4$ 溶液的蓝色逐渐消失，锌片上有红褐色的铜析出，锌慢慢地溶解。反应方程式为

$$Zn+CuSO_4 = ZnSO_4+Cu\downarrow$$

离子方程式为

$$Zn+Cu^{2+} = Zn^{2+}+Cu\downarrow$$

反应中，电子由锌片直接转移给 Cu^{2+}，电子的流动是无序的，反应的化学能转变为热能使溶液温度升高。

上述反应若按图 3-3 装置连接，就可以使电子的无序转移变为定向移动，形成了电流，从而使化学能转变为电能得以实现。

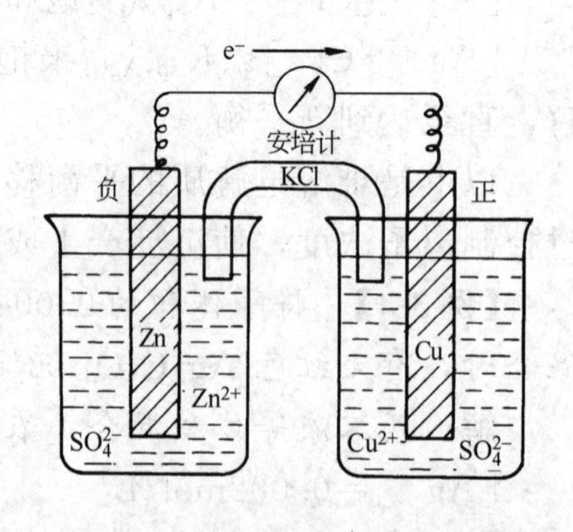

图 3-3 铜锌原电池

把锌片放入盛有 $ZnSO_4$ 溶液的烧杯中，铜片放入盛有 $CuSO_4$ 溶液的烧杯中，用盐桥（装有 KCl 饱和溶液和琼胶的 U 形玻璃管）将两个烧杯的溶液连接。这时 Zn 和 $CuSO_4$ 溶液分隔在两个容器中，互不接触，不会发生反应。如果用装有电流计的导线将锌片和铜片连接起来可观察到下列现象。

① 电流计指针发生偏转，说明导线上有电流通过。由电流计指针偏转的方向可知，电子流动的方向是从锌片经过导线流向铜片。

② 锌片不断溶解，铜片上又有新的金属 Cu 生成。

③ 若取出盐桥，电流计指针回至零点；放入盐桥，电流计指针偏转。说明盐桥起沟通电路的作用。对上述现象分析如下。

锌片溶解，说明锌原子失去电子，成为 Zn^{2+} 进入溶液，锌片上发生了氧化反应。

$$Zn - 2e^- \xlongequal{} Zn^{2+} \quad \text{（氧化反应）}$$

聚集在锌片上的电子通过导线流向铜片；在 $CuSO_4$ 溶液中 Cu^{2+} 从铜片上得到电子，析出金属铜。铜片上发生了还原反应。

$$Cu^{2+} + 2e^- \xlongequal{} Cu \quad \text{（还原反应）}$$

随着锌的溶解，$ZnSO_4$ 溶液中 Zn^{2+} 增多，正电荷过剩，阻碍 Zn 的进一步溶解；同时，由于 Cu^{2+} 不断地在铜片上析出，使 $CuSO_4$ 溶液中 SO_4^{2-} 相对增多，负电荷过剩，阻碍了电子流向铜片，使整个电池反应难以进行，电流则中断。盐桥的存在，随着反应的进行，盐桥内盛装的 KCl 可分别向两溶液中补充正负离子，从而使 $ZnSO_4$ 和 $CuSO_4$ 溶液保持电中性，电池反应得以继续进行，电流继续产生。

这种借助于氧化还原反应产生电流的装置叫原电池（primary battery）。原电池把化学能转变为电能。

在原电池中，流出电子的一极为负极，流入电子的一极为正极，所以铜锌原电池中，锌电极是负极，铜电极是正极。在电极上发生的氧化或还原反应称为相应电极的电极反应。其原电池的总反应称电池反应。如铜锌原电池的电极反应式

负极（Zn）　$Zn - 2e^- \xlongequal{} Zn^{2+}$　（氧化反应）

正极（Cu）　$Cu^{2+} + 2e^- \xlongequal{} Cu$　（还原反应）

电池反应　$Cu^{2+} + Zn \xlongequal{} Cu + Zn^{2+}$

原电池装置可用符号表示。如铜锌原电池可表示为

$$(-)Zn|ZnSO_4 \| CuSO_4|Cu(+)$$

习惯上把负极写在左边，正极写在右边。Zn 和 Cu 表示两个电极，$ZnSO_4$ 和 $CuSO_4$ 表示电解质溶液，用“|”表示电极与电解质溶液间的接触界面，以

"‖"表示盐桥。

从理论上说，任何一个能自发进行的氧化还原反应都能组成一个原电池，例如：$FeCl_3$ 溶液和 $SnCl_2$ 溶液可以组成原电池。在两个烧杯中分别盛装 $FeCl_3$ 溶液和 $SnCl_2$ 溶液，并用盐桥连接起来，再在两个溶液中各插入金属铂作为辅助电极。当用导线连接时，也会有电流产生，电极反应分别为：

负极　　$Sn^{2+} - 2e^- \longrightarrow Sn^{4+}$　　氧化反应

正极　　$2Fe^{3+} + 2e^- \longrightarrow 2Fe^{2+}$　　还原反应

电池反应　　$Sn^{2+} + 2Fe^{3+} \longrightarrow Sn^{4+} + 2Fe^{2+}$

相应的电池符号为

$$(-)Pt|Sn^{2+},Sn^{4+} \| Fe^{2+},Fe^{3+}|Pt(+)$$

这里作为电极的铂片仅起导体作用，本身不参加电极反应，因此叫做惰性电极。

事实上，将两种不同的金属插入任何一种电解质溶液中，就能组成一个原电池。如图 3-4 将锌片和铜片插到稀硫酸溶液中，用导线连接外电路组成的原电池，其反应如下：

负极　　$Zn - 2e^- \longrightarrow Zn^{2+}$　　氧化反应

正极　　$2H^+ + 2e^- \longrightarrow H_2$　　还原反应

电池反应为 $Zn + 2H^+ \longrightarrow Zn^{2+} + H_2$

图 3-4　原电池示意图

人们应用原电池原理，制作了多种电池，如干电池、燃料电池等以满足不同的需要。在现代生活、生产和科学技术的发展中，电池发挥着越来越重要的作用。

二、电解及其应用

前面学习了化学能转变为电能的原理，现在要讨论如何使电能转变为化学能，即电解原理与应用。

1. 电解的原理

课堂演示 3-4

按图 3-5 的装置，用两根石墨做电极，分别插入盛有 $CuCl_2$ 溶液的 U 形管两端，接通电源。一会儿，观察到与电源负极相连的阴极上有 Cu 析出，与电源正极相连的阳极上有气泡放出。此气体能使湿润的淀粉 KI 试纸变蓝，证明是氯气。由此可知，电流通过 $CuCl_2$ 溶液时，发生了如下化学变化。

$$\underset{\text{溶液中}}{CuCl_2} \longrightarrow \underset{\text{阴极}}{Cu\downarrow} + \underset{\text{阳极}}{Cl_2\uparrow}$$

通电时，为什么 $CuCl_2$ 溶液会分解成 Cu 和 Cl_2 呢？因为强电解质的 $CuCl_2$

在溶液里完全电离，同时溶液中的水能微弱电离

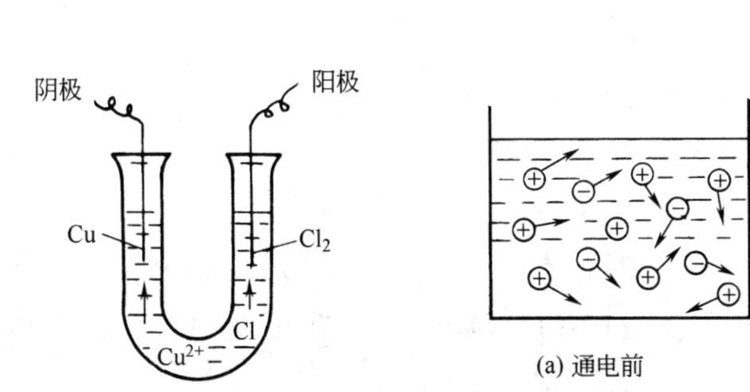

图 3-5　$CuCl_2$ 溶液电解示意图

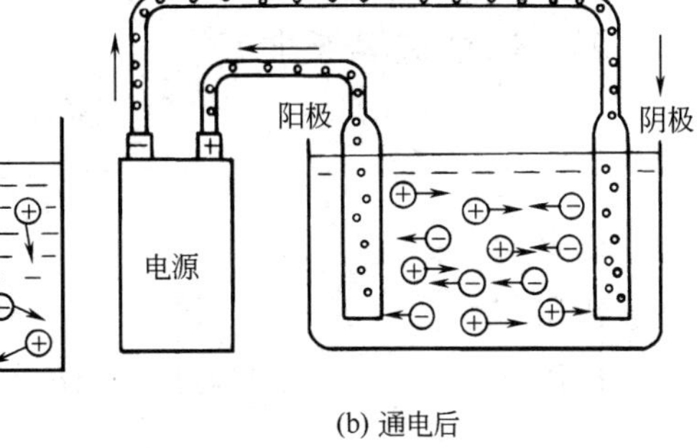

图 3-6　电解的过程

⊕为正离子，⊖为负离子・电子

$$CuCl_2 \xlongequal{} Cu^{2+} + 2Cl^-$$

$$H_2O \rightleftharpoons H^+ + OH^-$$

通电前，上述各种离子在溶液中自由运动，如图 3-6(a) 所示。接通直流电后，在电场的作用下，溶液中的离子立即做有规则的定向运动，如图 3-6(b) 所示。带负电荷的 Cl^- 向阳极移动，带正电荷的 Cu^{2+} 向阴极移动。在阳极，Cl^- 失去电子而被氧化成氯原子，然后两个氯原子结合成 Cl_2 从阳极放出。在阴极，Cu^{2+} 获得电子而还原成金属铜沉积在阴极上。两电极反应为

阳极　　$2Cl^- - 2e^- \xlongequal{} Cl_2$　　（氧化反应）

阴极　　$Cu^{2+} + 2e^- \xlongequal{} Cu$　　（还原反应）

这种因直流电通过电解质溶液而引起氧化还原反应的过程叫做电解。习惯上，**把阳离子得到电子或阴离子失去电子的过程叫做离子放电**。当电极附近不止一种物质时，放电就有了先后次序。影响放电次序的因素有物质的氧化还原性、温度、离子浓度和电极材料等等。

在阴极上是阳离子放电，其顺序基本上是按金属活动性表中的顺序，但越活泼金属的离子放电越难。如

$$\xrightarrow[\text{放电能力逐渐增强}]{K^+,\ Ca^{2+},\ Mg^{2+},\ Al^{3+},\ (H^+),\ Zn^{2+},\ Fe^{2+},\ Cu^{2+},\ Ag^+,\ Au^{3+}}$$

在阳极若是活泼金属作电极时，则是电极的金属单质溶解，被氧化成离子，而不是移到阳极附近的阴离子放电。若是惰性电极时，则是负离子放电，其顺序是

$$\xrightarrow[\text{放能力逐渐增强}]{SO_4^{2-},\ NO_3^-,\ OH^-,\ Cl^-,\ Br^-,\ I^-,\ S^{2-}}$$

因而在阴极 Cu^{2+} 优先放电

$$Cu^{2+} + 2e^- \xlongequal{} Cu\downarrow \quad （还原反应）$$

在阳极 Cl^- 放电

$$2Cl^- - 2e^- \xlongequal{} Cl_2\uparrow \quad （氧化反应）$$

这样，在电流的作用下，$CuCl_2$ 就不断被电解成铜和氯气。

【例 3-6】 写出电解稀硫酸的电极反应式和电解总反应式。

解 通电前溶液中有

$$H_2SO_4 \xlongequal{} 2H^+ + SO_4^{2-}$$

$$H_2O \rightleftharpoons H^+ + OH^-$$

通电后

在阴极 $4H^+ + 4e^- \xlongequal{} 2H_2\uparrow$ （还原反应）

在阳极 $4OH^- - 4e^- \xlongequal{} 2H_2O + O_2\uparrow$ （氧化反应）

电解总反应 $2H_2O \xlongequal[H_2SO_4]{电解} 2H_2\uparrow + O_2\uparrow$

这种借助于电流引起电解质发生氧化还原反应的装置叫电解池。在电解池中与直流电源负极相连接的极叫阴极，与直流电源正极相连接的极叫阳极。电子从电源的负极沿导线流入电解池的阴极；另一方面，电子从电解池的阳极离开，沿导线流回电源的正极，这样在阴极上电子过剩，在阳极上电子缺少。因此电镀液中的阳离子移向阴极，在阴极上得到电子，发生还原反应；阴离子移向阳极，在阳极上给出电子发生氧化反应。

2. 电解的应用

（1）电化学工业

以电解的方法制取化工产品的工业，叫做电化学工业。如工业上用电解饱和食盐水的方法来制取烧碱、氯气和氢气。

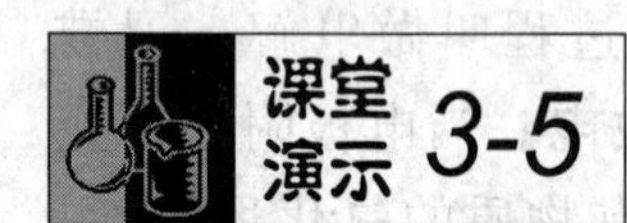

按图 3-7 装置，在 U 形管中加入饱和食盐水，用炭棒作电极，同时在两边管中滴入几滴酚酞试液。接通直流电源后，看到两极都有气泡放出，阳极放出的气体有刺激性气味，且能使湿润的淀粉-KI 试纸变蓝，证明是氯气；阴极放出的是氢气。同时发现阴极附近溶液变红，说明有碱性物质生成。

图 3-7 饱和食盐水的电解装置

这是因为食盐水 NaCl 完全电离，水分子微弱电离。

$$NaCl \xlongequal{} Na^+ + Cl^-$$

$$H_2O \rightleftharpoons H^+ + OH^-$$

当接通直流电源后

在阴极 $2H^+ + 2e^- \xlongequal{} H_2\uparrow$ （还原反应）

在阳极 $2Cl^- - 2e^- \xlongequal{} Cl_2\uparrow$ （氧化反应）

由于 H^+ 在阴极不断放电，破坏了附近水的电离平衡，使水分子继续电离，结果溶液中 OH^- 数目相对地增多。因而阴极附近形成了 NaOH 溶液。电解总反应式为

$$2NaCl + 2H_2O \xlongequal{电解} 2NaOH + H_2\uparrow + Cl_2\uparrow$$

（2）电冶金工业

应用电解原理从金属化合物中制取金属的过程叫做电冶金。电解位于金属活泼顺序中 Al 以前（包括 Al）的金属盐溶液时，阴极上总是产生 H_2 气，得不到相应的金属，因此制取 K、Na、Ca、Mg、Al 等金属，只能采用电解熔融化合物的方法。如电解熔融 NaCl 来制取金属钠。

通电前：

$$NaCl(熔融) = Na^+ + Cl^-$$

通电后：

在阴极　　$2Na^+ + 2e^- = 2Na$

在阳极　　$2Cl^- - 2e^- = Cl_2\uparrow$

电解反应式　　$2NaCl \xlongequal[熔融态]{电解} 2Na + Cl_2\uparrow$

阴极　阳极

（3）电镀

应用电解原理，在金属制品表面镀上一层其他金属或合金的过程叫做电镀。电镀的主要目的是为了防止金属腐蚀，增加美观，提高金属的表面硬度等。镀层金属通常是一些在空气或溶液中不易被氧化的 Cr、Zn、Ni、Ag 等及合金。

电镀时，把待镀的金属制品作为阴极，把镀层金属作为阳极，用含有镀层金属离子的溶液作为电镀液，在直流电的作用下，镀件表面就覆上一层均匀、光洁而致密的镀层。

现以镀 Zn 为例说明电镀过程。如图 3-8 所示。用金属制品作为阴极，锌片作为阳极，用以 $ZnCl_2$ 为主要成分的溶液作为电镀液，接通直流电源，几分钟后就可看到镀件的表面被镀上了一层锌。其主要过程可表示如下。

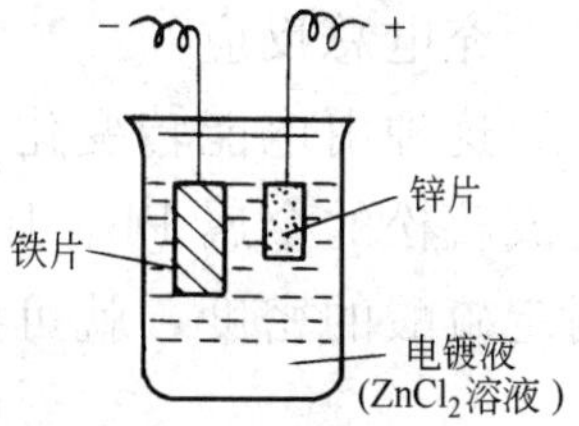

通电前：

$$ZnCl_2 = Zn^{2+} + 2Cl^-$$

$$H_2O \rightleftharpoons H^+ + OH^-$$

通电后：在阴极　$Zn^{2+} + 2e^- = Zn$　还原反应

在阳极　$Zn - 2e^- = Zn^{2+}$ 氧化反应

图 3-8　电镀锌示意图

电镀的结果，阳极的锌不断减少，阴极的锌（被镀件上）不断增加，减少和增加锌的量相等。因而溶液中 $ZnCl_2$ 的量保持不变，它的特点是阳极本身也参加了电极反应，即失去电子而进入电镀液中。

除了可对金属制品进行电镀外，还可对塑料进行电镀，因为塑料是非导体，不能像金属那样直接进行电镀。在镀前要对塑料表面进行预处理，除去表面的油和杂质，再涂上一层导电的金属膜，然后才能和金属电镀一样，把它作为阴极进行电镀。塑料制品电镀后具有重量轻、能导电、外表美观等优点。不仅能代替金属铜和铝，还能减少加工工序，降低成本。因而，目前塑料电镀工艺的应用日趋广泛。

* 三、化学电源

借助于氧化还原反应，将化学能直接转变成电能的装置，叫做化学电源。化学电源可分为原电池、干电池、蓄电池和燃料电池等。

1. 干电池

干电池（dry cell）是根据原电池的原理制成的，市售的干电池结构如图 3-9 所示。

用锌片制成的圆筒作为负极，用 MnO_2 和炭棒插在圆筒中间作为正极，用 NH_4Cl、$ZnCl_2$ 与淀粉混合而成的糊状物作为电解液。在锌筒和电解液之间用多孔纸隔开，最后用沥青加盖密封就制成干电池。

干电池电压约为 1.5V，因价格低廉，携带方便，应用极其广泛。使用时且忌暴晒、环境潮湿，不用时应从电器中取出。它只能一次性使用。

2. 铅蓄电池

铅蓄电池（lead-acid batteries）是一种充电时起电解作用，放电时起原电池作用的可贮存能量的装置。

铅蓄电池是由两组栅状板 A 和 B 以及稀硫酸（电解液）组成。极板是铅合金制成的栅状格子，格子中间充满难溶的 $PbSO_4$。将极板浸盛有稀硫酸（密度 $1.20 \sim 1.30g \cdot mL^{-1}$）的耐酸槽中，接通直流电源，如图 3-10(a) 所示。这是电流通过铅蓄电池，两极反应如下。

阴极（A 板）　　$PbSO_4 + 2e^- \xlongequal{} Pb + SO_4^{2-}$

阳极（B 板）　　$PbSO_4 + 2H_2O - 2e^- \xlongequal{} PbO_2 + 4H^+ + SO_4^{2-}$

充电总反应　　$2PbSO_4 + 2H_2O \xlongequal{} Pb + PbO_2 + 2H_2SO_4$

这种由电能转变化学能的过程叫做充电。随着电流的通过，$PbSO_4$ 在 A 板变成疏松的金属 Pb，B 板变为黑褐色的 PbO_2，同时有 H_2SO_4 生成，因此通过测定硫酸的密度，就可判断充电的程度。

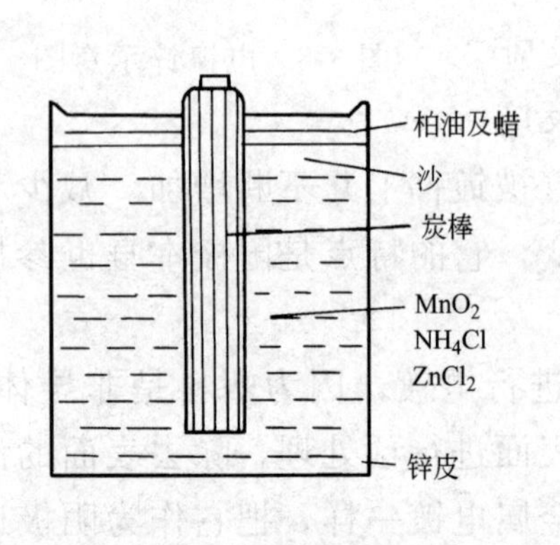

图 3-9　干电池的结构

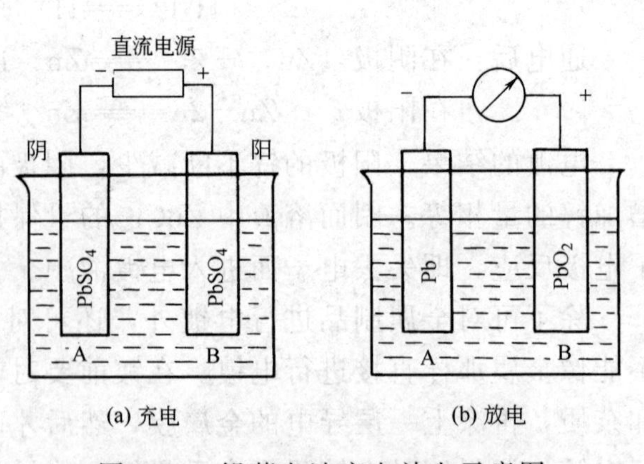

图 3-10　铅蓄电池充电放电示意图

把充电后的蓄电池两极连接起来如图 3-10(b) 所示，电子就沿着导线从 A 流向 B。这时发生了化学能转变成电能的过程，叫做放电。放电时的两极反应如下。

负极（A 板） $Pb-2e^{-}+SO_4^{2-}═══PbSO_4$

正极（B 板）$PbO_2+4H^{+}+SO_4^{2-}+2e^{-}═══PbSO_4+2H_2O$

放电时，消耗 H_2SO_4 并生成水，使硫酸浓度变小。

放电总反应： $Pb+PbO_2+2H_2SO_4═══2PbSO_4+2H_2O$

由此可见，蓄电池的放电和充电的电极反应，互为逆反应。为了记忆方便，两者可用一个方程式表示：

$$2PbSO_4+2H_2O \underset{放电}{\overset{充电}{\rightleftharpoons}} Pb+PbO_2+2H_2SO$$

铅蓄电池充电后电压可达 2.2V，在使用时（放电），当电压降到 1.8V，就不能再继续使用，必须充电，否则蓄电池会遭到损坏。

铅蓄电池的优点是电压高，放电稳定，输出功率高，价格低廉，应用广泛；缺点是体积笨重，抗震性差，因此适用于汽车、轮船等固定设备上。

3. 微型电池

电子表、袖珍电子计算器等精密仪器的运行，靠的是像小纽扣似的微型电池(microbattery)。它是一种银锌化学电池。这种微型电池由正极壳、负极盖、电解液、绝缘密封圈、正负极活性材料六个部分组成，它的正极壳和负极盖都是用不锈钢做成的，正极活性材料是 Ag_2O 和少量石墨的混合物，石墨作为导电剂。负极活性材料是 Zn-Hg 合金，电解液为浓 NaOH 溶液，绝缘密封圈由尼龙注塑成型，并涂上密封剂，隔离膜是一种有机高分子材料。

使用时，在微电池里发生氧化还原反应，Ag_2O 得到电子被还原析出 Ag，Zn 失去电子被氧化成 ZnO。

电池总反应式 $Ag_2O+Zn═══2Ag+ZnO$

微型电池的电压可达 1.6V，而一般干电池为 1.5V，可见银锌微电池具有体积小、电压高、能量大的优点。装在电子表里能使用 2 年之久。

*第四节 配位平衡及其应用

配位化合物是无机化合物中的一大类。随着科学的发展，人们对配合物的认识不断深入。现在，配位化合物或配合物化学几乎渗透到化学学科的各个分支，并已发展成为一门独立的学科。本节将概括介绍配合物的基本概念和应用。

一、配位化合物的基本概念

1. 配位化合物的定义

在硫酸铜溶液中加入氨水，开始有蓝色 $Cu(OH)_2$ 沉淀生成，当加入过量氨水时，蓝色沉淀消失，生成深蓝色溶液，再加入乙醇（目的是降低溶解度），则有深蓝色晶体析出。经测定深蓝色晶体为 $[Cu(NH_3)_4]SO_4 \cdot H_2O$，在深蓝色溶液中，存在着大量的 $[Cu(NH_3)_4]^{2+}$。

像 $[Cu(NH_3)_4]^{2+}$ 这样由一种正离子和若干分子或若干阴离子以配位键结合而形成的能稳定存在的复杂离子称为配离子。配离子也可以是阴离子，如 $[AlF_6]^{3-}$、$[Fe(CN)_6]^{3-}$ 等。含有配离子和配分子的化合物叫配位化合物，简称配合物。还有一些是由阳离子（或原子）与中性分子或阴离子形成的不带电的复杂分子，如 $Ni(CO)_4$、$[PtCl_2(NH_3)_2]$ 等也称配合物。习惯上，有时把配离子称为配合物。

2. 配合物的组成

在配合物内，提供电子对的分子或阴离子称为配位体（简称配体）接受电子对的阳离子或原子称为配位中心离子（或原子），简称中心离子（或原子）。中心离子与配位体以配位键结合组成配合物的内界，这是配合物的特征部分，通常用方括号括起来，配合物中的其他离子叫做外界离子。

下面以 $[Cu(NH_3)_4]SO_4$ 为例，将配合物的各组成部分图示如下：

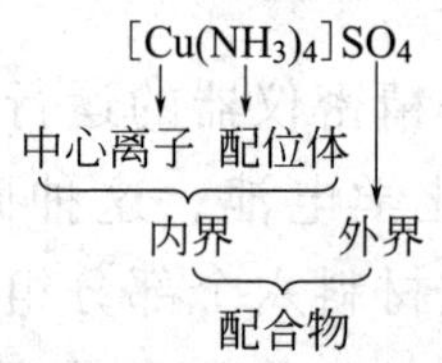

（1）中心离子（或原子） 中心离子是配合物的形成体，它位于配合物的中心，是配合物的核心部分。它们都是具有空的价电子轨道的阳离子或中性原子，一般是金属离子。如 Fe^{2+}、Fe^{3+}、Cu^{2+}、Co^{3+}、Ni^{2+}、Ag^{+}、Zn^{2+}、Al^{3+} 等。少数配合物的形成体不是离子而是电中性的原子，如 $Fe(CO)_5$、$Ni(CO)_4$ 中的 Fe、Ni 等。

（2）配位体 配位体是配离子（或配分子）内与中心离子（或原子）结合的阴离子或中性分子。在配位体中，直接同中心离子（或原子）配位的原子叫做配位原子。例如 $[Cu(NH_3)_4]^{2+}$ 中 NH_3 是配位体，NH_3 中的 N 原子是配位原子。又如 $[HgI_4]^{2-}$ 中 I^- 既是配位体又是配位原子。

配位原子均含有孤电子对。常见的配位原子有ⅣA、ⅤA、ⅥA、ⅦA 族电负性较大的原子。如 C、N、O、S、卤素原子等。常见的配位体有 NH_3、H_2O、NCS^-、CN^-、F^-、Cl^-、Br^- 等。

（3）配位数 直接和中心离子（原子）结合的配位原子的数目，叫做该中心离子（原子）的配位数。配位数有 2、3、4……等。最常见的是 2、4、6。如表 3-3 所示。

表 3-3 某些中心离子的常见配位数

中心离子	Ag^+、Cu^+	Ni^{2+}、Cu^{2+}、Zn^{2+}、Hg^{2+}	Fe^{2+}、Fe^{3+}、Co^{2+}、Co^{3+}、Ni^{2+}、Al^{3+}
常见配位数	2	4	6

例如 $[Co(NH_3)_6]Cl_3$ 中 Co^{3+} 的配位数为 6，$[Cu(NH_3)_4]SO_4$ 中 Cu^{2+} 的配位数为 4。每种中心离子都有其常见的配位数。表 3-3 列出了某些中心离子的常见配位数。

3. 配合物的命名

配合物的命名服从一般无机化合物的命名原则：如果化合物的酸根是简单离子，就叫某化某（如氯化钠），如果酸根是阴离子团，就叫某酸某（如硫酸钠），不同点在于必须标出配合物特征部分的情况。

（1）配离子为阳离子的配合物

其命名次序都是：外界阴离子→配体→中心离子。配体和中心离子之间加“合”字。配体个数用一、二、三、四等数字表示，中心离子的氧化态以加括号的罗马数字表示，并置于中心离子之后。例如

$[Co(NH_3)_6]Cl_3$　　氯化六氨合钴（Ⅲ）

$[Ag(NH_3)_2]NO_3$　　硝酸二氨合银（Ⅰ）

（2）配离子为阴离子的配合物

命名次序为：配体→中心离子→外界阳离子。在中心离子与外界离子与外界阳离子的名称之间加一“酸”字，其余同上。例如

$K_2[PtCl_6]$　　六氯合铂（Ⅳ）酸钾

$K_3[Fe(CN)_6]$　　六氰合铁（Ⅲ）酸钾

（3）含有两种以上配体的配合物

配体的次序按先阴离子、后中性分子排列，不同的配体名称间以小圆点“·”分开。若配体同是阴离子或中性分子，则按配位原子元素符号的英文字母顺序排列。例如

$[Co(NH_3)_4Cl_2]Cl$　　氯化二氯·四氨合钴（Ⅲ）

$[Co(NH_3)_5(H_2O)]Cl_3$　　氯化五氨·水合钴（Ⅲ）

还有少数配合物通常用习惯名称，如 $K_4[Fe(CN)_6]$ 叫黄血盐或亚铁氰化钾，$K_3[Fe(CN)_6]$叫赤血盐或铁氰化钾等。

二、配离子在水溶液中的稳定性

配离子在水溶液中像弱电解质一样，部分离解为中心离子和配位体，如 $[Ag(NH_3)_2]^+$ 在溶液中存在着下列解离平衡。

$$Ag(NH_3)_2^+ \rightleftharpoons Ag^+ + 2NH_3$$

根据化学平衡原理有

$$K_{不}=\frac{[Ag^+][NH_3]^2}{[Ag(NH_3)_2^+]}$$

$K_{不}$称为不稳定常数或解离常数。不同配离子有不同的解离常数，具有相同配位体数目的配合物，其 $K_{不}$ 值越大，表明配离子离解趋势越大，配合物就越不稳定。例如，$K_{不Ag(CN)_2^-}$（1.58×10^{-22}）$<K_{不Ag(NH_3)_2^+}$（5.85×10^{-8}），表示

$Ag(NH_3)_2^+$不如$Ag(CN)_2^-$稳定。

如果从生成配合物的角度来考虑，即从上述反应的逆反应来考虑。

$$Ag^+ + 2NH_3 \rightleftharpoons Ag(NH_3)_2^+$$

则可得到稳定常数 $K_{稳}$

$$K_{稳} = \frac{[Ag(NH_3)_2^+]}{[Ag^+][NH_3]^2}$$

显然，$K_{稳}$ 和 $K_{不}$ 之间互为倒数，即

$$K_{不} = \frac{1}{K_{稳}}$$

$K_{稳}$ 和 $K_{不}$ 一样，是衡量配离子稳定性的常用数据，表 3-4 列出了部分配离子 $K_{稳}$ 数据。

表 3-4　一些常见配离子的稳定常数

配离子	$K_{稳}$	$\lg K_{稳}$	配离子	$K_{稳}$	$\lg K_{稳}$
1∶1			1∶4		
$[NaY]^{3-}$	5.0×10^{1}	1.69	$[Cu(NH_3)_4]^{2+}$	4.8×10^{12}	12.68
$[AgY]^{3-}$	2.0×10^{7}	7.30	$[Zn(NH_3)_4]^{2+}$	5×10^{8}	8.69
$[CuY]^{2-}$	6.8×10^{8}	8.79	$[Cd(NH_3)_4]^{2+}$	3.6×10^{6}	6.56
$[MgY]^{2-}$	4.9×10^{8}	8.69	$[Zn(CNS)_4]^{2-}$	2.0×10^{1}	1.30
$[CaY]^{2-}$	3.7×10^{10}	10.56	$[Zn(CN)_4]^{2-}$	1.0×10^{16}	16.0
$[SrY]^{2-}$	4.2×10^{8}	8.62	$[Cd(SCN)_4]^{2-}$	1.0×10^{3}	3.0
$[BaY]^{2-}$	6.0×10^{7}	7.77	$[CdCl_4]^{2-}$	3.1×10^{2}	2.49
$[ZnY]^{2-}$	3.1×10^{16}	16.49	$[CdI_4]^{2-}$	3.0×10^{6}	6.43
$[CdY]^{2-}$	3.8×10^{16}	16.67	$[Cd(CN)_4]^{2-}$	1.3×10^{18}	18.11
$[HgY]^{2-}$	6.3×10^{21}	21.79	$[Hg(CN)_4]^{2-}$	3.3×10^{41}	41.51
$[PbY]^{2-}$	1.0×10^{18}	18.0	$[Hg(SCN)_4]^{2-}$	7.7×10^{21}	21.88
$[MnY]^{3-}$	1.0×10^{14}	14.00	$[HgCl_4]^{2-}$	1.6×10^{15}	15.20
$[FeY]^{2-}$	2.1×10^{14}	14.32	$[HgI_4]^{2-}$	7.2×10^{29}	29.86
$[CoY]^{2-}$	1.6×10^{16}	16.20	$[Co(CNS)_4]^{2-}$	3.8×10^{2}	2.58
$[NiY]^{2-}$	4.1×10^{18}	18.61	$[Ni(CN)_4]^{2-}$	1×10^{22}	22.0
$[FeY]^{-}$	1.2×10^{25}	25.07	1∶2		
$[CoY]^{-}$	1.0×10^{36}	36.0	$[Cu(NH_3)_2]^{+}$	7.4×10^{10}	10.87
$[GaY]^{-}$	1.8×10^{20}	20.25	$[Cu(CN)_2]^{-}$	2.0×10^{38}	38.3
$[InY]^{-}$	8.9×10^{24}	24.94	$[Ag(NH_3)_2]^{+}$	1.7×10^{7}	7.24
$[TlY]^{-}$	3.2×10^{22}	22.51	$[Ag(En)_2]^{+}$	7.0×10^{7}	7.84
$[TlHY]$	1.5×10^{23}	23.17	$[Ag(CNS)_2]^{-}$	4.0×10^{8}	8.60
$[CuOH]^{+}$	1×10^{5}	5.00	$[Ag(CN)_2]^{-}$	1.0×10^{21}	21.0
$[AgNH_3]^{+}$	2.0×10^{3}	3.30	$[Au(CN)_2]^{-}$	2×10^{38}	38.30
$[Cu(En)_2]^{2-}$	4.0×10^{19}	19.60	1∶6		
$[Ag(S_2O_3)_2]^{3-}$	1.6×10^{13}	13.20	$[Cd(NH_3)_6]^{2+}$	1.4×10^{6}	6.15
1∶3			$[Co(NH_3)_6]^{2+}$	2.4×10^{4}	4.38
$[Fe(CNS)_3]^{0}$	2.0×10^{3}	3.30	$[Ni(NH_3)_6]^{2+}$	1.1×10^{8}	8.04
$[CdI_3]^{-}$	1.2×10^{1}	1.07	$[Co(NH_3)_6]^{2+}$	1.4×10^{35}	35.15
$[Cd(CN)_3]^{-}$	1.1×10^{4}	4.04	$[AlF_6]^{3-}$	6.9×10^{19}	19.84
$[Ag(CN)_3]^{2-}$	5×10^{0}	0.69	$[Fe(CN)_6]^{3-}$	1×10^{42}	42.0
$[Ni(En)_3]^{2+}$	3.9×10^{18}	18.59	$[Fe(CN)_6]^{4-}$	1×10^{35}	35.0
$[Al(C_2O_4)_3]^{3-}$	2.0×10^{16}	16.30	$[Co(CN)_6]^{3-}$	1×10^{64}	64.0
$[Fe(C_2O_4)_3]^{3-}$	1.6×10^{20}	20.20	$[FeF_6]^{3-}$	1.0×10^{16}	16.0

注：表中 Y^{4-} 表示 EDTA 的酸根，En 表示乙二胺；$C_2O_4^{2-}$ 为草酸根。

三、配合物的应用

自然界中大多数化合物是以配合物形式存在的，水溶液中的一些简单离子（Cu^{2+}、Zn^{2+}）均是以水为配位体的配离子。配合物化学所涉及的范围及应用非常广泛。金属的分离和提取、分析技术、化学合成上的配合催化、医药等很多方面都和配合物有密切关系。

金属的分离和提取常常和配合物有关，如湿法冶铜就是利用螯合剂形成一种稳定的螯合物，把铜富集起来。在镍的精制中，有一种方法就是将镍生成$Ni(CO)_4$配合物，然后进行提纯。

配合物常常具有特殊的颜色，所以可用于定性分析，在定量分析中用EDTA测定 Ca^{2+}、Mg^{2+}、Zn^{2+} 等已是常用的方法。

根瘤菌中的固态酶是一种天然的高效催化剂，它在常温常压下将氮转化为氨，目前地球上植物生长所需的氮肥，估计 88%是在它的催化作用下生成的。目前对固氮酶无论是生物模拟或是化学模拟，都和配合物化学密切有关。至今制备成功的分子氮配合物已有 360 种左右。一旦这项研究有所突破，将给化肥工业、农业带来革命性的变化。

生物机体中许多金属离子都有以配合物的形式存在的。如与呼吸作用密切相关的血红素是铁的配合物，光合作用的关键物质叶绿素则是镁的配合物。人体必需的微量元素都是以配合物的形式存在于人体内。分子生物学的研究业已证明，生物体内发生的化学反应都是在一定的酶的催化作用下进行的。而其中金属酶（含金属配合物）约占 1/3，达数百种之多。这些酶都是温和条件下的高效催化剂。目前的一个课题就是研究生物大分子配合物的结构与性能的关系，采用简单的金属配合物来模拟酶的活性中心的结构和功能，即所谓生物模拟。可以预见，生物模拟一旦取得突破，将导致化学学科的一次变革。

配合物在医学上的应用相当广泛。二巯基丙醇是一种很好的解毒剂，它可和砷、汞以及某些重金属形成配合物而解毒。铂的配合物具有相当大的抗癌能力，对多种恶性肿瘤表现出很强的治疗作用。

配合物化学是无机化学发展的主要方向，它还和生物无机化学、金属有机化学等许多新兴边缘学科密切相关，必将会更多的为人类造福。

阅读材料 3-1

阿仑尼乌斯

阿仑尼乌斯是瑞典杰出的物理化学家，电离学说的创立者，也是物理化学创始人之一。

1859 年 2 月 19 日，他出生于瑞典乌普萨拉（Uppsala）的一个大学教师家庭，6岁时就能进行复杂的计算，少年时期显出数、理、化方面的特长，成绩一直名列前茅，在大学时被校方认为是奇才。他用法文写的博士论文题目为《电解质的电导率研究》和《电解质的化学理论》，首次提出了电离学说。但当时在本校未获重视，他将论文分寄给当时有名的化学家，得到奥斯特瓦尔德的推崇，邀请他到俄国里加工学院当副教授，后来又得到科尔劳乌施和范霍夫的指点。

阿仑尼乌斯的最大贡献是1887年提出电离学说：电解质是溶于水中能形成导电溶液的物质；这些物质在水溶液中时，一部分分子离解成离子；溶液越稀，离解度就越大。这一学说是物理化学发展初期的重大发现，对溶液性质的解释起过重要的作用。它是物理和化学之间的一座桥梁。阿仑尼乌斯的研究领域广泛。1889年提出活化分子和活化热概念，导出化学反应速率公式。他还研究过太阳系的成因、彗星的本性、北极光、天体的温度、冰川的成因等，并最先对血清疗法的机理作出化学上的解释。

阿仑尼乌斯因创立电离学说而获1903年诺贝尔化学奖。1902年还曾获英国皇家学会戴维奖章。著有《宇宙物理学教程》、《免疫化学》、《溶液理论》和《生物化学中的定量定律》等。

pH与生活和生产

在日常生活中，人们常常遇到一些溶液。它们都具有一定的pH值。

一些常见溶液的pH

名　称	pH	名　称	pH	名　称	pH
食醋	3.0	番茄汁	3.5	海　水	8.3
啤酒	4～5	柠檬汁	2.2～2.4	饮用水	6.5～8.0
牛奶	6.3～6.6	葡萄酒	2.8～3.8	人唾液	6.5～7.5
乳酪	4.8～6.4	鸡蛋清	7.0～8.0	人尿液	4.8～8.4

掌握pH的知识是非常必要的。例如在农业生产上，各种作物的生长发育都要求一定的pH范围。

几种作物的最适pH范围

作　物　名　称	最适pH范围	作　物　名　称	最适pH范围
小麦	6.3～7.5	马铃薯	4.8～5.5
水稻	5.5～7.0	花生	6.5～7.0
玉米	6.5～7.0	大豆	6.5～7.5
高粱	6.5～7.5	棉花	6.0～8.0

动物的生长发育与体液的 pH 有密切关系，家畜的血液都具有一定的 pH。血液的 pH 对酶的活性和激素的作用都具有一定的影响。静脉注射液的 pH 应与血液的 pH 近似。否则会引起酸中毒或碱中毒。

几种动物血液的 pH

名称	猪血液	马血液	乳牛血液	鸡血液	绵羊血液
pH	7.88～7.95	7.20～7.65	7.36～7.50	7.45～7.63	7.32～7.54

人血液的 pH 在 7.35～7.45 之间，如果 pH 稍越出此范围，人就会因酸中毒或碱中毒而生病，严重时还会威胁生命。

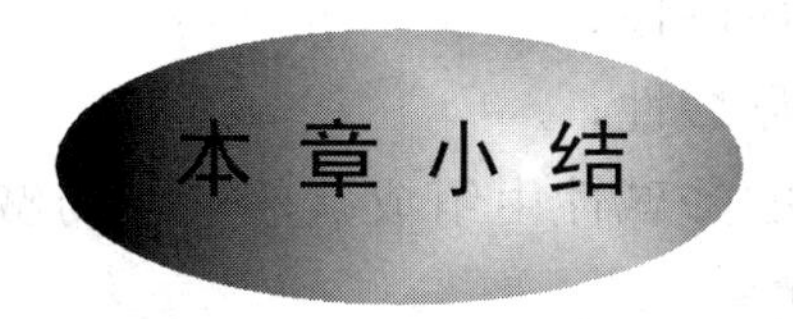

一、酸碱平衡

1. 电解质的分类

特点 / 分类	电离程度	电离过程	导电能力（在水溶液中或熔融态）
强电解质	全部电离	用“$=\!=$”表示	强
弱电解质	部分电离	用“$\rightleftharpoons$”表示	弱

2. 弱电解质的电离

（1）弱电解质的电离是一个可逆过程，一定条件下，电解质分子电离成离子的速率与离子重新结合成分子的速率相等，即达到电离平衡。

（2）电离平衡是一种动态平衡。它是暂时的、相对的、有条件的。当条件（温度、浓度等）发生变化时，平衡就会发生移动，向能够使这种变化减弱的方向移动。

（3）电离常数 K_i。一定温度下，电离常数的大小能电解质的电离程度，即反映了弱电解质的相对强弱。

3. 水的离子积和溶液的 pH

（1）水的离子积：在常温时，水中 $[H^+]\cdot[OH^-]=1\times10^{-14}$，这个常数叫做水的离子积。即 $K_w=[H^+]\cdot[OH^-]=1\times10^{-14}$

（2）溶液的 pH：水溶液中 H^+ 浓度的负对数叫做溶液的 pH。即

$$pH=-\lg[H^+]$$

4. 离子反应和离子方程式

（1）离子反应：有离子参加的反应叫做离子反应。这里主要指离子互换的复

分解反应和有离子参加的置换反应。

（2）离子反应进行的条件是：生成难溶物质（沉淀）；生成挥发性的物质（气体）；生成难电离的物质（弱电解质）。

（3）离子方程式是用实际参加反应的离子符号和单质或化合物的化学式来表示离子反应的式子。

5. 盐类的水解

盐类的离子与水电离出来的 H^+ 或 OH^- 相结合生成弱电解质的反应，叫做盐类的水解反应。它是中和反应的逆反应。

盐的水解有三种类型：

（1）弱酸强碱盐水解显碱性；

（2）弱碱强酸盐水解显酸性；

（3）弱酸弱碱盐水解的酸碱性由组成盐的弱酸弱碱的相对强弱来决定。

$K_a > K_b$　溶液显酸性

$K_a = K_b$　溶液显中性

$K_a < K_b$　溶液显碱性

总之，弱者水解显强性。

二、沉淀溶解平衡

难溶电解质的溶解与沉淀在一定的条件下可以相互转化，可用溶度积规则进行判断。

溶度积规则：　$[A^{n+}]^m[B^{m-}]^n > K_{sp}$　则沉淀析出

$[A^{n+}]^m[B^{m-}]^n = K_{sp}$　平衡

$[A^{n+}]^m[B^{m-}]^n < K_{sp}$　则沉淀溶解或无沉淀析出

三、氧化还原平衡

1. 原电池

借助氧化还原反应，将化学能转变为电能的装置叫做原电池。

以 Cu-Zn 原电池为例：

电极名称	电极反应	电池总反应
负极(Zn)	$Zn - 2e^- = Zn^{2+}$　氧化反应	$Zn + Cu^{2+} = Zn^{2+} + Cu$
正极(Cu)	$Cu^{2+} + 2e^- = Cu$　还原反应	

电池符号 $(-)Zn|ZnSO_4 \| CuSO_4|Cu(+)$

2. 电解及其应用

因直流电通过电解质溶液发生氧化还原反应的过程叫做电解。

原电池、电解池、电镀池的比较如下。

装　置	原　电　池		电　解　池		电　镀　池	
电极名称	正极	负极	阳极	阴极	阳极	阴极
电极反应	还原	氧化	氧化	还原	氧化	还原
电极材料	较不活泼的金属	较活泼的金属	惰性电极	惰性电极	镀层金属	镀件
电极判别	较不活泼的金属	较活泼的金属	接外电源的正极	接外电源的负极	接通电源的正极	接通电源的负极
	电子流入的电极	电子流出的电极	阴离子聚集的电极	阳离子聚集的电极	被腐蚀溶解的电极	有镀层形成的电极
反应情况	接通电路反应即进行		接通外电源反应即进行		接通外电源反应才进行	
作　用	化学能→电能		电能→化学能		电能→化学能	

*3. 化学电池

化学电源将化学能转变为电能的装置。化学电源可分为原电池、干电池、蓄电池等。

四、配位平衡

配位化合物是一类复杂的化合物。在配合物中配离子与外界离子之间以离子键结合，中心离子与配位原子之间以配位共价键结合。配离子的稳定性可以用 $K_{稳}$ 来描述，对于相同类型的配合物 $K_{稳}$ 值越大，配合物就越稳定。配合物在化学分析、医药、生物、冶金、电镀及日常生活中有着广泛的应用。

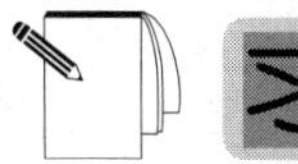

习题

1. 下列物质哪些能够导电？

(1) 液态氨　　(2) 蔗糖水溶液　　(3) 盐酸

(4) 氯水　　(5) 熔融 NaOH　　(6) 无水硫酸

2. 判断下列物质哪些是强电解质？哪些是弱电解质？并写出电离方程式。

(1) $FeCl_3$　　(2) KOH　　(3) H_2CO_3　　(4) HNO_3

(5) Na_2CO_3　　(6) Na_2S　　(7) H_2S　　(8) HCN

3. 在溶液导电性的实验装置里，注入浓醋酸溶液时，灯光很暗。如果用浓氨水结果相同，可是把上述两种溶液混合起来实验，灯光却十分明亮。为什么？

4. 在 HAc 的稀溶液中加入下列物质，对 HAc 电离平衡有什么影响？醋酸的电离度会发生什么变化？

(1) NaAc　　(2) NaOH　　(3) HCl

5. 通过计算说明 0.2mol/L HCl 和 0.2mol/L HCN 溶液（$K_{HCN}=4.9\times10^{-10}$）的 $[H^+]$ 是否相等。

6. 欲使 pH 由 2 增到 4，需加入酸还是碱？$[H^+]$ 变化多少倍？

7. 计算下列溶液中各种离子的浓度。

(1) 0.1mol/L H_2SO_4　　(2) 0.4mol/L NaOH

(3) 0.5mol/L $CaCl_2$　　(4) 0.2mol/L $NH_3 \cdot H_2O$

8. 室温时，H_2CO_3 饱和溶液的浓度约为 0.04mol/L，求此溶液的 [H^+] 和 pH。

9. 求下列溶液的电离度和 pH。

(1) 0.05mol/L HAc ($K_i=1.8\times10^{-5}$)

(2) 1×10^{-3} mol/L HCN ($K_i=4.9\times10^{-10}$)

(3) 0.01mol/L NH_3H_2O ($K_i=1.8\times10^{-5}$)

10. 已知各溶液的 [OH^-]，求各自的 pH。

[OH^-]	1×10^{-3}	5×10^{-5}	3×10^{-7}	2×10^{-9}	4×10^{-12}
pH					

11. 将 10mL 浓度为 1.5mol/L 盐酸溶液与 20mL 浓度 0.5mol/L KOH 溶液混合，然后加稀释成 0.5L 溶液，求稀释后溶液的 pH 为多少？

12. 人血液正常的 pH 为 7.4，患病后血液的 pH 可降到 5.9，求此时血液中 [H^+] 约为正常值的多少倍？

13. 什么叫指示剂的变色范围？

14. 把下列化学方程式改写为离子方程式。

(1) $NaOH+HCl = NaCl+H_2O$

(2) $Na_2S+2HCl = 2NaCl+H_2S\uparrow$

(3) $H_2SO_4+Mg(OH)_2 = MgSO_4+2H_2O$

(4) $BaCl_2+H_2SO_4 = BaSO_4\downarrow+2HCl$

(5) $Fe(OH)_3+3HCl = FeCl_3+3H_2O$

(6) $2NaOH+CuCl_2 = Cu(OH)_2\downarrow+2NaCl$

15. 写出能实现下列变化的化学方程式。

(1) $H^++OH^- = H_2O$

(2) $2H^++CO_3^{2-} = H_2O+CO_2\uparrow$

(3) $2H^++CaCO_3 = Ca^{2+}+H_2O+CO_2\uparrow$

(4) $Cu^{2+}+Fe = Cu+Fe^{2+}$

16. 盐类为什么发生水解？如何判断盐的水溶液的酸碱性？

17. 下列几种盐能否水解？它们的水溶液酸碱性如何？写出水解反应的离子方程式。

(1) NaCN　(2) NH_4NO_3　(3) $NaHCO_3$

(4) K_2SO_4　(5) $Fe(NO_3)_3$　(6) KAc

(7) NH_4Ac　(8) $ZnCl_2$　(9) $Al_2(SO_4)_3$

18. 判断下列说法是否正确？为什么？

(1) 干燥的食盐不能导电，因此食盐是非电解质。

(2) 液态的 NaOH 能导电，液态的 HCl 却不能导电。

(3) 有浓度相同的盐酸和醋酸两种溶液，则它们的 H^+ 浓度也相同。

(4) 电解质在水溶液中都存在着电离平衡。

(5) P_2O_5 的水溶液能导电，所以说 P_2O_5 是电解质。

（6）电离平衡时，由于分子和离子的浓度不断发生变化，所以电离平衡是动态平衡。

（7）某弱电解质溶液，它的浓度越稀电离度越大，因而导电能力就越强。

（8）氢硫酸［H_2S］溶液中，［H^+］一定是［S^{2-}］的 2 倍。

（9）溶液的 pH 值相差 2，［H^+］就相差 10 倍。

（10）溶液中［H^+］越大，其 pH 值就越高。

19. 判断题

（1）溶度积能够表示难溶物质的溶解能力。所以各种类型的难溶电解质的溶解能力的大小，都可通过溶度积的大小来进行比较。

（2）溶度积规则主要是用来判断沉淀的生成和溶解。

20. 写出下列难溶电解质的溶度积表达式

（1）$PbCl_2$　　（2）AgCl　　（3）Ag_2CrO_4　　（4）$BaSO_4$

21. 什么叫原电池？试以铜锌原电池说明在两极上各发生什么反应.

22. 填空

原电池是______装置，负极发生______反应；正极发生______反应，电子沿______由______流向______。

23. 由下列氧化还原反应各组成一个原电池，写出各原电池的电极反应，并用符号表示各原电池。

（1）$Mg+Pb(NO_3)_2 = Pb\downarrow + Mg(NO_3)_2$

（2）$2FeCl_3+SnCl_2 = 2FeCl_2+SnCl_4$

（3）$Cu+2AgNO_3 = Cu(NO_3)_2+2Ag$

（4）$2FeCl_3+Cu = 2FeCl_2+CuCl_2$

24. 将铁片和锌片分别插入稀硫酸中，各观察到什么现象？若用导线将两者连接，可观察到什么现象？是否两种金属都溶解了？气泡在哪个金属片上产生？为什么？

25. 为什么锌与盐酸反应时，滴入几滴 $CuSO_4$ 溶液后产生气体的速度大大加快，有人说“铜在反应中作催化剂”，这种说法是否妥当？为什么？

26. 电解池是______能转变______能的装置。电解池中与电源负极相连的极叫______极，通电时电子从电源______极沿导线流入______极；与电源正极相连的极叫______极，通电时电子从______极流出并沿导线流回电源的______极。

27. 电镀是应用______原理，当铁制零件镀铜时，则______作阴极，______作阳极，电镀液中应含有______，电源应采用______电源。电极反应式：阳极____________________，阴极____________________。

28. 电解活泼金属（电极电势表中 Al 以前的金属）的盐溶液时，阴极上一般得到的是______。

29. 电解氯化铜的水溶液，在标准状况下阳极上析出 8.96L 氯气，则在阴极上可得多少克产物？

30. 列表比较原电池和电解池的工作原理（从电极名称、电子流向和电极反应等方面进行比较）。

31. 20℃时，将饱和食盐水 1359g 进行电解。设食盐全部电离，并测得的密度为 1.34 $g\cdot cm^{-3}$。求所得 NaOH 溶液的质量分数、物质的量浓度（20℃时食盐的溶解度为 35.9g）。

32. 写出下列配合物的名称。

(1) $[Ag(NH_3)_2]Cl$ ____________

(2) $Na_3[AlF_6]$ ____________

(3) $K_3[Fe(CN)_6]$ ____________

(4) $H_2[PtCl_6]$ ____________

33. 指出下列配合物的中心离子、配离子的电荷、配位数、配位体。

(1) $[Co(NH_3)_6]Cl_3$　　(2) $[Ag(NH_3)_2]NO_3$

(3) $K_2[PtCl_6]$　　(4) $K_2[HgI_4]$

34. 通过查表比较 $[Ag(NH_3)_2]^+$、$[Ag(CN)_2]^-$、$[Ag(S_2O_3)_2]^{3-}$ 三种离子的稳定性。

第四章　物质结构与元素周期系

学习目标

1. 掌握原子的组成及质子数、中子数、核电荷数之间的关系。
2. 熟悉原子核外电子分布所遵循的三原则。
3. 掌握元素周期律和元素周期表。

自然界中不同的物质表现出不同的性质，具有不同的用途，这是由于它们的组成与结构不同。为了从本质上去认识物质的性质及其变化规律，就需要进一步学习有关物质结构以及反映元素性质内在联系的元素周期系的基本知识。

第一节　原子结构

一、原子的组成

原子是由带正电荷的原子核和核外带负电荷的电子组成。在原子里，原子核带正电荷，位于原子的中心；电子带负电荷，在原子核周围空间作高速运动。原子核所带的正电荷数（简称核电荷数）与核外电子的负电荷数相等。因此，原子作为一个整体不显电性。原子很小，半径约为 10^{-10}m，原子核更小，其体积约为原子体积的 $1/10^{12}$。显然，原子核与电子之间几乎是“空的”。

原子核是由质子和中子构成的。每个质子带一个单位正电荷，中子是电中性的，因此，原子核所带电量（称核电荷数）决定于原子核内质子数。元素按原子的核电荷数由小到大的顺序排列的序次数叫做原子序数。可见，对于原子来说：

原子序数＝核电荷数＝核内质子数＝核外电子数

质子的质量为 1.6726×10^{-27}kg，中子的质量为 1.6748×10^{-27}kg，电子的质量很小，仅约为质子质量的 1/1836，所以，原子的质量主要集中在原子核上。由于质子、中子的质量很小，记忆计算都不方便，所以通常采用它们的相对质量来衡量。质子和中子的相对质量分别为 1.007 和 1.008，取近似整数值为 1。因为电子的质量很小，可以忽略不计。将原子核内所有的质子和中子的相对质量取近似整数值加起来所得的数值，叫做质量数，用符号 A 表示。则

质量数(A)＝质子数(Z)＋中子数(N)

因此，只要知道上述三个数值中的任意两个，就可以推算出另一个数值来。例如硫的核电荷数为16，质量数为32，则中子数为：

$$N=32-16=16$$

如以$_{Z}^{A}X$代表一个质量数为A、核电荷数（质子数）为Z的原子，构成原子的粒子间的关系可以表示如下：

$$\text{原子}\ _{Z}^{A}X\begin{cases}\text{原子核}\begin{cases}\text{质子} & Z\text{个}\\ \text{中子} & (A-Z)\text{个}\end{cases}\\ \text{核外电子} \qquad\qquad Z\text{个}\end{cases}$$

二、同位素

元素是具有相同核电荷数（即质子数）同一类原子的总称。但是在研究原子核组成时，人们发现多数元素的原子核虽然具有相同的质子数，而其质量数却不相同。这说明什么呢？一定是核内中子数不同。例如：自然界中有三种氢原子，它们的原子都含有1个质子，中子数分别为0、1、2三种。不含中子的氢原子叫做氕（音piē），即普通氢原子，用$_{1}^{1}H$表示；含有1个中子的氢原子叫做氘（音dāo），俗称重氢，用$_{1}^{2}H$（或D）表示；含有2个中子的氢原子叫做氚（音chuān），俗称超重氢，用$_{1}^{3}H$（或T）表示。**将质子数相同而中子数不同的同一元素的不同原子互称为同位素**（isotope）。由于它们在元素周期表中共同占有一个位置而得名。许多元素都有同位素。一种元素有几种质量数不同的原子，就有几种同位素。同一元素的各种同位素虽然质量数不同，但它们的化学性质几乎完全相同，只是物理性质有差异。天然存在的元素，不论是游离态还是化合态，往往是同位素的混合物，其中各种同位素所占的原子百分数（又称丰度）一般是不变的。人们平常所说的某种元素的相对原子质量，是按各种同位素原子所占的质量分数算出来的平均值。例如：氯元素在自然界有$_{17}^{35}Cl$和$_{17}^{37}Cl$两种同位素，$_{17}^{35}Cl$的相对原子质量为34.969，质量分数为75.77%，$_{17}^{37}Cl$的相对原子质量为36.966，质量分数为24.23%，所以氯元素的相对原子质量为：

$$34.969\times75.77\%+36.966\times24.23\%=35.45$$

同位素按它们的性质可以分为稳定性同位素和放射性同位素两类。放射性同位素能够自发地放出不可见的射线（如α、β、γ射线），这种性质叫做放射性。氢的三种同位素中$_{1}^{1}H$和$_{1}^{2}H$是稳定同位素，$_{1}^{3}H$是放射性同位素，而$_{1}^{2}H$和$_{1}^{3}H$是制造氢弹的材料。

放射性同位素和稳定性同位素的化学性质相同，但放射性同位素的原子能放出一定的射线，可以被适当的探测仪器发现，从而测定出它的踪迹。所以放射性同位素的原子称为“示踪原子”。由法国研制成功的中子检测器，已在法国、奥地利机场使用。中子检测器是利用中子作为入射源，在一定的热能或低能量状态下，不同的物质会吸收不同数量的中子，并释放出能量各异的伽马射线，可防劫机事件发生。

放射性同位素也广泛的用在医学上。例如用$^{131}_{53}I$确定甲状腺的机能状态，$^{60}_{27}Co$放出的射线能深入组织，并对癌细胞有破坏作用。放射性同位素扫描，已成为诊断脑、肝、肾、肺等脏器病变的一种安全简便的方法。在农业生产中，利用放射性同位素放出的射线照射种子，引起农作物内部遗传性的改变，从而选择出具有高产、早熟、抗倒扶、抗病害的优良品种。有些植物如番茄、胡萝卜等受到低剂量的放射线照射，可以增产。

*第二节　原子核外电子的运动状态

元素和化合物的化学性质主要决定于原子核外电子的运动状态。电子是带负电荷的微粒，质量极小，只有 9.1095×10^{-31} kg，它的运动速度很快，约为 1.5×10^{8} m/s，接近光速的一半，而运动的空间又很小，约在 10^{-10} m 的原子半径范围内。显然电子的运动是不同于普通物体的运动，它有着自身特殊的运动规律。

一、核外电子的运动特征

由于电子是一种微观粒子，所以，电子在核外空间作高速运动时，它有时离核近，有时离核远。在瞬刻之间，同一电子可以出现在原子核外空间的不同位置。因此，无法像宏观物体那样同时测定它的运动速度和位置。在描述电子的运动时，只能够求出核外空间任意指定区域里电子出现机会的多少，即用统计的方法描述。用统计方法描述电子在核外空间区域出现机会的多少数学上称为概率。

现代科学证明，电子在核外出现概率最大的空间区域是一定的。习惯上把这一空间区域称为电子运动的轨道或原子轨道。

二、核外电子的运动状态

根据近代原子结构理论，从以下四个方面去描述原子核外电子的运动状态。

1. 电子层

在含有多个电子的原子中，各电子所具有的能量不同，能量低的电子在离核近的区域出现的几率最大；能量高的电子在离核远的区域出现的几率最大。因此，可以形象地把原子核外电子的运动看做分层运动，即分为电子层。用n表示电子层数，n以1、2、3、4……等整数值或相应以K、L、M、N……等符号来表示电子离核从近而远的顺序离核最近的叫做第一电子层，也叫K电子层，即$n=1$，其余类推。所以电子层数反映了电子能量的大小和电子出现几率最大区域离核的远近。它是电子能量高低的主要因素。

2. 电子亚层

科学研究发现，在同一电子层中，有些原子轨道的形状不相同，能量也有区别，因此，电子层又可划分为若干亚层，通常分别用s、p、d、f等符号表示。

K层只有一个亚层，即s亚层；L层有两个亚层；即s亚层和p亚层；M层有三个亚层，即s亚层、p亚层、d亚层；N层有四个亚层，即s亚层、p亚层、d亚层和f亚层。某一电子层所包含的亚层数与该电子层的序数一致（$n \leqslant 4$）。

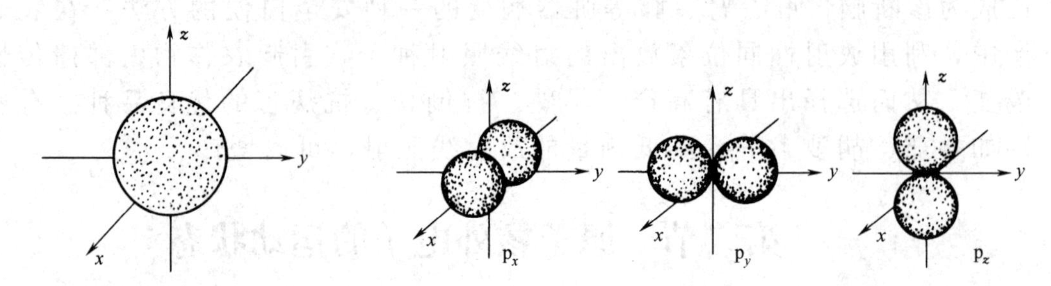

图4-1　1s原子轨道空间示意图　　图4-2　2p原子轨道三种伸展方向示意简图

为了清楚地表示某个电子处于核外哪个电子层和亚层，常将电子层数标在亚层符号的前面。

K层（$n=1$）有1个亚层：1s

L层（$n=2$）有2个亚层：2s、2p

M层（$n=3$）有3个亚层：3s、3p、3d

N层（$n=4$）有4个亚层：4s、4p、4d、4f

在s亚层上的电子称为s电子，p亚层上的电子称为p电子；s亚层的轨道形状像球体，p亚电子层的轨道形状像双球体（见图4-2）；d亚层和f亚层的轨道形状更复杂。

在同一电子层中，亚层电子的能量是按s、p、d、f的次序递增，即

$$E_s < E_p < E_d < E_f$$

3. 轨道伸展方向

除s亚层以外，不同电子亚层，各有几种伸展方向。同一亚层的轨道，形状和能量都十分相近，通常称等价轨道。等价轨道的主要区别在于空间伸展方向的不同。一个亚层包含的等价轨道数与该亚层能够伸展的方向数一致。

s亚层是球形对称的，在空间各个方向上的伸展程度相同，故只有1种伸展方向，如图4-1。

p亚层在空间有3种互相垂直的伸展方向，如图4-2所示，分别用np_x、np_y、np_z（$n \geqslant 2$）表示，如图4-2。

d亚层和f亚层分别有5种和7种伸展方向。

将电子层、电子亚层和伸展方向都确定了的电子运动的空间区域称为一个原子轨道。则s、p、d、f四个亚层分别有1、3、5、7个原子轨道。各电子层具有最多轨道数的方法如表4-1所示。每个电子层可能有的最多轨道数为n^2。

表 4-1　各电子层最多轨道数

电子层 n	亚　层	各电子层的最多轨道数
1	s	$1=1^2$
2	s　p	$1+3=4=2^2$
3	s　p　d	$1+3+5=9=3^2$
4	s　p　d　f	$1+3+5+7=16=4^2$
n		n^2

4．电子的自旋

电子在核外空间高速运动的同时，还在作自旋运动。电子自旋有两种状态，相当于顺时针和逆时针两种方向，通常用向上的箭头（↑）和向下的箭头（↓）表示。当电子的自旋状态相同时，称为自旋平行；自旋状态不同时，称为自旋反平行。

总之，电子在原子核外的运动状态是相当复杂的。每一个电子的运动状态都要由它所处的电子层、电子亚层、在空间的伸展方向和自旋状态四个方面来决定。因此，要说明一个电子的运动状态时，必须同时指明它属于哪一个电子层，哪一个电子亚层，它的轨道所处的伸展方向及自旋状态。

三、原子轨道的能级

从电子运动状态的角度来说，影响原子轨道能量的主要因素有两个：轨

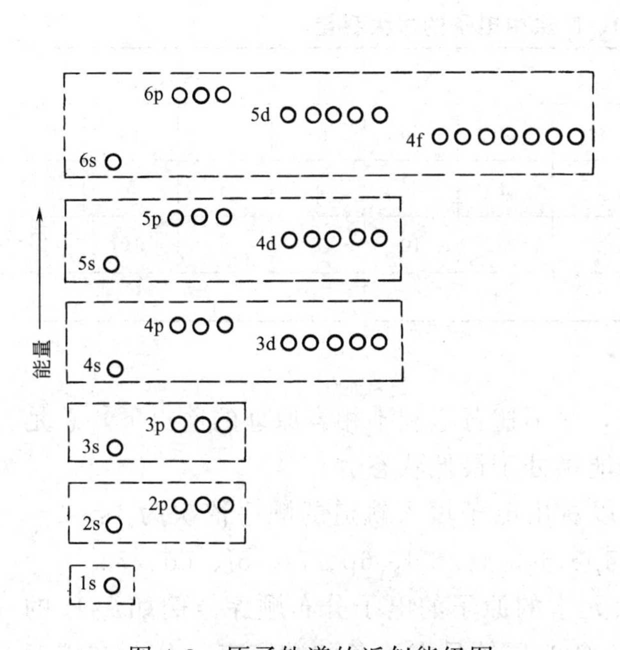

图 4-3　原子轨道的近似能级图

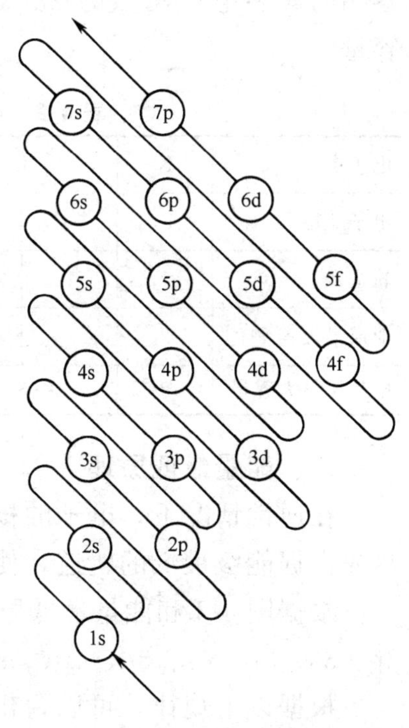

图 4-4　原子轨道能级助记图

道所处的电子层和亚层，电子层数增大，轨道能量升高。例如：$E_{1s}<E_{2s}<E_{3s}<E_{4s}$；$E_{2p}<E_{3p}<E_{4p}$。同一电子层中轨道的能量依 s、p、d、f 的顺序增高。例如：$E_{2s}<E_{2p}$，$E_{3s}<E_{3p}<E_{3d}$。

在多电子原子中，由于电子间互相影响，产生轨道能量的“交错”现象，即低层轨道能量可能高于高层轨道的能量，例如：$E_{4s}<E_{3d}$，$E_{6s}<E_{4f}<E_{5d}$等。

为了便于比较轨道的能量高低，将不同的轨道按能量高低的顺序排列起来，如同台阶一样，称为能级。图 4-3 表示出了各轨道能量的相对高低，称为原子轨道的近似能级图。图4-4为原子轨道能级助记图。

*第三节　原子核外电子的分布

根据实验的结果，原子核外的电子分布遵循着以下规律。

一、泡利不相容原理

奥地利物理学家泡利（Pauli）根据实验事实提出：在同一个原子中，没有运动状态完全相同的电子存在。这就是说，在同一原子中，运动状态完全相同（电子所处的电子层、电子亚层、轨道的伸展方向和电子自旋方向）的两个电子是互相排斥，互不相容的。由于电子层、电子亚层、轨道伸展方向三个方面确定一个原子轨道，两个电子若在同一轨道上，它们的自旋状态一定不同。可见，每个轨道上最多只能容纳自旋方向相反的两个电子。进而可推算出每个电子层可能容纳的最多电子总数为 $2n^2$ 个。表 4-2 列出了 K、L、M、N 层中电子的最大容量。

表 4-2　K、L、M、N 层中电子的最大容量

电子层	K	L		M			N			
电子亚层	1s	2s	2p	3s	3p	3d	4s	4p	4d	4f
轨道数	1	1	3	1	3	5	1	3	5	7
亚层最大容量	2	2	6	2	6	10	2	6	10	14
电子层最大容量	2	8		18			32			

二、能量最低原理

在通常情况下，电子的核外分布，在不违背泡利不相容原理的前提下，总是尽先占据能级最低的轨道，使体系的能量处于最低状态。

根据图 4-3 和能量最低原理，可以看出电子填入轨道的顺序依次为 1s、2s、2p、3s、3p、4s、3d、4p、5s、4d、5p、6s、4f、5d、6p、7s、5f、6d、7p。

根据以上规律，可以写出大多数元素的原子的电子分布顺序。例如：$_{19}K$ 的电子分布顺序为 $1s^2 2s^2 2p^6 3s^2 3p^6 4s^1$。各亚层符号右上角的数字表示分布在该亚

层轨道中的电子数。

将某元素的原子的核外电子分布顺序按电子层序数依次排列的式子称为电子结构式。如 Ti 原子的电子结构式为：$1s^2 2s^2 2p^6 3s^2 3p^6 3d^2 4s^2$，有时仅写出原子的成键电子，称为价电子结构式。如 Ti 的价电子结构式为 $3d^2 4s^2$。B 的电子结构式为 $1s^2 2s^2 2p^1$，其价电子结构式为 $2s^2 2p^1$，也可画成 ⇅(2s) ↑○○(2p)。这种表示方法称为轨道表示式，每个圆圈代表 1 个轨道，箭头代表自旋方向一定的电子。

能参与成键反应的电子称为价电子。主族元素的价电子是原子的最外层电子，即 ns 和 np 电子；副族元素的价电子除最外层电子外，还包含次外层 d 电子，即 ns 和 $(n-1)$d 电子，它们统称外层电子。

电子分布顺序、电子结构式、价电子结构式和轨道表示式都可反映原子核外电子的分布情况。使用时注意其写法和含义。

原子得到或失去电子就变成阴离子或阳离子，所以离子的电子结构式可以原子的电子结构式为基础写出。例如 $_{26}Fe$ 原子的电子结构式 $1s^2 2s^2 2p^6 3s^2 3p^6 3d^6 4s^2$，$Fe^{2+}$ 的电子结构式为 $1s^2 2s^2 2p^6 3s^2 3p^6 3d^6$。

三、洪特规则

运用能量最低原理和泡利不相容原理来处理碳原子的电子分布时发现，碳原子核外有 6 个电子，其电子结构式为 $1s^2 2s^2 2p^2$。而 2p 有三个能量相同的 $2p_x$、$2p_y$、$2p_z$ 轨道。这两个 p 电子是如何分布的呢？德国物理学家洪特从大量事实中总结出一条规则：电子分布到能量相同的等价轨道时，将尽可能分占能量相同的等价轨道，而且自旋方向相同，这个规则称为洪特规则。

在等价轨道上，自旋平行的电子数目最多时，原子的能量最低。由此可写出碳、氮的轨道表示式为

1s　2s　2p　　　　　1s　2s　2p
⇅　⇅　↑↑○　　和　　⇅　⇅　↑↑↑

核电荷数 1～36 的元素原子的核外电子分布情况，列入表 4-3 中。

在已发现的元素中，有 19 种元素原子的电子分布不完全符合上述规则。例如元素实验测定结果（电子分布）

$$_{24}Cr \quad 1s^2 2s^2 2p^6 3s^2 3p^6 3d^5 4s^1$$

$$_{29}Cu \quad 1s^2 2s^2 2p^6 3s^2 3p^6 3d^{10} 4s^1$$

总结这些实验事实得出：等价轨道处于全充满（p^6、d^{10}、f^{14}）、半充满（p^3、d^5、f^7）或全空时（p^0、d^0、f^0），原子结构更为稳定，这就是洪特规则的补充。

需要指出，上述三个原理是建立在大量实验基础之上，它能帮助了解核外电子分布的一般规律。

表 4-3　原子内电子的分布

周期	原子序数	元素符号	电子层						
			K	L	M	N	O	P	Q
			1s	2s2p	3s3p3d	4s4p4d4f	5s5p5d5f	6s6p6d	7s
1	1	H	1						
	2	He	2						
2	3	Li	2	1					
	4	Be	2	2					
	5	B	2	2 1					
	6	C	2	2 2					
	7	N	2	2 3					
	8	O	2	2 4					
	9	F	2	2 5					
	10	Ne	2	2 6					
3	11	Na	2	2 6	1				
	12	Mg	2	2 6	2				
	13	Al	2	2 6	2 1				
	14	Si	2	2 6	2 2				
	15	P	2	2 6	2 3				
	16	S	2	2 6	2 4				
	17	Cl	2	2 6	2 5				
	18	Ar	2	2 6	2 6				
4	19	K	2	2 6	2 6	1			
	20	Ca	2	2 6	2 6	2			
	21	Sc①	2	2 6	2 6 1	2			
	22	Ti	2	2 6	2 6 2	2			
	23	V	2	2 6	2 6 3	2			
	24	Cr	2	2 6	2 6 5	1			
	25	Mn	2	2 6	2 6 5	2			
	26	Fe	2	2 6	2 6 6	2			
	27	Co	2	2 6	2 6 7	2			
	28	Ni	2	2 6	2 6 8	2			
	29	Cu	2	2 6	2 6 10	1			
	30	Zn	2	2 6	2 6 10	2			
	31	Ga	2	2 6	2 6 10	2 1			
	32	Ge	2	2 6	2 6 10	2 2			
	33	As	2	2 6	2 6 10	2 3			
	34	Se	2	2 6	2 6 10	2 4			
	35	Br	2	2 6	2 6 10	2 5			
	36	Kr	2	2 6	2 6 10	2 6			

① 方框中的元素是过渡元素。

第四节　元素周期律

人们根据大量事实总结得出：元素以及由它所形成的单质和化合物的性质，随着元素原子序数（atomic number）（核电荷数）的递增，呈现周期性的变化。这一规律称为元素周期律。元素周期律从量变到质变，揭示了元素间性质变化的内在联系及元素性质周期性变化的本质。它是指导人们研究各种物质的重要规律。

一、核外电子分布的周期性变化

来比较原子序数3～18号元素的原子结构及主要性质。

原子序数3～10的元素，即从Li到Ne，最外层电子分布从$2s^1$到$2s^22p^6$，电子从1递增到8，达到稳定结构。原子序数从11～18的元素，即从钠到氩，有三个电子层，最外电子层电子分布从$3s^1$到$3s^23p^6$，电子也从1个递增到8个，达到稳定结构。对18号以后的元素继续研究下去，同样会发现，原子最外层电子数从1个递增到8个的现象重复出现，说明核外电子分布呈现周期性变化。

二、原子半径的周期性变化

电子属于微观粒子。它在核外运动并没有明确的空间界限，因此所谓原子半径也没有一个统一的定义。对于同种元素形成的分子（如Cl_2）将两原子核间距离的一半称为原子的共价半径。对于金属，通常认为原子是互相紧挨的，把相邻两原子核间距离的一半称为金属原子半径。

一般讲，原子半径增大，原子越易失电子；原子半径减小，原子越不易失电子。从表4-4看出，元素的原子半径大小也随着原子序数的递增表现出周期性的变化，原子半径的这种变化规律，是受原子结构影响的结果。

三、元素性质的周期性变化

第3～10号元素，是从活泼的碱金属锂逐渐过渡到非金属性强的氟，最后以稀有气体氖结尾；它们的最高价氧化物对应的水化物的酸碱性也呈现出规律性的变化，随着原子序数的递增，碱性逐渐减弱，酸性逐渐增强；11～18号元素也是这样。

从化合价看，3～10号元素和11～18号元素的化合价，除氟、氧外，都是随原子序数的递增，由＋1价递增到＋7价，以稀有气体元素的零价结尾。中部的元素（C、Si）开始有负价，从－4递增到－1。如果研究18号以后的元素的化合价，同样会发现与前面已研究的元素有相似的变化。即元素的性质和化合价随原子序数的递增而起周期性变化。

原子结构及元素性质的周期性变化，都不是简单的机械重复，而是在基本相似的同时有所差别。

核外电子分布的周期性变化是元素性质发生周期性变化的根本原因；元素性质的周期性变化是核外电子分布周期性变化的必然结果。

表 4-4 元素性质随原子序数的变化情况

原子序数	3	4	5	6	7	8	9	10
元素符号	Li	Be	B	C	N	O	F	Ne
最外层电子分布	$2s^1$	$2s^2$	$2s^2 2p^1$	$2s^2 2p^2$	$s^2 2p^3$	$2s^2 2p^4$	$2s^2 2p^5$	$2s^2 2p^6$
原子半径/pm	152	111	80	77	74	74	71	154
金属性和非金属性	活泼金属	两性元素	不活泼非金属	非金属	活 泼非金属	很活泼非金属	最活泼非金属	稀有气体元素
最高价氧化物的水化物	LiOH 碱	$Be(OH)_2$ 两性	H_3BO_3 极弱酸	H_2CO_3 弱酸	HNO_3 强酸			
最高正化合价	+1	+2	+3	+4	+5			
气态氢化物及其化合价				CH_4 −4	NH_3 −3	H_2O −2	HF −1	
原子序数	11	12	13	14	15	16	17	18
元素符号	Na	Mg	Al	Si	P	S	Cl	Ar
最外层电子分布	$3s^1$	$3s^2$	$3s^2 3p^1$	$3s^2 3p^2$	$3s^2 3p^3$	$3s^2 3p^4$	$3s^2 3p^5$	$3s^2 3p^6$
原子半径/pm	186	160	143	118	110	103	99	188
金属性和非金属性	很活泼的金属	活泼金属	两性元素	不活泼非金属	非金属	活 泼非金属	很活泼非金属	稀有气体元素
最高价氧化物的水化物	NaOH 强碱	$Mg(OH)_2$ 中强碱	$Al(OH)_3$ 两性	H_2SiO_3 弱酸	H_3PO_4 中强酸	H_2SO_4 强酸	$HClO_4$ 最强酸	
最高正化合价	+1	+2	+3	+4	+5	+6	+7	
气态氢化物及其化合价				SiH_4 −4	PH_3 −3	H_2S −2	HCl −1	

第五节 元素周期表

把目前已知的 116 种元素按原子序数递增顺序排列，并将原子的电子层数目相同的元素排成一个横行；把不同横行中价电子结构相同的元素，按电子层递增的顺序由上而下排成纵行，就可以得到一个表，叫做元素周期表（periodic table of elements）。见书后所附。

元素周期表是元素周期律的具体表现形式，反映了元素之间内在联系及性质变化规律。

一、元素周期表的结构

1. 周期

元素周期表有 7 个横行，也就是 7 个周期。依次用 1、2、3、…、7 等数字来表示。具有相同的电子层数而又按照原子序数递增的顺序排列的一系列元素叫做一个周期。周期的序数就是该周期元素原子具有的电子层数。

各个周期里的元素数目并不完全相同。第 1、2、3 周期所含元素数目分别为

2、8、8，叫做短周期。第4、5周期里各有18种元素，第6周期里有32种元素，称做长周期。第七周期从理论上推算也应有32种元素，但目前尚未填满，称不完全周期。

除第1周期从气态元素氢开始，第7周期尚未填满外，其余每一周期的元素都是从活泼的金属——碱金属开始，逐渐过渡到活泼的非金属元素——卤素，最后以稀有气体元素结束。

第6周期中57号元素镧（La）到71号元素镥（Lu）共15种元素，它们的电子层结构和性质都非常相似，总称为镧系元素。为了使表的结构紧凑，将镧系元素放在周期表的同一格里。并按原子序数递增的顺序，把它们列在表的下方，实际上还是各占一格。

第7周期中89号锕（Ac）元素到103号元素铹（Lr）也有15种元素，它们的电子层结构和性质也非常相似，总称为锕系元素。同样把它们放在周期表的同一格里，并按原子序数递增的顺序，把它们列在镧系元素周期表的下面。在锕系元素中，铀后面的元素通常称做超铀元素。

2. 族

把不同周期中，外层电子数相同的元素组成18个纵行，除第8、9、10三个纵行标做第Ⅷ族外，其余15个纵行，每个纵行标做一个族。族序数习惯上用罗马数字Ⅰ、Ⅱ、Ⅲ、Ⅳ、Ⅴ、Ⅵ、Ⅶ等表示。族又分为主族和副族。由短周期元素和长周期元素共同构成的族为主族（符号A）；全由长周期元素组成的族为副族（符号B）。最后一族为稀有气体，一般很难起化学反应，化合价可视为零，因而称为零族。这样，在整个周期表里有7个主族，7个副族，1个Ⅷ族，1个零族，共16个族。在同一主族里，元素原子的最外层电子数与族序数相等。全部副族（含Ⅷ）常统称为过渡元素。

二、周期表中主族元素性质递变规律

1. 元素的金属性和非金属性

元素的金属性和非金属性是指其原子在化学反应中失去和获得电子的能力。元素的金属性和非金属性的强弱可表现为它的原子失去电子和获得电子的能力大小。而这种能力，取决于原子的价电子结构、原子半径和核电荷数。一般来说，外层电子数或核电荷数越少，原子半径越大，越易失电子，元素的金属性越强；反之，就越易得到电子，则非金属性越强。

还可以从元素最高价氧化物的水化物的酸碱性来判断元素金属性或非金属性强弱；即碱性强弱可判断金属性强弱；酸性强弱可判断非金属性强弱。

（1）同周期主族元素的金属性和非金属性的递变

以第三周期为例，研究元素化学性质的递变：11号元素钠的单质遇冷水就剧烈反应，生成氢氧化物和氢气，氢氧化钠是强碱。

$$2Na+2H_2O \xlongequal{} 2NaOH+H_2\uparrow$$

12 号元素镁的单质跟沸水才起反应，生成的氢氧化镁的碱性比氢氧化钠的碱性弱，说明镁的金属活动性不如钠强。

$$Mg + 2H_2O \xlongequal[沸水]{} Mg(OH)_2 + H_2\uparrow$$

13 号元素铝与水的反应比镁更弱。

$$2Al + 6H_2O \xlongequal{} 2(AlOH)_3 + H_2\uparrow$$

$(AlOH)_3$ 既能跟酸作用，又能跟碱作用，它是一种两性氢氧化物。

$$2(AlOH)_3 + 3H_2SO_4 \xlongequal{} Al_2(SO_4)_3 + 6H_2O$$

$$\underset{铝酸}{H_3AlO_3} + NaOH \xlongequal{} \underset{偏铝酸钠}{NaAlO_2} + 2H_2O$$

$(AlOH)_3$ 呈现两性，说明铝的金属性比镁还弱。

14 号元素硅是非金属。在常温下不能与水和酸反应。硅酸（H_2SiO_3）的酸性很弱，说明硅的非金属性弱。

15 号元素磷的单质是非金属，最高价氧化物对应的水化物是磷酸（H_3PO_4），属中强酸，磷的非金属性比硅强。

16 号元素硫的单质是较活泼的非金属，最高价氧化物的水化物是硫酸（H_2SO_4），属强酸，说明硫的非金属性比磷强。

17 号元素氯的最高价氧化物的水化物是高氯酸（$HClO_4$），它是常见酸中的最强酸。说明氯元素的非金属性很强。

第 18 号元素氩 Ar 是稀有气体。

对第三周期元素性质的讨论，得出如下结论：

Na　Mg　Al　Si　P　S　Cl

$\longrightarrow$

金属性逐渐减弱，非金属性逐渐增强

元素最高价氧化物的水化物的碱性逐渐减弱，酸性逐渐增强

通过讨论可得出结论：在周期表中同周期主族元素从左到右，金属性逐渐减弱，非金属性逐渐增强。

研究其他周期元素的化学性质，也会得到类似的规律。

(2) 同主族元素金属性和非金属性的递变

在同一主族中，最外层电子数相同，由于从上向下电子层数逐渐增多，原子半径逐渐增大，得到电子的能力逐渐减弱，失去电子的能力逐渐增强。所以，元素的金属性逐渐增强，非金属性逐渐减弱。如第ⅤA 族，氮、磷、砷、锑、铋中，从非金属氮起，由上向下，逐渐变化到金属铋。再如ⅦA 族的氯、溴、碘可有下列反应：

$$Cl_2 + 2KBr \xlongequal{} 2KCl + Br_2$$

$$Cl_2 + 2KI \xlongequal{} 2KCl + I_2$$

$$Br_2 + 2KI \xlongequal{} 2KBr + I_2$$

说明其非金属性由强到弱的次序为：

$$Cl_2 > Br_2 > I_2$$

根据金属性和非金属性的递变规律可知，周期表左下角是金属性最强的元素，右上角（除零族元素外）是非金属性最强的元素。见表4-5。

表4-5　主族元素金属性和非金属性递变

周期＼族	ⅠA	ⅡA	ⅢA	ⅣA	ⅤA	ⅥA	ⅦA
2	Li	Be	B				F
3	Na		Al	Si			Cl
4	K			Ge	As		Br
5	Rb				Sb	Te	I
6	Cs					Po	At
7	Fr						

非金属性逐渐增强（从左到右）；金属性逐渐增强（从上到下）；非金属性逐渐增强（从下到上）；金属性逐渐增强（从右到左）

假如沿着硼、硅、砷、碲、砹与铍、铝、锗、锑、钋之间划一折线，线的左边是金属元素，线的右边是非金属元素，位于线两侧的元素常常既表现出某些金属性质，又表现出某些非金属性质，多为半导体元素。

2. 元素的化合价

元素的化合价与原子的电子层结构有密切关系，特别是与最外层电子的数目有关，有些元素的化合价与它们原子的次外层或倒数第三层的部分电子有关。

主族元素的原子仅最外层电子参加化学反应。因此，除氟和氧外，对其他元素来说：

$$最高化合价 = (ns + np)电子数 = 族序数$$

ⅣA至ⅦA具有负价

$$负价数 = 最高化合价 - 8$$

同周期主族元素从左到右，最外层电子数依次增加，所以它们的最高化合价也依次递增，如表4-6所示。

表4-6　化合价的一般递变情况

主族元素	ⅠA	ⅡA	ⅢA	ⅣA	ⅤA	ⅥA	ⅦA		0
过渡元素	ⅠB	ⅡB	ⅢB	ⅣB	ⅤB	ⅥB	ⅦB	Ⅷ	
最高下化合价	1	2	3	4	5	6	7	≤8	0
规律	递增→								

ⅠA、ⅡA族元素在各种不同的化合物中，通常保持化合价不变（分别为+1、+2价），而大多数ⅢA～ⅦA元素在不同化合物中表现出不同的化合价。0族元素的化合价通常为0。

元素在周期表中的位置、它的原子结构和元素性质三者之间有密切的关系。

【例4-1】 已知某元素在第三周期ⅥA族，试写出它的电子结构式。其最高正化合价为多少？是金属元素还是非金属元素？

解 设该元素为X。

因为X是主族元素，位于第三周期，所以核外有三个电子层，是ⅥA族的元素，最外电子层电子数为6。可推得X原子的电子结构式为$1s^2 2s^2 2p^6 3s^2 3p^4$。

根据电子结构式，它的最高正化合价为+6价。最外电子层再得到2个电子成为8电子稳定结构，可有−2价，是非金属元素。

最高价氧化物为XO_3，其水化物化学式可能为H_2XO_4，是一种酸。

第六节 化 学 键

原子在形成分子或晶体时，相邻的原子间存在着一种相互作用力，这种相邻原子（或离子）间的强烈相互作用力，叫做化学键（chemical bond）。

原子相互作用时，原子核没有变化，只是原子的外层电子重新进行分布。由于各原子的核外电子结构不同，所以各原子间相互作用力也就不同，因此，化学键就有不同的类型。

一、离子键

在一定条件下，活泼的金属和活泼的非金属很容易发生反应，它们的原子有失去和得到电子的势趋而使核外电子层结构达到稳定状态。

例如金属钠在氯气中燃烧的反应：

$$2Na + Cl_2 = 2NaCl$$

在反应时：

$$Na(1s^2 2s^2 2p^6 3s^1) \xrightarrow{-e^-} Na^+(1s^2 2s^2 2p^6)$$

$$Cl(1s^2 2s^2 2p^6 3s^2 3p^5) \xrightarrow{+e^-} Cl^-(1s^2 2s^2 2p^6 3s^2 3p^6)$$

从上式可以看出，通过电子转移使双方电子层都达到稳定结构（ns^2np^6），从而形成带正电荷的阳离子和带负荷的阴离子，带异种电荷的离子由于静电作用而结合在一起。

氯化钠的生成可用电子式表示为：

$$Na^{\times} + \cdot\ddot{\underset{..}{Cl}}: \longrightarrow Na^+[\, {}_{\times}\ddot{\underset{..}{Cl}}: \,]^-$$

在化学反应中，由于原子间的电子转移，生成了阴离子和阳离子，阴、阳离子通过静电作用所形成的化学键，叫做离子键（ionic bond）。以离子键结合的化合物叫做离子化合物。

活泼金属（K、Na、Ca）与活泼非金属（Cl、Br、O）反应生成离子键化合物，如 KCl、NaBr、$CaCl_2$、$MgCl_2$ 等。

氯化镁的生成可以电子式表示为：

$$:\ddot{\underset{\cdot\cdot}{Cl}}\cdot + {}^{\times}Mg^{\times} + \cdot\ddot{\underset{\cdot\cdot}{Cl}}: \longrightarrow [:\ddot{\underset{\cdot\cdot}{Cl}}{}^{\times}]^{-}Mg^{2+}[{}_{\times}\ddot{\underset{\cdot\cdot}{Cl}}:]^{-}$$

在离子化合物中，离子具有的电荷数就是它们的化合价。离子可以是由原子得失电子形成的简单离子，也可以是由原子团形成的复杂离子，如 OH^-，NO_3^-，SO_4^{2-}，NH_4^+ 等。

离子键无方向性和无饱和性，因为静电引力无方向性，阴、阳离子可以在任何方向结合。阳离子可以和尽可能多的阴离子结合，阴离子也可以和尽可能多的阳离子结合，起限制作用的是离子的有限空间。例如在氯化钠晶体中，每个 Na^+ 周围排列着 6 个 Cl^-，每个 Cl^- 周围排列着 6 个 Na^+。每个离子与一个异电荷离子相互吸引后，并没有减弱它与其他异电荷离子的吸引能力，这说明离子键是没有饱和性的。因此在离子化合物的晶体中，没有单个的分子。所以 NaCl 化学式仅表示在氯化钠晶体中这两种元素间原子的比例为 1∶1，图 4-5。

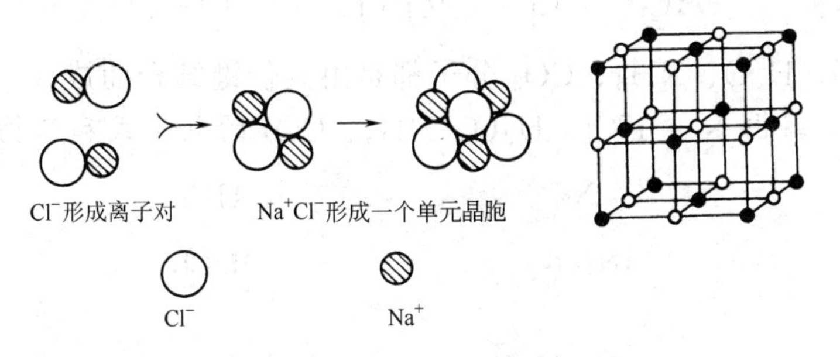

图 4-5　氯化钠晶体的形成与结构模型

二、共价键

1. 共价键的形成

非金属性相同或相差不大的原子相互作用时，电子不能从一个原子转移到另一个原子上去，这种情况下，原子之间怎样结合在一起的呢？下面以氢分子的形成为例加以说明。

氢分子是由两个氢原子结合而成的，如图 4-6(a)。在形成氢分子过程中，两个氢原子各提供一个电子，形成共用电子对，围绕着两个氢原子核旋转运动，填充了两个氢原子的 1s 轨道，如图 4-6(b)。因此，每个氢原子的 1s 轨道都是充满的，每个氢原子都具有类似氦原子的稳定结构。氢分子的形成可用电子式表示。

$$H\cdot + {}_{\times}H \longrightarrow H\overset{\bullet}{\times}H$$

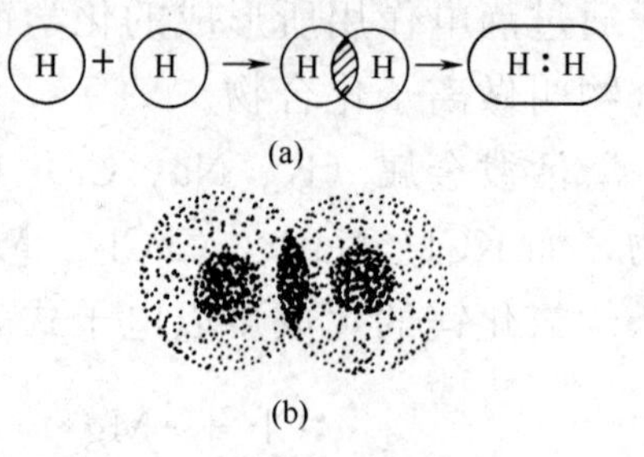

图 4-6 氢分子的形成（a）与氢分子中的轨道的分布（b）

氢分子又可表示为 H—H。这种用价键表示分子里各个直接相联原子的结合情况的式子叫做结构式。结构式中联结原子的短线就是价键，一条短线代表形成共价键的一对共用电子对。

电子配对的实质是原子轨道的重叠。因为一个轨道能容纳两个自旋状态不同的电子。当各有一个成单电子的两个轨道互相靠近时，两个电子就共处于一个原子轨道中，使轨道饱和。同时，电子在重叠区域出现的概率增加，就像负电荷密集在两个原子核之间，从而把带正电荷的原子核吸引在一起。

原子间通过共用电子对（轨道重叠）所形成的化学键叫做共价键（covalent bond）。

双原子分子 Cl_2 的形成与氢分子相似。两个氯原子共用一对电子，这样就使每个氯原子具有氩原子的电子层结构，分子的形成可用电子式和结构式表示：

$$:\ddot{\underset{..}{Cl}}\cdot + {}_{\times}\overset{\times\times}{\underset{\times\times}{Cl}}{}^{\times}_{\times} \longrightarrow :\ddot{\underset{..}{Cl}}\overset{\cdot}{\times}\overset{\times\times}{\underset{\times\times}{Cl}}{}^{\times}_{\times} \qquad Cl—Cl$$

N_2、HCl、H_2O、NH_3、CO_2 分子都是由共价键结合而成。

【例 4-2】 写出 N_2、HCl、H_2O、NH_3、CO_2 的电子式和结构式。

化学式	N_2	HCl	H_2O
电子式	$:N\vdots\overset{\times}{\underset{\times}{\times}}N{}^{\times}_{\times}$	$H\overset{\cdot}{\times}\ddot{\underset{..}{Cl}}:$	$\ddot{O}\overset{\cdot}{\times}H$，$\overset{\times}{\cdot}$H
结构式	N≡N	H—Cl	O—H（O 下连 H）

化学式	NH_3	CO_2
电子式	H:N(上下各连 H，×· 共用)	$\ddot{\underset{..}{O}}\overset{\cdot\cdot}{\times\times}C\overset{\times\times}{\cdot\cdot}\ddot{\underset{..}{O}}$
结构式	H—N(上下各连 H)	O═C═O

上述分子内原子间只有一对共用电子对，又称为单键；CO_2 分子内的碳、氧原子间有二对共用电子对，则是双键，碳形成了两个双键；N_2 分子内二个氮原子间有三对共用电子时，则形成三键。只依靠共价键形成的化合物叫做共价化合物。由不同非金属元素的原子相互结合的化合物和大多数有机化合物都属于共

价化合物（NH_4Cl 除外）。

共价化合物中不存在离子键；离子化合物中可能存在共价键。例如 NaOH、KOH 等离子化合物，既含有离子键，又有共价键。

2. 共价键的特点

共价键具有饱和性和方向性，这是它区别于离子键的重要特点。

（1）饱和性

由于一个原子轨道最多只能容纳两个自旋方向相反的电子，所以一个原子的未成对电子跟另一个原子的自旋方向相反的未成对电子配对成键后，就不能再和第三个电子配对成键。因此，一个原子有几个未成对电子，就只能和几个自旋方向相反的电子配对成键。这说明共价键具有饱和性。如 HCl 分子中氯原子外层有一个未成对的电子，氢原子有一个未成对的电子，所以一个氯原子只可以和一个氢原子结合生成 HCl 分子。因此，一个原子与另外的原子能形成的共价键的数目是由原子中的单电子数所决定的。

（2）方向性

原子轨道中，除 s 轨道是球形对称没有方向性外，p、d、f 原子轨道中的等价轨道，都具有一定空间伸展方向。所以在形成共价键时，成键原子轨道应满足最大重叠，即成键原子轨道沿着合适的方向以达到最大程度的有效重叠，这样，才能形成稳定的共价键，因此，共价键必然具有方向性。例如，HCl 分子中共价键的形成，假如 H 原子的 s 轨道与 Cl 原子的 p 轨道中 p_x 方向相互靠近，才能达到 s-p 原子轨道的最大重叠。

所以共价键只能在原子核外一定的方向形成，这就是共价键的方向性。图 4-7 表示氯化氢的成键方向。

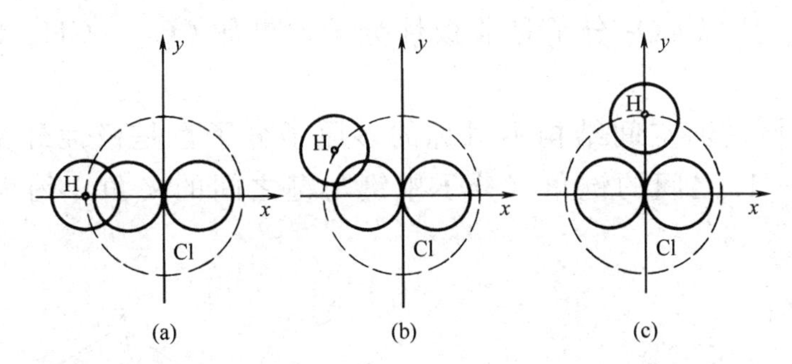

图 4-7　氢的 s 轨道与氯的 p 轨道三种重叠示意简图

共价键的方向性决定了分子的空间构型。

第七节　共价键的极性和分子的极性

一、非极性键和极性键

在同种非金属原子形成的共价键中，由于两个原子吸引电子的能力相同，共用电子对不偏向任何一个原子，成键原子都不显电性。这样的共价键叫做非极性共价键，简称非极性键，如 H—H 键。

在不同种非金属原子形成的共价键中，由于不同原子吸引电子的能力不同，共用电子对必然偏向吸引电子能力强的原子一方，使其带部分负电荷，吸引电子能力较弱的原子就带部分正电荷，这样的共价键就有极性，称为极性共价键，简称极性键。例如 H—Cl 和 N—H 键都是极性键。

二、非极性分子和极性分子

如果分子中的键都是非极性的，共用电子对不偏向任何一个原子，从整个分子看，分子中电荷分布是对称的，正负电荷的重心重叠在两个原子中间，没有正负极性之分，这样的分子叫做非极性分子。以非极性键结合而成的双原子分子都是非极性分子，例如 H_2、O_2、Cl_2 等。

以极性键结合的双原子分子如 HCl 中，共用电子对偏向于吸引电子能力较强的氯原子，正负电荷分布不均匀，使氯原子一端带部分负电荷，氢原子一端带部分正电荷，整个分子的电荷分布不对称，这样的分子叫做极性分子，以极性键结合的双原子分子都是极性分子。

以极性键结合的多原子分子，究竟是极性分子还是非极性分子，这取决于分子的空间结构。

1. 具有极性键而空间结构是对称的多原子分子是非极性分子。例如 CO_2 是直线型分子，两个氧原子对称地位于碳原子的两侧：O═C═O。

其中碳氧间的双键是极性键，因为氧原子吸引电子的能力大于碳原子，共用电子对偏向氧原子，氧原子带部分负电荷，碳原子带部分正电荷。但是，从 CO_2 分子总体来看，两个 C═O 键是对称排列的，两键的极性互相抵消，整个分子没有极性，所以 CO_2 分子是非极性分子。再如 CCl_4、CH_4 等都为非极性分子。

2. 具有极性键而空间结构不对称的多原子分子，是极性分子。例如，水分子中两个 O—H 之间的键角（分子中键与键之间的夹角）约为 104.5°，见图 4-8。

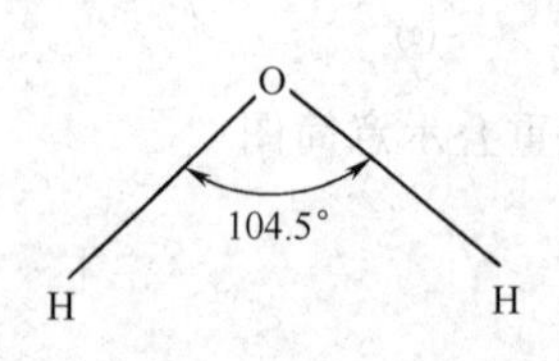

图 4-8　水分子结构

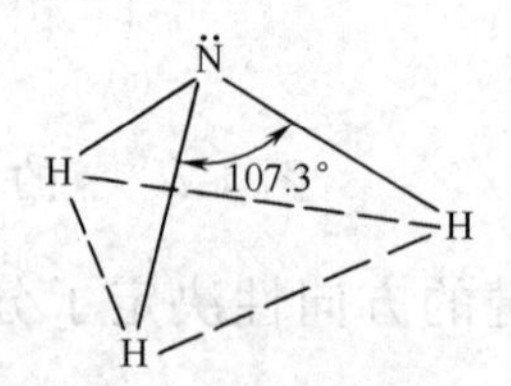

图 4-9　氨分子结构

O—H 键是极性键。从水分子整体来看两个 O—H 键不是对称排列的，两键的极性不能相互抵消，所以水分子是极性分子。同理，三角锥形的氨分子（N—H 的键角是 107.3°）也是极性分子，见图 4-9。

4-1

原子结构模型的演变

原子结构模型是科学家根据自己的认识，对原子结构的形象描摹。一种模型代表了人类对原子结构认识的一个阶段。人类认识原子的历史是漫长的，也是无止境的。下面介绍的几种原子结构模型简明形象地表示出了人类对原子结构认识逐步深化的演变过程。

道尔顿原子模型（1803 年）：原子是组成物质的基本的粒子，它们是坚实的、不可再分的实心球。

汤姆生原子模型（1904 年）：原子是一个平均分布着正电荷的粒子，其中镶嵌着许多电子，中和了正电荷，从而形成了中性原子。

卢瑟福原子模型（1911 年）：在原子的中心有一个带正电荷的核，它的质量几乎等于原子的全部质量，电子在它的周围沿着不同的轨道运转，就像行星环绕太阳运转一样。

玻尔原子模型（1913 年）：电子在原子核外空间的一定轨道上绕核作高速的圆周运动。

电子云模型（1927 年—1935 年）：现代物质结构学说。

现在，科学家已能利用电子显微镜和扫描隧道显微镜拍摄表示原子图像的照片。随着现代科学技术的发展，人类对原子的认识过程还会不断深化。

4-2

元素周期表的应用

元素周期律是自然界最基本的规律之一，它把上万种化学元素作了最科学的分类，把它们的知识加以系统化，深刻地阐明了各元素之间的内在联系以及元素性质周期性变化的本质。人们对元素以及由它所形成的千万种化合物的研究，都得益于它的指导。

在化学元素发展史中，周期表一直指导着新元素的发现。Ga 和 Ge 的发现，就是利用周期表的预言所得到的重要例证。第七周期为未完成周期，在 1979 年，已知的元素有 106 种，仅十多年后已增到 109 种。据报载，德国物理学家自发现 110 号元素后一个多月，又成功地确认了第 111 号元素的 3 个原子。第 111 号元素核内含有 111 个质子和 161 个中子，相对原子质量为 272，是迄今发现的最重要元素。111 号元素在周期表中应该与 Cu、Ag、Au 等金属处于同一纵列中，也同样具有金属的一些性质。由此可以预示，它的后面还会有新的元素被发现。

周期表有助于了解和记忆元素及其化合物的一些重要性质。例如 Na 的熔点、沸点、化学活泼性以及有关化合物的性质，推知 K 及其化合物所具有的类似性质。

近代电子技术的高速发展是以半导体为先导，而能作为半导体的元素，正是位于周期表中金属和非金属元素的交界处。据此，已发现的硅、锗、硒、砷都是良好的半导体材料。

新化合物的合成，氟里昂就是一例。20 世纪早期，NH_3、SO_2、丙烷等常用做工业和家用冰箱的液态冷冻剂，但 NH_3 有毒，SO_2 不仅有毒并有腐蚀性，丙烷则是易燃危险品。因此，需要一种无毒、无味、无腐蚀性、易液化而又价廉的新的冷冻剂。工程师小米德莱（T·Midyley）从周期表上得到启发，已知周期表右边非金属能形成气态化合物，同时其可燃性自左至右减小，这就提示了氟和其他较轻的非金属合成的化合物会是优良的冷冻剂。经过两年的研究，他合成了一类化合物称为氟里昂。例如，四氟甲烷 CF_4 和二氟二氯甲烷 CCl_2F_2 等，它们广泛用在冰箱、空调器和制冷机等设备中。现已发现含氟化合物是破坏臭氧层的有害物质，世界各国对无氟制冷技术的研制，已成为共同关心的课题，并已取得重大进展。

当然，应该看到的是元素周期律也有不够完善的地方。例如，对副族元素的规律还不能完全解释，对同族元素的性质的特殊性问题也有待于进一步研究。在科学发展的道路上，认识是无止境的。

一、原子的组成

原子
- 原子核
  - 质子　决定原子的核电荷数，确定元素的种类。
  - 中子　决定同位素的种类。
- 核外电子　影响元素的化学性质。

质量数＝质子数＋中子质数

质子数＝原子序数＝核电荷数＝核外电子数

同位素：具有相同质子数和不同中子数的同一种元素的不同原子互称为同位素。

二、核外电子的运动状态

1. 电子层（n）可判断电子的能量高低和离核远近。离核越远的电子能量越高。不同电子层中的电子能量不同，一般来说，层数越大能量越高。

2. 电子亚层　不同亚层的轨道形状不一样。同电子层中亚层能级相对高低是 $s<p<d<f$。

电子层是决定轨道能级的主要因素，电子亚层是决定轨道能级的次要因素。

3. 轨道的伸展方向　等价轨道的伸展方向不同。例如 p 电子亚层的等价轨道有 p_x、p_y、p_z 三个伸展方向。

4. 电子的自旋　电子的自旋有两种情况，相当于顺时针和逆时针两种方向。每个轨道只能容纳 2 个电子。

三、核外电子分布的三条规则

1. 泡利不相容低原理决定了每个轨道、亚层、电子层可容纳的电子数。

2. 能量最低原理决定了电子在原子轨道中的分布顺序。

3. 洪特规则决定了电子在等价轨道中的分布情况。

四、元素性质、结构和它在周期表里的位置的关系

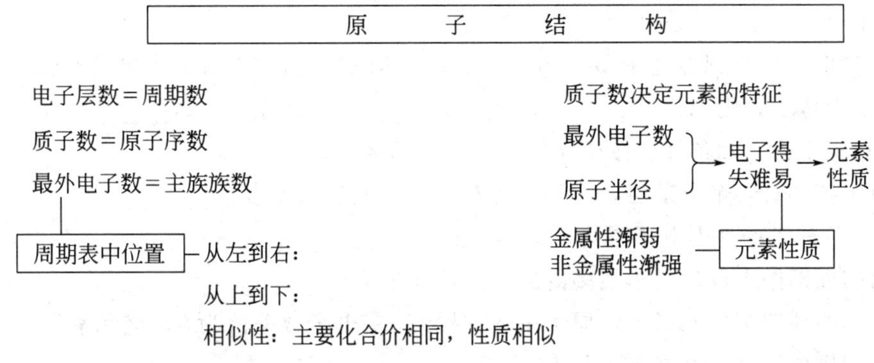

五、键的极性　分子的极性

共价键的极性取决于成键原子间共用电子对的偏移程度。分子的极性取决于分子中正负电荷中心是否重合。

习题

1. 判断下列说法是否正确

（1）人们已发现 116 种元素，所以说就是发现了 116 种原子。

（2）所有原子的原子核都是由质子和中子组成。

（3）元素性质发生周期性变化是因为元素主要化合价呈现周期性的变化。

（4）长式周期表中有 18 个纵行，即有 18 个族。

（5）同一周期、且原子最外层都是 2 个电子的元素，它们的最高正化合价都是＋2 价。

2. 核外电子的运动状态需从哪几方面来描述？

3. 1s、2p、3d 各表示什么意思？K 层中有 p 轨道吗？L 层中有 d 轨道吗？

4. 当 $n=4$ 时，该电子层中有几个亚层？共有几个原子轨道？当 $n=4$ 时，核外共有多少个轨道，共能容纳多少个电子？

5. 原子的核外电子排布假若排成 $1s^2 2s^1 2p^5$，错在什么地方？假若排成 $1s^2 2s^2 2p_x^2 2p_y^2$，又错在什么地方？为什么？

6. 写出下列微粒的电子层排布，比较它们的相同点和不同之处。

（1）F^-，Ne，Na^+　（2）Ca^{2+}，Ar，S^{2-}　（3）Br^-，$_{36}Kr$

7. 写出下列微粒的电子结构式

（1）N 层仅有 1 个电子的原子

（2）3p 轨道上有 3 个电子的原子

（3）价电子层结构分别为 $2s^2 2p^1$、$3s^2 3p^4$、$4s^2$ 的原子

8. 填空

（1）亚层 1s、2p、2d、3d、3f 不存在的是________；4f、6s、5p、3d 各亚层中轨道数最多的是________。

（2）按近似能级图的顺序，将轨道 $2p_x$、$2p_z$、2s、3s、3p、3d、4s 的能级用"<"号联系起来：________________________________。

（3）某原子的 4d 亚层上只有 2 个电子，该原子共有________个电子层，最外层有________个电子，原子序数是________。

（4）已知 A 原子 M 层上有 3 个电子，B 原子 M 层 p 轨道上有 3 个电子，C 原子 M 层 d 轨道上有 3 个电子，则 A 是________元素，B 是________元素，C 是________元素。

（5）根据下列已知条件，按顺序填上该元素的名称。

① 原子核外有 4 个电子层，次外层上有 2 个 d 电子的元素是________。

② +2 价离子的外围电子层构型为 $3d^5$ 的元素是________。

③ 第四周期中未成对电子最多的原子，该元素为________。

④ 在第四周期副族元素中，原子中 M 层与 N 层电子数差值为 9，该元素是________。

⑤ 第四周期第ⅢB 族的元素是________。

⑥ +2 价离子的 M 层上有 16 个电子，该元素是________。

9. 元素 A 最外层 p 亚层上有 4 个电子，元素 B 与元素 A 形成 B_2A 型离子化合物，元素 B 的核外电子结构式是（　　）。

A. $1s^2$　　B. $1s^2 2s^2 3p^6 3s^2 3p^1$

C. $1s^2 2s^2 2p^6 3s^2$　　D. $1s^2 2s^2 2p^6 3s^1$

10. 下列化合物中，属于极性分子的是（　　）；属于非极性分子的是（　　）。

A. CO　　B. CS_2（直线形）

C. BF_3（平面正三角形）　　D. NH_3（三角锥形）

E. CH_4（正四面体）

11. 同位素的特点是（　）。

A. 不同元素，有相同的电子数　　B. 不同元素，有相同的质子数

C. 相同元素，有不同的电子数　　D. 相同元素，有不同的中子数

12. 原子核外二层电子的排布为 $1s^2 2s^2 2p^6$，这样结成的微粒一定是（　）。

A. 氖原子　　B. 氟离子　　C. 钠离子　　D. 无法确定

13. 下列物质中含有共价键的离子化合物是（　）。

A. KOH　　B. HCl　　C. $CaCl_2$　　D. CCl_4

14. 某元素原子的最外层电子数为 2，次外层电子数为 8，共有三个电子层，问此元素应在第几周期？第几族？它的化合价是多少？是金属还是非金属？

15. 下列各原子和离子相差的电子数各是多少？

A. S和S^{2-}　　B. Ca和Ca^{2+}　　C. Cl和Cl^{-}　　D. Fe和Fe^{3+}

16. 已知某主族元素R与氢生成的化合物组成是RH_3，它的最高价氧化物中含氧56.34%，求该元素的相对原子质量为多少？是什么元素？

17. 主族元素R的最高价氧化物的分子式是RO_2，在其氢化物中的质量分数是87.5%，求R的相对原子质量为多少？是什么元素？

18. 填充下表

符　号	原子序数	核内质子数	核内中子数	核外电子数	质 量 数
Fe	26				56
Cr		24	28		
Al^{3+}				10	27
S^{2-}	16		16		
$^{238}_{92}U$					

19. 为什么活泼金属和活泼非金属化合时能形成离子键？试用原子结构的知识加以说明。

20. 为什么H_2、Cl_2、N_2等气体都有双原子分子？而He、Ne等惰性气体不能形成双原子分子？

21. A元素的−1价离子最外电子层结构为$3s^2 3p^6$，B元素的+2价离子最外电子层结构为$3s^2 3p^6$。

（1）写出这两种元素原子的电子排布式。

（2）它们在周期表中分别处于第几周期？第几主族？

（3）写出元素符号和名称。

22. 0.75g某金属和水相互作用生成二价金属化合物，在标准状况下，放出420mL氢气，这是什么金属？

第五章　烃及其衍生物

学习目标

1. 掌握烃及其衍生物的基本性质和用途。
2. 认识各类主要化合物的来源、制法和鉴别方法。
3. 了解有机化合物的结构特点、分类方法和基本命名原则。

世界上每年合成的近百万种新化合物中约70%以上是有机化合物。其中有些因其所具有的特殊功能而用于材料、能源、医药、生命科学、农业、营养、石油化工、交通、环境科学等与人类生活密切相关的各行各业中，直接或间接地为人类提供大量的必需品。与此同时，人们也面对天然的和合成的大量有机化合物对生态、环境、人体的影响问题。展望未来，有机化学将使人们优化使用有机物和有机反应过程，并显示出蓬勃发展的强劲势头和活力。

第一节　有机化合物概述

一、有机化合物

有机化合物（organic compound），简称有机物。科学研究表明，有机物除含碳、氢元素外，许多有机物中还含有氧、卤素、氮、硫、磷、砷等其他元素。所以**有机化合物是指碳氢化合物及其衍生物。把研究有机物的化学，叫做有机化学**。一些含碳元素的简单化合物，如一氧化碳、二氧化碳、碳酸、碳酸盐等，具有与无机物相似的性质，因此不属于有机物。

典型的有机物与典型的无机物性质有明显的差别。一般说来，有机物具有以下主要特点。

1. 分子组成和结构复杂

很多有机物在组成和结构上与无机物相比要复杂得多。因而有机物种类繁多，形成了结构复杂的化合物。目前已知的有机物已达一千万种以上，而无机物却只有十多万种。

2. 熔点低且容易燃烧

有机物在室温下常为气体、液体或低熔点的固体。很多无机物是固体且熔点较高。除少数外，一般的有机物都不稳定，受热容易分解，也容易燃烧。而无机物绝大多数是不易燃烧的。

3. 难溶于水、易溶于有机溶剂

有机物一般极性较弱或无极性，所以难溶于极性很强的水里，而易溶于极性较弱或无极性的有机溶剂中。

4. 反应速率慢且易发生副反应

有机物所发生的化学反应比较复杂，一般比较慢，有的需要几小时甚至几天或更长时间才能完成，并且还常伴有副反应发生。而许多无机反应可以瞬间完成。

二、有机化合物的结构

学习认识有机物，不仅要知道有机物的组成，而且还要知道它们的结构。**把有机物分子中原子互相联结的方式叫做结构，把表示有机物结构的式子叫做结构式**。研究有机物的结构，得出了以下结论：碳为四价元素，即在化合物中形成四个共价键且只能形成四个共价键，碳原子可以互相联结成碳链或碳环，碳原子可以单键、双键或叁键互相联结或与氢原子等其他原子联结。例如：

```
    H            H  H            H  H
    |            |  |            |  |
 H—C—H       H—C—C—H        H—C═C—H        H—C≡C—H
    |            |  |
    H            H  H
   甲烷          乙烷            乙烯            乙炔
```

```
                                           H    H
                                            \  /
   H  H           H  O               H      C      H
   |  |           |  ‖                \   /   \   /
H—C—C—OH      H—C—C—OH            H—C         C—H
   |  |           |                    |         |
   H  H           H                 H—C         C—H
                                      /   \   /   \
                                     H      C      H
                                           /  \
                                          H    H
   乙醇           乙酸                    环己烷
```

三、有机物的同分异构现象

有机物的同分异构现象是由于分子中碳链不同而产生的。因此，按一定的联结次序写出所有可能的碳链再加上氢原子，就得到各化合物的结构式。例如，在推导含有五个碳的烷烃的结构式时，先写出最长的碳链：

C—C—C—C—C

其次写出少一个碳原子的直链，把剩余的一个碳原子作为支链加在主链上，并依次变动支链的位置：

```
C—C—C—C          （即 C—C—C—C ）
   |                       |
   C                       C
```

这两种碳链表示法实则是同一种碳链。

然后再写出少两个碳原子的直链，把剩下的两个碳原子作为一个支链加在主链上：

```
C—C—C          （即 C—C—C—C）
  |                  |
  C                  C
  |
  C
```

最后把两个碳原子分成两个支链加在主链上：

```
    C
    |
  C—C—C
    |
    C
```

再加上氢原子就得到戊烷三种异构体的结构式：

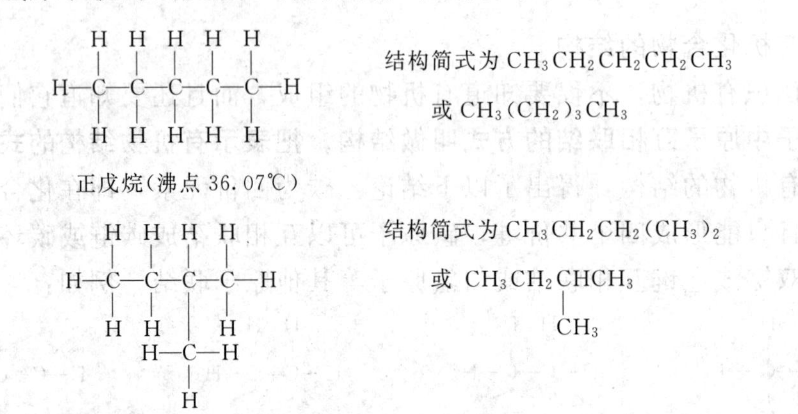

正戊烷（沸点 36.07℃）

异戊烷（沸点 27.9℃）

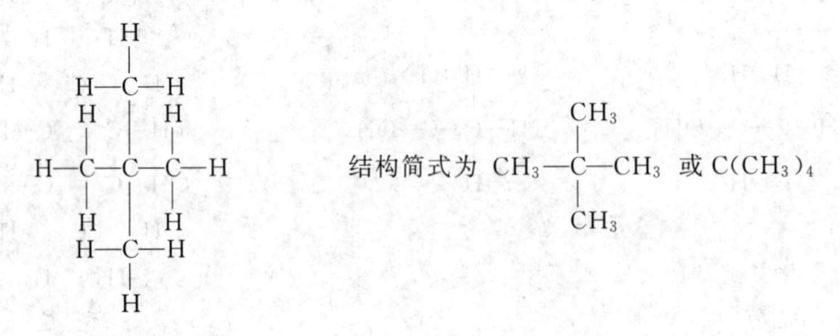

新戊烷（沸点 9.5℃）

上面这三种不同的化合物具有相同的分子组成，但它们的结构和性质不同。**把化合物具有相同的化学式，但具有不同结构和性质的现象，叫做同分异构现象。具有同分异构现象的化合物互称为同分异构体**（isomers）。例如丁烷有正丁烷和异丁烷两种同分异构体。戊烷有三种同分异构体。

$CH_3CH_2CH_2CH_3$　　　　CH_3CHCH_3（CH_3 支链）

正丁烷　　　　异丁烷

随着碳原子数目的增多，碳原子之间的结合方式就越复杂，同分异构体的数目也就越多，见表 5-1。同分异构体之间由于结构不同，其性质也不相同，见表 5-2。

表 5-1　链烷烃的异构体数目

碳原子数	异构体数	碳原子数	异构体数	碳原子数	异构体数
1	1	5	3	9	35
2	1	6	5	10	75
3	1	7	9	15	4347
4	2	8	18	20	366319

表 5-2　丁烷异构体的物理性质

物理性质	正丁烷	异丁烷
熔点/℃	－138.4	－159.6
沸点/℃	－ 0.5	－11.7
液态时的密度/(g/cm³)	0.5788	0.5570

四、有机化合物的分类

有机物的基本分类方法有两种，即根据分子中碳原子的连接方式（碳的骨架），或按照**决定分子主要化学性质的特殊原子或基团（官能团）**来分类。

根据碳的骨架可以把有机物分成三类，即开链化合物、碳环化合物和杂环化合物。

按官能团可以把有机物分成烷烃、烯烃、炔烃、卤代烃、醇、酚、醚、醛、酮、羧酸和酯等。

把两种分类方法结合起来。以官能团分类体系为主，归纳如下，见图 5-1。

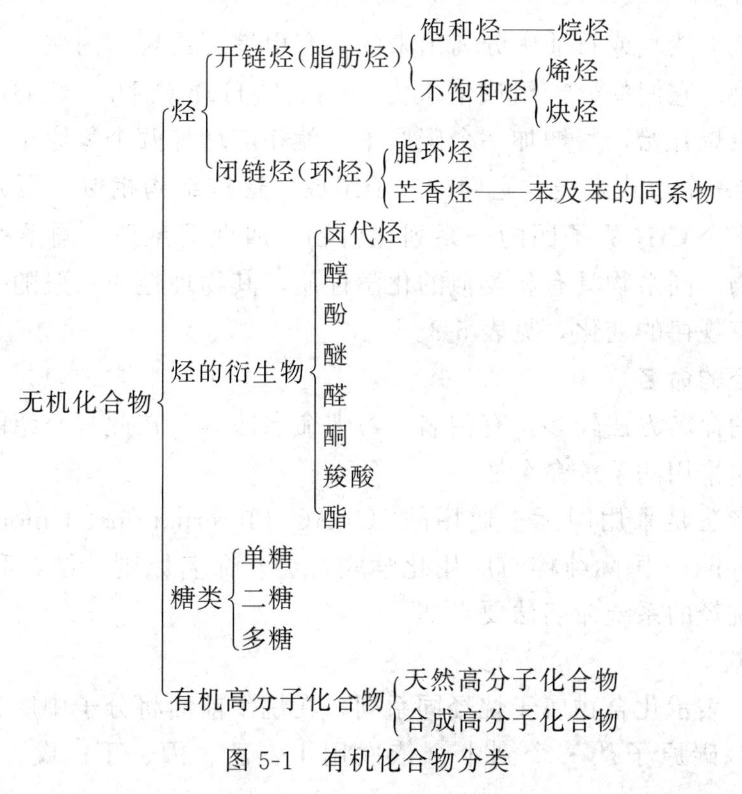

图 5-1　有机化合物分类

第二节 饱 和 烃

由碳和氢两种元素组成的有机物叫做烃（hydrocarbon），**也叫做碳氢化合物**。根据分子中的碳架结构，可以把烃分成开链烃与环烃两大类。前者是指分子中的碳原子相连成链状（非环状）而形成的化合物，开链烃也叫脂肪烃。开链烃又可分为饱和烃与不饱和烃两类。

一、烷烃的同系列和同系物

烷烃是指分子中的碳原子以单键相连，其余的价键都与氢原子结合而成的化合物。例如：

```
    H                H  H
    |                |  |
 H—C—H           H—C—C—H
    |                |  |
    H                H  H
   甲烷               乙烷

  H  H  H          H  H  H  H
  |  |  |          |  |  |  |
H—C—C—C—H      H—C—C—C—C—H
  |  |  |          |  |  |  |
  H  H  H          H  H  H  H
   丙烷              正丁烷
```

烷烃属于饱和烃，饱和意味着分子中的每一个碳原子都达到了与其他原子结合的最大限度。

烷烃是从天然气或石油中分离出来的，有甲烷、乙烷、丙烷、丁烷、戊烷等一系列化合物。它们的分子组成依次为 CH_4、C_2H_6、C_3H_8、C_4H_{10}、C_5H_{12} 等。这些烷烃从甲烷开始，每增加一个碳原子，就相应增加两个氢原子。因此可以用 C_nH_{2n+2} 这样一个通式来表示它们的分子组成。**这些结构相似，而分子组成上相差一个或若干个 CH_2 原子团的一系列化合物，叫做同系列**。同系列中的各化合物互称同系物。同系物具有相类似的化学性质，其物理性质一般随分子中碳原子数的递增而有规律的变化，见表 5-3。

二、烷烃的命名

有机物的命名方法较多，有俗名、习惯命名法等。在此只介绍能体现有机物结构并被普遍采用的系统命名法。

系统命名法是采用国际上通用的 IUPAC（International Union of Pure and Applied Chemistry 国际纯粹与应用化学联合会）命名原则，结合我国文字的特点制定的。烷烃的系统命名法要点如下。

1. 直链烷烃

用“烷”表示化合物属于烷烃同系列，在烷字前面将分子中所含的碳原子数目表示出来，碳原子从一个到十个依次用甲、乙、丙、丁、戊、己、庚、辛、壬、癸表示，十一个碳原子以上的用汉字数字表示，例如：

$CH_3(CH_2)_5CH_3$ 庚烷　　　$CH_3(CH_2)_{14}CH_3$ 十六烷

表 5-3　几种烷烃的物理性质

名称	结构简式	常温时的状态	熔点/℃	沸点/℃	密度/(g/cm^3)（液态时）
甲烷	CH_4	气	−182.5	−164	0.4660①
乙烷	CH_3CH_3	气	−183.3	−88.63	0.5720②
丙烷	$CH_3CH_2CH_3$	气	−189.7	−42.07	0.5005
丁烷	$CH_3(CH_2)_2CH_3$	气	−138.4	−0.5	0.5788
戊烷	$CH_3(CH_2)_3CH_3$	液	−129.7	36.07	0.6262
庚烷	$CH_3(CH_2)_5CH_3$	液	−90.61	98.42	0.6838
辛烷	$CH_3(CH_2)_6CH_3$	液	−56.79	125.7	0.7205
癸烷	$CH_3(CH_2)_8CH_3$	液	−29.7	174.1	0.7300
十七烷	$CH_3(CH_2)_{15}CH_3$	固	22	301.8	0.7780
二十四烷	$CH_3(CH_2)_{22}CH_3$	固	54	391.3	0.7991

① 是−164℃时的值；② 是−108℃时的值；其余是 20℃时的值。

2. 支链烷烃

(1) 在分子中选择一个最长（含 C 原子最多）的碳链作为主链，根据主链所含的碳原子数叫做某烷。把它作为母体，例如：

$CH_3CH_2CHCH_3$（3位C上连 CH_2CH_3）　主链为　[CH_3CH_2—CH—CH_2—CH_3]（虚线框内），CH 上另连 CH_3

而不是　[$CH_3CH_2CHCH_3$]（虚线框内），下连 CH_2CH_3

(2) 把支链当做取代基。烷烃中去掉一个氢原子后的原子团叫做烷基（通式：C_nH_{2n+1}—）。例如

CH_3—　甲基　　　CH_3CH_2—　乙基

$CH_3CH_2CH_2$—　丙基　　　CH_3—CH—（下连 CH_3）　异丙基

(3) 从离取代基最近的一端开始，给主链上的碳原子编号，将取代基的位置（用阿拉伯数字表示）和名称写在母体名称的前面，并在数字和取代基之间用一短线隔开。例如：

$\overset{1}{C}H_3\overset{2}{C}H_2\overset{3}{C}HCH_3$（3位C上连 $\overset{4}{C}H_2\overset{5}{C}H_3$）　3-甲基戊烷

$\overset{1}{C}H_3\overset{2}{C}H\overset{3}{C}H_2\overset{4}{C}H_2\overset{5}{C}H_3$（2位C上连 CH_3）　2-甲基戊烷

(4) 如果有相同的取代基，可以合并起来用二、三等数字表示，但表示相同取代基位置的阿拉伯数字要用“，”隔开；如果取代基不同，就把简单的写在前

面，复杂的写在后面。例如：

$$\overset{1}{C}H_3\overset{2}{C}H(CH_3)-\overset{3}{C}H(CH_3)-\overset{4}{C}H_2-\overset{5}{C}H_3$$ 2,3-二甲基戊烷

$$\overset{7}{C}H_3-\overset{6}{C}H_2-\overset{5}{C}H_2-\overset{4}{C}H_2-\overset{3}{C}H(CH_2-CH_3)-\overset{2}{C}H(CH_3)-\overset{1}{C}H_3$$ 2-甲基-3-乙基庚烷

三、甲烷的结构及性质

1. 甲烷的结构

甲烷是最简单的烷烃。甲烷的结构式只能说明分子中有四个氢原子与碳原子直接相连，而没有表示出氢原子与碳原子在空间的相对位置，也就是不能说明分子的立体形状。实验证明甲烷的分子不是像结构式画的那样一个平面四方形，而是正四面体的，即四个氢原子在正四面体的四个顶点，碳原子在正四面体的中心，四个C—H键长完全相等，H—C—H间夹角都是109.5°（图5-2和图5-3）。

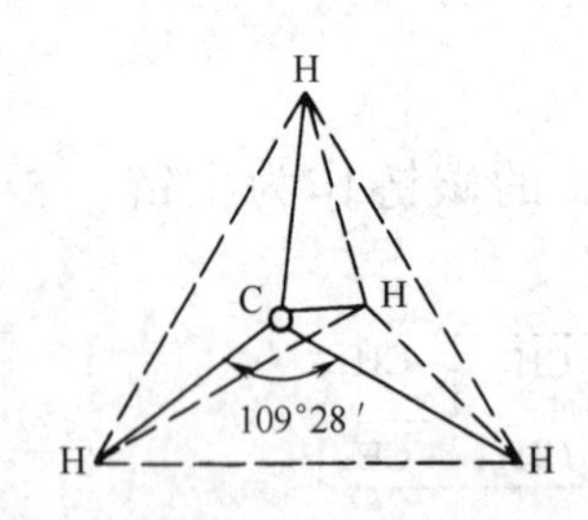

图5-2　甲烷分子结构的示意图

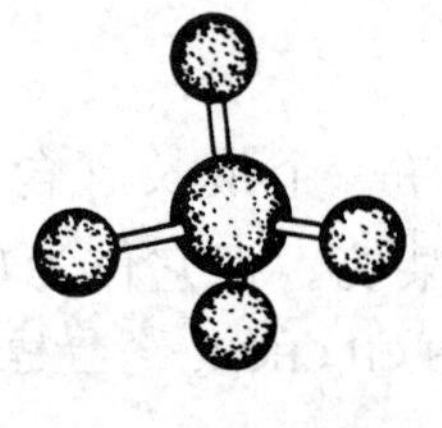

(a) 球棍模型

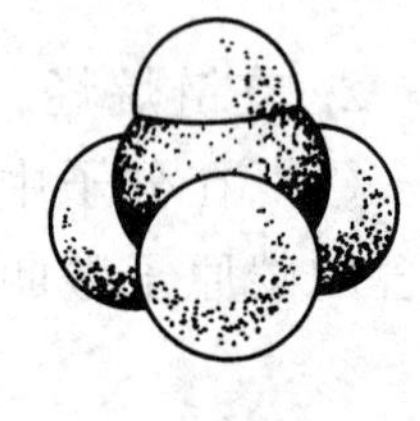

(b) 比例模型

图5-3　甲烷分子的模型

2. 甲烷的制法

在实验室里，甲烷是用无水醋酸钠（CH_3COONa）和碱石灰混合加热制得的。碱石灰是氢氧化钠和石灰的混合物，氢氧化钠跟醋酸钠发生反应的化学方程式如下：

$$CH_3\boxed{COONa + NaO}H \longrightarrow Na_2CO_3 + CH_4\uparrow$$

课堂演示 5-1

取一药匙研细的无水醋酸钠和三药匙研细的碱石灰，在纸上充分混合，迅速装进试管，装置如图5-4所示。加热。用排水集气法把甲烷收集在试管里。观察颜色，并闻气味。进行性质实验。

3. 甲烷的性质

甲烷是没有颜色、没有气味的气体。它的密度（在标准状况下）是0.717g/dm^3，大约是空气密度的一半。它极难溶解于水，很容易燃烧。

在通常情况下，甲烷是比较稳定的，与强酸、强碱或强氧化剂等一般不起反

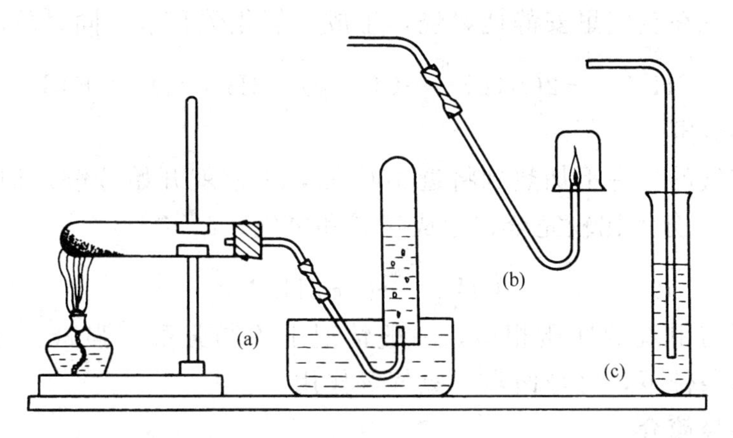

图 5-4　甲烷的制取和性质

（a）制取甲烷 ；（b）甲烷的燃烧 ；（c）将甲烷通入 $KMnO_4$ 溶液

应。但是甲烷的稳定性是相对的，在特定的条件下，也会发生某些反应。

（1）取代反应

在室温下，甲烷和氯气的混合物可以在黑暗中长期保存而不起任何反应。但把混合气体放在光亮的地方就会发生反应，黄绿色的氯气就会逐渐变淡。这个反应的化学方程式表示如下：

$$
\begin{array}{ccccccc}
 & H & & & & H & \\
 & | & & & & | & \\
H- & C & -\boxed{H+Cl}-Cl & \xrightarrow{光} & H- & C & -Cl+HCl \\
 & | & & & & | & \\
 & H & & & & H &
\end{array}
$$

一氯甲烷

但是反应并没有停止，生成的一氯甲烷仍继续与氯气作用，依次生成二氯甲烷、三氯甲烷（又叫氯仿）和四氯甲烷（又叫四氯化碳），反应分别表示如下：

$$
\begin{array}{ccccccc}
 & H & & & & H & \\
 & | & & & & | & \\
H- & C & -\boxed{H+Cl}-Cl & \xrightarrow{光} & H- & C & -Cl+HCl \\
 & | & & & & | & \\
 & Cl & & & & Cl &
\end{array}
$$

二氯甲烷

$$
\begin{array}{ccccccc}
 & H & & & & H & \\
 & | & & & & | & \\
Cl- & C & -\boxed{H+Cl}-Cl & \xrightarrow{光} & Cl- & C & -Cl+HCl \\
 & | & & & & | & \\
 & Cl & & & & Cl &
\end{array}
$$

三氯甲烷

$$
\begin{array}{ccccccc}
 & Cl & & & & Cl & \\
 & | & & & & | & \\
Cl- & C & -\boxed{H+Cl}-Cl & \xrightarrow{光} & Cl- & C & -Cl+HCl \\
 & | & & & & | & \\
 & Cl & & & & Cl &
\end{array}
$$

四氯甲烷

在这些反应里，甲烷分子里的氢原子逐步被氯原子所代替而生成了四种取代产物。**有机物分子里的某些原子或原子团被其他原子或原子团所代替的反应叫做取代反应**（substitution reaction）。

（2）氧化反应

纯净的甲烷在空气里安静地燃烧，生成二氧化碳和水，同时放出大量的热。

$$CH_4(g)+2O_2(g)\xrightarrow{\text{点燃}}CO_2(g)+2H_2O(l)+891kJ$$

(3) 加热分解

在隔绝空气的条件下加热到将近1000℃，甲烷就开始分解；加热时间较长，到1500℃左右，分解比较完全，生成炭黑和氢气。

$$CH_4\xrightarrow{\text{高温}}C+2H_2\uparrow$$

其他烷烃与甲烷的性质相似，一般情况下不与强酸、强碱、强氧化剂等反应。但在特殊条件下，可与卤素、氧气等作用。

四、环烷烃简介

烃分子里碳原子间相互连接成环状的，叫做环烃。在环烃分子里，碳原子之间以单键相互结合的叫做环烷烃。环烷烃的性质跟饱和链烃相似。以下是四种环烷烃的结构简式。

```
    CH2           CH2—CH2
   /   \          |     |
CH2 — CH2         CH2—CH2
  环丙烷            环丁烷

     CH2              CH2
    /   \            /   \
 H2C     CH2      H2C     CH
  |       |        |       |
 H2C  —  CH2      H2C     CH2
                     \   /
                      CH2
   环戊烷            环己烷
```

可以看出，环烷烃在分子组成上比相应的烷烃少两个氢原子，所以环烷烃的通式是 C_nH_{2n}。

五、常见烷烃的性质和用途

1. 丁烷有两种异构体

(1) 正丁烷为无色气体。能与空气形成爆炸性混合物。主要用途是用于脱氢制取丁二烯，氧化制取醋酸、顺丁烯二酸酐。

(2) 异丁烷为无色气体。微溶于水，性质稳定。用做汽油辛烷值的改进剂和冷冻剂。

2. 己烷

共有五种异构体，其中主要的有两种：正己烷和新己烷（即2,2-二甲基丁烷）。

(1) 正己烷为无色挥发性液体，有微弱的特殊气味。密度 $0.6594g/cm^3$，熔点-95℃，沸点68.74℃。极易挥发着火，不溶于水，溶于乙醇、丙酮和醚。用做溶剂，特别适用于萃取植物油。

(2) 新己烷为无色易挥发液体。密度 $0.6492g/cm^3$，熔点-99.7℃，沸点49.7℃。有很高的辛烷值，用做车用汽油和航空汽油的添加剂。

3. 环己烷

为无色流动性液体，有汽油气味。密度 0.779g/cm^3，熔点 6.5℃，沸点 81℃。在涂料工业中广泛用做溶剂，是树脂、脂肪、石蜡油类、丁基橡胶等的极好溶剂。

第三节　不饱和烃

分子结构中碳原子间有双键或叁键的烃，叫不饱和烃。分为烯烃和炔烃两大类。

一、烯烃

含有碳碳双键（$-\overset{|}{C}=\overset{|}{C}-$）**的烃，叫做烯烃**（alkene）。它的通式为 C_nH_{2n}。

烯烃的命名原则和烷烃基本相同。不同的是，命名时必须选择含有双键的最长碳链为主链，从靠近双键的一端开始编号，注明双键的位置，即以双键所在碳原子的号数中较小的一个表示，把位置写在链名前，并按主链碳原子数的多少，叫做某烯。例如：

$$\overset{1}{C}H_2=\overset{2}{C}H-\overset{3}{C}H_2-\overset{4}{C}H_3 \quad \text{1-丁烯}$$

$$\overset{1}{C}H_3-\overset{2}{C}H=\overset{3}{C}H-\overset{4}{C}H_3 \quad \text{2-丁烯}$$

$$\overset{1}{C}H_3-\overset{2}{C}H=\overset{3}{C}H-\overset{4}{C}H_2-\underset{\underset{CH_3}{|}}{\overset{5}{C}H}-\overset{6}{C}H_3 \quad \text{5-甲基-2-己烯}$$

$$\overset{5}{C}H_3-\overset{4}{C}H_2-\underset{\underset{CH_3}{|}}{\overset{\overset{CH_3}{|}}{\overset{3}{C}}}-\overset{2}{C}H=\overset{1}{C}H_2 \quad \text{3,3-二甲基-1-戊烯}$$

烯烃除有碳链异构外，还有由于双键位置不同而产生的异构。

1. 乙烯的组成和结构

乙烯是最简单的烯烃。它的化学式是 C_2H_4，结构式是：

$$H-\overset{\overset{H}{|}}{C}=\overset{\overset{H}{|}}{C}-H$$

六个原子在一个平面上，结构式见图 5-5。

2. 乙烯的制法和性质

工业上所用的乙烯，是从石油加工过程中所产生的气体里分离出来的。实验

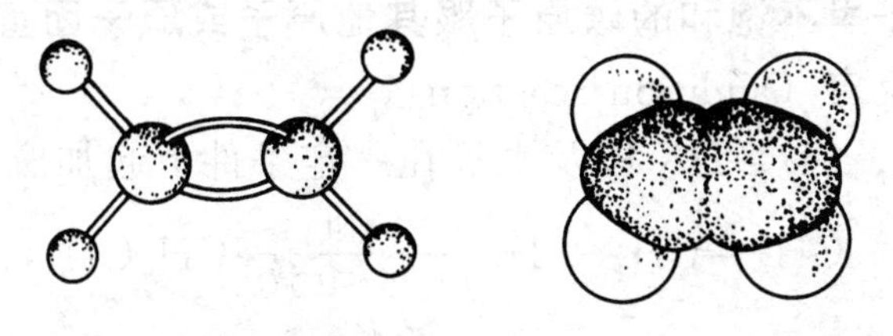

图 5-5　乙烯分子的模型

室里是把酒精和浓硫酸混合加热到170℃，经分子内脱水而制得。浓硫酸在反应里起催化剂和脱水剂的作用。

$$CH_3CH_2OH \xrightarrow[170℃]{H_2SO_4（浓）} CH_2=CH_2 + H_2O$$

课堂演示 5-2

装置如图5-6。在烧瓶中加入酒精和浓硫酸（体积比1∶3）和混合液约20mL，并放入沸石（碎瓷），加热到170℃时就有乙烯生成。把气体通入$KMnO_4$溶液和溴水中并点燃气体。

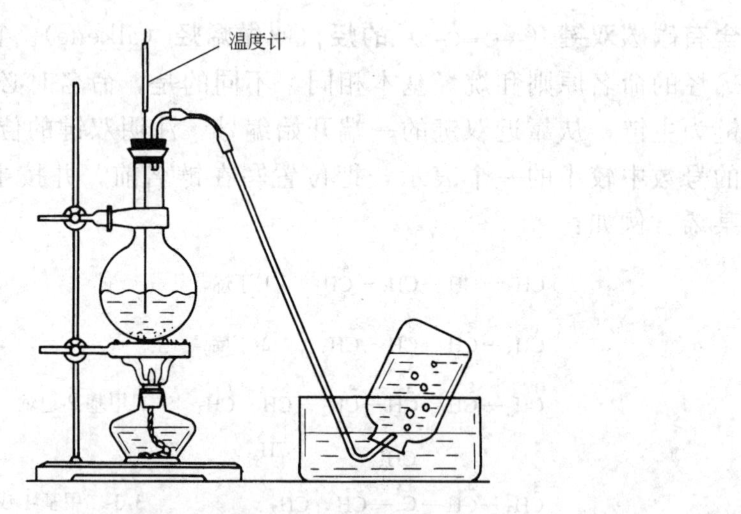

图5-6 乙烯的实验室制法

乙烯是无色，稍有气味，难溶于水的气体。它的密度1.025g/dm³，比空气略轻些。

（1）加成反应

乙烯能跟溴水里的溴起反应，生成无色的1,2-二溴乙烷（CH_2BrCH_2Br）液体。

$$H-\overset{H}{\overset{|}{C}}=\overset{H}{\overset{|}{C}}-H + Br-Br \longrightarrow H-\underset{Br}{\underset{|}{\overset{H}{\overset{|}{C}}}}-\underset{Br}{\underset{|}{\overset{H}{\overset{|}{C}}}}-H$$

这种有机物分子里不饱和的碳原子跟其他原子或原子团直接结合生成别的物质的反应叫做加成反应（addition reaction）。

乙烯还能和H_2、Cl_2、HX以及水等在一定条件下起加成反应。

$$CH_2=CH_2 + H_2 \xrightarrow[140\sim150℃]{Ni} CH_3CH_3$$

$$CH_2=CH_2 + HCl \xrightarrow[130\sim150℃]{无水\ AlCl_3} CH_3CH_2Cl$$

(2) 氧化反应

乙烯和其他烃一样，在空气中完全燃烧时，也生成二氧化碳和水。

$$CH_2{=\!=}CH_2 + O_2 \xrightarrow{点燃} 2CO_2\uparrow + 2H_2O$$

乙烯可被氧化剂高锰酸钾（$KMnO_4$）氧化，使高锰酸钾溶液褪色，用这种方法可以区别甲烷和乙烯。

(3) 聚合反应

在适当的温度、压力和有催化剂存在的条件下，乙烯分子发生自身加成反应形成很长的链，即聚乙烯分子。

$$CH_2{=\!=}CH_2 + CH_2{=\!=}CH_2 + CH_2{=\!=}CH_2 + \cdots \longrightarrow$$
$$—CH_2—CH_2—CH_2—CH_2—CH_2—CH_2—\cdots$$

即 $$nCH_2{=\!=}CH_2 \xrightarrow{催化剂} \text{-[}CH_2—CH_2\text{]-}_n$$

像这种**由小分子结合成大分子的反应，称为聚合反应**（polymerization）。

乙烯用于制造塑料、合成纤维、有机溶剂等，也可以被用做果实催熟剂。因此它是有机合成工业和石油化学工业的重要原料。

二、炔烃

含有碳碳叁键（—C≡C—）的烃，叫做炔烃（alkyne）。它的通式为 C_nH_{2n-2}。

炔烃的系统命名和烯烃基本相同。只是将“烯”字改为“炔”字。例如戊炔有三种异构体，它们的命名如下：

$CH_3—CH_2—CH_2—C{\equiv}CH$	1-戊炔
$CH_3—CH_2—C{\equiv}C—CH_3$	2-戊炔
$CH_3—CH(CH_2)—C{\equiv}CH$	3-甲基-1-丁炔

（注：第三式中 CH_2 以竖线连于 CH 下方，原书如此。）

1. 乙炔的组成和结构

乙炔是最简单的炔烃，它的化学式是 C_2H_2，结构式是—C≡C—。

乙炔分子里的两个碳原子和两个氢原子处在一条直线上。见图 5-7。

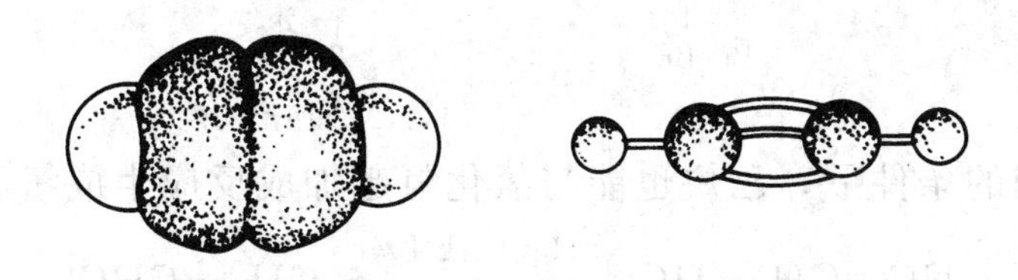

(a) 球棍模型　　(b) 比例模型

图 5-7　乙炔的分子模型

2. 乙炔的制法和性质

实验室中制取乙炔是用电石（CaC_2）与水反应。

$$CaC_2 + 2H_2O \longrightarrow HC{\equiv}CH + Ca(OH)_2$$

课堂演示 5-3

实验装置如图 5-8 所示。在广口瓶中放入碳化钙，轻轻旋开分液漏斗活栓，使水缓慢滴下，用排水法收集乙炔，并做性质实验。

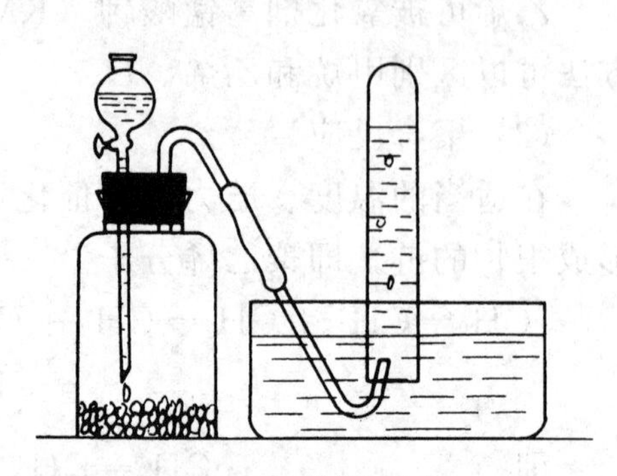

图 5-8　制取乙炔

乙炔俗名电石气，纯的乙炔是没有颜色、没有臭味的气体，由电石制备的乙炔常混有磷化氢、硫化氢等杂质而发出特殊难闻的臭味。乙炔的密度是 1.16g/dm^3，比空气稍轻，微溶于水，易溶于有机溶剂。

乙炔的化学性质和乙烯基本相似，也能发生氧化、加成和聚合反应。

(1) 氧化反应

乙炔完全燃烧生成二氧化碳和水。

$$2HC\equiv CH(g)+5O_2(g)\xrightarrow{\text{点燃}}4CO_2(g)+2H_2O(l)+2690kJ$$

由于乙炔含碳量大，所以燃烧不充分时火焰光亮而带浓烟。乙炔在纯氧中燃烧产生的氧炔焰可达 3000℃以上的高温，用于切割和焊接金属。乙炔和空气的混合气是爆炸混合物，使用时要注意安全。

乙炔也容易被氧化剂所氧化，能使高锰酸钾溶液褪色。

(2) 加成反应

乙炔能使溴水褪色，反应如下：

$$H—C\equiv C—H+Br_2\longrightarrow \begin{array}{c}H—C=C—H\\ \quad\ |\quad\ |\\ \quad Br\ Br\end{array}$$

1,2-二溴乙烯

$$\begin{array}{c}H—C=C—H\\ \quad\ |\quad\ |\\ \quad Br\ Br\end{array}+Br_2\longrightarrow \begin{array}{c}\quad Br\ Br\\ \quad\ |\quad\ |\\ H—C—C—H\\ \quad\ |\quad\ |\\ \quad Br\ Br\end{array}$$

1,1,2,2-四溴乙烷

在有催化剂的条件下，乙炔也能与氯化氢起加成反应生成氯乙烯。

$$HC\equiv CH+HCl\xrightarrow[150\sim160℃]{HgCl_2\text{-活性炭}}CH_2=CHCl$$

在 Ni 催化下，与 H_2 加成生成乙烷。

$$HC\equiv CH+H_2\xrightarrow[\triangle]{Ni}CH_2=CH_2$$

$$CH_2=CH_2+H_2\xrightarrow[\triangle]{Ni}CH_3—CH_3$$

（3）聚合反应

乙炔在不同条件下，可以聚合成不同的产物。

$$2HC\equiv CH \xrightarrow{\text{催化剂}} H_2C=CH-C\equiv CH$$

乙烯基乙炔是制造氯丁橡胶的原料。

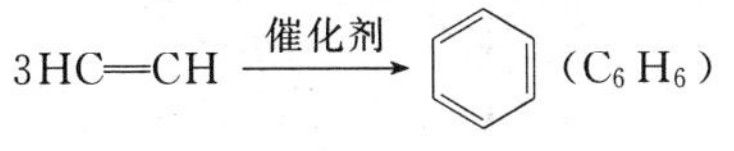

$$3HC\equiv CH \xrightarrow{\text{催化剂}} \text{苯}\ (C_6H_6)$$

乙炔在工业上有着极为广泛的用途。是合成塑料、橡胶、纤维以及有机溶剂等的重要原料。

三、常见不饱和烃的性质和用途

1. 异戊二烯（2-甲基-1,3-丁二烯）

$$CH_2=CH-C(CH_3)=CH_2$$

是无色刺激性液体。密度 0.6806g/dm^3，熔点 −120℃，沸点 34℃。不溶于水，可溶于苯，易溶于乙醇和乙醚。是一种二烯烃，易发生聚合反应。主要用于合成聚异戊二烯橡胶和丁苯橡胶，前者性能很接近天然橡胶，后者有良好的气密性。

2. 1,3-丁二烯（$CH_2=CH-CH=CH_2$）

是无色气体，有特殊气味，有麻醉性，特别刺激黏膜。易溶化。密度 0.6211g/dm^3（20/4℃），熔点 −108.9℃，沸点 −4.45℃。稍溶于水，溶于乙醇、甲醇，易发生聚合反应，是生产顺丁橡胶、合成树脂、尼龙等的原料。

3. 环己烯（CH_2、H_2C、CH、H_2C、CH、CH_2 组成的六元环，含一个 $CH=CH$ 双键 或 环己烯骨架式）

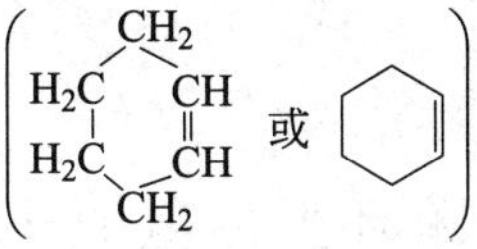

是无色液体，密度 0.8098g/dm^3，沸点 83.19℃，凝固点 −103.65℃。不溶于水，溶于乙醇、乙醚。用于有机合成，也用做溶剂。

4. 丙炔（$HC\equiv C-CH_3$）

又称甲基乙炔。存在于石油气的碳三馏分中，无色气体。沸点 −23.22℃，用于制备丙酮等有机物。

第四节　芳　香　烃

环烃可分为脂环烃和芳香烃两大类。脂环烃按碳原子的饱和程度又可分为环烷烃、环烯烃和环炔烃。芳香烃是指具有苯环结构的烃或具有芳香性的环烃。按分子中所含苯环的数目，又将芳香烃分为单环和多环两大类。苯是最简单的芳香烃，这里只介绍并讨论苯的结构、性质、用途以及含苯芳烃的命名方法。

一、苯分子的结构

苯的化学式是 C_6H_6，结构式为：

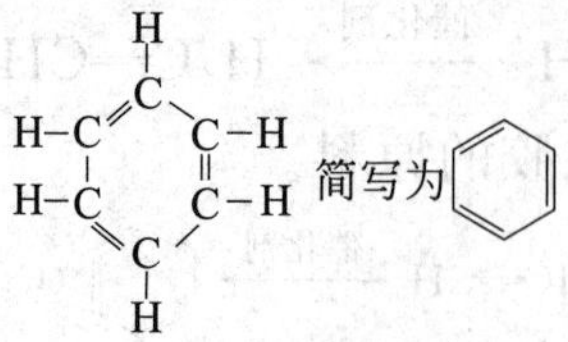

H—C=C(H)—C—H … 简写为 ⌬

苯分子中的六个碳原子和六个氢原子都在同一平面内，六个碳原子组成一个正六边形。

二、苯的性质和用途

苯是无色液体，熔点 5.5℃，沸点 80.1℃，具有特殊气味，密度 0.8790g/cm^3，比水轻，不溶于水，溶于有机溶剂。

由于苯的结构的特殊性，所以苯的化学性质具有易于发生取代反应而难于发生加成反应的特性。

1. 取代反应

(1) 卤化反应

苯与氯、溴在一般情况下不发生取代反应，但在铁盐等的催化作用下加热，苯环上的氢原子可被氯原子或溴原子取代，生成相应的卤代苯，并放出卤化氢。

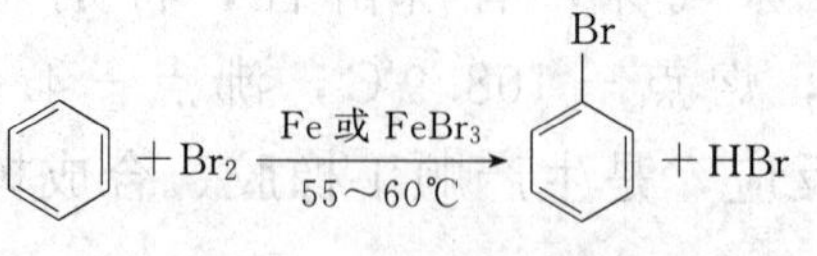

$$C_6H_6 + Br_2 \xrightarrow[55\sim60℃]{Fe\text{或}FeBr_3} C_6H_5Br + HBr$$

溴苯

(2) 硝化反应

用浓硝酸和浓硫酸（称混酸）与苯共热，苯环上的氢原子能被硝基（—NO_2）取代，生成硝基苯。

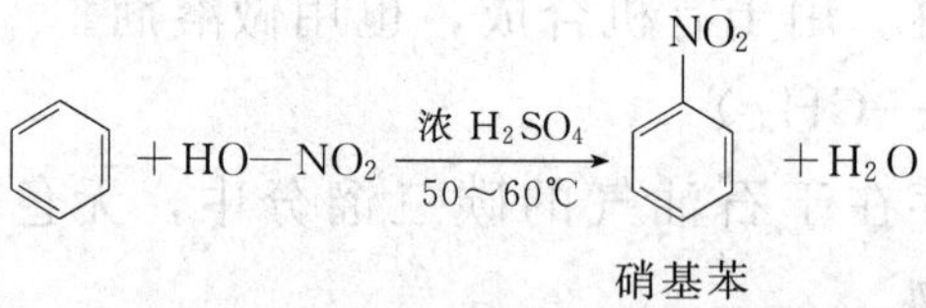

$$C_6H_6 + HO—NO_2 \xrightarrow[50\sim60℃]{\text{浓}H_2SO_4} C_6H_5NO_2 + H_2O$$

硝基苯

如果增加硝酸的浓度，并提高反应温度，则可得间二硝基苯。

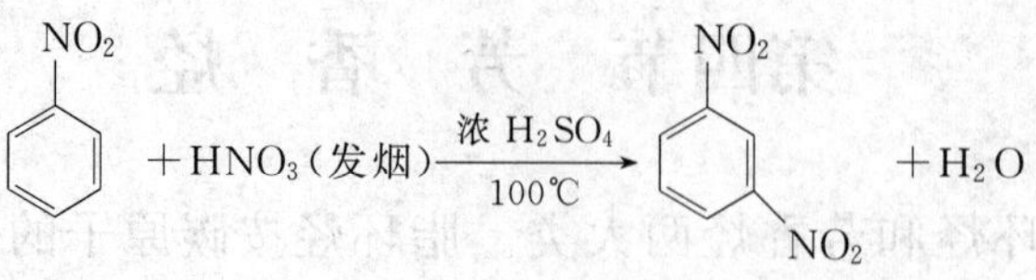

$$C_6H_5NO_2 + HNO_3(\text{发烟}) \xrightarrow[100℃]{\text{浓}H_2SO_4} C_6H_4(NO_2)_2 + H_2O$$

间二硝基苯

如果用甲苯（苯环上氢被甲基取代）进行硝化就比苯容易得多，得到三硝基甲苯。

$$C_6H_5CH_3 + 3HNO_3 \xrightarrow{浓\ H_2SO_4} C_6H_2(CH_3)(NO_2)_3 + 3H_2O$$

三硝基甲苯

三硝基甲苯也叫做2,4,6-三硝基甲苯，俗称“梯恩梯”（TNT），它是一种烈性的无烟炸药。

(3) 磺化反应

苯和浓硫酸共热，苯环上的氢可被磺酸基（—SO_3H）取代，产物是苯磺酸。

$$C_6H_6 + HO—SO_3H \underset{}{\overset{70\sim80℃}{\rightleftharpoons}} C_6H_5SO_3H + H_2O$$

苯磺酸

2. 加成反应

苯与烯烃或炔烃相比，不易进行加成反应，但在一定条件下，仍可与氢、氯等加成，生成脂环烃或其衍生物。

$$C_6H_6 + 3H_2 \xrightarrow[\triangle]{Ni} C_6H_{12}$$

环己烷

3. 氧化反应

苯在空气中燃烧生成二氧化碳和水，并发生明亮和带有浓烟的火焰。

$$2C_6H_6 + 15O_2 \xrightarrow{点燃} 12CO_2\uparrow + 6H_2O$$

苯是一种重要的有机化工原料，它广泛地用于生产合成纤维、合成橡胶、塑料、农药、医药、香料等。苯也是常用的有机溶剂。

三、苯的同系物

苯的同系物的通式是 C_2H_{2n-6}（$n\geqslant6$）。它们都是芳香烃。命名时，可以把烷基看成苯的取代基，把取代的名称放在“苯”字前面，并标明取代基在苯环上的位置即可。例如：

$C_6H_5CH_3$	$C_6H_4(CH_3)_2$（1,2-）	$C_6H_4(CH_3)_2$（1,3-）	$C_6H_4(CH_3)_2$（1,4-）	$C_6H_5CH_2CH_3$
甲苯	1,2-二甲苯或邻二甲苯	1,3-二甲苯或间二甲苯	1,4-二甲苯或对二甲苯	乙苯

如果结构复杂，也可把苯环当作取代基命名。例如：

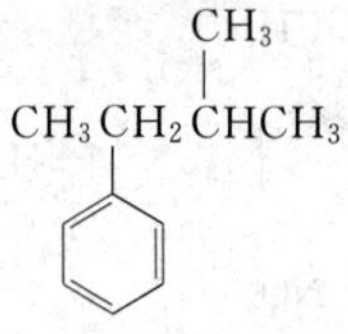

$CH_3CH_2\overset{CH_3}{\overset{|}{C}}HCH_3$（苯环取代）　　　　$CH{=}CH_2$（苯环取代）

2-甲基-3-苯基丁烷 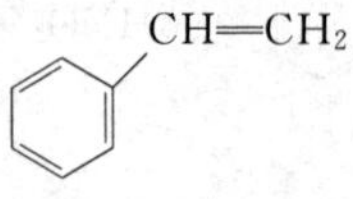　　　　苯乙烯

苯分子中去掉一个氢原子剩下的原子团—C_6H_5 叫做苯基。

四、稠环芳烃

分子中每两个苯环共有相邻的两个碳原子，这样的芳烃叫做稠环芳烃。它属于多环芳烃。

1. 萘

萘是最简单的稠环化合物。分子组成为 $C_{10}H_8$，结构式为：

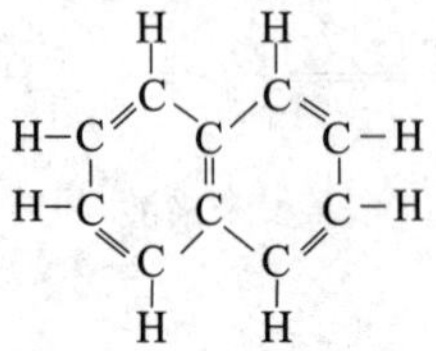

简写为

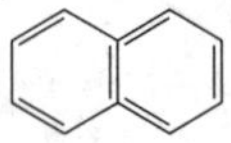

萘是光亮的片状晶体，具有特殊气味。密度为 1.162g/cm^3，熔点 80.2℃，沸点 217.9℃，易挥发并易升华。不溶于水，溶液于乙醇和乙醚等。能点燃，但发光弱、冒烟多。萘可以用来杀菌、防蛀、驱虫，是制备染料、树脂、溶剂等的原料。

2. 蒽和菲

蒽和菲是两种同分异构体，分子组成均为 $C_{14}H_{10}$，结构式分别为：

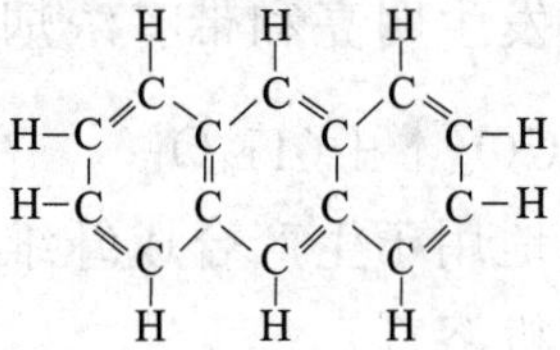

简写为 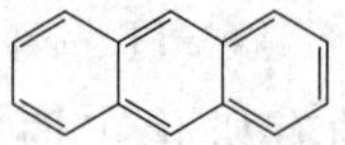　　(蒽)

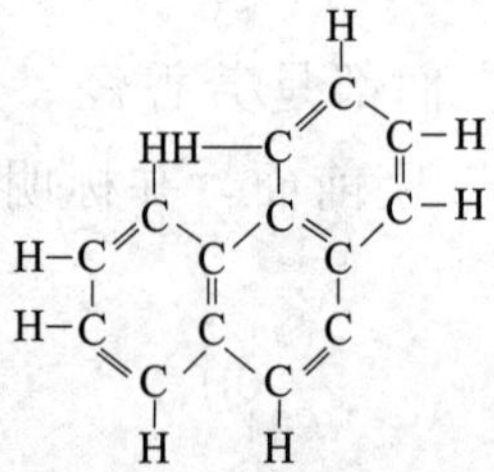

简写为 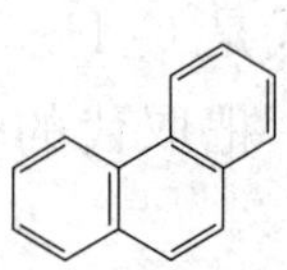　　(菲)

蒽是带有淡蓝色荧光的白色片状晶体，熔点 217℃，沸点 342℃。它不溶于水，难溶于乙醇和乙醚，但容易溶于热苯，是生产染料的原料。

菲是无色而有荧光的晶体，熔点 100～101℃，沸点 340℃，在真空中能升华。不溶于水，稍溶于乙醇，溶于乙醚、冰醋酸、苯、四氯化碳和二硫化碳。是制造染料和药物等的原料，可用做高效低毒农药以及无烟火药的稳定剂。

五、常见芳香烃的性质和用途

1. 甲苯（C_7H_8）

无色易挥发的液体，有芳香气味。密度 0.866g/cm^3，熔点 −95℃，沸点 110.8℃。不溶于水，溶于乙醇、乙醚和丙酮。其化学性质与苯相似。用于制造糖精、染料、药物和炸药等，并用做溶剂。

2. 二甲苯（C_8H_{10}）

有三种异构体：邻二甲苯、间二甲苯和对二甲苯。

把三种异构体及乙苯的混合物称混合二甲苯，以间二甲苯含量较多。工业用二甲苯中含有甲苯和乙苯，是无色透明易挥发的液体，有芳香气味，有毒，不溶于水，溶于乙醇和乙醚。常用做溶剂。如果加以分离，可加工成其他化工产品。

3. 苯乙烯（$C_6H_5CH{=}CH_2$）

无色易燃液体，有芳香气味。密度为 0.9090g/cm^3，熔点 −33℃，沸点 146℃。不溶于水，溶于乙醇和乙醚，化学性质较活泼。用于合成树脂、塑料、合成橡胶等。

第五节　烃的衍生物

烃分子中的氢原子被其他原子或原子团取代以后的产物，叫做烃的衍生物（derivative of hydrocarbon）。

烃的衍生物具有与相应的烃不同的化学特性，这是由于取代氢原子的原子或原子团对于烃的衍生物的性质起着很重要的作用。**决定化合物的化学特性的原子或原子团叫做官能团**。例如：—X、—NO_2、—SO_3H、—OH、—CHO、—COOH、$-\overset{|}{C}{=}\overset{|}{C}-$、—C≡C— 等都是官能团。

本节将按照官能团的分类方法给烃的衍生物进行分类，并介绍其中重要的烃的衍生物——卤代烃、醇、醚、酚、醛、酮、羧酸和酯。

一、卤代烃

卤代烃（halohydrocarbon）是指烃分子中的氢原子被卤素取代后的产物。按烃基的不同，可分为脂肪卤代烃（包括饱和与不饱和卤代烃），芳香卤代烃等；按分子中所含卤原子数目，可分为一卤代烃、二卤代烃及多卤代烃。所以卤代烃的种类是很多的。

卤代烃的命名一般多以相应的烃为母体，把卤原子当作取代基，按系统命名法命名。例如：

$CH_3CH_2CH_2CH_2CH_2Br$	$CH_3CH_2\underset{\mid \atop Cl}{C}HCH_3$	$CH_2{=}CHCl$
1-溴戊烷	2-氯丁烷	氯乙烯

$CH_2=CHCH_2Br$ 3-溴丙烯

氯苯

卤代烃的同分异构现象比烃更加复杂。

1. 卤代烃的物理性质

卤代烃不溶于水，溶于有机溶剂，沸点和密度都大于相应的烃。它们的密度一般随着烃基中碳原子数目的增加而减小，沸点随碳原子数目的增加而升高。见表5-4。

表5-4 几种氯代烷的密度和沸点

名称	结构简式	密度/(g/cm³)(液态时)	沸点/℃
一氯甲烷	CH_3Cl	0.9159	−24.2
一氯乙烷	CH_3CH_2Cl	0.8978	12.27
1-氯丙烷	$CH_3CH_2CH_2Cl$	0.8909	46.6
1-氯丁烷	$CH_3CH_2CH_2CH_2Cl$	0.8862	78.44
1-氯戊烷	$CH_3CH_2CH_2CH_2CH_2Cl$	0.8818	107.8

2. 卤代烃的化学性质

卤代烃的化学性质和它们的结构有密切关系。一般说来，卤代烷中的卤原子是比较活泼的，它很容易被其他的原子或基团取代。

(1) 取代反应

卤代烷与氢氧化钠或氢氧化钾的水溶液一起加热，生成相应的醇。

$$CH_3CH_2Cl+H_2O\xrightarrow{NaOH}CH_3CH_2OH+HCl$$

卤代烷与氰化钠（或氰化钾）的醇溶液共热，则氰基（—CN）取代卤原子而得腈。

$$CH_3CH_2Cl+NaCN\xrightarrow[\triangle]{乙醇}\underset{丙腈}{CH_3CH_2CN}+NaCl$$

(2) 消去反应

卤代烃跟强碱（如NaOH或KOH）的醇溶液共热，脱去卤化氢而生成烯烃。如：

$$CH_3-\underset{Br}{CH}-\underset{H}{CH_2}+NaOH\xrightarrow[\triangle]{醇}\underset{丙烯}{CH_3-CH=CH_2}+NaBr$$

卤代烃脱去卤化氢的反应是一种消去反应。有机化合物在适当条件下，从一个分子中脱去一些小分子（如水、卤化氢等），而生成不饱和化合物的反应，叫做消去反应（elimination reaction）。

3. 重要的代表物

(1) 三氯甲烷（$CHCl_3$）

俗名氯仿，是无色透明易挥发的液体，稍有甜味。密度 $1.4916g/cm^3$，熔点 −63.5℃，沸点 61.2℃。不易燃烧，微溶于水，溶于乙醇、乙醚、苯、石油醚等。化学性质不稳定，见光能生成剧毒的光气。常被用来溶解脂肪、树脂、橡胶、磷和碘等。在医药上用做麻醉剂。

(2) 四氯化碳（CCl_4）

又称四氯甲烷，是无色液体，密度 $1.5950g/cm^3$，熔点 −22.8℃，沸点 76.8℃。微溶于水，与乙醇、乙醚可以任何比例混合，不燃烧，用做灭火剂，也是常用的有机溶剂。

(3) 氯乙烯（$CH_2{=}CHCl$）

为无色易液化的气体，沸点为 −13.9℃，凝固点为 −160℃。难溶于水，溶于乙醇、乙醚、丙酮和二氯乙烷。易聚合，用于制备聚氯乙烯，也可用做冷冻剂等。

(4) 四氟乙烯（$F_2C{=}CF_2$）

无色无嗅气体，熔点 −142.5℃，沸点 −76.3℃。不溶于水，易爆易自聚，用于制取聚四氟乙烯，聚四氟乙烯俗称“塑料王”，它是耐腐蚀、耐高温、耐低温材料。

二、醇、酚、醚

醇、酚、醚可以看做是水分子中的氢原子被烃基取代的衍生物。水分子中的一个氢原子被脂肪基取代的是醇，被芳香基取代且羟基与苯环直接相连的是酚，如果两个氢原子都被烃基取代的衍生物就是醚。

H—O—H	R—O—H	C_6H_5—O—H	R—O—R′
水	醇	酚	醚

1. 醇

烃分子中的氢原子被羟基（—OH）取代后，生成的化合物称为醇（alcohol)。羟基是醇的特征官能团。按照分子中所含羟基的数目，分为一元醇、二元醇和多元醇。例如：

CH_3CH_2OH　　$CH_2(OH)—CH_2(OH)$　　$CH_2(OH)—CH(OH)—CH_2(OH)$

也可按照分子中烃基的饱和与否，分为饱和醇和不饱和醇。例如：R—OH 和 $R—CH{=}CH—CH_2—OH$

醇的系统命名法和烯烃相似。

例如：

$CH_3—CH_2—CH_2—CH_2—OH$　　1-丁醇

$$CH_3-\underset{\underset{CH_3}{|}}{CH}-CH_2-OH \qquad \text{2-甲基-1-丙醇}$$

$$CH_3-CH_2-\underset{\underset{OH}{|}}{CH}-CH_3 \qquad \text{2-丁醇}$$

$$CH_3-\overset{\overset{CH_3}{|}}{\underset{\underset{OH}{|}}{C}}-CH_3 \qquad \text{2-甲基-2-丙醇}$$

含三个碳原子以上的醇，可以有碳链异构和官能团位置异构。

（1）乙醇的结构和物理性质

乙醇的分子组成为 C_2H_5OH，结构式是：

$$H-\overset{\overset{H}{|}}{\underset{\underset{H}{|}}{C}}-\overset{\overset{H}{|}}{\underset{\underset{H}{|}}{C}}-O-H \qquad \text{结构简式为 } CH_3CH_2OH \text{ 或 } C_2H_5OH$$

乙醇俗称酒精，是一种无色、透明而具有特殊香味的液体。比水轻，20℃时的密度是 0.7893g/cm³，沸点是 78.5℃。容易挥发，能够溶解许多有机物和无机物，能与水任意比例混溶。工业用酒精约含乙醇 96%。含乙醇 99.5%以上的酒精叫做无水酒精。

（2）乙醇的化学性质

乙醇分子由乙基 C_2H_5- 和羟基 $-OH$ 组成，羟基比较活泼，它决定着乙醇的主要性质。

① 与活泼金属反应　乙醇与金属钠反应，生成乙醇钠并放出氢气。

$$2CH_3CH_2OH + 2Na \longrightarrow CH_3CH_2ONa + H_2\uparrow$$

其他活泼金属，如钾、镁、铝等也能够把羟基中的氢原子取代出来。

② 与氢卤酸反应　跟氢卤酸反应时，乙醇分子里的碳氧键断裂，卤素原子取代羟基的位置而生成卤代烃，同时生成水。

$$C_2H_5 \boxed{-OH + H-} Br \xrightarrow{\triangle} C_2H_5Br + H_2O$$

③ 氧化反应　乙醇在空气里能够燃烧，发出蓝色的火焰，同时放出大量的热。

$$C_2H_5OH(l) + 3O_2(g) \xrightarrow{点燃} 2CO_2(g) + 3H_2O(l) + 1366.8kJ$$

乙醇在加热和有催化剂（Cu 或 Ag）存在的条件下，能够被空气中的氧气氧化，生成乙醛。

$$2C_2H_5OH + O_2 \xrightarrow[\triangle]{Cu 或 Ag} \underset{乙醛}{2CH_3CHO} + 2H_2O$$

④ 脱水反应　乙醇和浓硫酸加热到 170℃左右，每一个乙醇分子会脱去一个

水分子而生成乙烯。

$$\begin{array}{c} \text{H}\quad\text{H} \\ |\quad\ | \\ \text{H}-\text{C}-\text{C}-\text{H} \\ |\quad\ | \\ \boxed{\text{H}\quad\text{OH}} \end{array} \xrightarrow[170℃]{浓H_2SO_4} CH_2=CH_2+H_2O$$

如果将上述温度控制在140℃左右，那么每两个乙醇分子间脱去一个水分子而生成乙醚。

$$C_2H_5-O\boxed{H+HO}-C_2H_5 \xrightarrow[140℃]{浓H_2SO_4} C_2H_5OC_2H_5+H_2O$$

由此可见，反应条件对于所得产物有着很大影响。反应条件不同，所得的产物往往就不一样。

（3）乙醇的用途

乙醇是酒的主要成分，所以俗名酒精。乙醇可用做内燃机和实验室的燃料，其优点是可避免对空气的污染，是一种绿色燃料。工业上乙醇是一种重要的有机化工原料，可用来制造乙醛等。乙醇又是一种良好的溶剂，用来溶解树脂，制造涂料。医疗上常用75％的酒精作消毒剂。

（4）常见醇的性质和用途

① 甲醇（CH_3OH）　俗称木精，是最简单的一元醇。甲醇是无色易挥发和易燃的液体，密度0.7915g/cm^3，熔点－97.8℃，沸点64.65℃。能与水及大多数有机溶剂混溶，甲醇的毒性很强，少量饮用（10mL）能致双目失明或死亡。甲醇是一种重要的化工原料，用于生产甲醛、一氯甲烷等，也可用做内燃机燃料和溶剂。

② 乙二醇（$\begin{array}{c}CH_2-CH_2\\ |\qquad|\\ OH\quad OH\end{array}$）　俗称甘醇，有甜味的无色黏稠液体，无气味。密度1.1132g/cm^3，沸点197.2℃，凝固点－12.6℃。易吸湿，能与水、乙醇和丙酮混溶。能大大降低水的冰点。微溶于乙醚。用于制造树脂、增塑剂、合成纤维、化妆品和炸药等，并用做溶剂，配制发动机的低凝点冷却液（抗冻剂）等。

③ 丙三醇（$\begin{array}{c}CH_2-CH-CH_2\\ |\qquad|\qquad|\\ OH\quad OH\quad OH\end{array}$）　俗称甘油，为无色，有甜味的黏稠液体，密度1.2613g/cm^3，沸点290℃（分解），熔点17.9℃。可与水以任意比例混溶，能降低水的冰点，有极大的吸湿性。稍溶于乙醇和乙醚，不溶于氯仿。用做化妆品、皮革、烟草、食品以及纺织品等的吸湿剂。也是有机合成的重要原料。甘油和硝酸反应得三硝酸甘油酯即硝化甘油，是一种无色透明液体，它是很猛烈的液体炸药。甲醇有扩张冠状动脉的作用，是治疗心绞痛的急救药物。

④ 苯甲醇　又称苄醇，为无色液体，稍有芳香气味。密度1.0454g/cm^3，熔点－15.3℃，沸点205.3℃。稍溶于水，能与乙醇、乙醚、苯等混溶。用于制备花香油和药物等，也用做香料的溶剂和定香剂。

2. 酚

羟基与苯环直接相连的化合物叫做酚（phenol）。酚的命名是在酚字前面加上芳环的名称，以此作为母体，再加上其他取代基的名称和位置。例如：

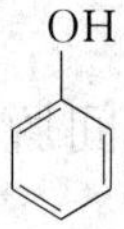

苯酚 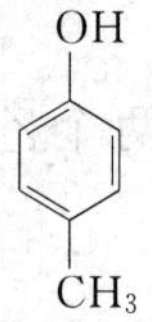　对甲苯酚 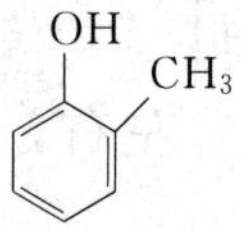　邻甲苯酚 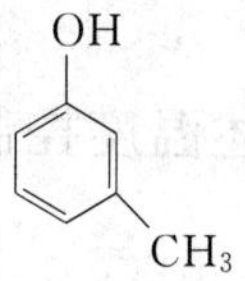　间甲苯酚

（1）苯酚

苯酚是最简单的酚。化学式是 C_6H_6O，结构式是：

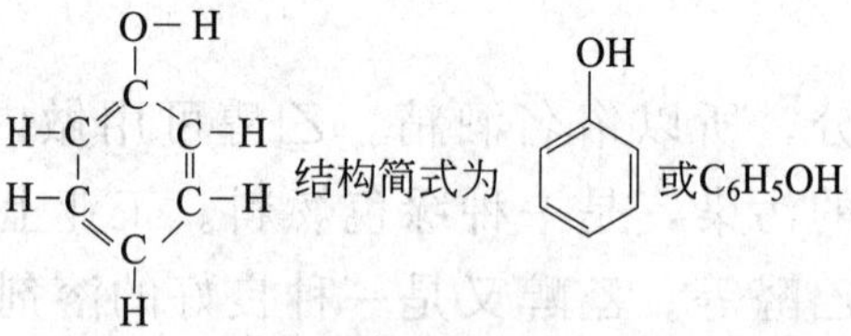

结构简式为　或 C_6H_5OH

苯酚俗称石炭酸，是无色菱形结晶，有特殊气味，熔点 43℃，沸点 182℃。在空气中放置因容易氧化而变成红色。室温时稍溶于水，在 65℃以上与水混溶，也易溶于乙醇、乙醚、苯等有机溶剂。在医药上可用做防腐剂和消毒剂。

① 苯酚的酸性　苯酚和碱反应，生成了易溶于水的苯酚钠。

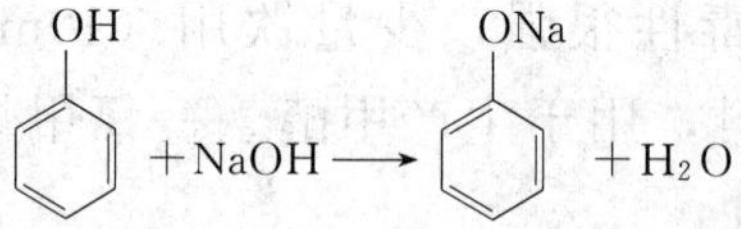

$$C_6H_5OH + NaOH \longrightarrow C_6H_5ONa + H_2O$$

但苯酚的酸性极弱（$K_a = 1.28 \times 10^{-10}$），比碳酸还要弱。因此，在苯酚钠溶液中通入二氧化碳能析出苯酚。

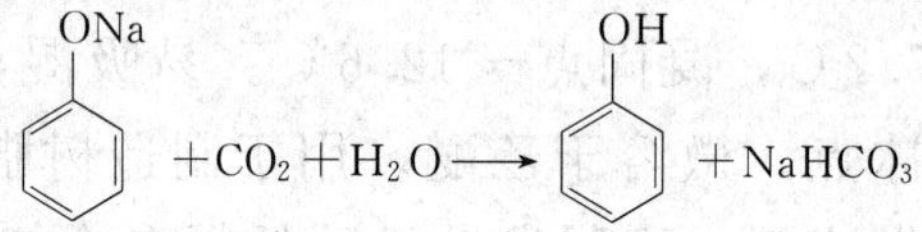

$$C_6H_5ONa + CO_2 + H_2O \longrightarrow C_6H_5OH + NaHCO_3$$

② 苯环上的取代反应　苯酚能跟卤素、硝酸、硫酸等发生苯环上的取代反应。例如：

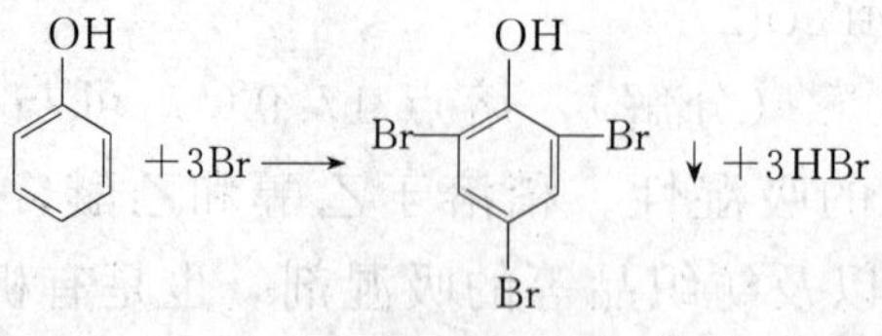

$$C_6H_5OH + 3Br \longrightarrow C_6H_2Br_3OH \downarrow + 3HBr$$

生成白色的三溴苯酚沉淀，这个反应很灵敏，可用于苯酚的定性检验和定量测定。

③ 显色反应　苯酚跟 $FeCl_3$ 溶液作用显示紫色。利用这一反应可检验苯酚的存在。

苯酚是一种重要的化工原料，可用来制造酚醛塑料、合成纤维、医药、染料、农药等。

（2）常见酚的性质和用途

① 甲基苯酚　有邻、间和对位三种异构体，都存在于煤焦油中。除间位异构体为液体外，其他两种为低熔点固体，甲苯酚有苯酚气味，其杀菌效力比苯酚强。因此可用做消毒剂，“来苏尔”消毒药水就是煤酚的肥皂水溶液。

② 苯二酚　有邻、间和对位三种异构体。其中，对苯二酚可用做照相中的显影剂。三种异构体的结构和名称如下：

OH　　　　OH OH　　　　OH

OH　　　　　　　　　　　　OH

对苯二酚　　邻苯二酚　　间苯二酚

3．醚

两个烃基通过氧原子连接起来的化合物叫做醚（ether），烃基可以是烷基、烯基、芳基等。两个烃基相同的叫单醚，不同的叫混醚。醚的名称可由烃基得到。例如：CH_3OCH_3 二甲醚（简称甲醚），$C_2H_5OC_2H_5$ 二乙醚（简称乙醚），$CH_3OC_2H_5$ 甲乙醚。

乙醚是醚类中最重要的一种，为无色易挥发的液体，沸点 34.5℃，有特殊的气味。吸入一定量的乙醚气，会引起全身麻醉，所以纯乙醚在医学上曾用做麻醉剂。乙醚微溶于有机溶剂，其本身亦是良好的溶剂。

三、醛和酮

醛和酮分子里都含有羰基（$>C=O$），统称为羰基化合物，羰基所连接的两个基团都是烃基的叫做酮（ketone），通式为 $R-\overset{\overset{O}{\|}}{C}-R'$（或 RCOR′）。其中至少有一个是氢原子的叫醛（aldehyde），通式为 $R-\overset{\overset{O}{\|}}{C}-H$（RCHO）。所以通常把 $>C=O$ 叫做羰基；$-\overset{\overset{O}{\|}}{C}-H$ 叫做醛基。

醛和酮的系统命名法是选择含羰基的最长碳链作为主链，编号从靠近羰基的一端开始，称为某醛或某酮。酮还要标明羰基的位置。例如：

$$CH_3-\underset{\underset{CH_3}{|}}{CH}-CH_2-\overset{\overset{O}{\|}}{C}-H \qquad CH_3-CH_2-CH_2-CH_2-\overset{\overset{O}{\|}}{C}-H$$

3-甲基丁醛　　　　　　戊醛

$$CH_3-CH_2-\underset{\underset{O}{\|}}{C}-CH_2-CH_3 \qquad CH_3-\underset{\underset{CH_3}{|}}{CH}-\underset{\underset{O}{\|}}{C}-CH_3$$

3-戊酮　　　　　　3-甲基丁酮

醛和酮互为官能团异构，同时本身也存在碳链异构。以上均为同分异构体。

1. 乙醛的性质和用途

乙醛的化学式是 C_2H_4O，它的结构式是 $\mathrm{H-\overset{\overset{\large O}{\|}}{C}-\underset{\underset{\large H}{|}}{\overset{\overset{\large H}{|}}{C}}-H}$，结构简式为 $\mathrm{CH_3\overset{\overset{\large O}{\|}}{C}-H}$ 或 CH_3CHO。

(1) 物理性质

乙醛是一种没有颜色，具有刺激性气味的液体，比水轻，沸点是 20.8℃。乙醛易挥发，能与水、乙醇、乙醚、氯仿等互溶。

(2) 化学性质

乙醛分子中的醛基对乙醛的主要化学性质起决定作用。

① 加成反应　羰基中的碳氧双键能够发生加成反应。例如：

$$\mathrm{CH_3\overset{\overset{O}{\|}}{C}-H + H_2 \xrightarrow[\triangle]{Ni} CH_3CH_2OH}$$

② 氧化反应　在有机化学反应里，通常**把加氧或去氢看做是氧化反应，而把去氧或加氢看做是还原反应**。乙醛能被弱氧化剂硝酸银的氨水溶液所氧化。

$$\mathrm{CH_3CHO + 2Ag(NH_3)_2OH \longrightarrow CH_3COONH_4 + 2Ag\downarrow + 3NH_3 + H_2O}$$

在这个反应里，生成的金属银附着在试管的内壁上形成银镜，所以把它叫做银镜反应。此反应可用来检验醛基的存在。

(3) 用途

乙醛是有机合成工业中的重要原料，主要用来生产乙酸、丁醇等一系列重要化工产品。

2. 常见醛的性质和用途

(1) 甲醛 (HCHO)

为无色气体，易溶于水。通常把 37%～40% 的甲醛水溶液叫做福尔马林，是有刺激气味的无色液体。可用做消毒剂和防腐剂，也用于制酚醛树脂等化工产品。

(2) 苯甲醛 (C_6H_5-CHO)

纯品为无色液体，密度 $1.046g/cm^3$，熔点 −26℃，沸点 179℃。由于有苦杏仁气味，因此俗称杏仁油。微溶于水，与乙醇、乙醚、苯和氯仿混溶。是一种重要的化学原料，用于制备其他化工产品和香料。

(3) 丙酮 (CH_3COCH_3)

丙酮是最简单的酮，为无色易挥发和易燃液体，有微香气味。密度 $0.7898g/cm^3$，熔点 −94.6℃，沸点 56.5℃。能与水、甲醇、乙醚、氯仿等混溶，能溶解油、脂肪、树脂和橡胶，是良好的有机溶剂。它又是重要的有机合成原料，用于制备有机玻璃、塑料和医药等。

四、羧酸

烃分子中的氢原子被羧基（$-\overset{O}{\overset{\|}{C}}-OH$）取代而生成的化合物叫做羧酸（carboxylic acid）。其官能团为羧基，通式为 RCOOH（R 为烃基或 H）。

羧酸的系统命名是选择分子中含羧基的最长碳链为主链，根据主链上碳原子的数目称为某酸。编号是从羧基开始的，芳环可作为取代基。例如：

$$\underset{\displaystyle CH_3}{CH_3\underset{|}{C}HCH_2COOH} \qquad \text{3-甲基丁酸}$$

$$C_6H_5CH_2CHCH_2COOH \qquad \text{4-苯丁酸}$$

1. 乙酸的性质和用途

乙酸的化学式是 $C_2H_4O_2$，结构简式是：

$$CH_3-\overset{O}{\overset{\|}{C}}-OH \qquad \text{简写为 } CH_3COOH$$

（1）物理性质

乙酸俗称醋酸，为无色有刺激性液体，熔点 16.6℃，易凝结成冰状固体，所以无水乙酸又叫冰醋酸。乙酸与水能按任意比例混溶，也能溶于其他有机溶剂中。

（2）化学性质

① 酸性　乙酸具有明显的酸性，在水溶液里能电离出氢离子。

$$CH_3COOH \rightleftharpoons CH_3COO^- + H^+$$

乙酸是一种弱酸，电离常数 $K_a = 1.75\times10^{-5}$，比碳酸的酸性强，故可与碳酸盐反应。

$$2CH_3COOH + Na_2CO_3 \longrightarrow 2CH_3COONa + H_2O + CO_2\uparrow$$

② 酯化反应　在有浓硫酸存在并加热的条件下，乙酸能够跟乙醇发生反应，生成乙酸乙酯。

$$CH_3-\overset{O}{\overset{\|}{C}}-OH + H-OCH_2CH_3 \rightleftharpoons CH_3\overset{O}{\overset{\|}{C}}OCHCH_3 + H_2O$$

酸跟醇起作用，生成酯和水的反应叫做酯化反应。

（3）用途

乙酸是一种重要的有机化工原料，用于生产醋酸纤维、香料、染料等一系列有机化合物。

2. 常见羧酸的性质和用途

（1）甲酸（HCOOH）

甲酸俗称蚁酸，是无色、有刺激性气味的液体，有很强的腐蚀性，易溶于水。能发生银镜反应，具有还原性。这是由于其结构中存在醛基所致。可用做还原剂、凝聚剂、媒染剂和消毒剂等。

(2) 苯甲酸（C_6H_5-COOH）

俗名安息香酸，是一种白色结晶，易升华，微溶于水，易溶于有机溶剂。苯甲酸是有机合成的原料，除了可以制备香料外，还用于制造染料、药物等。它的钠盐可作食物的防腐剂。

(3) 乙二酸（HOOC—COOH）

俗名草酸，是无色晶体，通常含有两个分子结晶水，能溶于水或乙醇。草酸可用做草制品的漂白剂。是重要的化工原料，也可用做还原剂。

(4) 邻苯二甲酸（$C_6H_4(COOH)_2$）

无色晶体，密度 1.593g/cm^3，稍溶于水。用于制造染料、聚酯树脂、涤纶、药物和增塑剂等产品。

五、酯

醇和酸脱水生成的化合物叫做酯（ester)。通式为 RCOOR（R 与 R′可相同，亦可不同)。酯类化合物的名称可由生成酯的酸和醇来确定。例如：$HCOOCH_3$ 甲酸甲酯，$CH_3COOC_2H_5$ 乙酸乙酯。

1. 物理性质

酯通常为无色液体，稍溶于水，能溶于有机溶剂。挥发性的酯具有芳香气味。一些简单酯的香味见表 5-5。

表 5-5　一些简单酯的香味

乙酸乙酯	有弱醚的香味	乙酸苄酯	茉莉花香味
乙酸正丁酯	有鲜果香味	乙酸对乙苯酯	大茴香香味
乙酸正戊酯	有梨的香味	丁酸戊酯	香蕉香味
乙酸正辛酯	有橘子和苹果的香味	辛酸乙酯	香蕉香味

2. 化学性质

(1) 酯的水解

酯在酸或碱的催化下发生水解反应。是酯化反应的逆反应。

$$CH_3COOC_2H_5 + H_2O \overset{H^+}{\rightleftharpoons} CH_3COOH + C_2H_5OH$$

在碱性条件下，因生成的酸与碱作用生成盐，水解可进行到底。

$$CH_3COOC_2H_5 + NaOH \longrightarrow CH_3COONa + C_2H_5OH$$

(2) 酯的醇解

在酸的催化下，酯与醇作用，生成另一种酯和另一种醇，这种反应称为酯交换反应。

$$R-\overset{O}{\overset{\|}{C}}-OCH_3 + C_2H_5OH \rightleftharpoons R-\overset{O}{\overset{\|}{C}}-OC_2H_5 + CH_3OH$$

六、油脂

油脂是油和脂肪的总称。一般把室温下为液体的叫做油，为固体的叫脂肪。

1. 油脂的组成和结构

油脂是由甘油和高级脂肪酸生成的甘油酯。其结构为：

$$\begin{array}{l} CH_2-O-\overset{\displaystyle O}{\overset{\|}{C}}-R_1 \\ | \\ CH-O-\overset{\displaystyle O}{\overset{\|}{C}}-R_2 \\ | \\ CH_2-O-\overset{\displaystyle O}{\overset{\|}{C}}-R_3 \end{array}$$

结构式里 R_1、R_2、R_3 代表饱和烃基或不饱和烃基，三者可以相同，也可以不相同。相同者称为单甘油酯，不相同者称为混甘油酯。天然油脂大多为混甘油酯的混合物。

2. 油脂的性质

油脂比水轻，密度在 $0.9 \sim 0.95g/cm^3$ 之间，不溶于水，易溶于汽油、乙醚等多种有机溶剂中。故可用有机溶剂提取植物油。油脂的熔点与脂肪酸的饱和程度有关，饱和程度越高，熔点越高。这样可以通过油脂的氢化来提高油脂的熔点。

（1）油脂的氢化

$$\begin{array}{l} C_{17}H_{33}COOCH_2 \\ \quad\quad\quad\quad | \\ C_{17}H_{33}COOCH \\ \quad\quad\quad\quad | \\ C_{17}H_{33}COOCH_2 \end{array} + 3H_2 \xrightarrow[\text{加热加压}]{\text{催化剂}} \begin{array}{l} C_{17}H_{35}COOCH_2 \\ \quad\quad\quad\quad | \\ C_{17}H_{35}COOCH \\ \quad\quad\quad\quad | \\ C_{17}H_{35}COOCH_2 \end{array}$$

（2）油脂的水解

油脂与酯一样，可发生水解。

$$\begin{array}{l} C_{17}H_{33}COOCH_2 \\ \quad\quad\quad\quad | \\ C_{17}H_{33}COOCH \\ \quad\quad\quad\quad | \\ C_{17}H_{33}COOCH_2 \end{array} + 3H_2O \xrightarrow[\text{或酶}]{H^+,\ OH^-} 3C_{17}H_{33}COOH + \begin{array}{l} CH_2-OH \\ | \\ CH-OH \\ | \\ CH_2-OH \end{array}$$

油脂在碱性条件下的水解反应叫皂化反应。

石油和石油的加工

石油是一种极其重要的资源，是发展国民经济和国防建设的重要物资。通过石油炼制，可以得到汽油、煤油、柴油等燃料和各种机器所需要的润滑油以及许多气态烃等产品。用石油产品和石油气作原料来生产化工产品的工业简称石油化工。利用石油产品作原料，通过化工过程，可以制造合成纤维、合成橡胶、塑料以及农药、化肥、炸药、医药、染料、油漆、合成洗涤剂等产品。所以，石油不仅是一种重要的能源，同时也是必不可少的基本化工原料。下面就简单的介绍一下石油的成分，石油的炼制以及石油化工等方面的知识。

1. 石油的成分

石油是古代动植物的遗体在隔绝空气的情况下逐步分解而产生的。从油井采出的石油是一种黑褐色的、黏稠的油状液，称为原油，有特殊的气味，比水稍轻，不溶于水。没有固定的熔点和沸点。石油所含的基本元素是碳和氢，含碳84%～86%，含氢12%～14%。同时还含有少量的硫、氧、氮等。石油的化学成分随产地不同而不同。石油主要是由各种烷烃、环烷和芳香烃所组成的混合物。石油的大部分是液态烃。同时在液态烃里溶有气态烃和固态烃。

2. 石油的炼制

没有经过加工处理的石油除含有各种烃类外还含有水、无机盐、砂子、泥土等。含水多，在炼制时要浪费燃料；含盐多，会腐蚀设备。所以原油必须先经过脱水、脱盐等过程才能进行炼制。炼制一般有分馏、裂化和重整几个过程。现分述如下。

(1) 分馏

经过脱水、脱盐的石油主要是烃类的混合物。在烃分子中，含碳原子数越少的，沸点越低，含碳原子数越多的，沸点越高。因此给石油加热时，低沸点的烃先汽化，经过冷凝先分离出来。随着温度升高，较高沸点的烃才汽化，经冷凝也分离出来。这样继续加热和冷凝，就可以把石油分成不同沸点范围的蒸馏产物。这种方法叫做石油的分馏。

石油分馏的产品和它们的用途见表5-6。

表5-6 石油馏分的产品和用途

分馏产品		烃分子中含碳原子数	分馏温度(沸点范围)①	用途
石油气		C_1～C_4	40℃以下	化工原料、燃料
石油醚		C_5～C_6	40～60℃	溶剂
汽油		C_7～C_9	60～205℃	汽油、飞机的燃料
煤油		C_9～C_{16}	205～300℃	拖拉机、照明灯的燃料和工业洗涤剂
重油	柴油	C_{16}～C_{18}	300～360℃	重型汽车、军舰、轮船、拖拉机、柴油机的燃料
	润滑油	C_{16}～C_{20}	360℃以上	机械上的润滑剂
	凡士林	C_{18}～C_{22}		工业上作防锈剂、润滑剂、医药上作“制膏剂”
	石蜡	C_{20}～C_{24}		制肥皂、各种蜡纸以及铸造、模型、医药、照明等
	沥青	C_{30}～C_{40}		铺路、防腐和建筑材料

① 应注意表中沸点范围不是绝对的，在生产时常根据实际需要来调节温度范围。

（2）裂化

用分馏方法一般只能得到15%～20%的直馏汽油（从石油经过直接分馏的方法得到的汽油，叫直馏汽油）。为了得到更多的汽油来满足国民经济的需要，可以设法把数量相当多的较重馏分（简称重质油）转化为汽油等轻质油。

汽油和重质油的区别主要是分子中所含碳原子数目多少不同。重质油中含碳原子数目越多的烃断裂成含碳原子数越少的烃（包括不饱和烃），即把重质油转化为汽油或其他的轻质油，化学上把这种过程叫做裂化。工业上裂化石油有热裂化和催化裂化两种方法。

热裂化是将重质油在500℃左右的温度和一定的压力下进行裂化的方法。除得到含碳原子数目较少的轻质油馏分外，还得到甲烷、乙烷、乙烯、丁烯等气体。

催化裂化是借助于催化剂作用，在较低温度和较小压力下进行裂化的方法。它不仅可以使70%以上的重质油转化为轻质油，而且炼得的汽油质量好、产量高。因此，热裂化已为催化裂化所取代。工业上常用的催化剂有硅酸盐、分子筛等。

（3）重整

所谓“重整”就是把汽油里直链烃类的分子的结构“重新进行调整”，使它们转化为芳香烃或具有支链的烷烃异构体（异构烷烃）等。重整是在有催化剂的参加下加热来进行的。目前工业上广泛使用的催化剂有铂（Pt）、铼（Re）或同时使用铂和铼。人们根据所用的催化剂不同分别称它们为铂重整、铼重整或铂铼重整。

直馏汽油经重整后不仅可以制得芳香烃，同时还可以有效地提高汽油质量。

3. 石油化工

在石油化工生产过程里，常把含直链烷烃的石油馏分产品作为原料，采用比裂化更高的温度，使具有长链分子的烃断裂成各种短链的气态烃和少量液态烃，以提供有机化工原料。工业上把这种方法叫做石油的裂解。所以说裂解就是深度裂化，以获得短链不饱和烃为主要成分的石油加工过程。石油裂解的化学过程是比较复杂的，生成的裂解气是一种复杂的混合气体，它除了主要含有乙烯、丙烯、丁二烯等不饱和烃外，还含有甲烷、乙烷、氢气、硫化氢等，裂解气里烯烃含量比较高。因此，常把乙烯的产量作为衡量石油化工发展水平的标志。把裂解产物急速冷却后，进行分离，就可以得到所需的多种基础有机原料。这些原料在合成纤维工业、塑料工业、橡胶工业等方面得到广泛应用。石油化学工业生产不可缺少的重要原料，石油产品已广泛的应用到国民经济各个部门，所以把石油称为“工业的血液”。

著名有机化学家黄鸣龙

黄鸣龙（1898—1979年）中国有机化学家。1898年7月3日生于江苏省扬州市，1979年7月1日卒于上海。早年赴瑞士和德国留学，1924年获德国柏林大学博士学位。回国后曾先后在同德医学专科学校、浙江省医药专科学校、中央研究院化学研究所及西南联合大学任教授及研究员。后又三次出国，在德国维尔茨堡大学、先灵药厂研究院，英国密得塞斯医院的医学院生物化学研究所，美国哈佛大学、默克药厂等单位任研究员。1952年回国后，历任中国人民解放军医学科学院化学系主任、研究员，中国科学院上海有机化学研究所研究员、学术委员会主任、名誉主任，中国科学院数学物理学化学部学部委员，国际《四面体》杂志名誉编辑，中国化学会理事，中国药学会副理事长。

黄鸣龙早期研究植物化学，曾进行过中药延胡索、细辛中有效成分的研究。后来他研究甾族化学，和合作者最先发现甾族化合物中的“双烯酮酚”反应。该反应可用于合成雌性激素。他在研究山道年类化合物的立体化学时，首次发现变质山道年的4个立体异构体在酸碱作用下可“成圈”地转变，由此推断出山道年类化合物的相对构型，使后来国内外解决山道年化合物的绝对构型及全合成有了理论依据。他所改良的基希纳-沃尔夫还原法，为世界各国广泛应用，并普遍称为黄鸣龙还原法，已写入各国有机化学书刊中。20世纪50年代黄鸣龙对中国甾族激素的基础或应用研究做出了重大贡献。在他领导下，实现了七步合成可的松及新法合成地塞米松。他是中国甾族激素药物工业的奠基人。20世纪60年代他领导研制的甲地孕酮，首创甾族口服避孕药。他和合作者共发表论文80篇，专著及综述近40本（篇）。

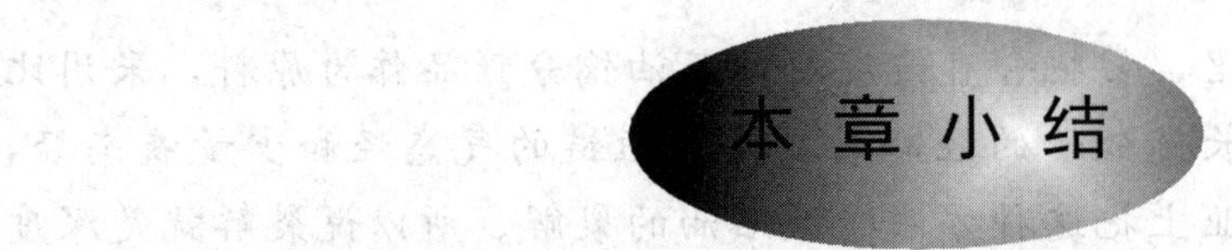

本章小结

一、有机化合物

1. 有机化合物是指碳氢化合物及其衍生物。研究有机物的化学叫做有机化学。

2. 有机物种类繁多，与无机物相比有许多不同之处。有机物大体上可分为烃和烃的衍生物两大类。

二、饱和烃

烃是碳氢化合物的简称，是有机化合物的母体。烃分为饱和烃和不饱和烃两大类。

1. 烷烃是饱和烃，其命名方法是有机物命名的基础，基本要点是：选最长碳链作为主链，把支链看成取代基，从离取代基较近的一端开始给主链碳原子编号，按主链碳原子的数目称为某烷，然后按取代基的数目、位置给出烷烃的系统名称。

2. 烷烃的代表物是甲烷，其性质代表了烷烃的性质。烷烃一般比较稳定，不与强酸、强碱和强氧化剂发生反应，但在特定条件下能发生取代、氧化及热分解反应。

三、不饱和烃（包括烯烃和炔烃两大类）

1. 烯烃是含有 $>C=C<$ 双键的不饱和烃，代表物为乙烯，C═C 为烯烃的官能团，命名时应考虑双键在主链中的位置。烯烃的化学性质与双键有密切关系，容易发生加成、氧化和聚合反应。

2. 炔烃是含有 —C≡C— 叁键的不饱和烃，代表物为乙炔。C≡C 为炔烃的官能团，命名时应考虑叁键在主链中的位置。炔烃的化学性质与碳碳叁键有密切关系，能起加成、氧化、聚合反应。

四、芳香烃

是指分子中含有一个或几个苯环的烃。苯是芳香烃的母体，命名时要以苯为基础。苯具有特殊的化学结构，这就决定了化学性质具有特殊性，在通常情况下比较稳定，在一定条件下能发生取代、加成等反应。

五、烃的衍生物

烃的衍生物是烃分子中氢原子被子其他原子或原子团取代后的产物。取代氢的原子或原子团是烃的衍生物的官能团，它决定着烃的衍生物的化学性质及种类。

1. 卤代烃的官能团为卤原子，能发生取代、消去等化学反应，命名时把卤原子看成是取代基。

2. 醇、酚、醚三类化合物中均含有氧原子，可以看成是由水分子中的氢原子被烃基取代而成。醇和酚都含有羟基，醇羟基与脂肪基相连，而酚羟基是直接与苯环上的碳原子相连，因此，醇和酚的化学性质有较大差异。

3. 醛和酮中都含有羰基。把连结至少一个氢原子的羰基称为醛基，含有醛基的化合物叫做醛。醛基决定了醛的化学性质。醛能发生碳氧双键的加成反应及银镜反应等。酮是羰基两端都与烃基相连的化合物，不能发生银镜反应，可发生碳氧双键盘的加成反应，化学性质比较稳定。

4. 羧酸也是羰基化合物，羰基的一端与羟基相连，这样的基团叫羧基，它决定了羧酸的化学性质。羧酸是一种有机酸，它具有比碳酸强的酸性，能与碳酸盐发生反应，具有酸的一般性质，同时能与醇发生酯化反应。

5. 酯也是羰基化合物，是羧酸和醇发生酯化反应的产物。能发生水解等反应。

6. 油脂是由甘油和高级脂肪酸生成的甘油酯，能发生水解反应生成甘油和高级脂肪酸。

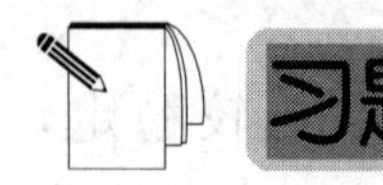

习题

1. 什么叫有机物？组成有机物的元素主要有哪几种？简述有机物的特点。

2. 什么叫结构和结构式？研究有机物的结构得出了什么结论？写出下列物质可能的结构式。

(1) C_4H_8　　(2) C_3H_7O　　(3) C_3H_7Cl　　(4) C_4H_6

3. 简述有机物的分类方法。

4. 什么叫同系物？写出下列各种烷烃的化学式。

(1) 壬烷　　(2) 十八烷　　(3) 含有十三个氢原子的烷烃

(4) 碳与氢的原子个数比为1∶3的烷烃

5. 什么叫同分异构现象？写出庚烷和各种同分异构体的结构式并命名。

6. 用系统命名法命名下列各种烷烃。

(1) $CH_3-CH(CH_3)-CH(CH_3)-CH_2-CH(CH_3)_2$

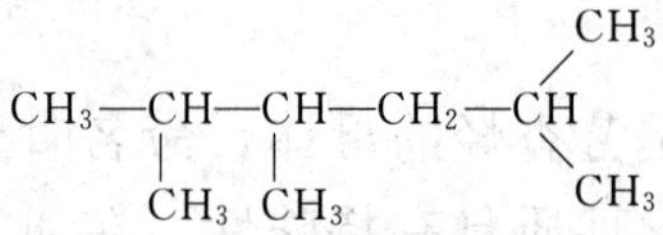

(2) $(CH_3)_3-C-CH(CH_3)-CH_2-CH(CH_3)_2$

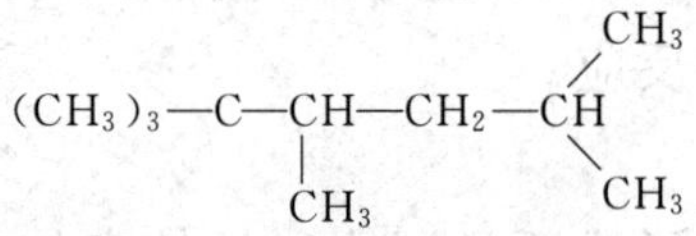

(3) $CH_3-CH_2-CH[CH(CH_3)-CH_3]-CH_2-CH_3$

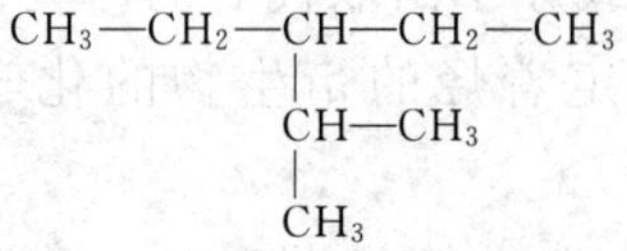

(4) $CH_3-CH(CH_3)-CH_2-CH_2-CH[C(CH_3)_3]-CH_3$

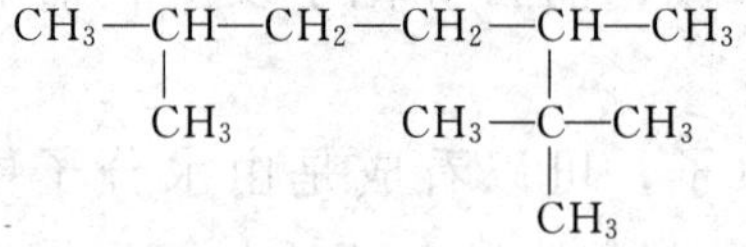

(5) $CH_3-CH(CH_3)-CH_2-CH(CH_3)-CH_2-CH(CH_2CH_3)-CH_2-CH(CH_2CH_3)-CH_3$

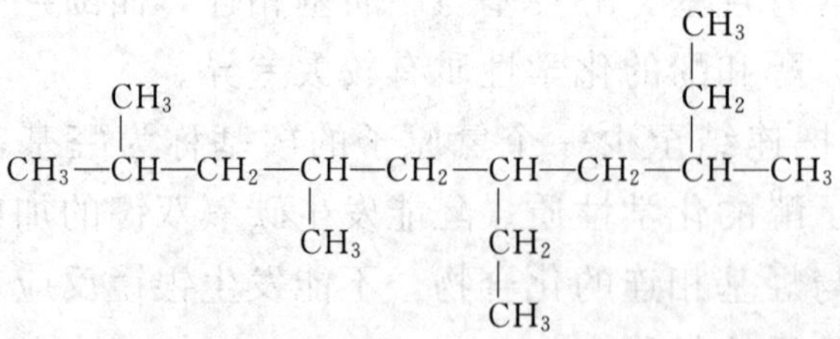

7. 写出下列化合物的结构式。

(1) 2,5-二甲基庚烷　　(2) 2,3-二甲基-5-乙基辛烷

(3) 2,4,6-三甲基-4-乙基辛烷　　(4) 2,3-二甲基-3-乙基戊烷

(5) 2,3,4-三甲基-3-乙基戊烷

8. 写出下列各化合物的结构式，若有违反系统命名原则时，请重新命名。

(1) 2-乙基-3-甲基戊烷　　(2) 2,2-二甲基丁烷

(3) 3,3,4-三甲基戊烷　　(4) 2,3-三甲基丁烷

(5) 2,3,4-四甲基戊烷

9. 已知某种气态烃含碳85.7%，含氢14.3%，在标准状况下它的密度是$1.25g.dm^{-3}$。试求此烃的化学式和相对分子质量。

10. 溴跟随甲烷的取代反应和产物同氯气跟甲烷的取代反应和产物相似，写出溴跟随甲烷起反应的各种化学方程式。

11. 命名下列不饱和烃，并指出哪些是同分异构体。

(1) 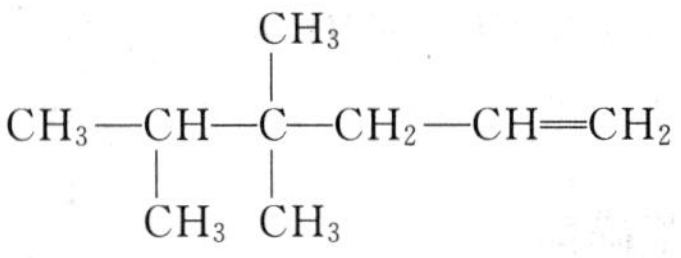 $CH_3-CH(CH_3)-C(CH_3)_2-CH_2-CH=CH_2$

(2) $CH_3-CH(CH_3)-C(CH_3)_2-CH=CH-CH_3$

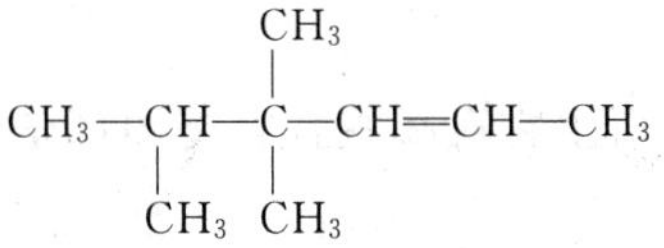

(3) $CH_3-C(CH_3)_2-CH(CH_3)-CH=CH-CH_2$

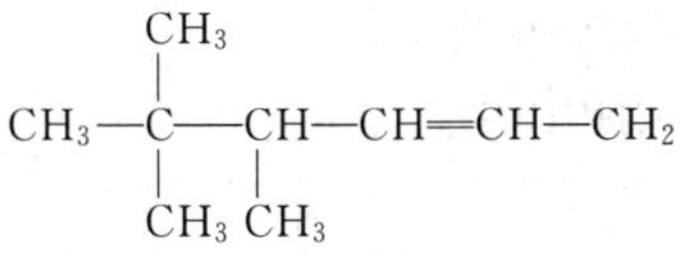

(4) $CH \equiv C-CH_2-CH_2-CH_3$

(5) 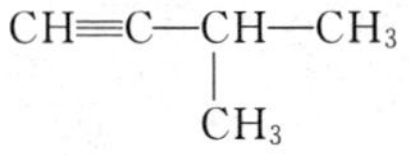 $CH \equiv C-CH(CH_3)-CH_3$

(6) $CH_3-C \equiv C-CH_2-CH_3$

(7) $CH_2=CH-CH_2-CH=CH_2$

12. 写出下列几种物质的结构式。

(1) 异戊二烯　(2) 2-甲基丙烯　(3) 丙炔　(4) 3-甲基丁炔

13. 写出下列化学反应式。

(1) 实验室制甲烷　　(2) 实验室制乙烯

(3) 实验室制乙炔　　(4) 乙烯与溴水反应

(5) 乙烯与溴化氢反应　　(6) 由乙烯制聚乙烯

(7) 由乙炔生成氯乙烯

14. 用两种方法鉴别甲烷和乙烯气体。

15. 比较甲烷、乙烯、乙炔的化学性质。

16. 试以苯的结构说明苯的化学特性。

17. 写出下列化合物的名称。

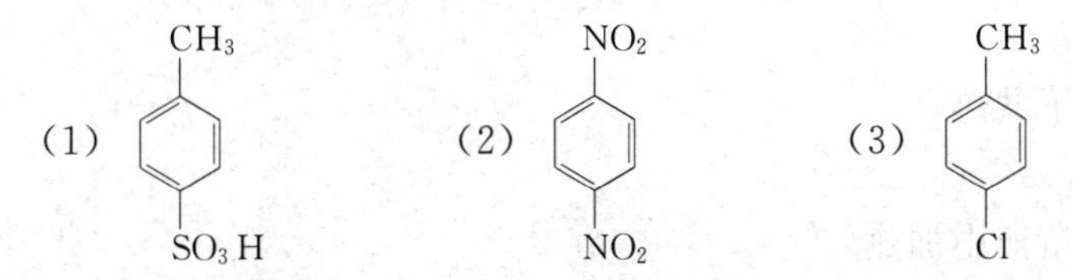

(4) $C_6H_5-CH_2CH=CH_2$　　(5) $C_6H_5-C\equiv CH$

18. 什么是稠环芳烃？举例说明。

19. 下列各种化合物各属于哪一类烃？写出它们可能的结构和名称。

(1) C_8H_{10}　(2) C_3H_6　(3) C_3H_4　(4) C_4H_{10}

20. 以焦炭、碳酸钙、水和氯化钠为原料制取下列有机物。

(1) $CH\equiv CH$　(2) C_6H_6　(3) CH_3CH_3　(4) $CH_2=CHCl$　(5) C_6H_5Cl

21. 写出下列化学反应式。

(1) 由甲苯制取 TNT　(2) 由苯制取苯磺酸

(3) 由苯制取硝基苯

22. 什么叫烃的衍生物？什么叫官能团？常见烃的衍生物有哪些？官能团都是什么？

23. 命名下列化合物。

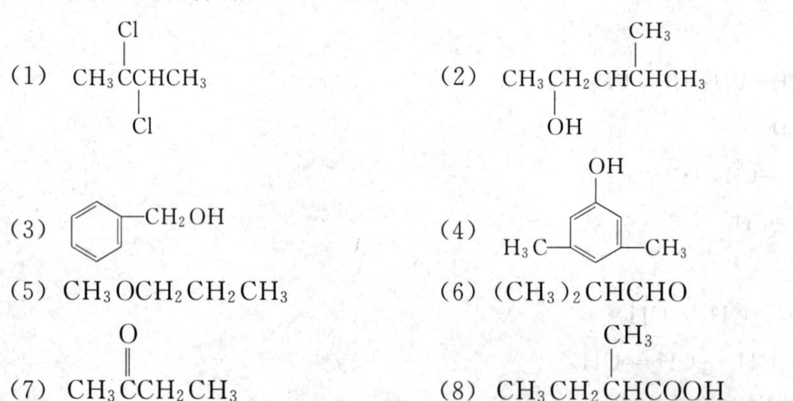

(1) $CH_3CCl_2CHCH_3$ 　(2) $CH_3CH_2CH(OH)CH(CH_3)CH_3$

(3) $C_6H_5-CH_2OH$　(4) 3,5-二甲基苯酚结构（OH，H_3C-，$-CH_3$）

(5) $CH_3OCH_2CH_2CH_3$　(6) $(CH_3)_2CHCHO$

(7) $CH_3COCH_2CH_3$　(8) $CH_3CH_2CH(CH_3)COOH$

(9) $CH_3CH_2CH_2COOC_2H_5$　(10) $C_6H_5-COOCH_3$

24. 下列哪些物质可以发生银镜反应，为什么？

(1) 甲醛　(2) 乙醇

(3) 葡萄糖（$[CH_2OH(CHOH)_4CHO]$）　(4) 甲酸

25. 乙醇在适当温度下可进行分子内脱水或分子间脱水，这两种脱水反应是否都可以看做是消去反应？为什么？

26. 写出下列化学方程式。

(1) 氯乙烷与氢氧化钠水溶液共热

(2) 氯乙烷与氢氧化钠的醇溶液共热

(3) 乙醇与氢溴酸共热

(4) 苯酚与溴水反应

(5) 乙酸与乙醇在浓酸存在下共热

(6) 丙酮加氢反应

(7) 乙酸乙酯在氢氧化钠水溶液中加热

27. 用化学方程式表示下列变化过程。

（1）乙炔→苯→环己烷

（2）乙醇→乙醛→乙醇→溴乙烷→乙烯

（3）苯酚→苯酚钠→苯酚→三溴苯酚

（4）乙酸→乙酸乙酯→乙酸钾

28. 脂肪和油的区别在哪里？如何把油转化为脂肪？写出反应的化学方程式。

29. 油脂在什么情况下可以水解？水解后可以得到哪些产物？写出它们的化学方程式。

*第六章　糖类、蛋白质和高分子化合物

学习目标

1. 掌握糖、蛋白质的基本性质和高分子化合物的基本特性。
2. 认识糖、蛋白质、高分子化合物的组成、分类结构特点和主要物质的名称。
3. 了解糖、蛋白质、高分子化合物的主要用途。

糖类是人和其他动物的主要供能物质之一；蛋白质是构成一切生命的基础物质。由糖类、蛋白质构成的天然高分子化合物在自然界中普遍存在。过去的一个世纪，合成高分子化合物从无到有、从学科形成乃至推动高分子工业的形成和发展，其速度十分迅猛。合成高分子化合物作为新型材料，为提高人类生活质量、创造社会财富、促进国民经济发展和科学进步做出了巨大贡献。对糖类、蛋白质和高分子化合物的进一步研究和应用，将是21世纪人类发展的又一次飞跃。

第一节　糖　　类

糖类（carbohydrate）是自然界中存在最多的一类有机化合物。例如葡萄糖、淀粉、纤维素等。糖类主要存在于植物界，占植物体干重的50%～80%，占动物体干重的2%以下，是绿色植物光和作用的主要产物。糖是人和动物体的主要供能物质，人体所需的糖分主要由淀粉提供，产生的能量可维持人体体温，维持生命活动。糖也是构成生物体内组织的重要物质，还是许多工业，如纺织、造纸、食品、发酵等工业的原料。

从化学结构上看，糖类是多羟基醛和多羟基酮，或是能够水解成多羟基醛和多羟基酮的一类化合物。糖类常常根据它能否水解和水解后生成的物质分为三大类。

第一类单糖：不能再水解的最简单的糖，如葡萄糖、果糖。

第二类双糖：水解后可以得到二分子单糖，如麦芽糖、蔗糖等。

第三类多糖：水解后可以得到许多分子单糖，如纤维素、淀粉等。

一、单糖

单糖是最简单的多羟基醛或多羟基酮，单糖中以葡萄糖和果糖最重要。

1. 葡萄糖

葡萄糖广泛存在于生物体中，成熟的葡萄中含量最多（含葡萄糖20%～30%），故称葡萄糖。人体和动物体内也含有葡萄糖，例如血液中就含有葡萄糖，血液中的葡萄糖称血糖。正常人的血糖含量为80～120mg /100mL。

葡萄糖在动物体内氧化成水和二氧化碳，并放出能量供机体活动需要，因此，它是动物体新陈代谢不可缺少的营养剂。葡萄糖还是食品工业的主要原料，在医药上用葡萄糖作营养补充剂、有强心、利尿、解毒作用。在印染、制革等工期业中作为还原剂，在制镜工业和热水瓶胆镀银工艺中，也常用葡萄糖作还原剂。在工业上，葡萄糖可由淀粉或维生素水解制备。葡萄糖的化学式是 $C_6H_{12}O_6$，是一种多羟基醛，其结构如下。

$$\begin{array}{ccccccccccccc} & & H & & H & & H & & H & & H & & O \\ & & | & & | & & | & & | & & | & & \| \\ H & - & C & - & C & - & C & - & C & - & C & - & C & - & H \\ & & | & & | & & | & & | & & | & & \\ & & OH & & OH & & OH & & OH & & OH & & \end{array}$$

葡萄糖可以与硝酸银的氨溶液（银氨溶液）作用起银镜反应，葡萄糖具有醛基，所以具有还原性，是一种还原性糖。银镜反应如下。

$$CH_2OH—(CHOH)_4—CHO + 2Ag(NH_3)_2OH \longrightarrow$$
$$CH_2OH—(CHOH)_4COONH_4 + 2Ag\downarrow + H_2O + 3NH_3\uparrow$$

在工业上，用淀粉作原料，用硫酸等无机酸作催化剂，进行水解反应而制得葡萄糖。

$$(C_6H_{10}O_5)_n + nH_2O \xrightarrow{H^+} nC_6H_{12}O_6$$

葡萄糖是人类活动所需能量的来源之一。它在人体的组织中进行氧化而放出能量。

$$C_6H_{12}O_6(s) + 6O_2(g) \longrightarrow 6CO_2(g) + 6H_2O(l) + 2881.43kJ \cdot mol^{-1}$$

葡萄糖与班氏试剂作用（班氏试剂是由柠檬酸钠、碳酸钠和硫酸铜配成的溶液，主要成分是氢氧化铜）生成红色的氧化亚铜溶液。在临床上，常用这一反应来检验糖尿病人尿中的葡萄糖，葡萄糖注射液在临床用于治疗水肿，并有强心、利尿作用。它和氯化钠配成葡萄糖氯化钠注射液，在人体失水、失血时用做补充液。

2. 果糖

果糖以其大量存在于水果中得名，也是自然界中最重要的单糖。它总是与葡萄糖同时存在于植物中，是一种动物体易于吸收的糖。果糖易溶于水，比蔗糖更甜。果糖的化学式为 $C_6H_{12}O_6$，与葡萄糖相同，它们互为同分异构体，果糖的结构式为：

$$\begin{array}{ccccccccccccc} & & H & & H & & H & & H & & O & & H \\ & & | & & | & & | & & | & & \| & & | \\ H & - & C & - & C & - & C & - & C & - & C & - & C & - & H \\ & & | & & | & & | & & | & & & & | \\ & & OH & & OH & & OH & & OH & & & & OH \end{array}$$

因此，果糖是一种多羟基酮，也是一种还原性糖。果糖在碱性溶液中能生成戊糖酸和甲酸，由于产生了甲酸，才使果糖表现出还原性，因此能发生银镜反应。

果糖也是营养剂，在食品工业中作为调味剂。

二、二糖

二糖又叫双糖，水解时能生成两分子单糖，最常见的二糖是蔗糖和麦芽糖。它们的化学式都是 $C_{12}H_{22}O_{11}$。

1. 蔗糖

蔗糖主要存在于甘蔗和甜菜中，各种植物的果实几乎都含有蔗糖。蔗糖是主要的甜味食物。

我国是用甘蔗糖最早的国家。纯净的蔗糖是白色晶体，易溶于水，甜度仅次果糖，属于非还原性糖。蔗糖的水解反应如下：

$$\underset{\text{蔗糖}}{C_{12}H_{22}O_{11}} + H_2O \xrightarrow{H^+\text{或酶}} \underset{\text{葡萄糖}}{C_6H_{12}O_6} + \underset{\text{果糖}}{C_6H_{12}O_6}$$

蔗糖在医药上用做营养剂或调味剂，常制成糖浆应用，把蔗糖加热变成褐色的焦糖，可用做食品的着色剂。

2. 麦芽糖

麦芽糖主要存在于麦芽中，故称麦芽糖。自然界里游离的麦芽糖不多，通常麦芽糖是用含淀粉较多的农产品如大米、玉米、薯类作为原料，在淀粉酶的催化下发生水解反应而生成的。麦芽糖是白色晶体，易溶于水，有甜味，但不如蔗糖甜。麦芽糖是一种还原性糖，能发生银镜反应。不同糖的甜度强弱顺序如下：

果糖＞蔗糖＞葡萄糖＞麦芽糖

三、多糖

多糖是水解时生成许多分子单糖的糖类，多糖属于高分子化合物。多糖的性质与单糖、二糖有较大的差别，多糖没有甜味，大多不溶于水。个别能与水形成胶体溶液，没有还原性。多糖广泛存在于动物、植物、微生物中，多糖中的纤维素、果胶、壳质、硫酸软骨素等作为结构物质起着支撑作用。淀粉和纤维都属于多糖。它们的化学式可用通式（$(C_6H_{10}O_5)_n$）表示。

1. 淀粉

淀粉是绿色植物进行光合作用的产物，主要存在于植物的种子和块根里，谷类中含量较多，大米中约含淀粉 80%，小麦中约含 70%，土豆中约含 20%。淀粉为白色粉末。天然淀粉主要由直链淀粉和支链淀粉两部分组成。

直链淀粉在淀粉中约占 20%，能溶于热水，又叫可溶性淀粉或糖淀粉。直链淀粉的相对分子质量约为 32000～160000。支链淀粉在淀粉中约占 80%，它不溶于热水，但遇热水又变黏呈糊状，又叫做不溶性淀粉或胶淀粉。支链淀粉的相对分子质量约为 10000～1000000。糯米之所以黏性较大，就是由于含支链淀粉较多。

淀粉和碘可以发生非常灵敏的颜色反应，直链淀粉遇碘呈深蓝色，支链淀粉遇碘呈蓝紫色。淀粉和碘的反应常用于碘或淀粉的检验。

直链淀粉和支链淀粉在稀酸作用下都能发生水解，首先生成的相对分子质量较小的糊精，然后生成麦芽糖和异麦芽糖，水解的最终产物是葡萄糖。

$$(C_6H_{10}O_5)_n \xrightarrow{H_2O} \underset{\text{糊精}(m>n)}{(C_6H_{10}O_5)_m} \xrightarrow{H_2O} \underset{\text{麦芽糖和异麦芽糖}}{C_{12}H_{22}O_{11}} \xrightarrow{H_2O} \underset{\text{葡萄糖}}{C_6C_{12}O_6}$$

淀粉用途很广，淀粉是人类的主要食物，在人体内经过消化生成葡萄糖，然后在组织内氧化生成二氧化碳和水，释放出供人体活动所需的能量。淀粉是酿酒、制醋、制造葡萄糖的原料。

2. 纤维素

纤维素在自然界中分布很广，是构成植物的主要成分。棉花是较纯粹的纤维素，约含纤维素92%～95%；亚麻和木材中约含50%～80%；蔬菜中也含有一定的纤维素。

纤维素化学性质稳定。不溶于水及有机溶剂，在稀酸、稀碱中不能水解。在高温、高压、稀硫酸溶液中，纤维素可以水解，在水解过程中可以得到一系列中间产物，最后产物也是葡萄糖。

一些食草动物如牛、马、羊等可以消化纤维素，这是因为它们的消化道中分泌纤维素分解酶可将纤维素分解为低原糖和葡萄糖。由于人体中没有可消化纤维素的酶，所以人类不能利用食物中的纤维素作为营养物质。但纤维素对人体来讲，有促进消化和防止便秘的作用。

第二节　蛋　白　质

蛋白质（protein）是构成生命的基本物质。它存在于所有动物和植物的原生质内，是一切生物体的首要组成成分。在人体内，蛋白质的含量约占干重的45%。成年人大约每天需要80g蛋白质，常见食物的蛋白质含量见表6-1。一切基本的生命现象，如消化、呼吸、运行、生物所特有的生长和繁殖机能以及生物的遗传等，都离不开蛋白质。可见蛋白质在生命活动中起非常重要的作用。正如恩格斯所说“没有蛋白质就谈不到生命”。新世纪初，人类基因组计划（Human Genome Project）的启动，以基因重组技术为代表的一批新成果标志着生命科学研究进入了一个崭新的时代，人们不但可以从分子水平了解生命现象的本质而且从更新的高度去揭示生命的奥秘。

人体内的蛋白质约有几百万种，但其结构已搞清楚的却只占极少数。不论哪一种蛋白质，其水解的最终产物都是α-氨基酸的混合物，因此α-氨基酸是组成蛋白质分子的基本单位。

表 6-1　常见食物的蛋白质含量（质量分数/%）

食物	蛋白质	食物	蛋白质	食物	蛋白质
猪肉	13.3～8.5	牛乳	3.5	玉米	8.6
牛肉	15.8～1.5	鸡蛋	13.4	花生	25.8
羊肉	14.3～8.7	大米	8.5	大豆	39.0
鸡肉	21.5	小麦	12	大白菜	1.1
肝	18～19	小米	9.44	苹果	0.2

一、α-氨基酸

分子含有氨基的羧酸叫做氨基酸。由于氨基和羧基的相对位置不同，可以分为α、β、γ等多种氨基酸。组成蛋白质的氨基酸都是α-氨基酸。α-氨基酸的结构可以表示如下。

$$\underset{\alpha\text{-氨基酸}}{R-\underset{\large NH_2}{\underset{|}{CH}}-COOH} \qquad \text{如：}\ \underset{\large NH_2}{\underset{|}{CH_2}}-COOH$$

式中 R 代表不同的基团。R 不同，就可以分成各种不同的氨基酸。α-氨基酸的种类很多，各种蛋白质的水解产物中，已经确定有 20 多种 α-氨基酸。

α-氨基酸都是无色结晶的固体，氨基酸由于其结构上存在着极性基团，所以一般氨基酸都溶于水，不溶或微溶于醇，不溶于乙醚。

氨基酸分子中含有氨基和羟基，溶于水能发生两性电离，所以是两性化合物。

$$R-\underset{\large NH_2}{\underset{|}{CH}}-COOH \xrightleftharpoons{OH^-} R-\underset{\large NH_2}{\underset{|}{CH}}-COO^- + H^+$$

$$R-\underset{\large NH_2}{\underset{|}{CH}}-COOH \xrightleftharpoons{H^+} R-\underset{\large NH_3^+}{\underset{|}{CH}}-COOH + OH^-$$

二、蛋白质

蛋白质是含氮的高分子化合物，化学结构极其复杂，种类繁多。但元素组成主要是碳、氢、氧和氮四种。此外，大多数蛋白质含有硫元素，少数蛋白质还含有磷、碘和铁等元素。动物蛋白质主要元素组成见表 6-2。

表 6-2　动物蛋白质主要元素含量

元素	C	O	N	H	S
含量	50%～55%	21%～24%	15%～18%	6.5%～7.5%	0.3%～3.0%

蛋白质分子的重要特征是含氮。生物组织中的氮元素，绝大部分存在于蛋白质分子中，蛋白质的种类繁多，但其含氮量都很相近，一般说来，每 100g 蛋白质平均约含氮 16g，即含氮平均为 16%。因此，通常生物组织中含 1g 氮，就相当于含 100/16=6.25g 的蛋白质。此商数 6.25 叫做蛋白质系数。化学分析时，

只要测出生物样品中的氮含量，就可由蛋白质系数算出样品中蛋白质的大致含量。

蛋白质的性质是由蛋白质分子内部组成和结构所决定的。组成蛋白质的基本单位是氨基酸，因此蛋白质的某些性质和氨基酸是相同的。但是，由于蛋白质是由许多氨基酸分子组成的复杂结构的生物高分子，因此使它具有一些低分子的氨基酸所没有的性质。蛋白质的主要性质如下。

（1）蛋白质的盐析

在生产中，使蛋白质沉淀常用的方法是盐析法。在蛋白质的水溶液中加入中性盐［如 $(NH_4)_2SO_4$、Na_2SO_4、NaCl］等溶液，可使蛋白质的溶解度降低而从溶液中析出，这种作用叫盐析。不同的蛋白质盐析所需要盐的浓度不同。所以可通过控制盐的浓度达到分级沉淀分离蛋白质的目的。这种方法分离出来的蛋白质的物理性质、化学性质及生物活性都不改变。

（2）蛋白质的变性

蛋白质在某些物理或化学因素（如加热、高温、紫外线或 X 射线、超声波、强酸、强碱、重金属盐、酒精等）的影响下，分子的空间结构发生了某种改变，致使蛋白质的某些性质也随着发生了改变，这种作用叫做蛋白质的变性。高温消毒灭菌就是利用加热使蛋白质凝固从而使细胞死亡；煮鸡蛋时，胶态的鸡蛋白受热而凝固，就是蛋白质的一种变性作用；在豆浆中加入盐卤（$MgCl_2$）或石膏，使豆浆中的蛋白质凝结，也就是蛋白质的变性作用。

蛋白质的变性有许多实际的应用。例如医学上用放射性核素治疗肿瘤，就是利用放射线使癌细胞变性破坏；用加热、高压和用 75%酒精进行消毒灭菌，就是使细菌蛋白质变性凝固而死亡；重金属盐中毒者急救时，可先洗胃，然后让病人口服大量生鸡蛋或牛奶、豆浆等，使重金属盐与其结合生成不溶的变性蛋白质，以减少机体对重金属盐离子的吸收。临床检验中还利用蛋白质受热凝固沉淀的性质，来检验尿液中的蛋白质。皮革就是凝固和变性的蛋白质。

（3）蛋白质的两性

蛋白质和氨基酸相似，分子中含有自由的氨基和羧基，因此，它也是一种两性物质，既能与酸反应又能与碱反应生成盐。

第三节　高分子化合物

一、高分子的基本概念

1. 高分子化合物

高分子化合物一般又称做高聚物。蛋白质、淀粉、纤维素都是天然高分子化合物；三大合成材料，即塑料、橡胶、合成纤维是应用最广泛的合成高分子化合物。

低分子和高分子之间并无严格的明显界线。把相对分子质量低于 1000 或 1500 的化合物称做低分子化合物；相对分子质量在 10000 以上的称做高分子化合物。一般地说，低分子化合物没有什么强度和弹性，而高分子化合物则具有一定的强度和弹性。

2. 高分子化合物的结构

高分子化合物是由许多相同的简单的结构单元通过共价键重复连接而成。例如，聚氯乙烯分子是由许多氯乙烯结构单元重复连接而成。

$$\sim CH_2-\underset{\displaystyle Cl}{\underset{|}{CH}}-CH_2-\underset{\displaystyle Cl}{\underset{|}{CH}}-CH_2-\underset{\displaystyle Cl}{\underset{|}{CH}}\cdots CH_2-\underset{\displaystyle Cl}{\underset{|}{CH}}\sim$$

可把上式缩写成 $\left[CH_2-\underset{\displaystyle Cl}{\underset{|}{CH}}\right]_n$。其中 $-CH_2-\underset{\displaystyle Cl}{\underset{|}{CH}}-$ 是结构单元，也是重复结构单元，叫做链节，由能够形成结构单元的分子所组成的化合物叫做单体，即合成聚合物的原料。聚氯乙烯的单体是氯乙烯。n 是重复结构单元数，叫做聚合度，天然的或合成的高分子化合物实际上是许多链节结构相同，而聚合度不同的化合物组成的混合物。因此高分子化合物的聚合度是平均聚合度，相对分子质量也是平均相对分子质量。

高分子化合物的相对分子质量和聚合度之间有如下关系：

$$M=n\cdot m$$

M 是相对分子质量，n 是聚合度，m 是链节相对分子质量。所以，知道聚合度可计算相对分子质量，知道相对分子质量可计算聚合度。例如对聚氯乙烯分子而言，如果 $n=2500$，$m=62$，则 $M=n\cdot m=2500\times62=155000$。

综上所述，高分子化合物的结构特征是：化学组成简单，具有重复结构单元，以共价键相连接。

3. 高分子化合物的形状

高分子化合物的长链大分子形状是一种常见的大分子形状，称它为线型大分子结构。线型大分子在拉伸或低温下易呈现直线形状，而在较高温度下或稀溶液中，则易呈蜷曲形状，见图 6-1(a)。这种由一根根长链形状大分子组成的聚合物的特点是可溶。也就是它可以溶解在一定的溶剂中，加热时可以熔化。属于这类结构的聚合物有纤维、工程塑料等。此外，还有一种较普遍的大分子形状，叫做网（体）型大分子，它的结构特点是在一根根长链大分子之间有若干支链把它们交联起来，构成一种网似的形状。如果这种支链向空间伸展时，便得到体型大分子结构。这种聚合物在任何状况下都不熔化，也不溶解。例如硫化了的橡胶和玻璃钢的大分子结构就属于这种类型，见图 6-1(c)。在线型和体型结构之间，还存在一种叫做支链型大分子结构。这种支链大分子，就好像似一根“节上生枝”的树干一样，见图 6-1(b)。它的性质和线型结构基本上

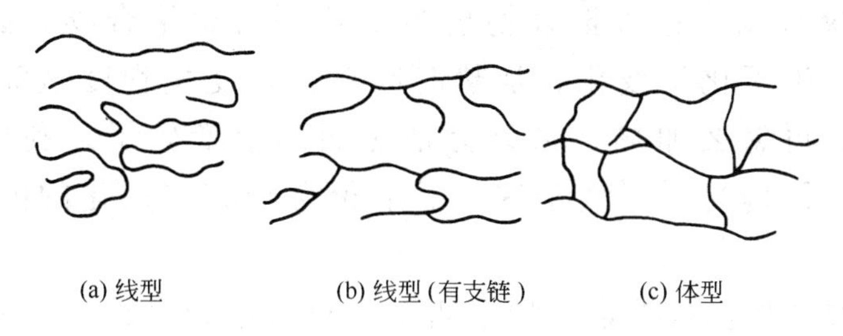

(a) 线型　　(b) 线型(有支链)　　(c) 体型

图 6-1 聚合物分子链的几何形状

相同。

4. 高分子化合物的分类和命名

高分子化合物的种类非常繁多，品种更是数不胜数。因此，对高分子化合物进行科学的分类是非常重要的，这有利于掌握其共同特性和规律，也有利于高分子化合物的研究和开发。

高分子化合物的分类方法较多，其中常用的分类方法有：按来源分类有天然聚合物、人造聚合物和合成聚合物；按合成方法分类有加聚物和缩聚物；按性能和用途分类有塑料、橡胶、纤维；按热行为分类有热塑性聚合物和热固性聚合物；按化学结构分类有碳链聚合物、杂链聚合物和元素有机聚合物。下面着重介绍两种分类方法。

（1）按聚合物分子的化学结构分类

这一方法是根据聚合物分子主链中元素种类的不同，把聚合物分成三种类型。

① 碳链聚合物，这一类聚合物分子主链是由碳原子一种元素所组成。如：

—C—C—C—C—C—C—C—

它的侧基可以是各种各样的。属于这类的聚合物有聚烯烃，聚二烯烃（橡胶）等。

② 杂链聚合物，这一类聚合物的主链的化学结构特点是除了含有碳原子外还含有氧、氮、硫、磷等原子。如：

—C—C—O—C—，—C—C—N—，—C—C—S—

它的侧基一般比较简单。属于此类聚合物的有聚酯、聚酰胺、聚硫橡胶等。

③ 元素有机聚合物。这一类聚合物分子的主链，一般是由硅、硼、铝和氧、氮、硫、磷等原子组成，不含有碳原子。如：

—O—Si—O—Si—O—Si—

它的侧基一般都是有机基团。有机硅树脂、有机硅橡胶和有机硅油就是属于这一类型的聚合物。

（2）按聚合物的热行为分类

这种分类方法，就是看某种聚合物在热的作用下，能不能由软化状态进而变坚硬的而且永不熔化的物体。依此可把聚合物分为两类。

① 热固性聚合物。这种聚合物也叫受热不可熔聚合物。因为在加热时，它的化学结构发生了化学变化。加热时间越长，变化程度越深，最终变成一块很硬的物体，再怎么加热，它只会枯焦而不会变软了。利用这种特殊性，可以制造耐热的结构材料。属于这一类的聚合物有碱催化的酚醛树脂、不饱和聚酯等。

② 热塑性聚合物。这类聚合物也叫做受热可熔聚合物。因为它在通常温度下，是一块硬的固体，把它加热，就会变软，加热到若干小时，它总不会变硬。待它冷了，还会变硬。再加热，又会变软。这种特性，对加工成型非常重要。如聚烯烃、酸催化酚醛树脂、环氧树脂都属于这一类。

聚合物的命名可用系统法和习惯法来命名。系统命名法则比较复杂不易掌握，也很少采用，系统法的优点是能反映高分子化合物的结构特征，习惯命名法比较简单，在实际中也常用。下面就简单的介绍一下习惯命名法。

天然高分子化合物，一般按来源或性质专有名称。如纤维素、蛋白质、虫胶等。对合成高分子化合物通常以生成高分子化合物的原料的名称为前提而命名的。具体做法是，在原料名称前面加上个“聚”字，叫聚某某。如由乙烯生成的聚合物就叫聚乙烯，又如聚苯乙烯、聚氯乙烯和聚甲基丙烯酸甲酯（有机玻璃）等。或在原料名称后面加上树脂一词，叫某某树脂。如苯酚和甲醛合成的聚合物就叫酚醛树脂（苯酚甲醛树脂），又如醇酸树脂、脲醛树脂等。

二、高分子化合物的基本性质

1. 高分子化合物的合成

高分子化合物可由单体相互作用而制得。这种相互作用的方式可分为两种，一种是加成聚合（简称加聚），一种是缩合聚合（简称缩聚）。

（1）加聚反应

由一种或多种单体，通过分子中的双键以加成方式化合生成高分子化合物，在反应过程中没有低分子的副产物生成，这种反应叫做加聚反应，加聚高分子化合物中链节的化学组成与单体相同，其链节的相对分子质量等于单体的相对分子质量。例如氯乙烯的聚合。

$$n\,CH_2{=}\underset{\displaystyle\mid\atop\displaystyle Cl}{CH} \longrightarrow \left[CH_2{-}\underset{\displaystyle\mid\atop\displaystyle Cl}{CH}\right]_n$$

加聚反应根据单体种类，可分为均聚反应和共聚反应。

由一种单体加聚而成，分子链中链节结构都是相同的，叫做均聚物。生成共聚物的化学过程叫做均聚反应。例如聚氯乙烯、聚乙烯等。

由两种或多种单体加聚而得到的高分子化合物叫做共聚物。生成共聚物的化学过程叫做共聚反应。例如氯乙烯和乙酸乙烯酯的共聚物。

$$n\,CH_2{=}\underset{\displaystyle\mid\atop\displaystyle Cl}{CH} + n\,CH_2{=}\underset{\displaystyle\mid\atop\displaystyle OCOCH_3}{CH} \longrightarrow \left[CH_2{-}\underset{\displaystyle\mid\atop\displaystyle Cl}{CH}{-}CH_2{-}\underset{\displaystyle\mid\atop\displaystyle OCOCH_3}{CH}\right]_n$$

共聚反应往往用来改善高分子化合物的性能。例如聚丁二烯橡胶的耐油性差，而1,3-丁二烯与丙烯腈共聚可制得耐油性良好的丁腈橡胶。

(2) 缩聚反应

由相同的或不同的单体互相缩合成为高聚物的反应叫缩聚反应。在此过程中，有其他低分子物质（如水、氨等）产生。生成的高分子化合物链节中的化学组成与单体不同。例如苯酚和甲醛生成酚醛树脂的反应可表示为：

$$n\,C_6H_5OH + nHCHO \longrightarrow \left[-C_6H_3(OH)-CH_2- \right]_n + nH_2O$$

2. 高分子化合物的化学变化

与小分子物质一样，高分子物质也可以进行一系列化学变化。聚合物的化学变化概括起来可分两种类型。第一，是大分子链上侧基官能团之间的化学变化，这里可以是大分子链与大分子链的侧基官能团之间，也可以是在分子链上侧基官能团与小分子官能团之间的化学变化。原则上讲，有机化学中所有的官能团反应都适用于高分子化合物。例如，聚乙烯醇 $\left[CH_2-CH(OH) \right]_n$ 的羟基和乙二醇的羟基具有同样的化学性质。第二，是大分子链间相互交联和大分子链自身裂解的化学变化，从聚合度上看，前者叫做聚合度增加的化学变化，后者又叫聚合度减小的化学变化。而聚合物官能团变化，则叫聚合度不变的化学变化。

3. 线型高分子化合物的三种物理状态

在线型非结晶聚合物中，由于链段热运动的程度不同，可出现三种不同的物理状态，即玻璃态、高弹态和黏流态。

$$\text{玻璃态} \xrightleftharpoons{T_g} \text{高弹态} \xrightleftharpoons{T_f} \text{黏流态}$$

(1) 玻璃态　玻璃态相当于小分子物质的固态，它是聚合物作为塑料时的使用状态。

(2) 高弹态　在常温下处于高弹态的聚合物，可以作为弹性材料即橡胶使用。

(3) 黏流态　高分子化合物在较高温度（即转化温度）下，可出现黏流状态。这一状态不是聚合物的使用状态，而是工艺状态，即在该状态下能使聚合物加工成型。

总之，在常温下呈玻璃态的聚合物可用来制造塑料；在常温下呈高弹态的聚合物适合制作橡胶。

4. 高分子化合物的结晶性

大多数高分子化合物和低分子化合物一样是能够结晶的，这样可将聚合物分为结晶型聚合物和无定形聚合物两种。例如聚乙烯、聚四氟乙烯、聚酰胺等能生成很好的结晶结构。而有些橡胶如天然橡胶、氯丁橡胶、聚丁二烯等只有在拉伸或冷冻的情况下才能结晶，有一些聚合物如丁钠橡胶、丁苯橡胶等则根本不能结晶，这也就是所说的无定形聚合物。高分子化合物的结晶性与化学结构有着密切的关系。

5. 高分子化合物的基本特性

从低分子化合物到高分子化合物由于相对分子质量的巨大改变而引起了质变，使高分子化合物具有不同于低分子化合物的特性，归纳起来主要有以下几个方面。

（1）良好的机械强度

由于高分子化合物往往由几万或几十万个原子组成，而又具有细长的、不规则的线型结构，所以具有一定的机械强度。某些高聚物可代替金属，制成多种机器零件。

（2）良好的绝缘性能

高分子化合物中原子彼此以共价键结合，不电离，具有良好的绝缘性。例如一般烃类聚合物如聚乙烯、聚苯乙烯等，没有极性基团，都是很好的绝缘材料，用于包裹电缆、电线，制成各种电器设备的零件等。

（3）化学稳定性

由于高分子化合物中含有C—C、C—H、C—O等牢固的共价键，活泼性基团少，活泼的官能团又包在里面，不易与化学试剂反应，所以一般比较稳定。但也存在着不耐高温，易燃烧、易老化等不足之处。

（4）溶解性

在一般情况下，线型高分子化合物可在适当的溶剂中溶解，在溶解时先经过体积膨大的阶段，称为溶胀，最后才溶解。

体型高分子化合物在溶剂中只能溶胀而不能溶解，而有些高分子化合物既不溶解，也不溶胀。例如硫化橡胶。

（5）弹性与塑性

线型高分子化合物的分子在通常情况下是蜷曲的，当受到外力作用时，可稍被拉直，当外力去掉后，分子又恢复了原来蜷曲的形状，这种性质叫做弹性。

体型高分子化合物如果交联不多，也有弹性，例如硫化橡胶就有弹性。但是交联程度很大的体型高分子就失去弹性而变成坚硬的东西，如硬橡皮、酚醛塑料等。

当把线型高分子化合物加热到一定温度时，就渐渐软化，这时可以把它们放在模子里制成一定式样，冷却后即可成型，这种性质叫做塑性。利用高分子化合物的可塑性可进行压铸、模塑、拉丝、吹塑、挤压、牵引等加工。

DNA 亲子鉴定

脱氧核糖核酸（deoxyribonucleic acid 缩写为 DNA）又称去氧核糖核酸，是一种分子，可组成遗传指令，以引导生物发育与生命机能运作。主要功能是长期性的资讯储存，可比喻为“蓝图”或“食谱”。DNA 是一种长链聚合物，组成单位称为核苷酸，而糖类与磷酸分子由酯键相连，组成其长链骨架。每个糖分子都与四种碱基里的其中一种相接，这些碱基沿着 DNA 长链所排列而成的序列，可组成遗传密码，是蛋白质氨基酸序列合成的依据。读取密码的过程称为转录，是根据 DNA 序列复制出一段称为 RNA 的核酸分子。多数 RNA 带有合成蛋白质的讯息，另有一些本身就拥有特殊功能，例如 rRNA、snRNA 与 siRNA。

在细胞内，DNA 能组织成染色体结构，整组染色体则统称为基因组。染色体在细胞分裂之前会先行复制，此过程称为 DNA 复制。对真核生物，如动物、植物及真菌而言，染色体是存放于细胞核内；对于原核生物而言，如细菌，则是存放在细胞质中的类核里。染色体上的染色质蛋白，如组织蛋白，能够将 DNA 组织并压缩，以帮助 DNA 与其他蛋白质进行交互作用，进而调节基因的转录。

鉴定亲子关系目前用得最多的是 DNA 分型鉴定。人的血液、毛发、唾液、口腔细胞等都可以用于用亲子鉴定，十分方便。

利用 DNA 进行亲子鉴定，只要对十几至几十个 DNA 位点做检测，如果全部一样，就可以确定亲子关系，如果有 3 个以上的位点不同，则可排除亲子关系，有一两个位点不同，则应考虑基因突变的可能，加做一些位点的检测进行辨别。DNA 亲子鉴定，否定亲子关系的准确率几近 100%，肯定亲子关系的准确率可达到 99.99%。

DNA 是人身体内细胞的原子物质。每个原子有 46 个染色体，男性的精子细胞和女性的卵子，各有 23 个染色体，当精子和卵子结合的时候。这 46 个原子染色体就制造一个生命，因此，每人从生父处继承一半的分子物质，而另一半则从生母处获得。

通过遗传标记的检验与分析来判断父母与子女是否亲生关系，称之为亲子试验或亲子鉴定。DNA 是人体遗传的基本载体，人类的染色体是由 DNA 构成的，每个人体细胞有 23 对（46 条）成对的染色体，其分别来自父亲和母亲。夫妻之间各自提供的 23 条染色体，在受精后相互配对，构成了 23 对（46 条）孩子的染色体。如此循环往复构成生命的延续。

由于人体约有 30 亿个核苷酸构成整个染色体系统，而且在生殖细胞形成前的互换和组合是随机的，所以世界上没有任何两个人具有完全相同的

30亿个核苷酸的组成序列，这就是人的遗传多态性。尽管遗传多态性的存在，但每一个人的染色体必然也只能来自其父母，这就是DNA亲子鉴定的理论基础。

在法医学上，STR位点和单核苷酸（SNP）位点检测分别是第二代、第三代DNA分析技术的核心，是继RFLPs（限制性片段长度多态性）VNTRs（可变数量串联重复序列多态性）研究而发展起来的检测技术。作为最前沿的刑事生物技术，DNA分析为法医物证检验提供了科学、可靠和快捷的手段，使物证鉴定从个体排除过渡到了可以作同一认定的水平，DNA检验能直接认定犯罪、为凶杀案、强奸杀人案、碎尸案、强奸致孕案等重大疑难案件的侦破提供准确可靠的依据。

胶黏剂和涂料

除了塑料、合成纤维、合成橡胶这三大合成材料以外，胶黏剂和涂料也是两种重要的合成高分子材料。

胶黏剂，简称胶，日常生活中常用的糨糊、胶水就是最普通的胶黏剂。胶黏剂根据来源可分为天然胶黏剂和合成胶黏剂。我国是人类最早发现和使用天然胶黏剂的地区之一，很久以前就用动物的皮、筋、骨等熬制成骨胶、皮胶，用于黏结木材等。合成胶黏剂黏结力强，性能优异，与焊接、铆接、钉接等传统连结方式相比较，具有质量小、强度高、工艺温度低、绝缘和抗腐蚀性能好、连接部位受力均匀等优点，因而得到了广泛的应用。特别是近几十年来，由于宇航、飞机、汽车、电子等行业的发展，对胶黏剂提出了更高的要求，随之研制出一系列特种胶黏剂。

涂料是一种有机高分子的混合液或粉末。涂料在物体表面上形成附着坚固的涂膜，达到保护、美化或装饰的目的。常用的油漆就是较早使用的涂料。在材料科学中，涂料占据着重要地位。大量的涂料不仅用于建筑、船舶、车辆、机械以及家电、家具的保护和装饰，美化人们的生活，而且各具特色的特种涂料如耐高温涂料在航空、航天方面还有重要的用途。例如，在火箭的外壳上有一层隔热烧蚀涂料，在火箭高速飞行、表面产生数千摄氏度高温的作用下，此材料发生分解、熔化、升华等变化，带走大量热，可阻止高温传到火箭内部去，从而保证火箭正常运行。

我国的涂料工业已初具规模，产量从解放前的不足万吨发展到今天的近百万吨，品种从十几种发展到今天的千余种。可以相信，随着科技的进步，涂料在装饰、防护和尖端技术领域中必将发挥更大的作用。

一、糖类

糖是人和动物的主要供能物质，人体所需的糖主要由淀粉提供。

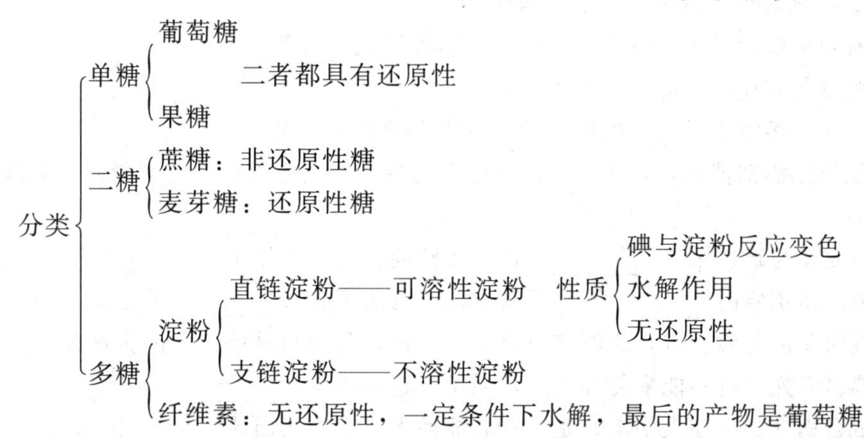

二、蛋白质

蛋白质是构成生命的基础物质，氨基酸是构成蛋白质分子的基本单位。

蛋白质的主要性质：
- ① 蛋白质的盐析：蛋白质的溶液中由于加入中性盐，使蛋白质的溶解度降低而析出的现象主要性质
- ② 蛋白质的变性：在某些物理或化学因素影响下，蛋白质的某些性质发生改变
- ③ 蛋白质的两性：即能与酸反应，也能与碱反应的性质

三、高分子化合物的基本概念

1. 高分子化合物又称聚合物，是由许多大分子所组成的物质的总称。

2. 高分子化合物具有化学组成和结构简单的特点，把高分子链中重复的结构单元叫做链节，把结构单元的数目称为聚合度。高分子化合物的平均相对分子质量的计算公式为$M=n\cdot m$。

3. 高分子化合物也能够结晶，但与低分子化合物不同，有着自己的特点，即存在着晶区和非晶区之说。

4. 高分子化合物与低分子化合物相比有着质的不同。

四、高分子化合物的基本性质

1. 高分子化合物的合成反应有加聚和缩聚两种。它们都是由一种或多种单体相互作用而成为聚合物，但又有各自特点。

2. 高分子化合物同小分子物质一样可发生化学变化。

3. 线型高分子化合物有三种物理状态，即玻璃态、高弹态和黏流态。高分子化合物在常温下呈现何种状态决定聚合物的用途，它们之间的转化温度决定着聚合物作为材料时的性能。

4. 高分子化合物也能够结晶，但与低分子化合物不同，有着自己的特点，即存在晶区和非晶区之说。

5. 高分子化合物与低分子化合物相比有着质的不同，具有一些基本特性。

习题

1. 什么是氨基酸？为什么它呈现两性？

2. 患有糖尿病的患者在临床上怎样检验病人尿液中的葡萄糖？

3. 哪些糖具有还原性能，发生银镜反应？

4. 在蛋白质溶液中进多量的硫酸钠，可以看到什么现象？

5. 医院里用酒精消毒，是由于它能跟细菌的蛋白质发生作用而使它凝固，你以为对吗？

6. 填空

(1) 链淀粉与碘作用呈_________色，支链淀粉与碘作用呈________色。

(2) 蛋白质主要由_______五种元素组成，有的还含有________等元素。

(3) 蛋白质能与酸反应，说明它具有______性，还能与碱反应，说明具有______性。

(4) 鸡蛋煮熟后就不能恢复原有的性质了，这种现象叫________。

(5) 重金属盐类能使人中毒，是由于它能使人体内的蛋白质__________。

7. 什么叫做高分子化合物？它与低分子化合物有什么不同？

8. 某种聚氯乙烯的聚合度是 2000，计算它的平均相对分子质量。

9. 线型高分子和体型高分子在结构、性质上有哪些区别？

10. 指出下列聚合物的名称和单体。

(1) $\left[\!-CH_2-\underset{\displaystyle F}{\underset{|}{CH}}-\!\right]_n$　　(2) $\left[\!-CH_2-\overset{\displaystyle CH_3}{\overset{|}{\underset{\displaystyle CH_3}{\underset{|}{C}}}}-\!\right]_n$

(3) $\left[\!-\overset{\displaystyle F}{\overset{|}{\underset{\displaystyle F}{\underset{|}{C}}}}-\overset{\displaystyle F}{\overset{|}{\underset{\displaystyle F}{\underset{|}{C}}}}-\!\right]_n$　　(4) $\left[\!-NH(CH_2)NHOC(CH_2)_4CO-\!\right]_n$

11. 高分子化合物的结构特征是什么？

12. 什么是加聚反应和缩聚反应？举例说明。

13. 缩聚反应是否一定要通过两种不同的单体才能发生？

14. 高分子化合物有哪些化学变化？

15. 线型高分子化合物的三种物理状态指的是什么？这三种状态与高分子材料有何关系？

16. 高分子化合物有哪些特性？

17. 什么是塑料？塑料是如何分类的？

18. 什么是橡胶？怎样进行分类？

19. 什么是人造纤维和合成纤维？它们有什么区别？

20. 什么是胶黏剂？有哪些类型？

21. 什么是涂料？具有哪些功能和作用？

第七章　金属与金属材料

学习目标

1. 掌握材料的分类和金属的通性。
2. 了解常见金属及其化合物的性质和用途。
3. 了解金属腐蚀及防护方法。

材料、能源与信息是现代科技的三大支柱，而材料是发展工程、信息、新能源等高科技的重要物质基础，是当代前沿科学技术领域之一。通常按化学组成将材料分成金属材料、无机非金属材料和高分子材料三大类。随着高科技的发展，对材料的性能提出了更高的要求，具有光、电、声、磁、热等特殊功能的新型材料和具有多功能的复合材料已被人们所认识和利用。

- 材料
  - 金属材料（metallic material）
    - 纯金属
    - 合金
  - 无机非金属材料（inorganic nonmental material）
    - 非金属单质
    - 无机化合物
  - 高分子材料（polymer material）
    - 天然高分子材料
    - 合成高分子材料
      - 合成纤维
      - 合成橡胶
      - 合成塑料

第一节　金属元素

在人类已经发现的元素中，大约有4/5是金属元素。金属材料在工农业生产和日常生活中应用十分广泛。

金属的分类方法很多。在工业上，若按颜色分类，通常分为黑色金属和有色金属两类。黑色金属包括铁、铬、锰及它们的合金（主要是铁碳合金——钢铁），除此以外的金属都属于有色金属。若按密度分类，常把密度大于4.5g/cm^{3}的叫做重金属（如Cu、Ni、Pb等）；小于4.5g/cm^{3}的叫做轻金属（如Na、Mg、Ca等）。此外，还可把金属分为常见金属（如Al、Fe等）和稀有金属（如Ti、Mo等）。金属元素原子结构的特点是：最外电子层上的电子数一般为1～3（少数除外)，容易失去电子，表现出还原性。

一、金属概述

*1. 金属晶体和金属键

金属（除汞外）在常温下都是固体。研究证明，一切金属都具有晶体结构。

由于金属原子的最外层电子都比较少，电子与原子核的联系比较松散，所以金属原子容易失去电子。研究表明，金属的晶体结构实际上是金属原子失去电子后形成的金属离子按一定规律堆积着。金属的内部包含着中性原子、金属阳离子和从原子上脱落下来的电子。这些电子在整个晶体中自由运动着，所以叫自由电子。在金属晶体结构中，电子不停在进行着交换，电子离开原子，电子又和金属离子结合，同时也总是有一些自由电子存在。如图 7-1。

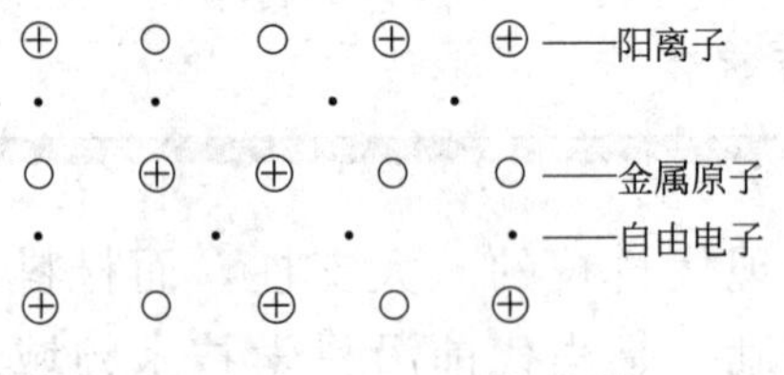

图 7-1　金属晶体结构

在金属晶体结构中的原子和离子，依靠自由电子的运动互相连接着，这种依靠流动的自由电子，使金属原子和阳离子相互连接在一起的化学键叫金属键。通过金属键形成的晶体，叫金属晶体。

金属键也可看做是许多原子共用许多电子的一种特殊形式的共价键。但它又与共价键不同，它不能形成共用电子对，金属晶体中的自由电子是为许多金属离子所共有，它们几乎均匀地分布在整个晶体里。

金属单质的化学式通常用元素符号来表示，如 Fe、Al 等，这只说明金属单质中只有一种元素。

2. 金属的物理性质

金属具有很多共同的物理性质，这些性质都与金属中存在自由电子有关。

(1) 金属光泽

金属都不透明，有特殊的光泽。金属晶体中的自由电子很容易吸收可见光，而使金属晶体不透明；当电子从吸收能量被激发到较高的能级而跃迁回较低能级时，可放射出一定波长的光，因而金属具有光泽。少数金属如铜、金和铋分别显紫、黄和淡红色，其他大多数金属都显深浅不同的银白色和灰色。

(2) 金属的导电性和导热性

在外电场作用下，金属晶体中的自由电子作定向运动而形成电流，所以金属具有良好的导电性。

在金属晶体中，金属原子和阳离子在一定的小范围内振动，使自由电子的流动受阻。当温度升高时，金属原子和阳离子的振动加快，振幅加大，因而自由电子运动时的阻力加大。所以金属的导电能力随温度升高而降低。

金属能够导热是由于运动的电子不断地与原子和阳离子碰撞，进行能量交换，而使整块金属温度趋于一致。

在金属中银的导电、传热性最好，其次是铜，再次是铝，因此铜和铝常被用做电线。

(3) 金属的延展性

在外力作用下，金属原子层间能发生相对位移而不破坏它们之间的金属键，如图 7-2。因此，金属可被锻造成型、压成薄片或拉成细丝，具有优良的机械加工性能。金属的延展性大都随温度的升高而增大，因此，金属的锻造、冲压、拉轧等工艺往往在炽热时进行。

金属具有一些共同的性质，但不同的金属之间，在某些性质如熔点、沸点、密度、硬度等方面又存在很大差别。这主要决定于各种金属原子的各自性质——它们的质量、核电荷数、堆积方式等。

3. 金属的化学性质

金属在化学反应中，容易失去价电子而变成阳离子，表现出还原性。越容易失去电子的金属，其化学性质越活泼，越容易被氧化，还原能力也越强。可通过金属与氧气、水、酸、碱的反应，来讨论金属化学性质的一般规律。

(1) 与氧气的反应

金属与氧气反应的难易程度，大致和金属活动顺序相同。在金属的化学活动性顺序中，位于前面的一些金属易于失去电子，活泼性较强，与氧气反应容易进行。例如，钠和钾在空气中能很快被氧化，铷和铯甚至会自燃，钙的氧化则比同周期的钾要慢些。在金属活动性顺序中，位于后面的一些金属难于失去电子，活泼性较弱，与氧气反应较难进行。例如，铜和汞必须在加热时才能与氧气反应，铂和金在炽热的条件下也难以与氧气化合。有些金属如铝、铬虽然活泼性较强，但是它们与氧气反应后形成了结构紧密的氧化物，并覆盖在金属表面上，构成一层氧化膜，阻止金属继续氧化，因而在空气中很稳定。为了防止铁等一些金属的腐蚀，常用镀铬、渗铝的方法提高其表面的抗氧化能力。

(2) 金属与水的反应

化学活泼性很强的金属如碱金属和碱土金属，它们能与水起反应，从其中置换出氢并生成相应的氢氧化物。在常温下，钠和钾与水会发生强烈的反应，而铷和铯与水的作用则更为强烈，甚至能引起爆炸。碱土金属与水的作用远比同周期的碱金属要弱得多。钙与水的作用比较缓和，镁只能与沸水起反应。有些活泼金属如镁、铝等虽然与水反应，

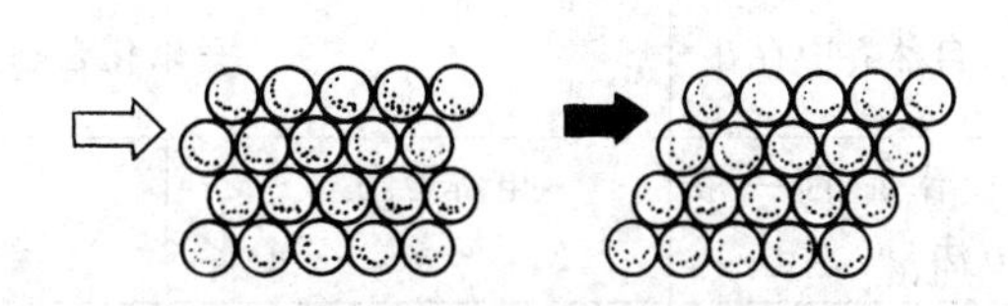

图 7-2　金属延展性示意图

但反应后生成不溶于水的氢氧化物，并覆盖在金属表面，在常温下，使这种反应难以继续进行。在金属的化学活动性顺序中，铁也位于氢的前面，但须在炽热的状态下铁才能与水蒸气发生反应。在金属的化学活动性顺序中，氢以后的金属都是比较不活泼的，不能与水发生反应。

（3）金属与酸的反应

在金属化学活动性顺序中，位于氢以前的金属都能与稀酸（指盐酸或硫酸）反应并放出氢气；但位于氢以后的金属都不能置换稀酸中的氢，这是因为它们失去电子的能力比氢失去电子的能力要弱。

（4）金属与碱的反应

金属中除少数两性金属外，其余大多数金属都不能与碱起反应。铝、锌与强碱反应，生成氢气和偏铝酸盐或锌酸盐，反应如下。

$$2Al+2NaOH+2H_2O \xlongequal{} 2NaAlO_2+3H_2\uparrow$$

$$Zn+2NaOH \xlongequal{} Na_2ZnO_2+H_2\uparrow$$

铍、镓、铟、锗、锡等也能与强碱反应。

金属元素通性和活动顺序表见表 7-1。

表 7-1 金属元素通性和活动顺序表的应用

金属活动顺序	K Ca Na	Mg Al	Mn Zn	Cr Fe Ni Sn Pb	H	Cu Hg Ag	Pt Au
原子的还原性	渐弱 →						
离子的氧化性	渐强 →						
与空气中氧作用	常温下易氧化		常温下能氧化	常温下难氧化加热时能氧化	—	强热时能氧化	不氧化
和水作用	常温下剧烈反应	常温下缓慢反应	加热时与水蒸气反应（生成金属氧化物和氢气）		—	不反应	
和非氧化性酸作用	能从酸中置换出氢				—	不反应	
和氧化性酸作用	能与强氧化性酸（HNO_3、浓 H_2SO_4）发生氧化还原反应						只与王水作用
与盐溶液的反应	只与水发生反应	排在前面的金属可和排在它后面的金属的盐发生置换反应					
电解中阳离子放电顺序	由后到先 ←						
金属锈蚀规律	$M-ne^- \longrightarrow M^{n+}$，失去电子由易到难，锈蚀由易到难						
自然界中存在	只以化合态存在				化合态游离态都有		游离态存在
冶炼的一般方法	电解熔融盐 $M^{n+}+ne^- \rightarrow M$		还原剂法（H_2、CO、C、Al）			加热法	自然界有单质存在
金属活动顺序	K Ca Na	Mg Al	Mn Zn	Cr Fe Ni Sn Pb	H	Cu Hg Ag	Pt Au

4. 合金

纯金属一般质软，强度不大，不能满足工程技术上的要求。因此，工业生产上很少直接采用纯金属（用纯铜制电线例外）。例如纯铜的导电性好，适用于制造电器，但因硬度和强度不大，而不宜制造机械零件和日用器具。铝质轻，但纯铝因硬度和强度不够，熔点较低而不宜制造飞机。

随着生产和科学技术的不断发展，对材料的很多性能提出了特殊的要求，如耐高温、耐高压、耐腐蚀、高强度、高硬度、易熔等等。但是，一种纯金属的性能常常难以满足要求，所以工业上使用的金属材料大多数是合金。

合金是由两种或两种以上的金属（或金属与非金属）熔合而成的具有金属特性的物质。如黄铜是铜锌合金，铸铁是铁碳合金等等。组成合金的各成分的比例，能够在很大范围内变化，并以此调节合金的性能，来满足工业上提出的各种要求。

一般来说，除密度外，合金的性质并不是它的各组分金属性质的平均值（或总和）。多数合金的熔点低于组成它的任何一种组分金属的熔点。例如，锡的熔点是232℃、铋是271℃、镉是321℃、铅是277℃，而这四种金属按1∶4∶1∶2的质量比组成的合金，熔点只有67℃。

合金的硬度一般比组成它的各组分金属的硬度要大。如铸铁和钢，比纯铁硬度要大。如果在铜里加入1%的铍（Be）所形成的合金硬度比纯铜要大7倍。

合金的导电传热性也比纯金属低得多。

合金的化学性质也与组分金属有些不同，如不锈钢与铁比较不易腐蚀。镁和铝化学性质很活泼，而组成合金后就比较稳定。

总之，合金的结构比纯金属复杂得多，而且各组分的比例能够在很大范围内变化，并能以此来调节合金的性能。具有各种特性的合金，对日常生活、工农业生产，对制造飞机、火箭、导弹、宇宙飞船等都有着重要作用。

二、铁及其化合物

铁主要以氧化物的形式存在于自然界中，重要的有磁铁矿（主要成分Fe_3O_4）、赤铁矿（主要成分Fe_2O_3）、褐铁矿（主要成分$2Fe_2O_3 \cdot 3H_2O$）和菱铁矿（主要成分$FeCO_3$）。

1. 铁的性质和用途

纯铁是银白色金属，密度为$7.86g/cm^3$，熔点1535℃。铁除了有较好的延展性、导热性和导电性等金属的通性外，还能被磁体吸引，在磁场的作用下，铁自身也能产生磁性。

铁是具有中等活泼性的金属，在常温下，在干燥的空气中很稳定，几乎不和氧、硫、氯气等反应。因此，工业上常用钢瓶贮运干燥的氯气和氧气。但在加热时，铁容易与氧、硫、氯等非金属反应。高温时能与碳、硅反应。

铁在发生化学反应时，生成化合价为+2价或+3价的化合物，一般以+3

价铁化合物较稳定。

$$3Fe+2O_2 \xlongequal{500℃} Fe_3O_4$$

$$2Fe+3Cl_2 \xlongequal{\triangle} 2FeCl_3$$

铁在常温下不与水反应。在潮湿空气中容易生锈，但在高温下，铁能和水蒸气反应生成四氧化三铁，并放出氢气。

$$3Fe+4H_2O(g) \xlongequal{高温} Fe_3O_4+H_2$$

此外，铁还能与盐酸、稀 H_2SO_4 和某些金属盐溶液作用，发生置换反应。

$$Fe+2H^+ \xlongequal{} Fe^{2+}+H_2$$

$$Fe+Cu^{2+} \xlongequal{} Fe^{2+}+Cu$$

铁在冷浓 H_2SO_4 或浓 HNO_3 中容易钝化，因而可以用铁罐贮运。

2. 铁的重要化合物

(1) 铁的氧化物

铁的氧化物有氧化亚铁（FeO）、氧化铁（Fe_2O_3）和四氧化三铁（Fe_3O_4）三种。

氧化亚铁是黑色的粉末状固体，不溶于水，可溶于稀酸生成相应的亚铁盐。

氧化铁是红棕色粉末状固体，不溶于水而溶于酸生成相应的铁盐。Fe_2O_3 广泛用于涂料，俗称铁红。

四氧化三铁是具有磁性的黑色晶体，俗称磁性氧化铁。它可看做是由氧化亚铁和氧化铁组成的化合物（$Fe_2O_3 \cdot FeO$）。

(2) 硫酸亚铁

$FeSO_4 \cdot 7H_2O$ 俗称绿矾，是一种浅绿色晶体，在空气中不稳定，会逐渐风化而失去一部分结晶水。硫酸亚铁易溶于水，且易水解而使溶液显酸性。

硫酸亚铁用途很广，它可以用做木材防腐剂、织物染色时的媒染剂、净水剂。硫酸亚铁和鞣酸作用生成鞣酸亚铁，在空气中被氧化成黑色鞣酸铁，常用来制作蓝黑墨水。在医学上可以治疗贫血病。在农业上用来浸种，可防治麦类的黑色病。

二价的亚铁盐很容易被氧化剂氧化成三价铁盐，所以亚铁盐常用作还原剂。但通常使用的是硫酸亚铁的复盐[1]—— 硫酸亚铁铵 $(NH_4)_2SO_4 \cdot FeSO_4 \cdot 6H_2O$，也叫做莫尔盐，它比绿矾稳定得多。

(3) 氯化铁

$FeCl_3 \cdot 6H_2O$ 为棕黄色的晶体，易溶于水，在水中水解生成氢氧化铁 [$Fe(OH)_3$] 胶体，能吸附水中的悬浮杂质，并使之凝聚沉降，所以自来水厂常用 $FeCl_3 \cdot 6H_2O$ 作为净水剂。

---

[1] 由两种不同的阳离子和一种酸根离子组成的盐，像这样比较复杂的盐叫复盐。

氯化铁具有一定的氧化性，工业上常用浓的三氯化铁溶液在铁制品上刻蚀字样，或在铜板上蚀出印刷电路

$$2FeCl_3 + Cu = 2FeCl_2 + CuCl_2$$

铁及其化合物的用途十分广泛，铁是重要的工程材料。纯铁用于制造发电机和电动机的铁芯；铁粉用于粉末冶金；钢铁用于制造机器和工具；最主要的用途是用于铁合金。

(4) 铁的合金

在生产和日常生活中所接触到的铁器，一般都是由铁的合金制成的。如铁锅、菜刀和火钳是最常见的家用铁器。只要仔细观察就会发现：铁锅硬而脆；菜刀硬而韧，还有弹性；火钳韧性好。其性质差别是因为铁锅是用铸铁（生铁）铸成的，菜刀是用钢制成的，火钳是煅铁（熟铁）锻造而成的。

铸铁、钢和煅铁性能不同的原因主要是铁里含碳和其他杂质（P、S、Si 等）的量不同。碳的含量在 2%以上的铁合金称为铸铁；含碳量在 0.04%～2%的铁合金称为钢；含碳量在 0.03%～0.04%以下的铁合金称为煅铁。

铸铁按断口颜色又可分为白口铸铁和灰口铸铁两种。白口铸铁中所含的碳常以 Fe_3C 的形式存在，它的断口常呈银白色。这种铸铁硬而脆，难以加工，一般用于炼钢。灰口铸铁里所含的碳常以片状石墨形态存在，它的断口常呈灰色。质软、易切削加工，熔化后易流动，能很好地充满砂模，用于铸造铸件。如机床床座、铁管等。

若将灰口铁熔化，用镁合金或稀土合金（称球化剂）等处理，使所含的碳从片状的石墨转变成球状。这种铸铁叫做球墨铸铁。它的许多机械性能比普通铸铁好，接近于钢，其生产却比钢简单，成本低。它可以广泛用于机械制造业中受磨损和受冲击的零件，如曲轴、齿轮、阀门等。

钢铁的致命弱点就是耐腐蚀性差，全世界每年将近四分之一的钢铁制品由于锈蚀而报废。每年花在防锈上的科研和生产经费相当于生产上亿吨钢铁的代价。在钢中加入铬、镍、锰、钛等制成的合金钢、不锈钢，大大改善了普通钢的性质。例如钨钢、锰钢硬度很大，可以制造金属加工工具、拖拉机履带等。锰硅钢韧性强，可用于制造弹簧。不锈钢的主要合金元素是铬，其特点是有极好的抗蚀性，不易生锈，常用于化学工业、医疗器械和日常生活中。

三、铝及其重要化合物

元素周期表中ⅢA 族元素包括硼（B）、铝（Al）、镓（Ga）、铟（In）、铊（Tl）五种元素，通称为硼族元素。铝是最常见的金属元素之一，在自然界中以复杂的硅酸盐形式存在，并有铝土矿和冰晶石等矿物。

1. 铝的性质和用途

铝是银白色轻金属，密度为 2.7g/cm³，为同体积钢质量的 1/3。熔点 660℃。铝具有延展性，可以加工成 0.01mm 或更薄的铝箔。这种铝箔有良好的

韧性和弹性，即使在低温下也不变脆，容易加工。铝箔可用来包装胶卷、糖果等。铝的导电、导热性强，仅次于钢而优于其他金属。若制成与铜具有同样导电能力的电缆、电线，所用铝的质量只有铜的 1/2。铝无磁性，不发生火花放电。铝可以和许多元素形成合金，如硬铝，强度和硬度都比纯铝高，几乎相当于钢材，而且轻。铝合金的种类很多，它们在汽车、船舶、飞机等制造业中以及在日常生活中的用途很广。由于铝的导热性好、质轻和抗腐蚀性，所以常用于制造各种炊具。

铝的很重要用途是用来进行所谓的渗铝，即将铝渗入钢或铸铁零件的表面，以防止物件受强热时被氧化。

常温下铝在空气中与氧反应，生成一层致密而坚固的氧化物薄膜，从而使铝失去金属光泽，并能防止铝被继续氧化，所以铝有抗腐蚀的性能。

铝粉或铝箔放在氧气里加热能够燃烧，并放出大量的热和发出耀眼的白光。但在空气中，必须在高温下才能燃烧。

$$4Al + 3O_2 \xlongequal{燃烧} 2Al_2O_3 + 3340kJ$$

铝还能和硫、卤素等非金属起反应。

铝在高温下，能与金属活动性比它弱的金属（如 Fe、Mn、Cr、V、Ti 等）氧化物发生氧化还原反应，同时放出大量的热。如铝粉与四氧化三铁粉混合，放在坩埚里，用镁条引燃，就会发生猛烈作用，可使温度高达 2000℃ 以上，使还原出来的铁熔化。

$$8Al + 3Fe_3O_4 \xlongequal{} 4Al_2O_3 + 9Fe + 3326.3kJ$$

用铝从金属氧化物中置换出金属的方法，叫铝热法。铝粉和金属氧化物粉的混合物叫铝热剂。如图 7-3。

铝是介于金属和非金属之间的元素，是典型的两性金属。铝和稀酸反应可置换出氢气：

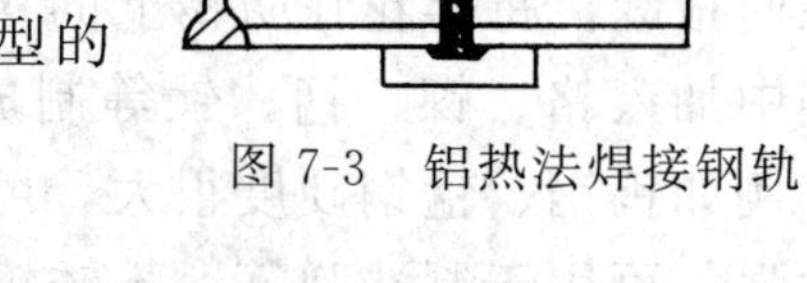

图 7-3 铝热法焊接钢轨

$$2Al + 6HCl \xlongequal{} 2AlCl_3 + 3H_2\uparrow$$

但铝在冷的浓 H_2SO_4、浓 HNO_3 中钝化。铝也能与强碱反应：

$$2Al + 2NaOH + 2H_2O \xlongequal{\triangle} 2NaAlO_2 + 3H_2\uparrow$$

2. 铝的重要化合物

(1) 氧化铝

Al_2O_3 是一种不溶于水的白色粉末，在高温时也难熔化。它是典型的两性氧化物，新制备的氧化铝既能与酸反应生成铝盐，又能与碱反应生成偏铝酸盐。

$$Al_2O_3 + 6H^+ \xlongequal{} 2Al^{3+} + 3H_2O$$

$$Al_2O_3 + 2OH^- \xlongequal{} 2AlO_2^- + H_2O$$

在自然界中存在着比较纯净的无色氧化铝晶体，称为刚玉。它的硬度很大，仅次于金刚石。通常所说的蓝宝石和红宝石是混有少量金属氧化物的刚玉。人工高温烧结的氧化铝称为人造刚玉，用做耐火材料，可耐1800℃的高温。

天然产的 Al_2O_3 晶体，有很高的硬度，常用于制造砂轮，加工光学仪器和某些金属制品。

（2）氢氧化铝

$Al(OH)_3$ 是不溶于水的白色胶状物质。实验室可用铝盐溶液与氨水反应来制备。$Al(OH)_3$ 是典型的两性氢氧化物，能溶于酸和强碱。

$$Al(OH)_3 + 3H^+ = Al^{3+} + 3H_2O$$

$$Al(OH)_3 + OH^- = AlO_2^- + 2H_2O$$

$Al(OH)_3$ 在水溶液中存在如下平衡：

$$\underset{\text{酸式电离}}{H_2O + AlO_2^- + H^+} \rightleftharpoons Al(OH)_3 \rightleftharpoons \underset{\text{碱式电离}}{Al^{3+} + 3OH^-}$$

$Al(OH)_3$ 能凝聚水中悬浮物，又有吸附色素的性能。$Al(OH)_3$ 是摩擦剂的主要成分。摩擦剂是牙膏组成的主体，其作用是在刷牙时帮助牙刷清洁牙齿，去除污物和牙齿胶质薄膜的黏附物，防止新污物的形成。

（3）硫酸铝钾

[$KAl(SO_4)_2$] 是复盐，只电离为简单的离子。

$$KAl(SO_4)_2 = K^+ + Al^{3+} + 2SO_4^{2-}$$

十二水合硫酸铝钾 $KAl(SO_4)_2 \cdot 12H_2O$，也可用 $K_2SO_4 \cdot Al_2(SO_4)_3 \cdot 24H_2O$ 表示，俗称明矾。明矾是无色晶体，易溶于水，因水解，它的水溶液呈酸性。

$$Al^{3+} + 3H_2O \rightleftharpoons Al(OH)_3 + 3H^+$$

水解生成的 $Al(OH)_3$ 为胶状沉淀，吸附能力很强，可以吸附水中悬浮的杂质，并形成沉淀，使水澄清。所以，明矾广泛用于水的净化，还用做造纸业的上浆剂、印染业的媒染剂以及医药上的防腐、收敛和止血剂等。

四、铜

在自然界中重要的铜矿有黄铜矿、辉铜矿、赤铜矿和孔雀石。

铜是有紫红色光泽的金属。密度为8.96g/cm³，熔点1083℃，在干燥的空气中很稳定，不与稀硫酸和盐酸反应。在潮湿的空气中，铜表面生成一层绿色的碱式碳酸盐 [$Cu_2(OH)_2CO_3$]，俗称铜绿。

$$2Cu + O_2 + H_2O + CO_2 = Cu_2(OH)_2CO_3$$

铜在加热时生成黑色的氧化铜。

$$2Cu + O_2 \xlongequal{300℃} 2CuO$$

铜是宝贵的工业材料，它的导电能力虽然次于银，但比银便宜。目前世界上一半以上的铜用在电器、电机和电信工业上。铜的合金如黄铜（Cu-Zn）、青铜

(Cu-Sn）等在精密仪器、航天工业方面都有广泛应用，铝青铜、锡青铜有很高的耐磨性和耐腐蚀性，用于制造重要的齿轮、轴套和耐磨、耐腐蚀性零件等。

五、铬

铬是周期表ⅥB族第一种元素，在地壳中的丰度居21位。在自然界中主要以铬铁矿形式存在。

铬是一种极硬的银白色金属，熔点1890℃，沸点为2482℃。铬是比较活泼的金属，但因其表面形成致密的氧化物（Cr_2O_3）薄膜而钝化。所以，在通常条件下，对空气、水、硝酸及冷的浓硫酸都很稳定。加热时可以和氧化合生成三氧化二铬：

$$4Cr+3O_2 \xlongequal{\triangle} 2Cr_2O_3$$

由于铬有良好的光泽度、坚硬、耐腐蚀，因此它是一种优良的电镀材料。常用铬镀在其他金属表面上，例如在汽车、自行车和精密仪器等器件表面镀铬，可使器件表面光亮、耐磨、耐腐蚀。

在军事上，一些炮筒、枪管内壁的镀铬层只有0.005mm厚，虽然发射千百发炮弹、子弹，但铬层仍然安然无恙。铬能与其他金属形成合金，含铬12%～15%的钢叫做不锈钢。它特别耐腐蚀，广泛用于机械制造、国防、化学工业上。

铬是人体必需的微量元素，但铬（Ⅵ）化合物却有毒。因此对含铬的废水必须处理后才能排放。处理的方法之一是在+6价铬的废水中加入铁粉，然后使沉淀物沉降，排出上层废水。

$$HCrO_4^- + Fe + H^+ + 2H_2O \xlongequal{} Cr(OH)_3\downarrow + Fe(OH)_3\downarrow$$

六、锰

锰的主要矿物是软锰矿、辉锰矿和褐锰矿等。在地壳中的丰度为第14位。锰的外形与铁相似，致密的块状锰为银白色，粉末状的锰为灰色，密度为7.2g/cm^3（20℃）。

锰的化学性质活泼，加热时能与氧气、卤素反应，高温下也和硫、磷、碳等直接化合；能从热水中置换出氢，也可溶于稀酸中。

高锰酸钾（$KMnO_4$）是化学分析上常用的一种氧化剂。它的稀溶液（0.1%）可用于浸洗水果、蔬菜和茶具等，起到消毒杀菌的作用。4%的高锰酸钾溶液可治疗烫伤。

纯锰的用途不多，锰的主要用途是制备各种性能优异的合金和特种合金钢。锰和铜制造的合金具有很好的机械强度，这种合金被敲打后，它发出的声音只有钢的1/50，但强度比钢还大，硬度和韧性与钢相近。所以，人们利用它消除噪声。锰钢很坚硬，抗冲击，耐磨损，可用于制造钢轨、拖拉机履带等，用锰钢制造的自行车，重量轻、强度大，深受欢迎。

七、钛

近年来，随着科学技术的飞速发展，金属钛的许多优良性能得到广泛应用，成为继金属铜、铁、铝之后的第四代金属。

钛的蕴藏丰富，但它的分布很分散，主要的矿物有金红石（TiO_2）、钛铁矿（$FeTiO_3$）及组成复杂的钒钛铁矿，我国钛蕴藏量居全球之首。

钛的外观像钢，有银白色光泽。它的密度虽小（只有 $4.5g/cm^3$），但它的强度大，其强度几乎是铝的两倍，耐腐蚀。不论在高温还是在低温时，都能保持较高的机械强度。钛及钛合金制造的反应器防腐蚀性能比不锈钢还好，所以，它大多用于宇航工业和船舶交通方面。因而钛被人们称为“上天入海”的金属。在化学工业中用于制造反应器、蒸馏塔、泵和阀门等。

一般情况下，钛在空气中较稳定，具有良好的抗蚀性。常温下，不被盐酸、稀硫酸、硝酸或稀碱溶液腐蚀。高温下，钛容易和卤素、氧、硫、氮等元素化合。因此，钛在炼钢工业中，用于除去氮、硫等杂质。

钛能溶解 H_2、CO、NH_3 等气体，因此常用作除气剂，使电子管和真空仪器中保持高度的真空。

钛合金还有记忆、超导和吸氢等三种特殊功能。钛合金的这三种特殊功能在开发新能源中有特殊的作用。

记忆功能指的是钛镍合金在一定温度下有恢复原有形状的本领。

超导功能指的是钛铌合金做成的导线，当温度接近－273℃时，电阻为零。钛铌合金可做超导材料。

钛铁合金有吸收氢气的功能，它可以把氢气大量、安全地贮存起来，用以代替笨重的钢制高压气瓶。在一定条件下，又可以把贮存的氢气放出来，把这类合金称为贮氢材料。

第二节　金属的腐蚀与防护

金属和周围的气体或液体等介质接触时，由于发生化学作用或电化学作用而引起的破坏，叫做金属的腐蚀（corrosion）。

金属腐蚀现象非常普遍，例如在潮湿的空气中钢铁很容易生锈，铝制品使用后表面会出现白色斑点，铜制品会出现铜绿等。金属发生腐蚀后在外形、色泽以及机械性能等方面都将发生变化，轻者使机械设备、仪器仪表的精密度和灵敏度大大降低，重者达到不能使用而报废。据估计，每年由于腐蚀而直接损耗的金属材料，约占每年金属产量的四分之一。因此，了解金属腐蚀的原因和金属防护的方法对提高企业的经济效益有重大意义。

一、金属的腐蚀

金属腐蚀的本质，是金属原子失去电子变成离子的过程，例如：

$$Fe-2e^- \xlongequal{} Fe^{2+}$$

金属原子失去电子是氧化过程，所以金属腐蚀的发生一定是氧化还原反应。

根据金属接触的介质不同，金属腐蚀可分为化学腐蚀和电化学腐蚀两大类。

1. 化学腐蚀

金属与干燥的气体（如 O_2、SO_2、H_2S、Cl_2 等）接触，发生化学作用而引起的腐蚀叫做化学腐蚀。

这种腐蚀的特点是只发生在金属表面，使金属表面形成一层化合物，如氧化物、硫化物、氯化物等，如果所生成的化合物形成致密的一层膜覆盖在金属表面上，反而可以保护金属内部，使腐蚀速度降低。如 Al_2O_3 薄膜的形成可保护铝免遭进一步氧化。

化学腐蚀的速度随温度升高而加快。如钢铁在常温和干燥的空气中不易受到腐蚀，但在高温下，就容易被氧化，生成一层氧化膜（由 FeO、Fe_2O_3、Fe_3O_4 所组成）。金属的化学腐蚀，在高温下是常见的现象。

2. 电化学腐蚀

当不纯的金属和电解质溶液接触，因形成原电池而引起的腐蚀叫做电化学腐蚀。

钢铁在干燥空气中长时间不会生锈，可是在潮湿的空气中，很快就生锈了。显然，这种腐蚀不是单纯与氧直接反应所引起的。由于钢铁在潮湿空气中构成了原电池，发生了电化学作用，所以钢铁很快生锈了。那么，这种原电池是如何形成的呢?

因为钢铁本身除了含铁以外，还含有碳、硅、磷、硫、锰等杂质。这些杂质能导电，且与铁相比都不易失电子，铁和杂质就构成了原电池的两极。

钢铁在潮湿空气中会吸附水汽，使表面形成一层水膜，水膜中又溶有大气中的 SO_2、CO_2、H_2S 等气体，使水膜中 H^+ 浓度增加，形成了电解质溶液，这样与铁和杂质正好形成原电池。由于杂质是极小的颗粒，又分散在钢铁各处，所以在钢铁表面形成了无数微小的原电池，又称它为微电池。其中铁为负极，杂质为正极，水膜是电解质溶液。铁与杂质直接接触，相当于导线连接两极构成通路。

腐蚀过程分两种情况。

一种是水膜带酸性，即在酸性（H^+）介质中引起的腐蚀，如图 7-4(a) 所示。

负极（Fe）：铁失去电子形成 Fe^{2+} 进入水膜中，同时将多余的电子转移到杂质（正极）上。

$$Fe - 2e^- \xlongequal{} Fe^{2+}$$

正极（杂质）：杂质不易失去电子，只能起传递电子的作用，使水膜中的 H^+ 从正极获得电子成为 H_2 放出。

$$2H^+ + 2e^- \xlongequal{} H_2\uparrow$$

上述腐蚀过程中有氢气放出，所以叫做析氢腐蚀。

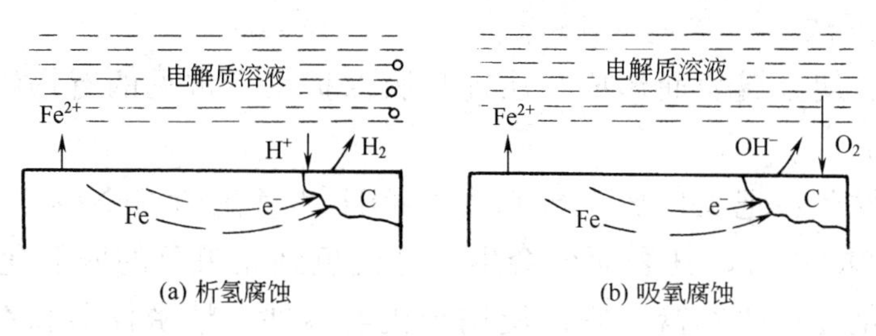

(a) 析氢腐蚀　　(b) 吸氧腐蚀

图 7-4　钢铁电化学腐蚀示意图

另一种是水膜呈中性，但水膜中溶解有氧气，如图 7-4(b) 所示。

负极（Fe）：也是铁被氧化成 Fe^{2+}。

$$Fe-2e^{-}=Fe^{2+}$$

正极（杂质）：主要是溶解于水膜中的氧气从正极获得电子，而后与水结合成 OH^{-}。

$$O_2+2H_2O+4e^{-}=4OH^{-}$$

腐蚀总反应；

$$2Fe+O_2+2H_2O=2Fe(OH)_2$$

然后 $Fe(OH)_2$ 被进一步氧化为 $Fe(OH)_3$，并部分脱水生成 $Fe_2O_3 \cdot xH_2O$。它是红褐色铁锈的主要成分。

在这个腐蚀过程中，水膜中的氧气参加反应，叫做吸氧腐蚀。钢铁等金属的腐蚀主要是吸氧腐蚀。

一般情况下，这两种腐蚀往往同时发生，但电化学腐蚀比化学腐蚀要普遍得多，腐蚀的速度也快得多。

二、金属的防护

金属的腐蚀是金属与周围介质发生氧化还原反应的结果，因而防止金属的腐蚀要从金属和介质两方面来考虑。

1. 隔离法

把耐腐蚀材料涂覆到金属表面，使金属与周围介质隔离开。这种方法成本低，同时又能保持金属的原有性能。具体作法如下。

（1）非金属保护层法。是在金属表面涂上油脂、油漆、搪瓷、塑料、橡胶、沥青等非金属材料。

（2）金属保护层法。用热镀、喷镀、电镀的方法在金属表面镀上一层耐腐蚀的金属。热镀是把被镀金属浸入另一种熔化的金属液体中，使表面镀上一层耐腐蚀金属。常见的有镀锌铁（俗称白铁皮）和镀锡铁（俗称马口铁）。当金属制品体积较小，镀层金属易熔时适用热镀。巨大金属制品常用喷镀的方法，将镀层金属熔化后用压缩空气喷在被镀金属上。金属制品也常用电镀法镀上一层耐腐蚀金属（如 Cr、Ni、Cu、Ag 等），可得到紧密、坚固、光洁美观的金属保护层。

2. 化学处理法

用化学方法使金属表面形成一层钝化膜保护层。常见的有钢铁件的发蓝和磷化等。简述如下。

(1) 钢铁发蓝：把工件放入含有浓 NaOH 和氧化剂 $NaNO_2$、$NaNO_3$ 的溶液中，加热至 140℃左右，其表面就会生成亮蓝色到亮黑色的四氧化三铁（Fe_3O_4）薄膜，这种钝化处理叫发蓝。它广泛用于机器零件、精密仪器和军械制造工业。

(2) 钢铁磷化：把工件放入特定组成的磷酸盐溶液中，加热到 70℃左右，使钢铁工件表面形成灰黑色磷化膜。它不仅具有一定防腐蚀作用，而且便于涂覆油漆和防锈油脂。它的操作简便，广泛用于保护钢铁制品上。

3. 电化学保护法

电化学保护法就是使被保护的金属成为原电池的正极或电解池的阴极，它们在电化学反应中发生还原反应而不受腐蚀。常用的方法如下。

(1) 牺牲负极保护法

根据原电池的正极不受腐蚀的原理，将较活泼的金属连接在被保护的金属上，形成原电池。例如，在锅炉内壁装上锌片，由于锌比铁活泼，两者在电解质溶液中形成原电池，锌是负极，铁为正极。作为负极的锌被氧化而腐蚀，而正极不受损耗。一定时间后，锌片损耗完了，再换上新的，这样可以保护锅炉不受腐蚀。一般常用铝、锌及它们的合金作为负极，这种方法常用于保护海轮外壳、锅炉、海底设备、地下金属导管和电缆等（如图 7-5）。

(2) 外接电源法

外接电源法是将被保护金属与一附加电极（可用废弃金属）组成电解池，被保护金属与外加电源的负极相接作为阴极而受到保护。隔一段时间后，更换电源和补充阳极金属。这种保护法主要用于保护在土壤、海水及河水中的金属（如图 7-6）。

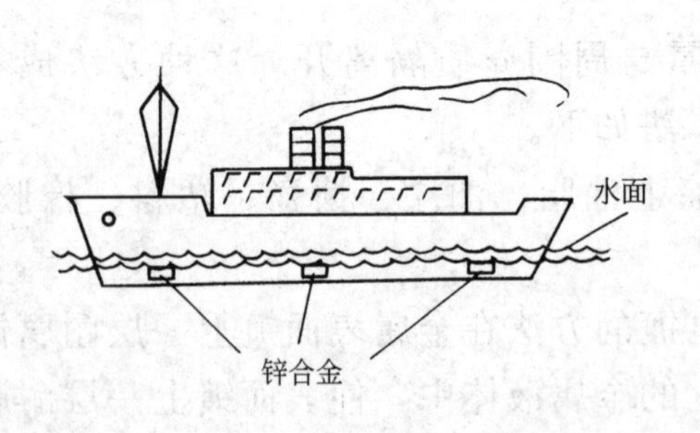

图 7-5　牺牲负极保护法示意图

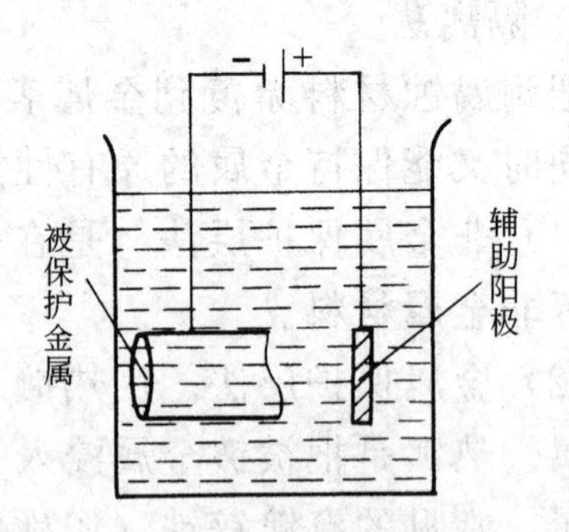

图 7-6　外接电源法示意图

4. 缓蚀剂法

在腐蚀性介质中，加入少量能减小腐蚀速度的物质来防止金属腐蚀的方法叫缓蚀剂法。

为了保护金属，常在腐蚀介质中有选择性地加入缓蚀剂来阻碍 H^+ 在金属上放电，或在金属表面形成保护膜，使金属的腐蚀受到抑制。常见的缓蚀剂有 Na_2CO_3、Na_2SiO_3、Na_3PO_4、$MnSO_4$、$ZnSO_4$ 等无机盐以及琼脂、乌洛托品和生物碱等有机物。

纳米金属簇净水材料

纳米金属簇净水材料又称纳米 KDF，英文名称为 nano-metal clusters media/Nano-KDF/NMC，是一种新型净水材料，主要用于降低水中的余氯、有害重金属离子等污染物的浓度。

KDF 是一种铜锌合金，主要是利用电位不等的铜和锌构成原电池，具有氧化还原活性。纳米金属簇净水材料比表面积和孔隙率是 KDF 的 100 倍以上，纳米金属簇（纳米 KDF）净水材料的净水原理与 KDF 一致。当水流过滤料时，水中的余氯、有害重金属离子等污染物被吸附到滤料的表面和孔道中，在纳米铜锌金属簇的作用下，这些有害重金属离子如 Pb、Cd、Cr 被还原成不溶于水的金属，余氯被还原成氯离子，有机污染物等在这些微原电池上发生反应，被氧化降解为无害物质，达到净水的目的。反应过程中产生的电位变化，有很好的抑菌作用。同样用量的纳米金属簇滤料和 KDF 比较发现，前者的去除效果是后者的数倍至数十倍。是继活性炭和 KDF 之后又一种新型、高效的多功能净水材料，没有活性炭使用过程中细菌滋生和 KDF 长期使用易板结、阻力增大的现象。

纳米金属簇净水材料由于净水原理与 KDF 一致，其堆密度不到 KDF 的 1/3，同样用量下净水效果明显优于 KDF，所以相同的净水效果时可以明显减少滤料的用量。而且在使用过程中没有板结现象，水流阻力不会明显增加，丰富的孔隙和吸附性能，使其在净水过程铜、锌离子的增加也不明显，并且有明显的抑菌作用。纳米金属簇净水材料已通过广东省疾病预防控制中心的安全性检验，符合《生活饮用水输配水设备及防护材料卫生安全评价规范》（2001）对饮用水输配水设备的要求。

一、材料的分类

二、金属概述

1. 金属键

依靠流动的自由电子，使金属原子和阳离子相互连接在一起的化学键。

2. 金属的分类

可分为黑色金属和有色金属；也可分为轻金属和重金属。

3. 金属的性质

金属的物理性质：有金属光泽、良好的导电、导热性和延展性。

金属的化学性质：具有还原性。

三、金属的腐蚀与防护

1. 金属的腐蚀

（1）金属的腐蚀：金属和周围的气体或液体等介质接触时，由于发生化学作用或电化学作用而引起的破坏，叫做金属的腐蚀。

金属腐蚀的本质是金属单质失去电子被氧化的过程。

（2）分类

金属的腐蚀
- 化学腐蚀（干燥）
- 电化学腐蚀（潮湿）
  - 析氢腐蚀（酸性）
  - 吸氧腐蚀（中性）

化学腐蚀是单纯由化学反应而引起的腐蚀。

电化学腐蚀是不纯的金属与电解质溶液相接触，形成原电池而引起的腐蚀。其中吸氧腐蚀是主要的。

2. 防止金属腐蚀的方法

防止金属腐蚀的方法是把金属与介质隔离，有隔离法、化学处理法、电化学保护法和缓蚀剂法。

习题

1. 化学键分为哪几种？
2. 什么是金属键？哪类物质中存在金属键？
3. 金属的物理性质有哪些共性？为什么？
4. 金属冶炼的本质是什么？根据金属活动性顺序，一般有哪几种冶炼方法？各举一例。
5. 什么是合金？合金的物理性质、化学性质与组分金属在哪些方面有差异？
6. 什么叫金属的腐蚀？它的本质是什么？
7. 金属的腐蚀分为哪几种？发生的条件是什么？其中哪种腐蚀是主要的？
8. 金属防腐的方法主要有哪些？各依据什么原理？
9. 为什么安装铜件最好用铜螺钉，如果用铁螺钉就很容易被腐蚀损坏？
10. 镀层破损后，为什么镀锌铁皮比镀锡铁皮耐腐蚀？
11. 在 $FeCl_2$ 溶液中，加入几滴硫氰化钾溶液，溶液的颜色有无变化？若再加入少量的氯水同时振荡几下，会产生什么现象？用化学反应方程式表示。
12. 现有两瓶失去标签的溶液，只知它们是 $AlCl_3$ 溶液和 NaOH 溶液，不用其他试剂，将这两瓶溶液区分开。
13. 用化学方程式表示下列各步反应。

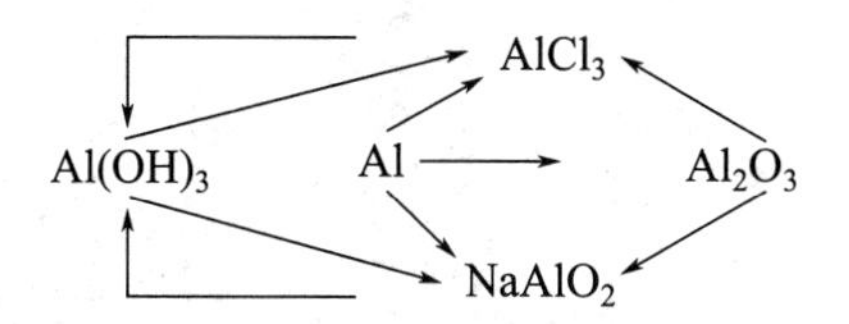

14. 写出下列变化的化学方程式。

$$Fe \nearrow FeCl_2 \longrightarrow Fe(OH)_2 \longrightarrow Fe(OH)_3 \longleftrightarrow FeCl_3$$

$$Fe \searrow FeCl_3 \longleftarrow Fe_2O_3 \longleftrightarrow Fe$$

15. 写出下列各步变化的化学方程式。

$$Cu \rightarrow CuO \rightarrow CuSO_4 \rightarrow Cu(OH)_2$$

16. 什么是铝热剂？举例说明。

17. 常温下，可用铝或铁制容器储存的是（　　）。

A. 浓盐酸　　B. 硫酸铜溶液　　C. 稀硝酸　　D. 浓硫酸

18. 金属晶体的下列性质中与金属键无关的是（　　）。

A. 金属光泽　　B. 极性强弱　　C. 导电性　　D. 导热性

19. 用化学方法除去杂质。

(1) 铜粉中混有铁粉

(2) $FeCl_2$ 中混有 $CuCl_2$

(3) $FeCl_2$ 中混有 $FeCl_3$

20. 用铝热法生产 700g 的铁，需要铝粉和 Fe_3O_4 各多少克？

21. 将 128g 铜片放入硝酸银溶液片刻，取出洗涤、干燥后称量为 135.6g，问参加反应的铜和生成的银的质量各是多少克？

22. 将 13.35g $AlCl_3$ 加入 500mL 0.7mol/L 的 NaOH 溶液中，试计算最后能得到 $Al(OH)_3$ 多少克。

第八章　非金属与非金属材料

学习目标

1. 掌握常见非金属及其化合物的性质和用途。
2. 了解常用非金属材料。

第一节　非金属元素

一、非金属概述

非金属元素共有22种，除氢外都位于元素周期表中的右上方，均为主族元素。非金属元素中，以固态存在的有B、C、Si、P、As、S、Se、Te、I 9种；以液态存在的只有Br_2；其余都是气体。非金属大都不易电离，许多晶体不导电、不反射光、也不容易变形。其中B、Si、Ge、As、Sb、Se、Te、Po等为准金属。

二、氯及其化合物

元素周期表中第ⅦA族元素包括氟（F）、氯（Cl）、溴（Br）、碘（I）、砹（At）五种元素，通称为卤素。卤（halogen）素希腊原文为成盐元素的意思，用X_2表示，它们都与典型的金属——碱金属化合生成典型的盐而得名。其中At是放射性元素。

氯原子的常见化合价为－1，形成双原子分子单质。在自然界中以化合态形式存在，主要存在形式有NaCl、$MgCl_2$等，在地壳中的含量为0.017％。

1. 氯的性质和用途

常温下，氯是黄绿色气体，具有刺激性气味，强烈刺激眼、鼻、气管等黏膜，吸入多的氯气会发生严重中毒，甚至造成死亡。氯气中毒时，吸入酒精和乙醚混合蒸气或氨水蒸气作为解毒剂。氯气易液化，常压下，冷却到－34℃，气态氯转变为液态氯，工业上称为“液氯”，将其贮于钢瓶中，以便运输和使用。

氯与各种金属作用，加热时反应剧烈。潮湿的氯在加热情况下，还能与很不活泼的金属如铂、金作用。但干燥的氯气不与铁作用，故可将氯气贮存在钢瓶中。

氯能与大多数非金属元素直接化合。

$$2S+Cl_2 = S_2Cl_2 \qquad S+Cl_2 = SCl_2$$

$$2P+3Cl_2 = 2PCl_3 \qquad 2P+5Cl_2(\text{过量}) = 2PCl_5$$

氯和氢的混合气体在黑暗中反应进行很慢。当强光照射或加热时，氯和氢立即反应并发生爆炸。

$$H_2+Cl_2 \xrightarrow{\text{光或}\triangle} 2HCl$$

氯能把溴和碘从它们的卤化物溶液中置换出来。

$$Cl_2+2NaBr = Br_2+2NaCl$$

$$Cl_2+2NaI = I_2+2NaCl$$

氯的水溶液称为氯水。氯只有在光照射下与水反应，缓慢放出氧。

$$Cl_2+H_2O \xrightarrow{\text{光}} 2HCl+HClO\ (\text{水解反应})$$

$$2HClO \xrightarrow{\text{光}} 2HCl+O_2$$

氯与碱反应。

$$3Cl_2+6KOH = 5KCl+KClO_3+3H_2O$$

在实验室，常用浓盐酸与 MnO_2 或 $KMnO_4$ 等氧化剂反应制取氯气。

$$4HCl+MnO_2 \xrightarrow{\triangle} MnCl_2+2H_2O+Cl_2\uparrow$$

工业上，采用电解饱和食盐水的方法来制取氯气，同时可制得烧碱。

$$2NaCl+2H_2O \xrightarrow{\text{电解}} 2NaOH+H_2\uparrow+Cl_2\uparrow$$

氯气是一种重要的化工原料，除用于制漂白粉和盐酸外，还用于制造橡胶、塑料、农药、有机溶剂以及提炼稀有金属。氯气也用做漂白剂，在纺织工业中用来漂白棉、麻等植物纤维，在造纸工业上用于漂白纸浆。氯气还可用于饮用水、游泳池水的消毒杀菌。

2. 氯的重要化合物

（1）氯化氢

氯化氢是无色具有刺激性气味的气体，易液化。在空气中易与水蒸气结合形成白色酸雾。氯化氢的水溶液称为氢氯酸（盐酸）。盐酸是强酸，易挥发。

HCl 较难被氧化，只有与 F_2、$KMnO_4$ 等强氧化剂反应时才显还原性。将 HCl 加热到足够高的温度，分解成氯气单质和氢气。

工业上盐酸就是由氯和氢直接化合生成氯化氢，经冷却后以水吸收而制得。

实验室少量的 HCl 可用食盐与浓 H_2SO_4 反应制得。

$$NaCl+H_2SO_4(\text{浓}) \xrightarrow{\triangle} NaHSO_4+HCl\uparrow$$

$$NaHSO_4+NaCl \xrightarrow{>500℃} Na_2SO_4+HCl\uparrow$$

盐酸是最重要的强酸之一。它是重要的工业原料和化学试剂，用于合成各种氯化物、染料，同时在皮革工业、食品工业以及轧钢、焊接、电镀、搪瓷、医药等部门也有着广泛的应用。

（2）次氯酸及其盐

氯和水作用，发生可逆反应生成次氯酸和盐酸。

$$Cl_2 + H_2O \rightleftharpoons HClO + HCl$$

次氯酸是很弱的酸（$K_a^{\ominus}=2.95\times10^{-8}$），其酸性比碳酸（$K_{a_1}^{\ominus}=4.3\times10^{-7}$）弱。次氯酸很不稳定，只能存在于稀溶液中。即使在稀溶液中它也很容易分解，在光照下分解更快。

$$2HClO \xrightarrow{光} 2HCl + O_2\uparrow$$

因此氯水适宜现用现配。只有通氯气于冷水中才能获得次氯酸，次氯酸是强氧化剂。次氯酸盐比次氯酸稳定。将氯气通入冷的碱溶液中，便可得到次氯酸盐。例如将氯气通入到氢氧化钠溶液中可得次氯酸钠（NaClO）。

$$Cl_2 + 2NaOH \longrightarrow NaClO + NaCl + H_2O$$

次氯酸钠是强氧化剂，有杀菌、漂白作用。常用于制药和漂白工业。

氯气与消石灰反应的产物是次氯酸钙和氯化钙。

$$2Ca(OH)_2 + 2Cl_2 \longrightarrow Ca(ClO)_2 + CaCl_2 + 2H_2O$$

次氯酸钙和氯化钙的混合物称为漂白粉。漂白粉的有效成分是次氯酸钙。由于氯化钙的存在并不妨碍漂白粉的漂白作用，因此不必除去。次氯酸钙与稀酸或空气中的二氧化碳和水蒸气反应生成具有强氧化性的次氯酸，起漂白、杀菌作用。

$$Ca(ClO)_2 + 2HCl \longrightarrow CaCl_2 + 2HClO$$

$$Ca(ClO)_2 + CO_2 + H_2O \longrightarrow CaCO_3\downarrow + 2HClO$$

漂白粉常用来漂白棉、麻、丝、纸等。漂白粉也能消毒杀菌，例如用于污水坑和厕所的消毒等。保存漂白粉时应密封、注意防潮，否则它将在空气中吸收水蒸气和二氧化碳而失效。

（3）氯酸及其盐

氯酸（$HClO_3$）可用氯酸钡和硫酸反应制得。

$$Ba(ClO_3)_2 + H_2SO_4 \longrightarrow BaSO_4\downarrow + 2HClO_3$$

氯酸是强酸，其强度接近于盐酸和硝酸。它的稳定性较次氯酸强，但也只能存在于溶液中。氯酸也是强氧化剂，例如能将碘单质氧化。

$$2HClO_3 + I_2 \longrightarrow 2HIO_3 + Cl_2$$

氯酸盐比氯酸稳定。将氯气通入热的强碱溶液中，生成氯酸盐，冷却溶液，氯酸盐从溶液中结晶析出，例如生成氯酸钾的反应。

$$3Cl_2 + 6KOH \longrightarrow KClO_3 + 5KCl + 3H_2O$$

重要的氯酸盐有氯酸钾和氯酸钠。氯酸钾是一种白色晶体，有毒，它在冷水中的溶解度较小，但易溶于热水中。氯酸钾能和易燃物质如碳、磷、硫混合后。经撞击就会剧烈爆炸起火，因此可以用来制造炸药，也可用来制造火柴、烟火等。氯酸钠在农业、林业上用做除草剂。

（4）高氯酸及其盐

浓硫酸和高氯酸钾（$KClO_4$）反应，经过减压蒸馏，则得到高氯酸（$HClO_4$）。

$$KClO_4 + H_2SO_4 \longrightarrow KHSO_4 + HClO_4$$

高氯酸是无色黏稠液体，常用试剂为60%的水溶液。

目前高氯酸被认为是已知酸中的最强的酸，也是氯的含氧酸中最稳定的。高氯酸的氧化性在冷的稀溶液中很弱，而热的浓高氯酸溶液是强氧化剂，与易燃物接触时会发生猛烈爆炸，但其氧化性较氯酸弱。

高氯酸盐的稳定性较高氯酸强。固态高氯酸盐在高温下是强氧化剂，但其氧化性较氯酸盐弱。

高氯酸盐大多数易溶于水，而高氯酸的钾、铷、铯及铵盐等则难溶于水，有些高氯酸盐有较高的水合作用，例如高氯酸镁和高氯酸钡是优良的吸水剂和干燥剂。

三、硫及其化合物

元素周期表中第ⅥA族元素包括氧（O）、硫（S）、硒（Se）、碲（Te）和钋（Po）五种元素，通称为氧族元素。除氧以外的本族元素称为硫族元素，硫在自然界中以游离态和化合态存在。游离态硫存在于火山喷口附近或地壳的岩层里；天然硫的化合物有金属硫化物和硫酸盐，最重要的是硫铁矿或称黄铁矿（主要成分是FeS_2），还有有色金属元素（Cu、Zn、Sb等）的硫化物矿，如黄铜矿（$CuFeS_2$）。重要的硫酸盐矿有石膏（$CaSO_4 \cdot 2H_2O$）、重晶石（$BaSO_4$）和芒硝（$Na_2SO_4 \cdot 10H_2O$）等。Po是稀有放射性元素。

1. 硫的性质和用途

硫有几种同素异形体，常见的有斜方硫（菱形硫）、单斜硫和弹性硫等三种。天然硫即斜方硫，是黄色固体，将其加热到95.5℃以上则逐渐转变为颜色较深的单斜硫。它们均不溶于水，而易溶于CS_2和CCl_4等有机溶剂中。

单质硫加热熔融后，得到浅黄色易流动的透明液体。继续加热至160℃左右，颜色变深，黏度显著增大。当温度达190℃左右黏度最大，以致不能将熔融的硫从容器中倒出。进一步加热至200℃时，液体变黑。

将熔融态的硫倒入冷水中迅速冷却，可以得到棕黄色玻璃状弹性硫。弹性硫具有弹性，不溶于任何溶剂，静置后能缓慢地转变为稳定的晶硫。

硫的化学性质比较活泼，能形成−2价、+4价或+6价的共价化合物。因此硫既具有氧化性又有还原性。

硫与氢、金属或碳化合时，表现出氧化性。

$$H_2 + S \xrightarrow{\triangle} H_2S \qquad Fe + S \xrightarrow{\triangle} FeS \qquad C + 2S \xrightarrow{\triangle} CS_2$$

硫与非金属、浓硫酸和硝酸反应，表现出还原性。

$$S + O_2 \xrightarrow{点燃} SO_2$$

$$S + 2H_2SO_4(浓) \xrightarrow{\triangle} 3SO_2\uparrow + 2H_2O$$

$$S + 2HNO_3 \xrightarrow{\triangle} H_2SO_4 + 2NO\uparrow$$

硫在碱溶液中也可发生歧化反应。

$$3S + 6NaOH \xrightarrow{\triangle} 2Na_2S + Na_2SO_3 + 3H_2O$$

硫的用途很广。化工生产中主要用来制硫酸；在橡胶工业中，大量的硫用于橡胶的硫化，以增强橡胶的弹性和韧性；农业上用做杀虫剂，如石灰硫黄合剂。硫用来制造黑色火药、火柴等；在医药上，硫主要用来制硫黄软膏，治疗某些皮肤病等。

2. 硫的重要化合物

(1) 硫化氢

自然界中存在有硫化氢。如在火山喷出的气体中含有硫化氢气体，某些矿泉中含有少量的硫化氢，这种泉水能治疗皮肤病。当有机物腐烂时，也有硫化氢产生。

硫化氢（H_2S）是无色、有臭鸡蛋气味的气体，密度比空气略大，有剧毒，是一种大气污染物。吸入微量的硫化氢，会引起头痛、晕眩，吸入较多量时，会引起中毒昏迷，甚至死亡。因此，制取和使用硫化氢时，应在通风橱中进行。

硫化氢能溶于水，在常温常压下，1体积水能溶解2.6体积的硫化氢气体。

加热时，硫与氢可直接化合成硫化氢，实验室常用硫化亚铁与稀盐酸或稀硫酸反应而制得。

$$FeS + 2H^+ \longrightarrow Fe^{2+} + H_2S\uparrow$$

H_2S 中硫的化合价为-2，故 H_2S 具有还原性。

$$2H_2S + 3O_2 \xrightarrow{燃烧} 2H_2O + 2SO_2 \text{（发出淡蓝色火焰）}$$

$$2H_2S + O_2 \xrightarrow{燃烧} 2H_2O + 2S$$

$$SO_2 + 2H_2S \xrightarrow{空气不足} 2H_2O + 3S$$

工业上利用 SO_2 从含 H_2S 的废气回收 S，同时也减少了大气污染。

硫化氢的水溶液叫做氢硫酸，饱和氢硫酸溶液浓度约为 0.1mol/L。氢硫酸是易挥发的二元弱酸。

(2) 硫化物

金属硫化物，大多难溶于水，且具有特征颜色。很多重金属硫化物不溶于稀酸甚至浓酸。硫化物的颜色和溶解性见表8-1。

表 8-1　硫化物的颜色和溶解性

易溶于水		难溶于水						
		溶于稀盐酸（0.3mol/L）		难溶于稀盐酸				
				溶于浓盐酸		难溶于浓盐酸		
						溶于浓硝酸		溶于王水
$(NH_4)_2S$（白色）	MgS（白色）	MnS（肉色）	NiS（黑色）	SnS（褐色）	Sb_2S_3（棕色）	Cu_2S（黑色）	As_2S_3（黄色）	Hg_2S（黑色）
Na_2S（白色）	CaS（白色）	ZnS（白色）	FeS（黑色）	SnS_2（黄色）	Sb_2S_5（橙色）	CuS（黑色）	As_2S_5（黄色）	HgS（黑色）
K_2S（白色）	BaS（白色）	CoS（黑色）		PbS（黑色）	CdS（黄色）	Ag_2S（黑色）	Bi_2S_3（褐色）	

难溶金属硫化物根据其在酸中溶解情况可分为四类。

① 溶于稀盐酸　如 FeS、MnS、ZnS 等。

$$FeS+2H^+ \longrightarrow Fe^{2+}+H_2S\uparrow$$

② 难溶于稀盐酸，易溶于浓盐酸　如 CdS、PbS、SnS_2 等。

$$PbS+2H^++4Cl^- \longrightarrow [PbCl_4]^{2-}+H_2S\uparrow$$

③ 不溶于盐酸，溶于硝酸如 CuS，Ag_2S 等。

$$3CuS+8HNO_3 \longrightarrow 3Cu(NO_3)_2+3S\downarrow+2NO\uparrow+4H_2O$$

④ 只溶于王水，如 HgS。

$$3HgS+2HNO_3+12HCl \longrightarrow 3[HgCl_4]^{2-}+6H^++3S\downarrow+2NO\uparrow+4H_2O$$

所有硫化物均有不同程度的水解性。碱金属硫化物的水解尤其显著，水解后溶液呈碱性，工业上常用价格便宜的 Na_2S 代替 NaOH 作为碱使用。Na_2S 的水解反应如下。

$$Na_2S+H_2O \longrightarrow NaHS+NaOH$$

Al_2S_3 遇水发生完全水解。

$$Al_2S_3+6H_2O \longrightarrow 2Al(OH)_3\downarrow+3H_2S\uparrow$$

因此，必须用干法制备。例如用金属铝粉和硫粉直接化合可制得 Al_2S_3。

(3) 二氧化硫和亚硫酸

二氧化硫（SO_2）是无色而有刺激性气味的有毒气体，是常见的大气污染物。密度比空气大，易溶于水，在常温常压下，1 体积水能溶解 40 体积的二氧化硫。

二氧化硫中的硫化合价为+4，它既有还原性，又有氧化性，但还原性较为显著。

二氧化硫具有漂白性，能与一些有机色素结合成无色化合物。工业上常用它来漂白纸张、毛、丝、草帽辫等。但是日久以后漂白过的纸张、草帽辫等又逐渐恢复原来的颜色。这是因为二氧化硫与有机色素生成的无色化合物不稳定，发生分解所致。此外，二氧化硫还用于杀菌、消毒等。

工业上，二氧化硫通常用硫铁矿（FeS_2）在空气中燃烧制取。

$$4FeS_2 + 11O_2 \xrightarrow{燃烧} 2Fe_2O_3 + 8SO_2\uparrow$$

二氧化硫溶于水生成亚硫酸（H_2SO_3）。亚硫酸不稳定，容易分解，只存在于水溶液中。

H_2SO_3 可形成正盐和酸式盐。亚硫酸盐有很多实际用途，如亚硫酸氢钙 $Ca(HSO_3)_2$ 大量用于造纸工业，它能溶解木质制造纸浆。亚硫酸钠（Na_2SO_3）在医药工业中用作药物有效成分的抗氧剂，印染工业中用作漂白织物的去氯剂，还可作照相显影液和定影液的保护剂等。亚硫酸盐也是常用的化学试剂。

（4）三氧化硫和硫酸

SO_2 在一定的条件下氧化转化为三氧化硫（SO_3）。

$$2SO_2 + O_2 \xrightarrow[400\sim500℃]{V_2O_5} 2SO_3$$

纯 SO_3 是无色易挥发的固体，熔点 16.8℃，沸点 44.8℃。

SO_3 是强氧化剂，当磷和它接触时能燃烧；能将碘化物氧化为单质碘。

$$5SO_3 + 2P \longrightarrow 5SO_2 + P_2O_5$$

$$SO_3 + 2KI \longrightarrow K_2SO_3 + I_2$$

SO_3 极易与水化合成硫酸，同时放出大量的热。

$$SO_3 + H_2O \longrightarrow H_2SO_4$$

因此，在潮湿的空气中易形成酸雾，SO_3 是强吸水剂。

纯硫酸是无色的油状液体，在 10.5℃时凝固成晶体。市售硫酸的含量有 92%和 98%两种规格，密度分别为 1.82g/cm³ 和 1.84g/cm³。98%硫酸的沸点为 330℃。

硫酸为二元强酸，在水溶液中其第一步电离是完全的，第二步则是部分电离，HSO_4^- 只相当于中强酸。稀硫酸和盐酸一样是非氧化性的酸，具有酸的通性，如能与金属、金属氧化物、碱类反应。浓硫酸则有以下特性。

① 吸水性　浓 H_2SO_4 可与水形成稳定的水合物，如 $H_2SO_4 \cdot H_2O$、$H_2SO_4 \cdot 2H_2O$、$H_2SO_4 \cdot 4H_2O$ 等，同时放出大量的热，稀释浓 H_2SO_4 时切不可将水倒入浓 H_2SO_4 中，而应将浓 H_2SO_4 沿容器壁玻璃棒慢慢注入水中并不断搅拌。利用浓 H_2SO_4 的吸水作用，可用它来干燥不与它反应的各种气体（如 Cl_2、CO_2、HCl 等）。

② 脱水性　浓 H_2SO_4 能从许多有机化合物（如糖、淀粉和纤维等）中按水的组成比例夺取其中的氢、氧原子，从而使有机物炭化。因此，浓 H_2SO_4 能严重破坏动植物组织，使用时必须小心。

③ 氧化性　在常温下，浓硫酸与铁、铝等金属接触，能使金属表面生成一层致密的氧化物保护膜，它可阻止内部金属继续与硫酸反应，这种现象叫做金属

的钝化。因此，冷的浓硫酸可以用铁或铝制容器贮存和运输。但是，在加热时浓硫酸几乎能氧化所有的金属及一些非金属。它的还原产物一般是 SO_2，若遇活泼金属，会析出 S，甚至生成 H_2S。

$$Cu+2H_2SO_4(浓)\xrightarrow{\triangle}CuSO_4+SO_2\uparrow+2H_2O$$

$$3Zn+4H_2SO_4(浓)\xrightarrow{\triangle}3ZnSO_4+S\downarrow+4H_2O$$

$$4Zn+5H_2SO_4(浓)\xrightarrow{\triangle}4ZnSO_4+H_2S\uparrow+4H_2O$$

$$C+2H_2SO_4(浓)\xrightarrow{\triangle}CO_2\uparrow+2SO_2\uparrow+2H_2O$$

浓 H_2SO_4 能使光刻胶（对光敏感的高分子有机物）炭化，然后按后一反应除去碳，这一性质可用于半导体器件的光刻工艺中。

世界各国主要用接触法生产硫酸，该法的生产过程分三个阶段：焙烧硫铁矿（FeS_2）或燃烧硫得 SO_2；在 V_2O_5 催化剂存在下 SO_2 继续被空气中的 O_2 氧化为 SO_3；用 98.3％浓 H_2SO_4 吸收 SO_3 得发烟硫酸（$H_2SO_4 \cdot xH_2O$），用 92％的 H_2SO_4 稀释，即得商品硫酸。吸收 SO_3 不能直接用水，否则会产生酸雾而不利于 SO_3 吸收以致其随尾气排出，造成对空气的污染。

硫酸是重要的工业原料，可用它来制取盐酸、硝酸以及各种硫酸盐和农用肥料（如磷肥和氮肥）。硫酸还应用于生产农药、炸药、染料及石油和植物油的精炼等。在金属、搪瓷工业中，利用浓硫酸作为酸洗剂，以除去金属表面的氧化物。

硫酸盐中除 $BaSO_4$、$CaSO_4$、$PbSO_4$、Ag_2SO_4 等难溶或微溶于水外，其余都易溶于水。常以可溶性的钡盐（如 $BaCl_2$）溶液来鉴定溶液中 SO_4^{2-} 的存在，因为生成的 $BaSO_4$ 白色沉淀，难溶于水，也不溶于酸。

$$Ba^{2+}+SO_4^{2-}\longrightarrow BaSO_4\downarrow$$

虽然 SO_3^{2-} 和 Ba^{2+} 也生成 $BaSO_3$ 白色沉淀，但此沉淀能溶于酸放出 SO_2。

硫酸盐容易形成复盐，例如 $K_2SO_4 \cdot Al_2(SO_4)_3 \cdot 24H_2O$（明矾）、$(NH_4)_2SO_4 \cdot FeSO_4 \cdot 6H_2O$ 等。酸式硫酸盐中，只有最活泼的碱金属元素能形成稳定的固态酸式硫酸盐。如 $NaHSO_4$、$KHSO_4$ 等。它们能溶于水，并呈酸性。市售“洁厕净”的主要成分是 $NaHSO_4$。

四、氮

元素周期表中第ⅤA 族元素包括氮（N）、磷（P）、砷（As）、锑（Sb）和铋（Bi）五种元素，通称为氮族元素。

1. 氮的性质和用途

氮气是无色、无味的气体，难溶于水，难于液化。工业上用的氮气（N_2）是从分馏液态空气得到，采用高性能的碳分子筛吸附技术，所得氮气的纯度能达 99.999％。通常以约 15MPa 装入钢瓶中备用。

氮气在常温下化学性质极不活泼，不与任何元素化合，常用做保护气体。但在高温时能与氢、氧、金属等化合，生成各种含氮化合物。

实验室常用加热饱和氯化铵溶液和固体亚硝酸钠的混合物来制取氮。

$$NH_4Cl + NaNO_2 \longrightarrow NH_4NO_2\uparrow + NaCl$$

$$NH_4NO_2 \xrightarrow{\triangle} N_2\uparrow + 2H_2O$$

工业上的氮主要用于合成氨，制取硝酸，作为保护气体及深度冷冻剂。液氮冷冻技术也应用在高科技领域，如某些超导材料就是在液氮处理下才获得超导性能的。

2. 氮的重要化合物

(1) 氨

氨（NH_3）是无色、有刺激性气味的气体，比空气轻。氨很容易液化，在常压下冷却到-33℃或25℃加压到990kPa即凝成液体，储存在钢瓶中备用，可作制冷剂。NH_3极易溶于水，常温时1体积水能溶解700体积的NH_3，形成氨水（$NH_3 \cdot H_2O$）。

$$NH_3 + H_2O \rightleftharpoons NH_3 \cdot H_2O \rightleftharpoons NH_4^+ + OH^-$$

NH_3溶于水后体积显著增大，故氨水越浓，溶液密度反而越小。市售氨水浓度为25%～28%，密度约为0.9g/mL。

NH_3的化学性质相当活泼，主要发生加合反应、取代反应、氧化反应。

氨能与氯或溴发生强烈反应，因此用浓氨水检查氯气或液溴管道是否漏气。

氨是一种重要的化工原料。主要用于制造氮肥，还用来制造硝酸、铵盐、纯碱等。氨也是尿素、纤维、塑料等有机合成工业的原料。

氨与酸作用形成铵盐。铵盐多为无色晶体，易溶于水。铵盐都是重要的化学肥料。固体铵盐加热极易分解，其分解产物为NH_3。铵盐都有一定程度的水解。

在任何铵盐溶液中加入碱并稍加热，就会有氨气放出。

$$2NH_4Cl + Ca(OH)_2 \xrightarrow{\triangle} CaCl_2 + 2NH_3\uparrow + 2H_2O$$

实验室里常利用此反应制取氨，也利用这一性质来检验铵根离子（NH_4^+）的存在。

(2) 氮的氧化物、含氧酸及其盐

氮的氧化物有N_2O、NO、N_2O_3、NO_2、N_2O_5等多种。其中以NO和NO_2最为重要。

一氧化氮（NO）是无色气体，在水中的溶解度很小，不与水反应。在雷电之际，闪电使空气中的N_2和O_2反应产生NO，它很不稳定，立即被空气中的O_2氧化成NO_2，NO_2再被雨水吸收成为硝酸而进入土壤中，给土壤增加植物养料。据估计大自然借雷电之助每年可以固氮约为4000万吨。

二氧化氮（NO_2）是红棕色气体，具有特殊臭味并有毒。低温可以聚合为

N_2O_4。N_2O_4 为无色气体，当温度降至 -10℃以下则形成无色晶体。室温时 N_2O_4 与 NO_2 间存在下列平衡。

$$N_2O_4(g) \rightleftharpoons 2NO_2(g)$$

温度升至140℃时，N_2O_4 全部变为 NO_2；温度超过150℃时，NO_2 开始分解为 NO 和 O_2。液态 N_2O_4 可作为火箭推进剂的氧化剂，大力神火箭即以 N_2O_4 作氧化剂。

亚硝酸（HNO_2）是弱酸，酸性比醋酸稍强。亚硝酸很不稳定，仅存在于冷的稀溶液中。浓溶液或微热时会分解为 NO 和 NO_2。

亚硝酸盐，特别是碱金属和碱土金属的亚硝酸盐，有很高的热稳定性。固体亚硝酸盐与有机物接触，易引起燃烧和爆炸。

$NaNO_2$ 和 KNO_2 是两种常用盐，它们广泛用于偶氮染料、硝基化合物的制备，还用做漂白剂、媒染剂、金属热处理剂、电镀缓蚀剂等。此外也是食品工业如肉、鱼加工的发色剂。必须注意，亚硝酸盐都有毒，并且是强致癌物质。

纯硝酸是无色、易挥发、具有刺激性气味的液体，密度为1.50g/mL，凝固点为-42℃，沸点为83℃。它能以任意比例与水相混合。一般市售硝酸的质量分数约为65%～68%，98%以上的浓硝酸由于挥发出来的 NO_2 遇到空气中的水蒸气，形成极微小的硝酸雾滴而产出“发烟”现象，通常称为发烟硝酸。

硝酸是一种强酸，除了具有酸的通性以外，还有其特殊的化学性质。

浓硝酸见光或受热易分解。

$$4HNO_3 \xrightarrow{\text{光或}\triangle} 4NO_2\uparrow + O_2\uparrow + 2H_2O$$

为了防止硝酸的分解，必须将其装在棕色试剂瓶里，贮放在暗处及阴凉处。

硝酸具有强氧化性，它可以将许多非金属单质（如碳、磷、硫、碘等）氧化成相应的氧化物或含氧酸。

$$3C + 4HNO_3 \longrightarrow 3CO_2\uparrow + 4NO\uparrow + 2H_2O$$

$$3P + 5HNO_3 + 2H_2O \longrightarrow 3H_3PO_4 + 5NO\uparrow$$

硝酸几乎能和所有的金属（金、铂等除外）发生反应。铁、铝等金属易溶于稀硝酸而不溶于冷的浓硝酸。这是由于浓硝酸将这些金属表面氧化成一层致密的氧化物膜，使金属不能与酸继续作用。

HNO_3 与金属作用被还原的程度，主要取决于硝酸的浓度和金属的活泼性。通常浓 HNO_3 与金属反应，不论金属活泼与否，它的主要产物是红棕色的 NO_2；稀 HNO_3 与不活泼金属反应时，主要产物是无色的 NO；稀 HNO_3 与 Zn、Mg 等活泼金属反应时，主要产物是 N_2O；极稀 HNO_3 与活泼金属（如 Zn）反应，其主要产物是 NH_3，在 HNO_3 存在下，实际上生成 NH_4NO_3。

$$Cu + 4HNO_3(\text{浓}) \longrightarrow Cu(NO_3)_2 + 2NO_2\uparrow + 2H_2O$$

$$3Cu + 8HNO_3(\text{稀}) \longrightarrow 3Cu(NO_3)_2 + 2NO\uparrow + 4H_2O$$

浓硝酸和浓盐酸的混合物（体积比1∶3）叫做王水。其氧化能力比硝酸强，能使一些不溶于硝酸的金属，如金、铂等溶解：

$$Au + HNO_3 + 4HCl \longrightarrow H[AuCl_4] + NO\uparrow + 2H_2O$$

$$3Pt + 4HNO_3 + 18HCl \longrightarrow 3H_2[PtCl_6] + 4NO\uparrow + 8H_2O$$

硝酸是重要的化工原料，是重要的“三酸”之一。它主要用于生产各种硝酸盐、化肥和炸药等，还用来合成染料、药物、塑料等。硝酸也是常用的化学试剂。

硝酸盐是无色晶体，易溶于水。固态硝酸盐不稳定，加热易分解。不同金属硝酸盐加热分解产物不同。

① 活泼金属（比 Mg 活泼的碱金属和碱土金属）硝酸盐分解时生成亚硝酸盐，放出氧气。

$$2KNO_3 \xrightarrow{\triangle} 2KNO_2 + O_2\uparrow$$

② 活泼性较小的金属（在金属活动顺序表中位于 Mg 与 Cu 之间）硝酸盐，加热分解生成金属氧化物、二氧化氮和氧气。

$$2Pb(NO_3)_2 \xrightarrow{\triangle} 2PbO + 4NO_2\uparrow + O_2\uparrow$$

③ 活泼性更小的金属（活泼性比 Hg 差）硝酸盐，加热分解生成金属单质、二氧化氮和氧气。

$$2AgNO_3 \xrightarrow{\triangle} 2Ag + 2NO_2\uparrow + O_2\uparrow$$

硝酸盐与可燃物混合，一经点燃，会迅速燃烧甚至爆炸。硝酸盐在烟火工业中获得广泛的应用，黑色火药就是用硝酸钾、硫黄、木炭粉末混合而制成的。

$$2KNO_3 + S + 3C \xrightarrow{\triangle} K_2S + N_2\uparrow + 3CO_2\uparrow$$

各种硝酸盐广泛用于生产化肥和炸药，也用于电镀、玻璃、染料、选矿和制药等工业。硝酸盐也是常用的化学试剂。

五、硅

硅是元素周期表中ⅣA 族元素，在地壳里，硅的含量占地壳总质量的 27%，仅次于氧。在自然界里，不存在游离态的硅，它主要以二氧化硅和各种硅酸盐的形式存在。常见的石英、砂子、玛瑙、水晶体的主要成分都是二氧化硅，无机建筑材料如花岗石、砖瓦、水泥、灰泥、陶瓷、玻璃等都包含着硅的化合物。

单质硅是在高温下用碳或镁将二氧化硅还原而成的。

$$SiO_2 + 2C \xlongequal{3273K} Si + 2CO\uparrow$$

在电炉的高温下（约 3000℃），用碳可将氧化铁和二氧化硅同时还原生成重要的硅铁合金作为炼钢的原料。

硅的晶体结构类似于金刚石，能刻划玻璃，熔点为 1410℃，性脆，呈灰黑色，有金属的外貌。在低温下单质硅不活泼，与水、空气和酸均无作用；但可与强氧化剂和强碱作用。在空气中燃烧生成二氧化硅，与碱作用生成硅酸盐和氢，在高温与卤素作用生成四卤化硅。

高纯硅（杂质少于百万分之一）可用做半导体材料，多晶硅也可用于制造太阳能电池板。

二氧化硅（SiO_2）又称硅石，是一种坚硬难溶（或熔）的固体，它以晶体和无定形两种形态存在。比较纯净的晶体叫做石英。无色透明的纯二氧化硅又做叫水晶。含有微量杂质的水晶通常有不同的颜色，例如紫晶、墨晶和茶晶等。普通的砂是不纯的石英细粒。

无定形二氧化硅在自然界含量较少。硅藻土是无定形硅石，它是死去的硅藻和其他微生物的遗体经沉积胶积而成的多孔、质轻、松软的固体物质。它的表面积很大，吸附能力较强，可以用做吸附剂和催化剂的载体以及保温材料等。

二氧化硅不溶于水，与大多数酸不发生反应，但二氧化硅能与氢氟酸反应生成四氟化硅（SiF_4），所以不能用玻璃（含有 SiO_2）器皿盛放氢氟酸。

$$SiO_2 + 4HF \longrightarrow SiF_4 \uparrow + 2H_2O$$

二氧化硅是酸性氧化物，能与碱性氧化物或强碱反应生成硅酸盐。

$$SiO_2 + CaO \longrightarrow CaSiO_3$$

$$SiO_2 + 2NaOH \longrightarrow Na_2SiO_3 + H_2O$$

二氧化硅的用途很广。较纯净的石英可用于制造普通玻璃和石英玻璃。石英玻璃能透过紫外线，能经受温度的剧变，可用于制造光学仪器和耐高温的化学仪器。此外，二氧化硅还是制造水泥、陶瓷、光导纤维的重要原料。

硅酸有多种，有偏硅酸（H_2SiO_3）、正硅酸（H_4SiO_4）等。其中常见的是偏硅酸（习惯上称为硅酸）。它不能用二氧化硅与水直接作用制得，可用可溶性硅酸盐与盐酸反应来制取。

$$Na_2SiO_3 + 2HCl \longrightarrow H_2SiO_3 \downarrow + 2NaCl$$

硅酸是不溶于水的胶状沉淀，也是一种弱酸，其酸性比碳酸弱。它经过加热脱去大部分水而变成无色稍透明，具有网状多孔的固态胶体，工业上称为硅胶，它有较强的吸附能力，所以常用来作干燥剂。通常使用的是一种变色硅胶，它是将无色硅胶用二氯化钴（$CoCl_2$）溶液浸泡，干燥后制得。因无水 $CoCl_2$ 为蓝色，水合的 $CoCl_2 \cdot 6H_2O$ 显红色，因此根据颜色的变化，可以判断硅胶吸水的程度。另外，硅胶还用做吸附剂及催化剂的载体。

各种硅酸的盐统称为硅酸盐。硅酸盐的种类很多，结构也很复杂，它是构成地壳岩石的最主要的成分。通常用二氧化硅和金属氧化物的形式表示硅酸盐的组成。例如：

硅酸钠　$Na_2O \cdot SiO_2(Na_2SiO_3)$

滑石　$3MgO \cdot 4SiO_2 \cdot H_2O[Mg_3(Si_4O_{10})(OH)_2]$

石棉　$CaO \cdot 3MgO \cdot 4SiO_2[CaMg_3(SiO_3)_4]$

高岭土　$Al_2O_3 \cdot 2SiO_2 \cdot 2H_2O[Al_2Si_2O_5(OH)_4]$

许多硅酸盐难溶于水，可溶性硅酸盐。最常见的是硅酸钠（Na_2SiO_3），俗称泡花碱，它的水溶液又叫水玻璃。水玻璃是无色或灰色的黏稠液体，是一种矿物胶。它不易燃烧又不受腐蚀，在建筑工业上可用作黏合剂等。浸过水玻璃的木材或织物的表面能形成防腐防火的表面层。水玻璃还可用作肥皂的填充剂，帮助发泡和防止体积缩小。水玻璃有很大的实用价值，如建筑工业上用作黏合剂，木材、织物浸过水玻璃局可以防腐、不易着火，水玻璃还可作洗涤剂等。

第二节　常用非金属材料

按物质的自然属性分，除金属材料之外的其他材料均称做非金属材料。

非金属材料的品种繁多，在浩瀚的材料世界中，它约占材料品种总数的98%以上。按材料来源可分为天然非金属材料（如棉麻、木材、皮革、松香等）和合成非金属材料（如各种合成材料等）；按化学组成可分为无机非金属材料（如陶瓷、玻璃、水泥等）和有机高分子材料（如橡胶、塑料、合成纤维等）。

一、无机非金属材料

无机非金属材料是指由金属以外的所有无机物制成的材料。硅酸盐是一类重要的无机非金属材料，硅酸盐工业产品种类很多，大量用于冶金、建筑等领域及日常生活。

1. 陶瓷

陶瓷种类很多，广泛用于建筑、化工、电力、机械等工业及日常生活和装饰等方面。

把黏土、长石（$K_2Al_2Si_6O_{16}$）和石英研成细粉，按适当比例配好，用水调和均匀，做成制品的坯性，干燥后入窑，在高温（1200℃）下煅烧成素瓷。素瓷经上釉，再入窑加热到1400℃左右，控制适当保温时间，就得到不透水、防玷污、不受酸碱作用而有光泽的传统陶瓷制品。其化学组成以氧化物为主。随着社会的发展和科技的进步陶瓷被赋予新的涵义。新型特种陶瓷的化学组成已远远超出了硅酸盐的范围。除氧化物外，还有非自然界存在的氮化物、碳化物、硼化物等。

当前，在新材料的研究领域，特种陶瓷的成果引人瞩目，功能各异的新品种不断问世。如高温结构陶瓷、电子陶瓷、磁性陶瓷、光学陶瓷、超导陶瓷和生物陶瓷等。

(1) 高温结构陶瓷

汽车发动机一般用铸铁铸造，其耐热性能有一定限度，因此需要用冷却水冷却，热能损失严重，热效率只有30%左右。如果用高温结构陶瓷制造发动机，发动机的工作温度能稳定在1300℃左右，由于燃料充分燃烧而又不用水冷系统，使热效率大幅度提高。用高温结构陶瓷材料制造的发动机，还可减轻汽车的重量，这对航天、航空事业更有吸引力，用高温陶瓷取代高温合金来制造飞机上的涡轮发动机其效果会更好。

目前已有多个国家的大汽车公司试制无冷却式发动机。我国也在1990年装配了一台并完成了试车。陶瓷发动机的材料选用氮化硅，它的机械强度高、热膨胀系数低、导热性能好、抵抗化学药品和熔融金属腐蚀的能力很强。高温结构陶瓷除了氮化硅外，还有碳化硅、氧化锆、氧化铝等。

用纯石英砂和焦炭在电炉内于2000～2200℃高温下可制得碳化硅（SiC)。碳化硅的特性是机械强度很大、耐磨性能极好、热膨胀系数低、导电导热性好，常用于耐热板、换热器元件、喷嘴等。

氧化锆（ZrO_2）的导热性差，所以可用做高温绝热材料；耐腐蚀、化学稳定性好，可制成熔炼铂（Pt)、钯（Pd)、钌（Ru)、铑（Rh）等纯贵金属的坩埚；不被玻璃浸润，可用做熔制玻璃的炉窑内衬材料。

多孔氧化铝（刚玉）用作绝热材料；刚玉坩埚用来熔炼金属、玻璃等。

（2）生物陶瓷

生物陶瓷是一类先进结构陶瓷，目前主要用于人体硬组织的修复，使其功能得以恢复。

人体器官的组成由于种种原因需要修复或再造时，选用的材料要求生物相容性好，对机体无免疫排异反应；血液相容性好，无溶血、凝血反应；不会引起代谢作用异常现象，对人体无毒。目前已发展起来的生物合金、生物高分子和生物陶瓷基本上能满足这些要求。但在使用时，生物陶瓷羟基磷灰石植入体内与其他材料相比有显著的优点，它与骨组织的化学组成比较接近，生物相容性好，随着新骨的长入，骨与材料可直接结合并融为一体。而不锈钢在常温时非常稳定，但把它植入体内做人工关节，三五年后就会出现腐蚀斑，这是生物合金的缺点。有机高分子材料制成的人工器官易老化。相比之下，生物陶瓷更适合植入体内。

氧化铝陶瓷制成的假牙与天然牙齿十分接近，它还可以做各种人工关节。氧化锆陶瓷的强度、断裂韧性和耐磨性比氧化铝好，也可用于制造牙根、骨和股关节等。

陶瓷材料最大的弱点是脆性大，韧性不足，这就严重影响了它的使用。陶瓷材料要在生物工程中占有地位，必须解决这个问题。

（3）金属陶瓷

金属陶瓷是由一种或多种陶瓷与金属或合金组合而成的一种复合材料。它兼有金属的高韧性和可塑性，以及陶瓷的耐高温、耐磨、抗氧化、抗腐蚀等优点。

金属陶瓷可按其基质陶瓷的种类分为：氧化物基质金属陶瓷（如Al_2O_3、ZrO_2等）；碳化物金属陶瓷（如ZrC、B_4C、SiC等）；硼化物金属陶瓷（如TiB_2、CrB_2等）；氮化物金属陶瓷（如TiN、TaN等）；硅化物金属陶瓷

($TiSi_2$、WSi_2 等)。而与之复合的金属常有钴、镍、铬、铁、钼(Mo)、铌(Nb)、钨(W)等。

制造金属陶瓷一般是将精制的陶瓷粉末与金属粉末混合成型，烧结加工而成。

目前使用最广泛的金属陶瓷有 Cr-Al_2O_3 系和 WCr-Al_2O_3 系。用于制造汽轮机叶片、火箭喷嘴、熔炼铜的注入管、流量调节阀、热电偶保护管、炉膛等。

2. 水泥

水泥是现代必不可少的建筑材料，广泛用于各种土木建筑。

水泥的品种很多，应用最广的是硅酸盐水泥。普通硅酸盐水泥的主要原料是石灰石和黏土。先把石灰石、黏土和其他辅助材料按一定的比例混合，磨细成生料，然后在回转窑里煅烧。原料在高温下，发生了复杂的物理、化学变化，成为部分熔化状态，冷却后成为硬块，这种物质叫做熟料，并加入2%～6%的石膏(调节水泥硬化速度)，最后把熟料磨成细粉，即制成普通硅酸盐水泥。它的主要成分是硅酸三钙($3CaO \cdot SiO_2$)、硅酸二钙($2CaO \cdot SiO_2$)、铝酸三钙($3CaO \cdot Al_2O_3$)，水泥实际上就是这三种成分的混合物。水泥的组成和结晶形态的不同直接影响到它的各种主要性能。

水泥具有水硬性。水泥跟水拌和后，发生作用，生成不同的水合物，同时放出一定的热量。生成的水合物逐步形成胶状物，并开始凝聚，最后，有些胶状物转变为晶体，使胶状物和晶体交错地结合起来，成为强度很大的固体，这个过程叫做水泥的硬化。水泥不论在空气中还是在水中都能硬化，所以，它也是水下工程必不可少的建筑材料。但水泥不能长期存放，即使短期存放也要注意防潮。

水泥的包装袋上印的标号，是表示水泥强度的。标号的数字越大，水泥质量越好。为了改善水泥的性能，扩大水泥的使用范围，可在硅酸盐水泥熟料中掺入适当比率的混合材料，制成各种水泥。例如，矿渣硅酸盐水泥、沸石岩水泥等。

水泥、砂子和水的混合物叫做水泥砂浆，在建筑上用做胶黏剂，能把砖、石等黏结起来。水泥、砂子、碎石和水按一定比例的混合物硬化后叫做混凝土，常用它来建筑桥梁、厂房等巨大建筑物。水泥的热膨胀系数几乎跟铁一样，所以用混凝土建造建筑物常用钢筋作骨架，使建筑物更加坚固，这种复合材料叫做钢筋混凝土。随着水泥质量的不断提高，它已经在许多方面代替金属和木材，有的国家已经用水泥制造海船，还有用水泥制造气球的。

3. 玻璃

玻璃是以石英砂、纯碱、石灰石等为主要原料，并加入某些金属氧化物和其他化合物为辅助材料，共同在高温窑中煅烧至熔融后，经成型、过冷所获得的透明固体材料。它的化学组成相当复杂，其中主要成分为 SiO_2、Na_2O、CaO 等。生产玻璃时，把原料粉碎，按适当配比混合以后，放入玻璃熔炉里加强热。原料熔融后发生了比较复杂的物理、化学变化，其中主要反应是二氧化硅跟碳酸钠和碳酸钙起反应生成硅酸盐和二氧化碳。

$$Na_2CO_3 + SiO_2 \xlongequal{高温} Na_2SiO_3 + CO_2\uparrow$$

$$CaCO_3 + SiO_2 \xlongequal{高温} CaSiO_3 + CO_2\uparrow$$

在原料里，石英的用量是较多的。所以，普通玻璃是 Na_2SiO_3、$CaSiO_3$ 和 SiO_2 熔化在一起所得到的物质。这种物质不是晶体，称做玻璃态物质，它没有一定的熔点，而是在某一定温度范围内逐渐软化。在软化状态时，玻璃可以制成任何形状的制品。

玻璃具有很多优良性质，经过特殊处理后，又可制得具有各种不同特殊性能的特种玻璃。

玻璃的种类很多，根据化学组成可分为钠玻璃、钾玻璃、铝镁玻璃、铅玻璃、硼硅玻璃、石英玻璃；按性质和用途不同分为建筑玻璃、技术玻璃、日用玻璃和玻璃纤维等四种。

在熔制时若加入金属氧化物，可制成各种颜色的玻璃。例如，加氧化钴呈蓝色；加氧化亚铜呈红色。普通玻璃常带浅绿色，这是因为原料中混有二价铁的化合物。

把普通玻璃放入电炉里加热，使它软化，然后急速冷却，就得到钢化玻璃。钢化玻璃的机械强度比普通玻璃大 4～6 倍，用来制造汽车或火车的车窗等，不易破碎。破碎时碎块没有尖锐的棱角，不易伤人。

玻璃还可以制成纤维，织成玻璃布或制成玻璃棉。它们的强度很高，电绝缘性和耐热性良好，可制造高强度绳索以及用做隔声、隔热和电绝缘材料。将玻璃纤维与合成树脂配合，可制得新型结构材料——玻璃钢，其强度不亚于钢，但重量仅为钢的 2/3～3/4，广泛用于汽车、航空、造船和建筑行业。

玻璃是一种重要的装饰材料，它除了能透光、透视、防尘、隔声、隔热之外，还有艺术装饰作用。各种特种玻璃还可以用于吸热、保温、绝缘、防辐射、防腐蚀、防爆等以及光学上的特殊用途。因此，玻璃是现代工业各部门中不可缺少的材料。

光导纤维是能够以光信号而不是电信号的形式传递信息（包括光束和图像）的具有特殊光学性能的玻璃纤维。

自 20 世纪 70 年代以来，用光导纤维取代铜、铝金属导线进行光通讯的研究蓬勃发展，现已大规模使用。

光导纤维一般由两层组成，里面一层称内芯，直径为几十微米，折射率较高；外面一层称包层，折射率较低；从光导纤维一端入射的光线，经内芯反复折射而传到末端，由于两层折射率的不同，使进入内芯的光始终保持在内芯中传输。光的传输距离与光导纤维的光损耗大小有关，光损耗小，传输距离就长。为了减少光损耗，应尽可能制得高纯度、高均匀性和高透明度的光纤。因此光纤制作的关键在于材料的纯度。

光纤按功能可分为传光纤维和传像纤维；按传输模式上可分为多模光纤和单模光纤，多模光纤是指能够同时传播众多不同的光波模式，单模光纤是指只能传输一种光波模式；根据光纤的材料成分又可分为石英类和多组分玻璃类及有机高分子塑料纤维。

光导纤维主要用做远距离通信的光缆，它的特点是工作频率高、频带宽、通信容量大。在实际使用时，常把千百根光纤组合在一起并加以增强处理，制成光缆，这样既增强了光导纤维的强度，又增大了通信容量。光缆有重量轻、体积小、结构紧密、绝缘性能好、寿命长、输送距离长、保密性好、成本低等优点。一根由 24 根光纤组成的光缆，可以传送相当于 6000 条电话线路的信息，而且可以同时传送 7 万人次的通话。用光缆代替通信电缆，每公里可节省铜 1.1t、铅 2～3t。光纤通信与数字技术及计算机结合起来，可以用于光电控制系统、扫描、成像等设备上。

光损耗较大的光导纤维适于制作各种人体内窥镜，为诊断一些疾病提供了更直接的手段。

二、合成有机高分子材料

通常使用的合成有机高分子材料，按其性能、状态及用途可分为塑料、合成橡胶、合成纤维，即“三大合成材料”。此外，还有胶黏剂、离子交换树脂、有机硅聚合物以及涂料、高分子复合材料等。各种高分子材料的用途并无严格界限。同一种高分子化合物，由于采用不同的合成方法和成型工艺可制成用途不同的材料。如聚氯乙烯是典型的塑料，又可制成纤维（称氯纶）；再如聚氨酯，既可制成泡沫塑料又可制成弹性橡胶。

1. 塑料

塑料是在加热、加压的条件下可以塑制成型，并在常温常压下能保持其形状不变的高分子材料。由人工合成的线型有机高分子化合物，具有某些天然树脂的性质，所以把它叫合成树脂。合成树脂是塑料的最基本的成分，对塑料的性能起着决定性作用。塑料除含合成树脂外，还需要加入填充剂（可增加树脂的强度和硬度，并降低成本）、增塑剂（增加树脂的可塑性）、稳定剂（提高树脂对热、光及氧的稳定性）和着色剂（使树脂呈现所需要的颜色）等。塑料中的各种添加剂都和合成树脂均匀地黏合在一起。塑料的种类很多，常见的分类方法如下。

① 按塑料受热时所表现的性质分热塑性塑料和热固性塑料。

a. 热塑性塑料：是具有线型分子结构的一类塑料。其特点是受热时软化或熔融而被塑制成型，冷却后硬化。该过程可多次反复进行，具有可逆性。其主要优点是加工成型简便，具有较好的物理机械性能，缺点是耐热性与刚性较差。常见的热塑性塑料有聚氯乙烯、聚乙烯、聚丙烯、聚苯乙烯、有机玻璃、聚酰胺、

ABS 塑料、聚砜等。

b. 热固性塑料：是具有三维网状结构的一类塑料。特点是受热时软化或熔融可被塑制成型，随着进一步加热，能硬化成不溶、不熔的塑料制品。该过程不能反复进行，不具有可逆性。其主要优点是耐热性高，在负荷作用下不易变形，缺点是用作单组分塑料时性硬且脆。常见的热固性塑料有酚醛树脂、氨基树脂、环氧树脂、聚硅醚树脂等制得的塑料以及聚酰亚胺等。

② 按塑料的使用性能与用途分通用塑料、工程塑料和特种工程塑料。

通用塑料是指产量大、价格低、应用范围广的塑料。这类塑料主要有聚氯乙烯、聚乙烯、聚丙烯、聚苯乙烯、聚甲基丙烯酸甲酯、ABS 塑料、酚醛塑料和氨基塑料等。

工程塑料是指机械强度好，能做工程材料或代替金属材料制造各种机械设备或零部件的塑料。这类塑料主要有聚酰胺、聚碳酸酯、聚四氟乙烯、聚甲醛、氯化聚醚、聚砜、聚酯和聚苯醚等。

特种工程塑料是指产量小、价格贵、具有特殊性能和适合于特种用途的一类工程塑料。这类塑料主要有氟塑料、聚酰亚胺、有机硅塑料等。

塑料制品以其自身的特点被广泛应用在国防、工业、农业、交通、建筑、医药卫生及日常生活中。几种常见的塑料及性能见表 8-2。塑料在满足人类生产、生活需要的同时也带来了环境问题。合成塑料很难降解[❶]，在微生物作用下需时数百年。因此塑料废弃物已成为环境污染源之一，现已研制开发成功了多种降解塑料，其中一部分已实现了工业规模的生产并正在实用化。

2. 合成橡胶

在使用温度范围内，具有高弹性的高分子材料称为橡胶。橡胶的主要特点是具有高弹性，还具有不透水、不透气、耐热、耐寒、耐磨、耐油、耐酸碱及电绝缘等性能和一定的强度。

橡胶按来源可分为天然橡胶与合成橡胶两大类。天然橡胶主要来源于橡胶树、橡胶草的乳胶，其主要成分是聚异戊二烯。合成橡胶是以石油、天然气等为原料，先生产烯烃、二烯烃，再以此为单体聚合而成，典型的合成橡胶有丁苯橡胶、顺丁橡胶、丁腈橡胶、氯丁橡胶等。

橡胶是常用的弹性材料、密封材料及减振、传动材料，是制造飞机、军舰、拖拉机、收割机、汽车、水利排灌机械、医疗器械等所必需的，许多日用品的生产也都离不开橡胶。一些能够满足特殊工作条件需要的特种橡胶品种（如硅橡胶和含氟橡胶），近年来也相继问世。表 8-3 列出了一些合成橡胶的主要性能和用途。

---

❶ 降解，指高分子化合物在一定条件下分解为易为环境或生物吸收的低分子化合物的过程。

表 8-2 几种常见的塑料及性能

名称	主要性能	主要用途	燃烧时特点
聚乙烯(PE)	透明、稍带乳白色,有滑腻感。耐寒、耐化学腐蚀、无毒,电绝缘性好,耐热性差,易老化,溶于苯、四氯化碳中	食品、医药的包装材料;电线、电缆的包覆料;涂料,用做电视、雷达的绝缘材料等	易燃烧,熔化成滴,火焰浅黄色,根端淡蓝色,有石蜡燃烧的气味,离火后继续燃烧
聚氯乙烯(PVC)	耐酸碱,力学性能和电绝缘性好,耐热性差。溶于甲苯、苯、环己酮等溶剂中	电线电缆的包皮,绝缘涂料,建筑用管道、板材、壁纸;制人造革、氯纶等	不太易燃烧,火焰上端黄色,根端蓝绿色,熔融能拉丝,有氯化氢气味,离火后熄灭
聚苯乙烯(PS)	有耐化学腐蚀性、耐水性,电绝缘性和高频介电性好,耐热性、耐光性差,性脆,溶于甲苯、二氯乙烷、二硫化碳等溶剂中	用于制无线电、电视、雷达等的绝缘材料,医疗卫生用具及日用品等	易燃,火焰橙黄色,冒浓黑烟,有芳香烃气味,离火后继续燃烧
聚四氟乙烯(PTFE)(塑料王)	优异的耐高低温性、耐化学腐蚀性、介电性,摩擦系数小,刚性差,强度低,不溶于有机溶剂	在高低温工作的化工设备零件,电机、电容器、变压器的绝缘材料,轴承,原子能、航天工业用的特种材料及防火涂层	不燃烧
酚醛树脂(PF)	耐热、耐腐蚀,有较高的机械强度和优良的电性能	用于电器、仪表、无线电、汽车、航空、船舶等	难燃烧,火焰黄色,有火星,膨胀起裂,有焦木味,离火后熄灭

表 8-3 一些合成橡胶的主要性能和用途

名称	主要性能	主要用途
丁苯橡胶(SBR)	热稳定性、电绝缘性、抗老化性、耐磨性、耐寒性比天然橡胶好,不耐油,对臭氧较敏感	绝缘材料,制造轮胎及高硬度、高耐寒零件
异戊橡胶(IR)	黏结性、弹性、耐热性、化学稳定性及电绝缘性好	制造汽车、飞机轮胎,各种胶管、胶带、电缆包皮
氯丁橡胶(CR)(万能橡胶)	化学稳定性、耐磨性好,耐油和溶剂,耐热,不燃烧,绝缘性、耐寒性、弹性差	制电线、电缆包皮,运输带、输油管、胶粘剂及防腐材料
丁腈橡胶(NBR)	耐磨性比天然橡胶好,耐高温性比天然、氯丁橡胶好,弹性、电绝缘性及耐寒性差	飞机油箱的衬里,耐油、耐热的橡胶制品
硅橡胶	耐高低温,抗臭氧、紫外线,抗老化性及电绝缘性好,不耐碱,强度差	制飞机的门窗、密封材料,火箭、航天飞机的烧蚀材料、医疗器械,人造关节,耐高温衬垫
氟橡胶	力学性能好,耐高温、耐腐蚀、耐高真空	飞机、宇宙飞行设备的密封材料,制耐腐蚀服装、手套及涂料、胶黏剂

3. 合成纤维

合成纤维是利用石油、天然气、煤为原料，先制成单体，然后经聚合反应以及机械加工而制得的一类高分子化合物，这类大分子多为线型结构，具有强度大、弹性好、耐磨、耐腐蚀、缩水率小，不怕虫蛀等特点；但在穿着时有不透气、不易吸汗、易起球、产生静电等缺点。相比之下，合成纤维中的聚酯（涤纶）及聚丙烯腈（腈纶）纤维的性能较好。

针对合成纤维的缺点，人们一直在致力于纤维的改性技术研究，使新颖化纤品种层出不穷。如在丙烯腈的聚合过程中增加新的组分进行接枝共聚，所制得的共聚物纤维其物理性能和对光的反射辉度（亮度）酷似天然绢丝，可以乱真。

合成纤维除了供人们衣着外，在工业生产及国防工业上有着广泛的用途。几种常见的合成纤维的主要性能和用途见表8-4。

表8-4　几种合成纤维的主要性能和用途

名　　称	主要性能	主要用途
聚己内酰胺（锦纶或尼龙-6）PA	比棉花轻，强度高，耐磨性、耐化学腐蚀性和染色性好，耐光性、保型性、吸水性差	内衣、运动服，绳索、渔网、地毯、降落伞、绸、宇宙飞行服等
聚丙烯腈（腈纶或人造羊毛）PAN	比羊毛轻而结实，蓬松柔软，保暖、耐光、弹性好，不易染色	代替羊毛制衣料、地毯，工业用布、绒线等
聚对苯二甲酸乙二醇酯（涤纶或的确良）PET	力学性能和耐磨性优良，易洗、易干，保型性好，抗皱折，耐酸（除硫酸），不耐碱，染色性差	大量用于织物、电绝缘材料、渔网、绳索、运输带、人造血管等，轮胎帘子线、拉链、印刷筛网
聚氯乙烯（氯纶）PVC	保暖、耐腐蚀、电绝缘性好，耐热性、耐光性、染色性差	制针织品、工作服、绒线、毛毡、渔网、电绝缘材料等
聚丙烯（丙纶）PP	机械强度高，耐磨、耐化学腐蚀、电绝缘性好，染色性、耐光性、耐热性、吸湿性差	制绳索、滤布、网具、工作服、土工布、地毯衬布、人造草坪等
聚乙烯醇缩甲醛（维尼龙或维纶）PVA	柔软、吸湿性似棉花，耐光性、耐磨性及保暖性好，耐热性、染色性差	制衣料、窗帘、滤布、粮袋等

三、复合材料简介

自20世纪50年代以来，由于物质结构等基础科学的发展，人们已逐渐由对材料的宏观认识进入微观探讨，从而促进了新材料的发现，也给新技术带来突破。科学技术的发展必然同时要求具有高性能的新材料与之相适应。

复合材料就是由两种或两种以上物理、化学性质不同的物质，经人工组合而得到的性能优良的多材质材料。在自然界中作为单一材质的材料在具有某些方面优势的同时，总存在着其他方面的缺陷，例如金属不耐腐蚀，有机高分子材料不耐高温，陶瓷材料韧性不足等等。而复合材料将原有材料的优势充分结合了起来。实际上复合材料古代就有，现代更是随处可见。我国祖先盖房子时已会用稻草拌泥做土坯；令人瞩目的我国漆器在夏商时就已出现了；第二次世界大战中崛起的玻璃钢、世界上第一架航天飞机“哥伦比亚号”机身所用的金属陶瓷、近代的橡胶轮胎、磁带、钢筋水泥、书籍的塑纸封面、洗衣机的塑钢等，都属于复合材料。复合材料研究的深度、应用的广度及其发展的速度和规模，已成为衡量一个国家科学技术先进水平的重要标志之一。

组成复合材料的原材料种类繁多，但总起来看可分成基体材料和增强材料两大部分，例如常见的钢筋混凝土、水泥和黄沙是基体材料，而钢筋、石子是增强材料。复合材料的综合性能主要取决于所用的增强材料和基体材料固有的特性。

复合材料按基体分类可分为树脂基复合材料、金属基复合材料和陶瓷基复合材料。下面简要介绍几种。

1. 纤维增强树脂基复合材料

(1) 玻璃钢

玻璃钢是由玻璃纤维与聚酯类树脂（如尼龙、聚乙烯、环氧、酚醛和有机硅树脂等）复合而成的材料。玻璃纤维是玻璃加热熔化而制成的玻璃丝，它异常柔软而且强度比天然纤维或化学纤维高出5～30倍，将这种纤维加到树脂中就成为玻璃钢。玻璃钢具有比强度高、重量轻、成型工艺简单，耐腐蚀、抗烧蚀、绝缘性好等特点，同时还保持了树脂原有的韧性和可塑性，广泛用于飞机、汽车、船舶制造和建筑、家具等行业。

(2) 碳纤维增强树脂基复合材料

将聚丙烯腈在200～300℃的高温下加热固化，然后在高温的惰性气体中炭化，即可得到强度很高的碳纤维。

碳纤维增强树脂基复合材料可根据使用温度的不同选择不同的树脂基体（如环氧树脂的使用温度为150～200℃，聚酰亚胺在300℃以上）。这类热固性树脂的碳纤维复合材料相对密度小、机械强度高、耐热性能特别好，在机械工业中用来制造轴承、齿轮和刹车片等；体育器材如羽毛球拍、网球拍、高尔夫球杆、滑雪杖、滑雪板撑杆和钓鱼杆等都可采用碳纤维增强塑料来做。

2. 纤维增强金属基复合材料

金属基复合材料一般都是在高温下成型，因此要求作为增强材料的纤维必须有良好的耐热性，如硼纤维、碳纤维、碳化硅纤维等都可使用。基体金属多为铝、镁、钛及某些合金。碳纤维增强铝具有耐高温、耐热疲劳、耐紫外光和耐潮湿等性能，适用于航空航天领域作飞机的结构材料。碳纤维增强铝比铝轻10%，而刚性高1倍，具有更好的化学稳定性、耐热性和高温抗氧化性，主要用于汽车和飞机制造业。

3. 纤维增强陶瓷基复合材料

基体陶瓷大体有Al_2O_3、$MgO \cdot Al_2O_3$、SiO_2、SiC等。增强材料有碳纤维、碳化硅纤维等。纤维增强陶瓷可以增强陶瓷的韧性，用它做成的陶瓷瓦片粘贴在航天飞机机身上，可使航天飞机安全地穿越大气层。

四、材料的循环和回收

存在于地壳、海洋和大气中的自然资源包括各种矿物、石油、煤、绿色植物等，经开采（或采集）、加工后，获得各种原材料。常见的原油、原煤、生胶、虫胶、原木就是原材料。它们经提炼加工，如炼油、选煤、炼铁后就成为基础材料。

各种基础材料经加工之后，可获得符合要求的工程材料，例如由金属制成合金，由粗金属精炼成为纯金属，由纤维织成布，由陶土制成陶瓷制品，由合成树脂制成塑料等。工程材料被制造成符合要求的零件或部件，制成人们需要的工业品，如机车、设备、衣物、用具、电器等，这是商品社会最常见的东西，满足了人们对物质文化生活的各方面要求。当这些工业品由于种种原因不能使用时，就成了废物而被抛弃。但这些废物并非完全没有用处，有的部分可以拆卸下来用做基础材料。例如可以从旧喷丝设备上拆除得到金喷头，从旧电话交换机上拆得大量的银触点，从旧热交换器上拆得铜管，从旧飞机上获得大量的钛合金、铝合金等。废钢铁也可作为基础材料使用。确实难以回收、利用的废物经处理后，又返回大自然，这样就构成了材料的循环（如图 8-1）。

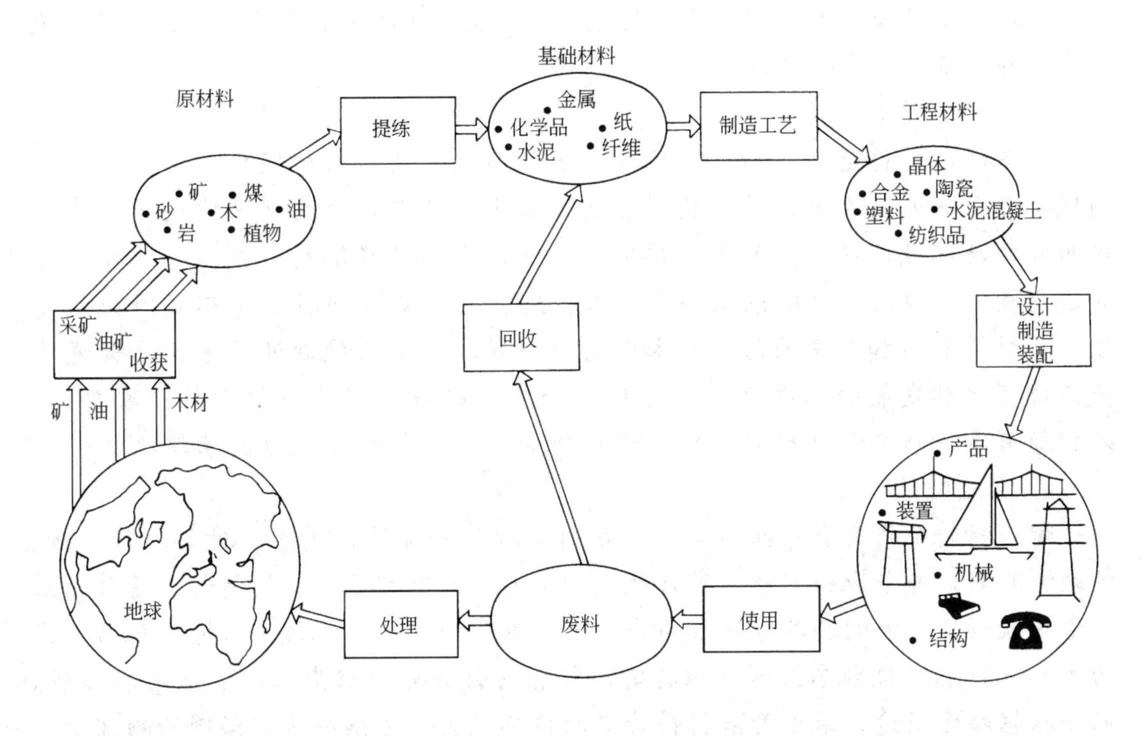

图 8-1　材料的总循环回收图

矿物、石油、煤等矿产资源是不可再生的，随着人类的开发利用，势必越来越少，所以，一方面要充分利用矿产资源，另一方面应努力开发代用品、回收利用废料，并探索海洋资源的利用。

功能材料

功能材料是指那些具有优良的电学、磁学、光学、热学、声学、力学、化学、生物医学功能，特殊的物理、化学、生物学效应，能完成功能相互转化，主要用来制造各种功能元器件而被广泛应用于各类高科技领域的高新技术材料。

1. 生物医用材料

生物活性陶瓷已成为医用生物陶瓷的主要方向；生物降解高分子材料是医用高分子材料的重要方向；医用复合生物材料的研究重点是强韧化生物复合材料和功能性生物复合材料，带有治疗功能的HA生物复合材料的研究也十分活跃。

2. 能源材料

太阳能电池材料是新能源材料研究开发的热点，IBM公司研制的多层复合太阳能电池，转换率高达40%。美国能源部在全部氢能研究经费中，大约有50%用于储氢技术。固体氧化物燃料电池的研究十分活跃，关键是电池材料，如固体电解质薄膜和电池阴极材料，还有质子交换膜型燃料电池用的有机质子交换膜等，都是目前研究的热点。

3. 生态环境材料

生态环境材料是20世纪90年代在国际高技术新材料研究中形成的一个新领域，其研究开发在日、美、德等发达国家十分活跃，主要研究方向是：①直接面临的与环境问题相关的材料技术，例如，生物可降解材料技术，CO_2气体的固化技术，SO_x、NO_x催化转化技术、废物的再资源化技术，环境污染修复技术，材料制备加工中的洁净技术以及节省资源、节省能源的技术；②开发能使经济可持续发展的环境协调性材料，如仿生材料、环境保护材料、氟里昂、石棉等有害物质的替代材料、绿色新材料等；③材料的环境协调性评价。

4. 智能材料

智能材料是指具有感知环境（包括内环境和外环境）刺激，对之进行分析、处理、判断，并采取一定措施进行适度响应的、具有智能特征的材料。这种刺激或者说激励所代表的物理量通常为声、光、电、磁、热、机械力（包括压力、张力等）、pH值、高能射线等。但特定的智能材料并非能够感知所有这些物理量，而是根据特定用途，赋予智能材料特定的传感能力，去感知所需探测的物理量。

智能材料是继天然材料、合成高分子材料、人工设计材料之后的第四代材料，是现代高技术新材料发展的重要方向之一，将支撑未来高技术的发展，使传统意义下的功能材料和结构材料之间的界线逐渐消失，实现结构功能化、功能多样化。科学家预言，智能材料的研制和大规模应用将导致材料科学发展的重大革命。

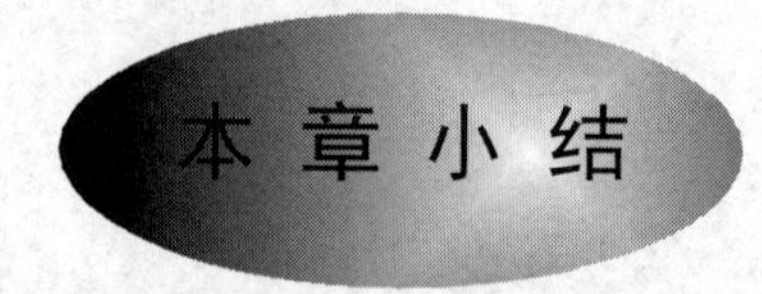

一、非金属概述

非金属元素共有22种，以固态存在的有9种，以液态存在的只有Br_2；其余都是气体。非金属大都不易电离，许多晶体不导电、不反射光、也不容易变形。

二、氯及其化合物

1. 氯的性质和用途

2. 氯的重要化合物

（1）氯化氢

HCl 较难被氧化，只有与 F_2、$KMnO_4$ 等强氧化剂反应时才显还原性。将 HCl 加热到足够高的温度，分解成氯气单质和氢气。氯化氢用水吸收得盐酸。

（2）次氯酸及其盐

次氯酸很不稳定，只能存在于稀溶液中。将氯气通入冷的碱溶液中，便可得到次氯酸盐。次氯酸钙和氯化钙的混合物称为漂白粉。漂白粉的有效成分是次氯酸钙。

（3）氯酸及其盐

氯酸是强酸、强氧化剂。将氯气通入热的强碱溶液中，生成氯酸盐。

（4）高氯酸及其盐

高氯酸是已知酸中的最强酸，热的浓高氯酸溶液是强氧化剂。高氯酸盐大多数易溶于水，有些高氯酸盐有较高的水合作用。

三、硫及其化合物

1. 硫的性质和用途

2. 硫的重要化合物

（1）硫化氢

H_2S 具有还原性。硫化氢的水溶液叫做氢硫酸，氢硫酸是易挥发的二元弱酸。

（2）硫化物

难溶金属硫化物根据其在酸中溶解情况可分为四类：溶于稀盐酸；难溶于稀盐酸，易溶于浓盐酸；不溶于盐酸，溶于硝酸；只溶于王水。

（3）二氧化硫和亚硫酸

亚硫酸不稳定，容易分解，只存在于水溶液中。H_2SO_3 可形成正盐和酸式盐。

（4）三氧化硫和硫酸

SO_3 极易与水化合成硫酸，硫酸为二元强酸，稀硫酸和盐酸一样是非氧化性的酸，具有酸的通性，浓硫酸则有吸水性、脱水性、氧化性特性。

常以可溶性的钡盐（如 $BaCl_2$）溶液来鉴定溶液中 SO_4^{2-} 的存在。

四、氮

1. 氮的性质和用途

2. 氮的重要化合物

（1）氨

NH_3 的化学性质相当活泼，主要发生加合反应、取代反应、氧化反应。氨与酸作用形成铵盐。

（2）氮的氧化物、含氧酸及其盐

亚硝酸（HNO_2）是弱酸，酸性比醋酸稍强。亚硝酸很不稳定，仅存在于冷的稀溶液中。亚硝酸盐有很高的热稳定性。固体亚硝酸盐与有机物接触，易引起燃烧和爆炸。

硝酸是一种强酸，浓硝酸见光或受热易分解；硝酸具有强氧化性。硝酸盐是无色晶体，易溶于水。不同金属硝酸盐加热分解产物不同。

五、硅

硅酸是不溶于水的胶状沉淀，也是一种弱酸，其酸性比碳酸弱。它经过加热脱去大部分水而变成无色稍透明，具有网状多孔的固态胶体，工业上称为硅胶，它有较强的吸附能力，常用来作干燥剂。

硅酸盐的种类很多，结构也很复杂，是构成地壳岩石的最主要的成分。

六、常用非金属材料

1. 无机非金属元素

（1）陶瓷　陶瓷的分类与用途

（2）水泥　水泥的制备与用途

（3）玻璃　玻璃的分类与用途

2. 合成有机高分子材料

（1）塑料　塑料是一类在加热、加压下塑制成型，而在常温能保持固定形状的高分子材料。

按塑料受热时所表现的性质可分为热塑性塑料和热固性塑料；按塑料的使用性能与用途可分为通用塑料、工程塑料和特种工程塑料。

（2）合成橡胶

合成橡胶是人工合成的具有高弹性的高分子材料。

（3）合成纤维

合成纤维是由高分子加工制成的。

3. 复合材料

复合材料是由两种或两种以上物理、化学性质不同的物质，经人工组合而得到的性能优良的多材质材料。

复合材料可分为树脂基复合材料、金属基复合材料和陶瓷基复合材料。

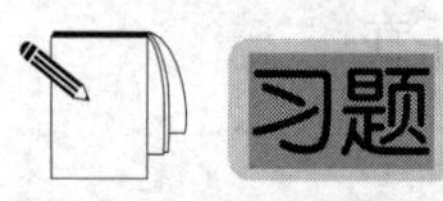

习题

1. 下列物质中存在着氯离子的是（　　）。

A. $KClO_3$ 溶液　　B. NaClO 溶液　　C. 液态 Cl_2　　D. Cl_2 水溶液

2. 下列物质中不能起漂白作用的是（　　）。

A. Cl_2　　B. $CaCl_2$　　C. HClO　　D. $Ca(ClO)_2$

3. 下列物质中最容易和 H_2 化合的是（　　）。

A. F_2　　B. Cl_2　　C. Br_2　　D. I_2

4. 下列酸中能腐蚀玻璃的是（　　）。

A. 氢氟酸　　B. 盐酸　　C. 硫酸　　D. 硝酸

5. 下列物质中，只具有还原性的是（　　）。

A. S　　B. SO_2　　C. H_2S　　D. H_2SO_4

6. 硫与金属的反应时比较容易（　　）。

A. 得到电子，是还原剂　　B. 失去电子，是还原剂

C. 得到电子，是氧化剂　　D. 失去电子，是氧化剂

7. 在常温下，下列物质可盛放在铁制或铝制容器中的是（　　）。

A. 浓 H_2SO_4　　B. 稀 H_2SO_4　　C. 稀盐酸　　D. $CuSO_4$ 溶液

8. 干燥 H_2S 气体，可用下列哪种干燥剂（　　）。

A. 浓 H_2SO_4　　B. NaOH　　C. P_4O_{10}　　D. 以上都不行

9. 填空题

(1) 非金属元素共有 22 种，以固态存在的有________种，以液态存在的只有________；其余都是气体。

(2) 氯原子的常见化合价为－1，形成________分子单质。

(3) 氯气中毒时，吸入酒精和乙醚混合蒸气或氨水蒸气作为________。

(4) 工业上，采用电解饱和________的方法来制取氯气，同时可制得烧碱。

(5) 硫有几种同素异形体，常见的________、________和________等三种。

(6) 二氧化硫具有________，能与一些有机色素结合成无色化合物。但是日久以后漂白过的纸张、草帽辫等又________的颜色。

(7) 在常温下，浓硫酸与铁、铝等金属接触，能使金属表面生成一层________，它可阻止内部金属继续与硫酸反应，这种现象叫做________。

(8) 通常使用的是一种变色硅胶，它是将无色硅胶用________溶液浸泡，干燥后制得。

10. 制备漂白粉的化学反应是什么？有效成分是什么？

11. 在实验室中如何检验 Cl_2、NH_4^+、SO_4^{2-}？

12. 为什么可以用氢氟酸在玻璃上刻字？

13. 写出氯与 S 和 P 的化学反应方程式。

14. 举例说明氯能把溴和碘从它们的卤化物溶液中置换出来。

15. 硫的哪些化合物是较强的还原剂？哪些是较强的氧化剂？举例说明它们的氧化还原产物。

16. 金属硫化物在颜色，以及在水、稀盐酸、浓盐酸、硝酸或王水中的溶解性有较大的差异，试对其进行归纳分类。

17. HNO_3 与金属反应时，其还原产物既与 HNO_3 的浓度有关，也与金属的活泼性有关，试总结其一般规律。

18. 解释下列现象：

(1) 加氯水于含淀粉的海藻灰溶液中，不断振荡，溶液变为蓝色。

(2) 实验室不能长久保存 H_2S、Na_2S 和 Na_2SO_3 溶液。

(3) 不能用 HNO_3 或浓 H_2SO_4 与 FeS 作用以制取 H_2S 气体。

(4) 装浓 HNO_3 的瓶子在日光照射下，瓶内溶液逐渐显棕色。

19. 实验室盛放强碱（NaOH）溶液的玻璃瓶试剂为什么不用玻璃塞而用橡皮塞？写出有关反应的化学方程式。

20. 什么是塑料？塑料是如何分类的？

21. 什么是橡胶？如何进行分类？

22. 什么是合成纤维？

23. 什么是复合材料？分为哪几种？

24. 什么是热塑性塑料？什么是热固性塑料？举例说明。

25. 简单说明丁苯橡胶、氯丁橡胶的用途。

26. 有一种白色晶体 A，它和 NaOH 共热放出一种无色气体 B，气体 B 可使湿润的红色石蕊试纸变蓝；A 与浓 H_2SO_4 共热则放出一种无色有刺激性气味的气体 C，该气体能使潮湿的蓝色石蕊试纸变红。若使 B、C 两种气体相遇即产生白烟。试判断原来的白色晶体可能是何物质？写出相关反应式。

27. 11.2LCl_2 与 11.2LH_2 反应，生成 HCl 气体多少升（气体体积均按标准状况计）？把生成的 HCl 都溶解在 328.5g 水中，形成密度为 1.047g/cm^3 的盐酸，计算这种盐酸的物质的量的浓度。

第九章　环境与化学

学习目标

1. 掌握大气、水、土壤的污染及防治方法。
2. 熟悉水、大气的质量排放标准。
3. 了解环境保护的重大意义，增强环境保护意识。

环境是当今世界各国人民共同关注的问题，保护环境就是保护人类赖以生存和发展的物质基础。与人类生产、生活密切相关的大气、水、土壤的质量对人类生活质量和生存安全起决定作用。环境问题已愈来愈引起人们的重视。可持续性发展是人类保护环境的必由之路，人们在改造自然界、创造幸福生活、建设美好家园的同时，应该自觉地保护自然环境和维持生态平衡。

第一节　环境与化学概述

人类已进入科技高速发展的快速道。在整个历史进程中，人与环境（environment）相互依存，相互作用，促进经济与环境协调发展已成为世界各国的共识。

20 世纪 70 年代以来，由于工业的发展，导致了环境污染速度的加快，环境污染日益扩展，致使环境生态失衡。这不仅危害人类的健康，也阻碍了经济的发展。为此，环境问题已成为世界各国关注的焦点，强烈地推动着环境污染的防治和环境保护事业的发展。运用化学的理论和方法研究环境问题，在 20 世纪 60 年代初形成了环境化学，进而产生了大气污染化学、水污染化学和土壤污染化学。

一、环境和环境问题

1. 环境的概念

《中华人民共和国环境保护法》指出："环境是指影响人类生存和发展的各种天然的和经过人工改造的自然因素的总和，包括大气、水、海洋、土地、矿藏、森林、草原、野生生物、自然遗迹、自然保护区、风景名胜区、城市和乡村等"。也就是说，环境是作用于人类的所有外界事物。

在环境中发生有害物质积聚的状态叫环境污染。自然界环境中的污染物存在于大气、水、土壤和食物中，通过食物，呼吸进入人体。损害了人体的正常机能，危害人类的健康。特别是现代工业生产造成“三废”的大量排放，严重污染人类生存环境，对人类的健康造成极大危害，制约了经济的可持续发展。

20世纪50年代以后，环境问题更加突出，震惊世界的公害事件接连不断。1952年12月的伦敦烟雾事件；1955～1972年的骨痛病事件等形成了第一次环境污染的高潮。于是20世纪60年代末兴起了环境化学，它是一门综合性很强的重要的新兴学科。

2. 人类面临的主要环境问题

环境是人类生存发展的物质基础和制约因素。当前人类面临的主要环境问题是人口问题、粮食问题、能源问题和环境污染问题。随着人口的增长，从环境中取得食物、资源、能源的数量必然增长、即环境向人类社会输入的总资源量增大。其中一部分供人类消费，有的经人体代谢为“废物”排入环境；有的经使用后降低了质量。众所周知，环境的承载能力和环境容量是有限的。如果人口的增长、生产的发展不考虑环境条件的制约作用，超出了环境的容许极限，就会导致环境的污染与破坏，造成资源的枯竭和对人类健康的损害。环境问题的实质是由于人口增长过快、盲目发展、不合理开发利用资源而造成的环境质量恶化和资源浪费。为此，必须全面规划，统筹兼顾，决定建设规模、数量和最适宜的人口比例。在利用大自然发展经济和创造文明的同时必须高度重视环境保护。

二、可持续性发展与环境

世界环境与发展委员会在1987年发表的《我们共同的未来》报告中，对可持续发展定义为：“既满足当代人的需求，又不对后代人满足其需求能力构成危害的发展”。其中有两方面的内涵：一是人类要发展，二是发展要有限度，不能危及后代的发展。也就是说，人类追求健康而富有生产成果的生活，这是人类的基本权利，但却不应该凭借手中的技术与投资，以耗竭资源、污染环境、破坏生态的方式求得发展。同时应该承认和努力做到使自己的机会和后代人的机会相平等，绝不能剥夺或破坏后代应当合理享受的发展与消费权利。

可持续发展具体表现在：工业应当低消耗高效益，能源应当被清洁利用，资源永续利用、粮食保障长期供给，人口和资源保持相对平衡，经济与环境协调发展等许多方面。

可持续性发展强调的是环境经济的协调，追求的是人与自然的和谐。其中心思想就是经济的健康发展应该建立在生态持续能力、社会公正和人民积极参与自身发展决策的基础之上。是指导人类走向新的繁荣、新的文明的重要指南，是人类保护环境的必由之路。

对于中国的可持续发展道路，人们普遍认为，第一应保证满足全体人民的基本要求；第二尽快建立资源节约型的国民经济体系合理保护资源，保持生态平衡和可持续发展能力；第三是实现社会、政治、经济等多方面的转变，建立科学、和谐的持续发展机制。具体包括：建立市场经济下的环境保护政策，运用经济手段保护环境；加强全民环境教育，不断提高全民族的环境意识；健全环境法制，强化环境管理；大力推进科技进步，加强环境科学研究，积极发展环保产业；大力开展植树造林，改善生态环境；采用无污染或低污染工艺技术，防治工业污染；提高能源的利用率，改善能源结构；治理城市环境、推广生态城市和生态农业；有效控制人口过快的增长等等。

总之，走可持续发展的道路，是加速我国经济发展解决环境问题的正确选择。只有坚持“同步实施、同步发展”的方针，才能实现人口、资源、环境与发展的良性循环，给子孙后代创造更好的生存和发展条件。

第二节　大气污染与防治

大气是环境的重要组成部分，并参与地球表面的各种化学过程。它是一切有机体所需氧气的源泉，成年人每天空气的需求量约为 $10m^3$。整个生态系统和人类健康有着直接的影响。大气污染对健康的影响取决于大气中有害物质的种类、性质、浓度和持续时间，也取决于人体的敏感性。

一、大气的组成

大气和空气两词，从自然科学角度来看，并没有实质性的差别，常作为同义词。但在环境科学中，为了便于说明问题，有时两个名词分别使用。对于室内和特指某个地方（如车间、厂区等）供动植物生存的气体，习惯上称为空气，这类场所的空气污染就用空气污染一词。在大气物理、大气气象和自然地理的研究中，是以大区域或全球性的气流作为研究对象，因此常用大气一词，对这种区域性的空气污染就称之为大气污染。

大气或空气是多种气体的混合物，就其组成可分为恒定的，可变的和不定的三种组分。其中含氮量 78.09%、含氧量 20.95%、含氩量 0.93%，这三者共占空气总体积的 99.7%，加上微量的氦、氖、氪、氙、氡等稀有气体，为空气中的恒定组分，这一组分的比例在地球表面上任何地方几乎是可以看做是不变的。

可变的组分指空气中二氧化碳和水蒸气。在通常的情况下二氧化碳的含量为 0.02%～0.04%，这些组分在空气中的含量随季节和气象的变化及人们在生产和生活活动的影响而发生变化。

大气中不定组分的来源有两个方面。其一是自然界的火山爆发，森林火灾、海啸、地震等暂时性的灾难所引起的。所形成的污染物有尘埃、硫、硫化氢、硫氧化物、氮氧化物、盐类及恶臭气体；其二是由于人类的生活和生产所造成的，如煤烟、尘、硫氧化物、氮氧化物等，这是空气中不定组分的最主要来源，也是造成空气污染的主要来源。

二、大气污染和大气污染源

按照国际标准化组织（ISO）做出的定义：大气污染通常是指由于人类活动和自然过程引起某种物质进入大气中，呈现出足够的浓度，达到足够的时间并因此而危害了人体的舒适、健康和福利或危害了环境的现象。

按污染物（pollutant）产生的类型可将大气污染概括为三个方面。

1. 工业污染源

主要包括工业用燃料燃烧排放的废气及工业生产过程的排气等。

2. 生活污染源

由于城乡居民及有些服务行业，煅烧各种燃料时，向空气排放污染物形成的污染源。其特点是排放量大、分布广、排放高度低。

3. 交通污染源

由交通运输工具排放的污染物形成的污染源。在一些发达国家，汽车排气已构成大气污染的主要污染源。

三、大气污染源及危害

排放大气的污染物种类很多，已经产生危害并为人类所认识的有 100 多种，现将常见的且危害较大的污染物作简单的介绍。

1. 粉尘污染及危害

燃料和其他物质燃烧产生的烟尘以及金属冶炼、采矿、固体粉碎加工等造成的各种粉尘，其粒径大于 10μm，靠重力作用能在短时间内沉降到地面者，称为降尘；粒径小于 10μm 不易沉降，能长时间在大气中漂浮者，称为飘尘。

降尘因其粒径较大，几乎都可以被人的鼻腔和咽喉所捕集，不进入人的肺部；而飘尘的表面积大，吸附能力强，能吸附各种细菌和有害物质（如金属、苯等），飘尘经过吸收道沉积于肺部。沉积在肺部的污染物一旦被溶解，就会直接进入血液，可能会造成血液中毒。某些行业人员由于长期工作在粉尘的环境中，会导致疾病。如煤矿工人吸入煤灰形成煤肺；玻璃厂工人或石棉厂工人吸收硅酸盐粉尘会形成矽肺，这些职业疾病严重者可伴发哮喘、支气管和肺气肿等，甚至导致死亡，不可掉以轻心。

2. 硫氧化物的污染及危害

主要指 SO_2 和 SO_3。SO_2 是含硫化合物中典型的大气污染物。主要来源于含硫煤矿的燃烧、硫化物矿石的焙烧和金属的冶炼过程，其产生的 SO_2 占 95%以上。SO_2 对眼、鼻、咽喉、肺等器官有强烈的刺激作用，能引起黏膜炎、嗅觉和味觉障碍、倦怠无力等疾患。空气中 SO_2 含量多于 0.2%时，就会使人嗓子变得嘶哑、喘息、甚至发生窒息。英国的伦敦烟雾事件就是由于空气中三种污染物（粉尘、SO_2、硫酸雾）引起的，造成 4000 多人死亡的惨案。SO_2 对环境污染的特性是它在大气中的被氧化，最终生成硫酸或硫酸盐。大气中 SO_2 被氧化成 SO_3 后可长期保留在空气中，SO_3 与水蒸气结合生成 H_2SO_4，对金属、涂料、纤维、皮革、建筑材料等都有不同程度的损害作用，所以 SO_2 也是酸雨的成因之一。酸雾或硫酸酸雨其毒性比 SO_2 高 10 倍，防治酸雨的核心问题是减少硫氧化物和氮氧化物对大气的排放量。SO_2 还可以抑制植物生长，降低农作物产量。

3. 氮氧化物的污染及危害

造成空气污染的氮的氧化物主要是 NO 和 NO_2。它们主要来自生产或使用硝酸的工厂排放的尾气、金属冶炼和汽车燃料的燃烧过程。

NO 能与血红素结合形成亚硝基血红素引起中毒。NO 高浓度急性中毒可使人的中枢神经受损，引起痉挛和麻痹。

NO_2 严重刺激呼吸器官，其毒性比 NO 大 5 倍，当空气中的体积分数为 $25\times10^{-6}\sim75\times10^{-6}$，在 1h 内就会引起支气管炎和肺炎；当体积分数为$300\times10^{-6}\sim500\times10^{-6}$时，就会由于支气管炎和肺水肿导致死亡。例如，发生在美国的洛杉矶烟雾事件主要是由于排放到大气中的氮氧化物和烃类，在日光作用下产生了一系列复杂的化学反应，生成一种具有极大毒性和刺激性的浅蓝色烟雾，被称为光化学烟雾而引起的，造成数百人死亡。

NO_2 能使植物的叶子产生斑点，组织受到破坏；NO_2 对棉织物、尼龙等有损害作用，能使染料褪色，使许多金属材料腐蚀。

4. 碳氧化物的污染及危害

大气中的碳氧化物包括 CO 和 CO_2。CO 主要来源于燃料不完全燃烧时产生的。所以燃料的燃烧是城市大气中的 CO 的来源，其中 80%是由汽车排放。

燃煤取暖做饭或使用淋浴器不慎发生煤气中毒，就是一氧化碳中毒。一氧化碳破坏了血红蛋白的供氧机能，就使血红蛋白丧失了输送氧的能力，导致组织低氧症。如果血液中 50%血红蛋白与 CO 结合，即可引起心肌坏死。CO 对植物几乎没有危害作用。

CO_2 是一种无毒气体，对人体无显著的危害作用。但普遍认为 CO_2 能引起全球性环境的演变，使地球平均气温上升，即温室效应。

5. 重金属元素污染及危害

大气中重金属元素如铅和汞是对人体危害较大的污染物之一。铅污染主要来源于汽车尾气排放的铅尘，占 90%以上。铅进入人体后，截断了血红素生物合成，容易患贫血症。铅中毒通常表现为厌食，消化不良和便秘，还会影响儿童脑部发育。为了减少铅污染，我国决定 21 世纪初开始使用无铅汽油。汞的来源主要是涉及含汞化合物生产逸出的汞蒸气，汞蒸气有高度的扩散性和较大的脂溶性，侵入呼吸道后，可被肺泡完全吸收并经血液送至全身，造成严重病变。

四、大气污染的综合防治

1. 环境空气质量标准

为了控制和改善大气质量，创造清洁适宜的环境，防止生态破坏，保护人民健康，促进经济发展，国家制定了《环境空气质量标准》（GB 3095—1996）。该标准适用于全国范围的环境空气质量评价。根据该标准，环境空气质量分三级，见表 9-1。

表 9-1 各项污染物的浓度极限

<table>
<tr><th rowspan="2">污染物名称</th><th rowspan="2">取值时间</th><th colspan="3">浓度限值</th><th rowspan="2">浓度单位</th></tr>
<tr><th>一级标准</th><th>二级标准</th><th>三级标准</th></tr>
<tr><td>二氧化硫</td><td>年平均
日平均
1h 平均</td><td>0.02
0.05
0.15</td><td>0.06
0.15
0.50</td><td>0.10
0.25
0.70</td><td rowspan="7">mg/m³
(标准状态)</td></tr>
<tr><td>总悬浮颗粒物 TSP</td><td>年平均
日平均</td><td>0.08
0.12</td><td>0.20
0.30</td><td>0.30
0.50</td></tr>
<tr><td>可吸入颗粒物 PM_{10}</td><td>年平均
日平均</td><td>0.04
0.05</td><td>0.10
0.15</td><td>0.15
0.25</td></tr>
<tr><td>氮氧化物 NO_x</td><td>年平均
日平均
1h 平均</td><td>0.05
0.10
0.15</td><td>0.05
0.10
0.15</td><td>0.10
0.15
0.30</td></tr>
<tr><td>二氧化氮 NO_2</td><td>年平均
日平均
1h 平均</td><td>0.04
0.08
0.12</td><td>0.04
0.08
0.12</td><td>0.08
0.12
0.24</td></tr>
<tr><td>一氧化碳 CO</td><td>日平均
1h 平均</td><td>4.00
10.00</td><td>4.00
10.00</td><td>6.00
20.00</td></tr>
<tr><td>臭氧 O_3</td><td>1h 平均</td><td>0.12</td><td>0.16</td><td>0.20</td></tr>
<tr><td>铅 Pb</td><td>季平均
年平均</td><td colspan="3">1.50
1.00</td><td rowspan="2">μg/m³
(标准状态)</td></tr>
<tr><td>苯并[a]芘
B[a]P</td><td>日平均</td><td colspan="3">0.01</td></tr>
<tr><td rowspan="2">氟化物 F</td><td>日平均
1h 平均</td><td>7①
20①</td><td colspan="2">μg/m³
(标准状态)</td><td></td></tr>
<tr><td>月平均
植物生长
季平均</td><td>1.8②
1.2②</td><td colspan="2">3.0③
2.0③</td><td>μg/(dm³ · d)</td></tr>
</table>

① 适用于城市地区；

② 适用于牧业区和以牧业为主的半农半牧区，蚕桑区；

③ 适用于农业和林业区。

2. 大气污染综合防治

大气污染的防治问题，必须从城市和区域的整体出发，统一规划工业发展，城市建设和能源结构，综合运用各种防治污染的技术措施，才有可能有效的控制大气污染。现将大气污染综合防治措施概括如下。

(1) 调整工业结构，推广清洁生产

一些城市的实践证明，因地制宜的优化工业结构，可削减排污量 10%～20%。在调整工业结构的同时，必须同时实施清洁生产。所谓清洁生产，可概括为采用清洁的能源和原材料，通过清洁的生产过程，制造出清洁的产品。采用无污染或低污染的生产状况。如广西某冶炼厂采用清华同方能源环境公司的湿式液柱喷射烟气脱硫技术，使该工厂的外排 SO_2 由 1500t/a 减少到 575t/a，排放浓度完全符合国家目标。到 2010 年，控制区内所有城市环境空气浓度都达到国家环境质量标准；酸雨控制区降水地区面积明显减少。

表 9-2 大气中主要污染物的常用治理方法

序	污染物	治理方法	方法说明
1	粉尘	① 机械法	利用粉尘粒子的重力、惯性力、离心力比气体大的特点，将烟道气或其他工艺气体通过气固沉降器、旋风分离器等将气体中的尘粒捕集下来。此法所有设备结构简单，造价低，操作方便。缺点是不能有效地除去颗粒较小的粉尘
		②洗涤法	一般用水作洗涤剂，使含尘气体与水密切接触，粉尘被洗涤水带走。洗涤水再经处理后可循环使用。该法除尘效率可达 80%以上
		③过滤法	使含尘气体通过多孔过滤介质，截留其中粉尘而与气体分离。本法适于含尘浓度较低、粉尘颗粒较小的场合，除尘效率可达 99%以上。工业上常用的有袋式过滤器，过滤介质有棉、毛、化纤织物、泡沫塑料等，高温废气可用玻璃纤维和矿物棉等。使用过程中需及时清除过滤层上积尘，因此需配备一定设备
		④静电法	在外加电场作用下，气体中的粉尘将会带负电荷，使粉尘趋向正极，到达正极后电性中和而沉积于其上，此法除尘效率可达 99%以上，并可除去粒子小于 10μm 的飘尘，其气体压降小，但设备投资和占地面积大
2	二氧化硫	①稀释法	二氧化硫主要从化石燃料的燃烧中产生。由于脱硫费用较高。大多数的燃烧烟气还是采用稀释法处理，即将含硫烟气通过烟高空排放。如前所述，此法二氧化硫的排放总量未减少，故并不是彻底的治理方法
		②化学法	分干法和湿法两类 干法：通过吸附剂（如用活性炭）将烟气中二氧化硫脱除。若在活性炭中添加一定催化剂，可使吸附的二氧化硫氧化，用水淋洗产生稀硫酸，同时使活性炭再生而可重新使用。 湿法：通常是利用碱性溶液吸收气体中的二氧化硫，同时起中和反应。如石灰乳法是用 5%～10%氢氧化钙乳浊液处理含硫气体，可生成亚硫酸钙；又如氨水法是用稀氨水液作吸收剂，生成亚硝酸铵和亚硫酸氢铵。也可用碳酸钠溶液来脱除二氧化硫。化学法的脱除效率较高，是目前应用最多的方法
3	碳氢化合物	吸附法	碳氢化合物主要来自炼油厂、石油化工厂和汽车尾气等。除本身有一定毒寄存器外，还能在大气中与一氧化碳、氮氧化物、二氧化硫等在紫外线照射下发生光化学反应，形成毒性更大的光化学烟雾。碳氢化合物可用活性炭作吸附剂除去。如用苯制取顺丁烯二酸酐时，用活性炭脱除尾气中的苯后再放空
4	氮氧化物	①吸收法	氮氧化物主要是指一氧化氮和二氧化氮，大多来自硝酸厂、电镀厂等。二氧化氮及其与一氧化碳的混合物能与碱性溶液反应生成亚硝酸盐和硝酸盐
		②催化还原法	氮氧化物在特定的催化剂存在下能与还原剂（如氢、氨、天然气等）作用分解为氮气。所用催化剂有铂、钯、铊和非贵金属
		③吸附法	硝酸尾气中的氮氧化物可用固体吸附剂（如天然沸石、活性炭、硅胶、离子交换树脂等）吸附。此法净化度较高，且解吸出来的高浓度氮氧化物又可制硝酸，但技术难度大，设备投资和能耗较高

根据 GB 3095—1996 的规定；自然保护区、风景名胜区和其他需要特殊保护的地区执行一级标准；对城镇规划中确定的居住区、商业交通居民混合区、文化区、一般工业区和农村地区，以及不实行一、三级标准的地区执行二级标准；对特定工作业区执行三级标准。

(2) 改进能源结构，采用无污染和低污染能源

大力发展环境汽车。采用无铅汽油，减少铅污染；用压缩天然气与液化天然气作为汽车燃料；采用甲醇、乙醇液体燃料。我国与美国福特汽车公司合作进行了甲醇燃料的研究，与德国大众汽车公司合作对乙醇燃料进行了研究与开发；目前电动汽车已面世，使用电能驱动汽车可实现零污染，是最理想的清洁汽车。

(3) 强化城市大气环境质量管理

强化对大气污染源的监控。在以城市街道和行政区为单位制定的区域内，对各种生活源和工业源烟尘黑度或浓度进行定量控制，使其达到规定标准；实施城市空气质量的周报或日报。开展城市空气污染周报工作，公布空气污染指数(API)，是为了反映我国城市大气环境状况，提高群众环境保护意识，并使我国的环境保护工作尽快与国际接轨的重要战略步骤。北京、上海、广州等 48 个大中城市实行了空气质量日报制度。它有利于人们及时了解该城市空气中二氧化硫、二氧化氮、总悬浮微粒等污染物的含量，以增强环境保护意识，并自觉地抵制环境污染，有利于公众监督政府的环境保护工作。

(4) 治理排放的主要污染物

采用气体吸收塔处理有害气体；利用除尘器除去烟尘和各种工业粉尘；回收利用废气中的有用物质或将有害气体无害化。详见表 9-2。

第三节　水污染与防治

水是地球上一切生命赖以生存的物质基础，是人类生活和生产中不可缺少的基本物质之一。20 世纪以来，由于世界各国工农业的迅速发展，城市人口的剧增，缺水已是当今世界许多国家面临的重大问题，尤其是城市缺水状况越来越加剧。我国是世界 13 个贫水国之一，水的人均占有量只相当于世界平均值的 1/4。我国目前有 300 多个城市缺水，其中近 50 个百万以上人口的大城市的缺水程度更为严重，这不仅影响居民的正常生活用水，而且制约着经济建设发展。所以节约用水，保护水源不受污染是关系到子孙万代生存的大事。

一、水体和水体污染

水体一般是指河流、湖泊、沼泽、水库、地下水、海洋的总称。在环境学领域中，水体包括水中的悬浮物、溶解物质、底泥及水中生物。从自然地理的角度看，水体是指地表被水覆盖的自然综合体。

（1）海洋水体

（2）陆地水体 $\begin{cases} \text{地表水体——河流、湖泊} \\ \text{地下水体} \end{cases}$

在环境污染的研究中，“水”与“水体”的概念是不同的。

如重金属污染物易于从水中转移到底泥中（生成沉淀或被吸附和螯合）水中重金属的含量一般都不高。若着眼于水，似乎未受到污染，但从整个水体来看，可能受到较严重的污染，很难治理。

水体污染是指排入水体的污染物使该物质在水体中的含量超过了水体的本底含量和水体的自净能力，从而导致了水体的物理特征、化学特征和生物特征的变化，破坏了水中固有的生态系统。

自然环境包括水环境对污染物质都具有一定的承受能力，即环境容量。简单地说，水体受到废水污染后，使排入的污染物质的浓度和毒性随着时间的推移在向下游流动的过程中自然降低，成为水体自净作用。

研究水体污染主要研究水污染，同时也研究底泥污染和水生生物污染。

二、水体污染物及危害

水体污染有两类：一类是自然污染，另一类是人为污染。人为污染是人类生活和生产活动中产生的废水对水体的污染，包括生活污水、工业废水、农田排水和矿山排水。另外，一些垃圾倾倒在水中或岸边经降雨淋洗流入水体也造成污染。

1. 酸、碱、盐等无机物污染

冶金、金属加工的酸洗工序、人造纤维、酸法造纸等工业用水，是水体酸污染的重要来源；碱法造纸、化学纤维、制碱、制药、炼油等工业废水是碱污染重要来源。酸碱污染水体，使水体的 pH 发生变化，破坏自然缓冲作用。当 pH 值小于 6.5 或大于 8.5 时，水中的微生物生长受到限制，妨碍水体自净，如长期遭受酸碱污染，水质逐渐恶化，周围土壤酸化，危害渔业生产。酸、碱污染物不仅能改变水体的 pH，而且可大大增加水中的一般无机盐类和水的硬度，水体的硬度增加对地下水的影响显著，使工业用水的水处理费用提高，据北京统计用于降低硬度而软化水，每年要耗资两亿多元。

在无机物污染中，氰化物是毒性很强的污染物之一。水体中氰化物主要来源于电镀废水、焦炉和高炉的煤气洗涤冷却水、某些化工厂的含氰废水及金银选矿废水等。氰化物是剧毒物质，急性中毒抑制细胞呼吸，造成人体组织严重缺氧而窒息死亡。

我国饮用水标准规定，氰化物含量不得超过 0.01μg/L，地面水不超过 0.1μg/L。

2. 重金属污染

重金属污染主要通过食物或饮水进入人体，能在人体的一定部位积累，且不易排出，使人慢性中毒。地表水中的重金属可以通过生物的食物链成千上万地富集而达到相当高的浓度，如淡水鱼可富集汞1000倍、镉3000倍、砷330倍、铬200倍等。藻类对重金属的富集程度更为强烈，如富集汞可达1000倍，这样重金属能够通过多种途径（食物、饮水、呼吸）进入人体，积累在人体的某些器官中，最终威胁着人的生命。例如，20世纪50年代日本九州水俣湾一代居民吃了被 $HgCl_2$、有机汞化合物污染的鱼鲜、贝类产品，使1000多人中毒，被人们称为水俣病，造成200多人死亡，这就是震惊世界的“水俣事件”。

3. 耗氧有机物污染

耗氧性有机污染物引起水体溶解氧浓度降低，会对水中多数耗氧呼吸的生物产生危害作用。有机污染物对水体污染的危害主要在于对渔业水产资源的破坏。天然水体内溶解氧一般5～10μg/L，如鱼类在溶解氧小于4μg/L的水中就会窒息而死。

4. 有毒有机污染物

这一类物质多属于人工合成的有机物质，如农药（有机氯农药）、醛、酮、酚以及聚氯联苯、芳香族氨基化合物、高分子合成聚合物（塑料、合成橡胶、人造纤维）、涂料等。

酚类化合物是重要的有毒有机污染物之一，酚污染物主要来源于焦化、冶金、炼油、合成纤维、农药等工业企业的含酚废水。此外，粪便和含氮有机物在分解过程中也产生少量酚类化合物。所以城市中排出的大量粪便污水也是水体中酚污染物的重要来源。酚溶于水毒性较大，能使细胞蛋白质发生变性和沉淀，当水体中酚浓度为0.1～1μg/L时，鱼肉产生酚味；浓度高时，可使鱼类大量死亡；若人们长期饮用含酚水可引起头昏、贫血及各种神经系统症状。

5. 生物体污染物

城市生活污水、医院污水或污水处理厂将污水排入地表后，引起病源微生物污染。常见的致病菌是肠道传染病菌，如霍乱、伤寒和痢疾等；常见的蠕虫有线虫、绦虫等，可引起相应的寄生虫病；常见的病毒是肠道病毒和肝类病毒。

三、水污染的综合防治

1. 地面水环境质量标准及水质卫生要求

（1）地面水环境质量标准

为贯彻执行《中华人民共和国环境保护法》和《中华人民共和国水污染防治法》，控制水污染，保护水资源，国家制定了《地面水环境质量标准》(GB 3838—2002)。该标准适用于全国江、河、湖泊、水库等具有使用功能的地面水水域。

依据地面水水域使用目的和保护目标可划分以下5类。

Ⅰ类　主要适用于源头水、国家自然保护区。

表 9-3 地面水环境质量标准/(mg/L)

序号	参数 \ 标准值 \ 分类		Ⅰ类	Ⅱ类	Ⅲ类	Ⅳ类	Ⅴ类
1	基本要求		所有水体不应有非自然原因所导致的下述物质 ①凡能沉淀而形成令人厌恶的沉积物 ②漂浮物,诸如碎片、浮渣、油类或其他一些引起感官不快的物质 ③产生令人厌恶的色、臭、味或浑浊度的 ④对人类、动物或植物有损害、毒性或不良生理反应的 ⑤易滋生令人厌恶的水生生物的				
2	水温/℃		人为造成的环境水温变化应限制的 夏季周平均最大温升≤1 冬季周平均最大温降≤2				
3	pH		6.5～8.5				6～9
4	硫酸盐(以 SO_4^{2-} 计)	≤	250 以下	250	250	250	250
5	氯化物(以 Cl^- 计)		250 以下	250	250	250	250
6	溶解性铁①	≤	0.3 以下	0.3	0.5	0.5	1.0
7	总锰①	≤	0.1 以下	0.1	0.1	0.5	1.0
8	总铜	≤	0.01 以下	1.0(渔 0.01)	1.0(渔 0.01)	1.0	1.0
9	总锌	≤	0.05	1.0(渔 0.1)	1.0(渔 0.1)	2.0	2.0
10	硝酸盐(以 N 计)	≤	10 以下	10	20	20	25
11	亚硝酸盐(以 N 计)	≤	0.06	0.1	0.15	1.0	1.0
12	非离子氨	≤	0.02	0.02	0.02	0.2	0.2
13	凯氏氮	≤	0.5	0.5	1	2	2
14	总磷(以 P 计)	≤	0.02	0.1 (湖库 0.025)	0.1 (湖库 0.05)	0.2	0.2
15	高锰酸盐指数	≤	2	4	6	8	10
16	溶解氧	≥	饱和率 90%	6	5	3	2
17	化学需氧量(COD_{Cr})	≤	15 以下	15 以下	15	20	25
18	生化需氧量(BOD_5)	≤	3 以下	3	4	6	10
19	氟化物(以 F^- 计)	≤	1.0 以下	1.0	1.0	1.5	1.5
20	磷(四价)	≤	0.01 以下	0.01	0.01	0.02	0.02
21	总砷	≤	0.05	0.05	0.05	0.1	0.1
22	总汞②	≤	0.00005	0.00005	0.0001	0.001	0.001
23	总镉③	≤	0.001	0.005	0.005	0.005	0.01
24	铬(六价)	≤	0.01	0.05	0.05	0.05	0.1
25	总铅②	≤	0.01	0.05	0.05	0.05	0.1
26	总氰化物	≤	0.005	0.05 (渔 0.005)	0.2 (渔 0.005)	0.2	0.2
27	挥发酚	≤	0.002	0.002	0.005	0.01	0.1
28	石油类(石油醚萃取)	≤	0.05	0.05	0.05	0.5	1.0
29	阴离子表面活性剂	≤	0.2 以下	0.2	0.2	0.3	0.3
30	总大肠菌②/(个/L)	≤			10000		
31	苯并[a]芘③/(μg/L)	≤	0.0025	0.0025	0.0025		

① 允许根据地方水域背景值特征做适当调整的项目。

② 规定分析检测方法的最低检出限，达不到基准要求。

③ 试行标准。

Ⅱ类　主要适用于集中式生活饮用水水源地一级保护区、珍贵鱼类保护区、鱼虾产卵场等。

Ⅲ类　主要适用于集中式生活饮用水水源地二级保护区、一般鱼类保护区及游泳区。

Ⅳ类　主要适用于一般工业用水区及人体非直接接触的娱乐用水区。

Ⅴ类　主要适用于农业用水区及一般景观要求水域。

同一水域兼有多类功能的，依据最高功能划分类别。有季节性功能的，可按季节划分类别。上述5类水域的水质要求见表9-3。

（2）地面水水质卫生要求

所有排放的工业废水和生活污水必须经必要的严格处理方准许排入地面水域。表9-4列出了地面水水质卫生要求。

表9-4　地面水水质卫生要求

指　标	卫生要求
悬浮物质	含有大量悬浮物质的工业废水，不得直接排入地面水体
色、嗅、味	不得呈现工业废水和生活污水所特有的颜色、异臭或异味
漂浮物质	水面上不得出现较明显的油膜和浮沫
pH	6.5～8.5
生化需氧量(5日，20℃)	不超过3～4mg/L
溶解氧	不低于4mg/L
有害物质	不超过表规定的最高允许浓度
病原体	含有病原体的工业废水和医院污水，必须经过处理和严格消毒，彻底消灭病原体后方可排入地面水体

2. 水污染的综合治理防治

水污染综合防治的基本原则是转化经济增长方式；提高资源利用率与水污染治理相结合；合理利用环境的自净能力与人为措施相结合；污染源分散治理与区域污染集中控制相结合；生态工程与环境工程相结合；技术措施要与管理措施相结合。

水污染的综合防治一般利用以下的技术途径和措施。

① 减少废水和污水物排放量。在防治工业废水污染上，要研究消除产生废水的原因；控制污水总量，实行排污许可证制度。

② 依据地面水环境质量标准进行水环境功能区制，是水源保护和水污染控制的依据。

③ 发展区域性水污染防治系统，包括制定区域性水质管理规划。对于小型工业企业可以采用污染治理社会化的方法解决。对于其他的污染物应以集中控制为主，提高污染治理效益。

表9-5列出了污水常用的几种治理方法。

表 9-5　污水的常用治理方法

处理程度	方法分类	常用治理方法	除去污染物种类
一级处理	物理法	重力分离法——沉淀、浮选等 离心分离法——通过水力旋液器或离心机械等分离 过滤法——经筛网、格栅、砂滤等过滤	除去悬浮物、胶状物质
	化学法	酸碱中和——酸性水用碱性物质中和，反之用酸性物质中和	调整 pH 使水显中性（一般为 6～9）
二级处理	生物法	好氧微生物处理法——常通过活性污泥、生物滤池、生物转盘和氧化塘等方法 厌氧生物处理法——在缺氧条件下通过厌氧微生物分解有机物	除去有机物
三级处理	化学法	氧化法——常用空气、臭氧和化学氧化等方法	除去溶解的有机物
		还原法——如用硫酸亚铁-石灰法除去电镀废水中铬，用铜、铁屑或硼氢化钠从含汞废水中回收金属汞等	除去溶解的无机化合物
	物理法	吸附法——用于微生物难分解的有机物及表面活性物质的脱除，降低废水 COD 值，及改善色泽，脱除臭味。常用的吸附剂为活性炭等	除去溶解性的有机、无机物及悬浮物质
		离子交换法——常用人工合成的阴、阳离子交换树脂。可用于含铬、锌、镍、镉和氰化物等废水处理	除去（或回收）重金属，清除有机毒物等
		反渗透法——一项新的膜分离技术，已用于造纸工业、矿山酸性废水和放射性废水等的治理	溶解（或回收）溶解的重金属、有机物等

第四节　土壤的污染与防治

一、土壤污染的概念

土壤污染是指人类活动产生的污染物通过各种途径输入土壤，土壤中的废物超越了土壤的自净能力，破坏了自然生态平衡，导致土壤正常功能失调，影响了植物的正常生长发育，造成土壤质量降低的现象。

土壤污染最主要来源是各种固体废物。大量生活垃圾的堆放，使污染物进入土壤；大型的工矿企业排放的气体污染物，受重力作用或随雨雪落于地表渗入土壤之内；尤其是工业废水灌溉。另外，人粪尿、生活污水中含有致病的各种病原菌和寄生虫等，用这种未经处理的源肥施于土壤，会使土壤发生严重的生物污染。农业上，随着农药、化肥的使用不断扩大，数量和品种不断增加，也是土壤的重要污染源。

土壤污染比大气污染和水污染复杂得多。因此研究土壤的污染及防治尤为重要。

二、土壤污染及危害

土壤污染物可分为无机物和有机物两大类。无机物有重金属元素汞、镉、铅、铬等；有机物如酚、农药等。有害生物也是土壤污染物的组成之一。

1. 重金属类污染物

重金属元素不能被土壤微生物所分解，易于在土壤中积累。土壤中重金属可以通过植物吸收，影响植物的正常发育，如铜、锌、汞、镉、铅等元素在植物体内富集转化，引起食物污染，危及人体健康。一旦中毒，就难以彻底消除。如实验后金属的废液要经过处理或回收，不要随意排放或倒入土中掩埋。

2. 农药污染物

农药包括杀虫剂、除草剂、杀菌剂等。农药进入土壤，必须要求在土壤中停留一定时期，才能发挥其应有的杀虫、灭菌或除莠作用。农药对土壤的污染与农药的施用方法、性质、用量以及土壤的成分都有关系。进入土壤中的农药首先是被土壤吸附，然后被植物吸收，或在土壤中迁移和降解。农药污染是指农作物吸收了土壤中的农药，并积累在农产品（粮、菜、水果）中，通过食物链危害鸟、兽和人类健康。

三、土壤污染的防治

对于土壤污染的防治必须贯彻“预防为主，防治结合”的环境保护方针。防治和消除土壤污染源是防治的根本措施。

① 控制和消除工业的“三废”排放，大力推广闭路循环无毒工艺，以减少或消除污染物。有些工厂采用完全不含 Cl_2 的漂白剂，如使用 H_2O_2、O_3 或 O_2，这种方法不会产生二噁英和其他有机氯化物。

② 合理施用化肥和农药，禁止或限制使用剧毒高残留性农药（如禁止使用六六六、滴滴涕等农药），发展生物防治措施，增加土壤有机质的含量，增加对有害物质的吸附能力和吸附量，从而减少污染物在土壤中的活性。

③ 防止“白色污染”。在人口激增、耕地减少、森林退化及钢铁成本较高的今天，塑料作为一种替代物，具有价廉物美的优点，更加受到人们的青睐。目前世界年产量为 1.2×10^{11} kg，我国为 500 万吨。然而，废弃的塑料制品，特别是人们不愿意回收的农田覆膜与替代纸张的包装袋，在人群周围随风飘荡，已构成了“白色污染”。丢弃的塑料被动物和鸟误食，引起死亡的事件时有报道。田野里的废农膜长期残留在土壤中，阻碍了水分流动和作物根系发育，缠绕农机设备，使土壤环境恶化。废弃塑料对海洋的污染已成为国际问题。海洋漂浮物中泡沫聚乙烯占 22%，其他塑料占 23%，经常由此引起海上交通事故。每清除 1t 海上垃圾要用去清除陆地垃圾 10 倍代价。如果焚烧废弃塑料，还会带来严重的第二次污染。其中产生的二噁英，是最毒的物质之一。所以，防止“白色污染”是当务之急。目前提倡“以纸代塑”是防止“白色污染”的一种有效方法。

④ 防止废旧干电池的污染。在干电池的生产中，常加入汞作为缓蚀

剂，但能严重的污染环境，一粒纽扣电池可以污染300t水；一节一号电池烂在地里，能使1m^2的土地失去利用价值。转化后的甲基汞能使人的精神错乱造成白痴。目前在发达国家，含汞电池已经被淘汰了，干电池实现了低汞化和无汞化。我国现已成为电池生产的大国。从2001年1月1日起也开始实行干电池的低汞化和无汞化。目前，一批不含汞的环保电池已由我国最大电池生产厂家“长衡电池有限公司”生产，它采用有机化合物作为缓蚀剂，采用高纯度锌粉和MnO_2作为电池的原料，绿色环保电池终于走进了中国。

表9-6列出了一些固体污染物质的常用治理方法。

表9-6　一些固体污染物质的常用治理方法

序	污染物	治理方法	方法说明
1	灰渣	① 用做建材原料	主要是锅炉、煤气发生炉等燃煤后的固体残渣。其主要成分为二氧化硅、金属氧化物和硫酸盐等，可作为砖瓦厂、水泥厂制砖、水泥、陶粒等原料
		② 直接利用	可作为铺路基料或用做土壤改良剂
2	污泥沉淀物	① 直接利用	其中无毒性物质的、符合环保卫生要求的，可直接用做农田土壤或肥料
		② 无害化处理	含有毒有机物，可先经浓缩、脱水干燥等处理，然后进行焚烧，焚烧后灰烬作填土处理。如焚烧后仍含有毒物质，则需用化学方法处理
3	汞渣	① 焙烧法	汞渣是指含汞的各种固态废料，主要有汞盐泥、汞触媒等。焙烧法是处理汞渣的主要方法，该法系在高温下焙烧，使汞渣中所含多种形态的汞在高温下分解，产生汞蒸气，再经冷凝回收得金属汞
		② 固型化法	将含汞盐泥与水泥按1∶(3～8)比例混匀加水后送入蒸气护养槽，在60～70℃下护养24h，固化成块，深埋地下
		③ 化学法	将含汞盐泥、污泥等汞渣用化学药剂处理后回收汞。如汞渣加盐酸使其中的氧化汞转变为氯化汞，再经电解法回收。与可用次氯酸钠氧化法从汞盐泥中回收汞
4	铬渣	① 无害化处理	铬渣是重铬酸钠、金属铬等生产工艺中排出的废渣，其有害成分主要是六价铬。所谓无害化处理是在一定条件下往铬渣中加入还原剂(如硫酸亚铁、亚硫酸钠)等，以使六价铬还原成毒性较低的三价铬或形成在水中溶解度很小的稳定物
		② 直接利用	如铬渣可直接作为生产翠绿色玻璃的着色剂，可代替铬铁矿生产辉绿岩铸石，代替石灰石、白云石用于炼铁造渣过程，还可部分代替石灰石制造水泥等

石油污染对生态的影响

石油污染是指石油开采、运输、装卸、加工和使用过程中，由于泄漏和排放石油引起的污染，主要发生在海洋。石油漂浮在海面上，迅速扩散形成油膜，可通过扩散、蒸发、溶解、乳化、光降解以及生物降解和吸收等进行迁移、转化。油类可沾附在鱼鳃上，使鱼窒息。还会抑制水鸟产卵和孵化，破坏其羽毛的不透水性，降低水产品质量。油膜形成可阻碍水体的复氧作用，影响海洋浮游生物生长，破坏海洋生态平衡，此外还可破坏海滨风景，影响海滨美学价值。石油污染防治，除控制污染源，防止意外事故发生外，可通过围油栏、吸收材料、消油剂等进行处理。

从生态环境来说，溢油对鸟类的危害最大，尤其是潜水摄食的鸟类。这些鸟类接触到油膜后，羽毛浸吸油类，导致羽毛失去防水、保温能力，另一方面它们因不能觅食而用嘴整理自己的羽毛，摄取溢油，导致内脏损伤。最终它们会因饥饿、寒冷、中毒而死亡。海上浮游生物是最容易受污染的海洋初级生物，一方面它们对油类的毒性特别敏感，另一方面它们与水体连成一体，大量吸收海面浮油，影响以浮游生物为食的其他海洋生物的生存。海面上休眠或运动的海洋哺乳动物受溢油污染危害的情况是不同的，如鲸鱼、海豚和成年海豹对油非常敏感，它们能及时逃离溢油水域，免受危害。但成年海豹和小海狗栖息海滩时，会被油污染所困，以至于死亡。

溢油对渔业的危害也不少，成鱼有非常敏感的器官，它们一旦嗅到油味，会很快游离溢油水域。而幼鱼生活在近岸浅水水域，容易受到溢油污染。养鱼场网箱里的鱼因不会逃离，受溢油污染后不能食用。近岸养殖的扇贝、海带等也是如此。另外，养殖网箱受溢油污染后很难清洁，只有更换才能彻底消除污染，费用十分昂贵。此外，溢油对渔业造成的危害也会引起公共饮食安全危机。

溢油对浅水岸线也会产生影响，浅水水域通常是海洋生物活动最集中的场所，如贝类、幼鱼、珊瑚等活动在该区域，也包括海草层。溢油对该类水域的污染异常敏感，造成的危害在社会上反应强烈。溢油对岸线沙滩的污染威胁，直接影响到靠海滨浴场、沙滩发展的旅游业。

空气质量报告制度及其重要意义

北京、上海、广州等大中城市实行了空气质量日报制度。空气质量日报以空气质量公告的形式（见表 9-7）公布过去一天城市空气中二氧化硫、二氧化氮、总悬浮物料等污染物含量（用空气污染指数 API 表示）情况。

表 9-7　空气质量公告

空气污染指数 API	空气质量级别	空气质量描述	对健康的影响
0～50	Ⅰ	优	可正常活动
51～59	Ⅱ	良	可正常活动
100～199	Ⅲ	轻度污染	长期接触的人群中体质差者出现症状
200～299	Ⅳ	中度污染	接触一段时间后，心脏病和肺病患者症状加剧，健康人群普遍出现症状
≥300	Ⅴ	重度污染	健康人群出现较强烈症状，并引发某些疾病

空气质量日报制度的实行，有利于人们及时了解该城市空气质量状况，增强环境保护意识，并自觉地抵制环境污染，有利于公众监督政府的环境保护工作。当然，空气质量日报是建立在地区经济实力强大和科学技术发达的物质基础上的。

一、环境与化学概述

1. 环境与环境问题

当前，人类面临重大环境问题是人口问题、粮食问题、能源问题和环境污染问题。环境问题的实质是由于人口增长过快、盲目发展、不合理开发利用资源而造成的环境质量恶化和资源浪费。

2. 环境与可持续性发展

严重的环境污染危害人类健康和生存，为了人类自身，为了子孙后代的生存，人类必须共同关心和解决全球性的环境问题。走可持续发展的道路，这是环境保护的必由之路。

二、大气、水、土壤的污染与防治

1. 大气的污染与防治

大气污染通常是指由于人类活动和自然过程引起某种物质进入大气中，呈现出足够的浓度，达到足够的时间并因此而危害了人体的舒适、健康和福利或危害了环境的现象。

大气污染物根据组成成分，可分为粉尘、硫氧化物、氮氧化物、碳氧化物等。

大气污染物既危害人体健康，又影响动、植物的生长，损坏经济能源，破坏建筑材料，严重时会改变地球的气候。例如，造成二氧化碳增加，气候变暖，破坏臭氧层，形成酸雨等。

防治大气污染主要采取如下措施：改善燃烧条件，改善能源结构，控制和限制工业、交通废气任意排放，植树造林等。

2. 水的污染与防治

水体污染是指排入水体的污染物使该物质在水体中的含量超过了水体的本底含量和水体的自净能力，从而导致了水体的物理特征、化学特征和生物特征的变化，破坏了水中固有的生态系统。

水污染物种类很多，依据污染物质所造成的环境问题，主要有以下类型：酸、碱、盐等无机物污染，重金属污染，耗氧有机物污染，有毒有机污染物，生物体污染物等。

防治水污染主要应限制污水的任意排放，各种废水应经处理，回收利用其有效成分，除去污染物后再排放。污水处理方法很多，一般可归纳为物理法、生物法和化学法。各种方法都有其特点和适用条件，往往需要结合使用。

3. 土壤的污染与净化

土壤污染是指人类活动产生的污染物通过各种途径输入土壤，土壤中的废物超越了土壤的自净能力，破坏了自然生态平衡，导致土壤正常功能失调，影响了植物的正常生长发育，造成土壤质量降低的现象。

土壤污染的净化方法主要有刮除、深埋、灌溉稀释等。防止土壤污染的主要方法是改革生产工艺、减少废气、废水、废渣，并对污染物进行无害化处理。

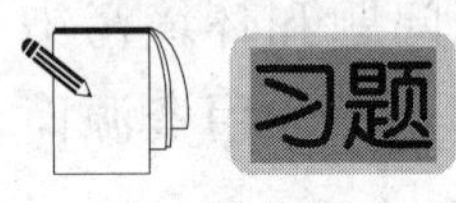

1. 填空题

(1) 大气是气体________物，就其组成可分为________、________、________三种组分。

(2) 大气污染物按污染物产生的类型可分为________污染源，________污染源，________污染源。

(3) 防治酸雨的问题是减少________和________对大气的排放量。

(4) 大气中重金属元素是对人体危害较大的污染物，其中铅污染主要来源于________排放的铅尘，占90%以上。

(5) 水体污染有两类，一类是________污染，另一类是________污染。氰化物是毒性很强的污染物之一，我国饮用水标准规定，氰化物含量不得超过________$\mu g/L$，地面水不超过________$\mu g/L$。

(6) 重金属污染主要通过________或________进入人体，能在人体的一定部位积累，且不易排出，使人慢性中毒。

(7) 我国从2001年的________月________日起开始实行干电池的低汞化和无汞化。

2. 选择题

（1）城市大气中铅污染的主要来源是（　　）。

A. 汽油废气　B. 煤炭燃烧　C. 垃圾燃烧　D. 塑料燃烧

（2）汽车尾气中不污染空气的物质是（　　）。

A. CO　B. CO_2　C. NO　D. 铅的化合物

（3）常用于吸收硝酸工业尾气中的氮氧化物的物质是（　　）。

A. 水　B. 稀硫酸　C. 烧碱溶液　D. 活性炭

（4）接触法制硫酸的尾气中有害气体是（　　）。

A. CO　B. H_2S　C. SO_3　D. SO_2

（5）由于人口增长和工业发展，废气排放量逐年增加，从而产生了温室效应，这是因为大气中的（　　）。

A. 气态烃的增加　B. CO_2 增加　C. NO_2　D. SO_2 增加

（6）水银蒸气对人有毒害作用，万一水银洒在地上应在有水银的地方（　　）。

A. 撒些石灰粉　B. 撒些木炭粉　C. 撒些硫磺粉　D. 撒些铜粉

（7）工业酒精里面含有使人中毒的物质（　　）。

A. CH_3OH　B. $C_3H_5(OH)_3$　C. CH_3COOH　D. $CH_3COOC_2H_5$

（8）在污染环境的有害气体中，由于跟血红蛋白作用而引起中毒的有毒气体是（　　）。

A. SO_2 和 CO_2　B. CO_2　C. NO 和 CO　D. SO_2

（9）工业盐对人有致癌作用，这种盐的化学式是（　　）。

A. KCl　B. $MgCl_2$　C. $MgSO_4$　D. $NaNO_2$

（10）造成空气污染的主要物质是（　　）。

A. 二氧化硫、一氧化碳、氮的氧化物　B. 二氧化碳和水蒸气

C. 水蒸气和粉尘　D. 粉尘和二氧化碳

3. 通过调查写一篇你家乡所在地区的水质量评价报告，或者就某一环境专题写一篇综述。

第十章 健康与化学

学习目标

1. 了解生命必需的元素及其功能，了解几种有毒的微量元素。
2. 熟悉蛋白质、脂类、糖、维生素与健康的关系。
3. 掌握影响健康的各种因素。

人类赖以生存的自然界，向人们提供了生活所需的各种物质。随着人类社会的不断进步、生活质量的提高，人们越来越意识到健康的重要性，而化学对健康的影响已涉及衣、食、住、行等各个方面，人类的生存质量和生存安全离不开化学。因此，认识健康与化学的密切关系，依据化学知识科学地、有意识地选择健康，预防疾病，对提高人们的生活质量和健康水平是十分重要的。

第一节 生命元素与健康

一、生命必需元素

人体是由化学元素组成，构成地壳的 90 余种元素在人体内几乎均可找到，但其中人体所必需的元素只有 25 种。除碳、氢、氧、氮四种元素以有机化合物和水的形式存在外，其他各种元素大体上以无机物形式存在，统称为矿物质。人体中的元素大致可分为以下四类。

1. 必需元素

它们是人体维持正常生命活动不可缺少的元素，如有机化合物中所含的碳、氢、氧、氮、磷、硫，以及钙、铁、锌、碘等。没有它们，人体就不能生长。生命过程中的任一环节，均需要这些元素参与。缺乏它们时，将引起人体的某些生化、生理变化，补充后又可恢复。这些元素按其在体内的含量不同，又可分为常量元素和微量元素。我国大多数学者（主要是医学界）认为占成人体重万分之一以上的元素为常量元素；占体重万分之一以下的为微量元素。按此规定，确定有 11 种必需的常量元素（H、C、N、O、Na、Mg、S、P、Cl、K、Ca）和 14 种必需的微量元素（F、Si、Vi、Cr、Mn、Co、Ni、Cu、Fe、Zn、Se、Mo、

Sn、I)。

2. 可能有益或辅助元素

除上述25种必需元素以外，还有20～30种元素在生物体各种组织中普遍存在。这些元素在人体中的含量是变化的，它们对人体健康的生物效应和作用至今还未被人们充分认识。

3. 污染元素

来自环境污染或局部地区水土中含量高，从而通过农作物或牲畜被带入到人体内的元素。

4. 有毒元素

即对生物体有害的元素，通常是指某些重金属元素，如汞和铅等。

从以上的划分来看，前两类是人体所需要的，后两类是人体不需要的。以上的划分也不是固定不变的，随着检测手段和诊断方法的进一步完善，将会有所修正或做新的归属。

特别要指出的是，必需元素在摄入过量时也会引起人体中毒，因为必需的微量元素的生理作用浓度和中毒间距离很小，所以必需微量元素在人体内既不能缺乏又不能过量。对于必需元素要各有一个最佳的健康浓度或含量。国际辐射防护委员会建议成年人每日摄取必需微量元素的量如表10-1。

表10-1 必需微量元素的每日摄取量

元素	摄取量/(mg/d)	元素	摄取量/(mg/d)
氟	1	镊	4×10^{-1}
硅	30	铜	3
钒	—	锌	17
铬	1.5×10^{-1}	硒	$(16\sim18)\times10^{-3}$
锰	3.1	钼	4.5×10^{-1}
铁	27	碘	2×10^{-1}
钴	7×10^{-3}	锡	17

人体内的矿物质与有机营养物不同，它们既不能在人体内合成，除排泄外也不能在体内代谢过程中消失。矿物质的含量（占人体质量的4%）虽然很少，但它们对于构成机体组织和维持正常的生理功能是必不可少的。它们的生理功能有以下六个方面。

(1) 构成机体各个部分。如钙、磷、镁是构成骨骼和牙齿的重要元素，磷、硫是构成组织蛋白的成分。人体内所有的软组织与肌肉有着非常相似的元素部分，均由氢、碳、氧、钠、镁、磷、硫、氯、钾、钙等组成。

(2) 是细胞内外液的重要成分。它们（主要是钠、钾、氯）与蛋白质一起维持细胞内外液的一定的渗透压，对体液的贮留和移动起重要作用。

(3) 调节生理功能。在组织液中的各种无机离子，特别是保存一定比例的钾、钠、钙、镁离子是维持神经、肌肉的兴奋性，保持心脏一定的节律，细胞膜的通透性以及所有细胞正常功能的必要条件。

(4) 酸性、碱性无机离子的适当配合，加上重碳酸盐和蛋白质的缓冲作用是维持机体酸碱平衡的重要机制。

(5) 无机元素是构成某些特殊生理功能物质的重要成分，如甲状腺中的碘、血红蛋白和细胞色素系统中的铁（亚铁）。

(6) 参加酶的活动，无机离子是多种酶系统的活化剂、辅因子或组织成分。参加酶活动的有铁、铜、锌、镁、钴、钼等 6 种元素，已知有 80 多种生化反应与锌有关。

矿物质与健康的关系是当今社会的一个热门课题，也是所有营养素中了解得最少的一个领域，特别是矿物质在体内的作用、需要量及影响还需进一步研究。近年来有人认为砷、铷、溴、锂有可能也是必需的元素。

二、几种必需矿物质元素的生理功能简述

必需的矿物质元素是维持人体正常机能和结构所必需，每一种元素都有特殊的功能。摄入过量、不足或缺乏都会不同程度地引起人体生理机能的异常或发生疾病。

1. 钙（Ca）

钙是人体中含量最丰富的矿物质元素，其含量仅次于氧、碳、氢、氮，而居体内元素的第五位。成人体内含钙总量是 700～1400g，占体重的 1.5%～2%，其中 99%存在于骨骼和牙齿等硬组织中，是骨骼和牙齿的主要成分，主要以羟基磷灰石 [$3Ca_3(PO_4)_2 \cdot Ca(OH)_2$] 形式存在，其余 1%常以游离或结合状态存在于软组织及体液中，这部分钙统称为混溶钙，并与骨骼保持动态平衡。

钙对体内的多种酶都有激活作用，如参与凝血过程，血液在血管里不会凝固，然而一旦外溢便会凝成血块，钙就是这种凝血酶的激活剂。同时也是淀粉酶活性必不可少的部分。钙还能控制神经肌肉的兴奋性，如指挥肌肉收缩的也是钙离子。当人体血液中钙离子浓度降低时，神经肌肉的兴奋性增高，出现抽搐现象。而当血液中钙离子过高，会降低神经肌肉的兴奋性，对外界刺激反应减弱和导致尿结石、肾结石等疾病。

人体对钙的吸收是主动的，但对膳食中的钙吸收很不完全，通常有 70%～80%食物中的钙被排除，这主要是因为：①钙与谷物中的植酸形成难溶的植酸钙。②钙与蔬菜中的草酸形成不溶性的草酸钙。③膳食纤维过多时，其中的糖醛酸可与钙结合。④膳食中脂肪过多或消化不良时，脂肪酸与钙形成钙皂。故摄入过多的脂肪和含植酸、草酸较多的食物不利于钙的吸收。维生素 D 可促进钙的吸收，从而使血钙含量升高，并促进骨中钙沉积。乳糖、蛋白质也有利于钙的吸收。人缺钙可导致多种疾病，如智力、记忆力下降、体质差、婴幼儿的佝偻病、成年人的骨质软化和骨质疏松症、腰酸背痛、腿脚抽筋等。

钙的食物来源以奶及奶制品最好。还有小虾、海带、蔬菜、豆类、油料种子含钙量丰富。

2. 铁（Fe）

铁是人体内必需的矿物质元素之一，也是体内含量最多的微量元素。成人体内的含铁量均为4～5g，体内没有游离的铁离子，其中72%以“血红蛋白”、5%以“肌红蛋白”的形式存在，还有其他化合物形式，统称为“功能铁”。其余20%左右为“贮备铁”，主要以铁蛋白形式贮存在肝、脾、骨髓中。血液呈红色就在于血红素是含铁的复杂有机物。血红素中的铁参与氧的运送、交换和组织呼吸过程。

凡能将二价铁离子氧化为三价铁离子的氧化剂，如 H_2O_2、$KMnO_4$ 都会干扰运载氧的功能。能与二价铁离子生成配离子的物质能取代氧气的位置，造成肌体缺氧症状，直至死亡。

铁在体内可被反复利用，排出的数量很少，成人每天损失1mg，如果膳食供铁不足，会导致血红蛋白含量低，即缺铁性贫血。

膳食中铁的良好来源有动物肝脏、动物全血、肉类、鱼类和某些蔬菜。

3. 铜（Cu）

铜是人体必需微量元素家族中的“多面手”，对维持正常生命活动发挥重要作用。正常成人体内含铜总量约为100～200mg，主要存在于肌肉、骨骼、肝脏和血液中。铜能促进铁的吸收、运输及利用，因此贫血也与缺铜有关；铜与骨骼及胶原组织关系密切，可促进生长发育；铜还能影响到内分泌和神经系统的功能，缺铜有碍智力发育。随着研究的不断深入，进一步发现铜是人体内的30余种酶的活性成分。由此可见，铜营养失调，体内铜缺乏或过剩时，都可引起疾病，尤其是儿童易发。

小儿缺铜综合征，多发于以牛奶（含铜低）为主的喂养儿童。主要表现为全身营养不良、肝脾肿大、发育迟缓、呈低色素性贫血。预防措施主要是保证孕妇和乳母适当增加铜的摄入。

膳食中铜的主要来源动物肝脏、动物脂肪、豆制品、坚果和某些蔬菜。

4. 锌（Zn）

被人们誉为“生命之花”的锌，是人体内很重要的矿物质元素。人体含锌约为1.4～2.3g，约为含铁量的一半，也是含量仅次于铁的微量元素。人体内各个组织都含有痕量的锌，主要集中于肝脏、肌肉、骨骼和皮肤等处。含锌最高的是眼睛视网膜、毛发、前列腺等处，临床上检测发锌作为评价体内锌营养状况的重要指标之一。锌具有许多重要生理功能和营养作用，与儿童少年的生长发育关系密切。血液中的锌大多数分布在红血球中，主要以酶的形式存在，锌是很多酶的组成成分，人体内有100多种酶含锌，并为酶的活性所必需。

人体锌缺乏的临床表现为食欲不振、生长停滞、创伤愈合不良及皮炎等。

锌的食物来源有动物性食品如猪肉、牛肉、羊肉、鱼类和各种海产品，蔬菜、水果中的含量一般都不高。

5. 碘（I）

碘是首批被确认的必需矿物质元素之一。人体内约含碘20～50mg，其中70%～80%贮存于甲状腺中，其余分布在血浆、肌肉、皮肤、中枢神经系统等处。甲状腺的聚碘能力很高，其碘的浓度可比血浆高25倍，血浆中的碘主要为蛋白质结合碘。

人体内的碘以化合物的形式存在，其主要生理作用通过形成甲状腺激素而发生。因此，甲状腺素所具有的生理作用和重要机能，均与碘有直接关系。甲状腺素是含碘的激素，在机体内主要调节热能代谢。调节蛋白质、脂肪、碳水化合物的合成与分解代谢，促进机体的生长发育。

人体缺碘时，甲状腺素合成降低，血液中甲状腺素水平下降。引起甲状腺组织增生和肿大，俗称“大脖子病”。儿童缺碘可导致智力低下，生长迟缓。

我国内陆大多数地区缺碘，补碘的方法是食盐加碘。食物中海带、紫菜及海产品含碘量很高，如紫菜中碘的质量分数可达0.5%。

需要注意的是碘摄入量过多，同样可引起地方性甲状腺肿，医学上称高碘甲状腺肿，补碘反而使病情加重，所以不缺碘地区不宜使用加碘食盐。

6. 硒（Se）

过去认为硒是有毒元素，到20世纪50～60年代才肯定硒是维持人体正常生理所必需的微量元素，硒是微量元素的“后起之秀”。成人体内含硒约14～21mg，多分布于指甲、头发、肾和肝中。硒具有抗毒性，能刺激免疫球蛋白及抗体的产生，有抑制癌细胞的作用，硒也是智力发育的营养素。缺硒是引起克山病和大骨节病的一个重要病因，成人每日实际摄入硒量为60～70μg，主要食物来源有动物的肝、肾、海产品及肉类，谷物含量随土壤而异。

除了上述人体容易缺乏的矿物质元素以外，还有些矿物质元素对人体相当重要。但在正常情况下，一般通过日常饮食可得到足够的补充，不易造成缺乏。现将部分矿物质元素的生理功能，缺乏症及食物来源列表10-2。

三、几种有毒的微量元素

任何元素在人体中摄入过多，必然破坏人体的内环境中元素间的平衡以及人体内环境和外环境间的平衡，即使是人体必需的元素，也都有一个最佳的健康浓度或含量，都不能过量。过量就会导致相应的生理作用异常，甚至出现中毒症状，会对健康带来直接或间接的影响。例如铝在地壳中含量很高，没有毒性，被列为无害微量元素，但过量摄入铝可抑制胃液和胃酸分泌，胃蛋白酶活性下降，使老年人患老年痴呆症，影响甲状腺功能，毒害心血管系统及内分泌系统，为此认为铝对人体是有害的，是人体非必需元素。常见的几种有毒微量元素是指铅、汞、镉、砷，它们的中毒剂量小，对人体健康的危害性大。现简介如下。

表 10-2 部分矿物质元素的生理功能，缺乏症及食物来源

元素	生理功能	缺乏症	食物来源
铜	氧化酶类，与铁相互作用，弹性蛋白交联，促进结缔组织形成和骨骼发育正常	贫血，生长迟缓，可能血清胆固醇增高	谷类、豆类、坚果、肉类、海产品
镁	抑制体内激活体内多种酶，神经兴奋，参与体内蛋白质的合成、肌肉收缩和调节体温等作用	肌肉震颤，手足抽搐，心动过速，心律不齐，情绪不安，容易激动	肉、动物内脏、粮食、绿色蔬菜等
钾	维持体内水平压、渗透压及酸碱平衡，增强肌肉的兴奋性，维持心跳规律，参与热能代谢	倦怠、嗜睡、无力，严重时心理失常，麻痹	
钠	维持水平衡，渗透压及酸碱平衡，增强肌肉的兴奋性	眩晕，恶心，食欲不振，心律过快，血压下降，严重时昏迷虚脱	食盐
铬	加强胰岛素作用，是糖耐量因子组分。三价铬为人体必需，六价铬有毒	葡萄糖耐量异常，导致糖尿病	动物蛋白、豌豆、胡萝卜
锰	活化硫酸软骨素合成的酶系统，促进生长和正常的成骨作用	生长迟缓，生殖机能受阻	糙米、花生、核桃、麦芽等
氟	与牙齿、骨骼有关，可能影响生长发育	增加龋齿发生率，可能是骨质疏松的危险因子	牛骨、海产品、粗粮、马铃薯等
钴	维生素 B_{12} 组分	维生素 B_{12} 缺乏症	动物蛋白、豌豆、胡萝卜
氯	维持体内水平压，渗透压及酸碱平衡，激活唾液中的淀粉酶	食欲不振	食盐
钼	构成多种氧化酶的重要成分	（不明）	豆类、肝、菠菜等叶菜类

1. 铅（Pb）

在人类使用铅的 4500 年以上的历史中，铅中毒一直尾随着人们，故有“尾随人类的恶魔”之称。现代工业中，冶金、蓄电池的制造、油漆、颜料、陶瓷、玻璃医药、农药、塑料、橡胶、石油、火柴等都要使用铅，铅污染环境的主要污染源之一为汽车尾气，这是汽油抗震剂四乙基铅所致。据测定，大气环境中 90％的铅污染来自含铅汽油的燃烧废气，市区交通拥挤处离地面 1m 高左右空气中的铅浓度最大。我国汽车每年排放的铅量达 5.5 万吨，它通过空气、水、食物进入人体，与体内酶中的含氧基因配位，从而影响血液的合成及卟啉代谢过程的所有步骤。铅还可以抑制一些酶，进而抑制蛋白质的合成。

铅中毒的典型症状为贫血、头痛、痉挛、慢性肾结石、肾炎、脑损伤、中枢神经错乱，儿童铅中毒会严重影响其智力。儿童血铅含量增加 0.1mg/L，智商就降低 6～8 分。由于铅中毒的作用十分缓慢，因此不易觉察，一旦出现难以治疗。同时铅中毒还是积累性的，所以，我国规定生活饮用水标准中铅浓度不超过 0.1mg/L。表 10-3 是我国食品中铅允许量标准。

表 10-3 我国食品中铅允许量标准

品 种	指标(以铅计)/(mg/kg)	品 种	指标(以铅计)/(mg/kg)
酱油	≤1.0	酱	≤1.0
食醋	≤1.0	味精	≤1.0
非发酵性豆制品及面筋	≤1.0	发酵性豆制品	≤1.0
淀粉类制品	≤1.0	酱腌菜	≤1.0
淡炼乳	≤0.5	蒸馏酒及配制酒	≤1.0
发酵酒	≤1.0	冷饮	≤1.0
绿茶、红茶	≤2.0	糕点	≤0.5
蜂蜜	≤1.0	淀粉糖	≤0.5
白糖	≤1.0	冰糖	≤1.0

2. 汞（Hg）

汞的毒性早就为人类所知，故有“液体杀手”之称。但应注意无机汞和有机汞及其价态毒性的差异。如甘汞难溶于水，毒性低；升汞易溶于水，毒性很强，单质汞通过呼吸道和皮肤进入人体。汞中毒会引起神经紊乱，手、足、唇的麻木和刺痛，还会引起头痛、视影缩小、听觉失灵、语无伦次、震颤、膀胱炎及记忆力衰退等。

人们很早就开始使用有机汞作杀菌剂、防毒剂、驱虫剂、选种剂。环境中任何形式的汞均可在一定条件下转化为剧毒的甲基汞。如一甲基汞（CH_3HgCl）、二甲基汞（CH_3HgCH_3）。以甲基汞为代表的短链烷基汞在体内很稳定，代谢缓慢，由于烷基的亲油性而增大了汞化合物的脂溶性，因而有机汞可透过细胞膜，易为人体和生物体（如鱼类）所积累。在人体中的半衰期长达60～70天。甲基汞与巯基（—SH，可看成—OH中的氧原子被S原子取代）结合牢固，使脑部含巯基的酶发生了变化，造成神经系统代谢紊乱。甲基汞对人的毒害主要是引起神经障碍。轻微的很难觉察，与烷基铅类似，往往数月后才发病，一般认为人体可接受的血汞浓度为0.1mg/L，日本的水俣病就是有机汞中毒所致。汞害是世界性公害之一。世界卫生组织（WHO）规定限量标准，每人每周暂定容许摄入总汞量为0.3mg，甲基汞不超过0.2mg。我国卫生标准对于食品中总汞含量的规定见表10-4。

表 10-4 食品中汞允许量标准[①]

品 名	指标(以汞计)/(mg/kg)	品 名	指标(以汞计)/(mg/kg)
粮食(成品粮)	≤0.02	牛乳	≤0.01
薯类(土豆、白薯)	≤0.01	肉、蛋(去壳)、油	≤0.05
蔬菜	≤0.01	鱼	≤0.3
水果	≤0.01		

① 高鹤娟主编，食品卫生检验方法“理化部分”注解，北京：卫生部食品卫生监督检测所。

3. 镉（Cd）

在近代工业中，镉是很有经济价值的金属。镉是生产塑料、颜料的原料和催化剂；也是电镀、生产不锈钢、镍镉电池和电视机显像管的原料。在国民经济中有极其重要的地位。然而随着其用途的增大，镉在空气、水、土壤中的污染日益严重。1973年FAO/HWO所确定的17种最优先研究的食品污染物，镉仅次于黄曲酶毒素和砷，排在第三位。镉有剧毒，美国通过长期研究发现，人的肾脏中锌镉关系的变化是引起高血压的重要原因，“锌镉比”较高的地区（或食物中的“锌镉比”较高）高血压发病率明显低于锌镉比较低的地区。

镉主要通过食物、饮水、空气。吸烟进入人体，而且主要积累在肾和肝内，长期摄入镉可导致肾功能不良，破坏锌酶的作用（镉取代锌）。镉还影响铁的代谢。镉中毒引起骨痛病；急性镉中毒还会引起肺气肿。镉被怀疑为致癌物，一般成年人体内含20～30mg，我国饮用水标准规定镉的浓度不超过0.01mg/L。表10-5是食品中镉允许量标准。

表10-5　食品中镉允许量

品　　名	指标/($\times10^{-6}$)	品　　名	指标/($\times10^{-6}$)
粮食		蔬菜	≤1.0
大米	≤0.2	肉、鱼	≤1.0
面粉、薯类	≤1.0	蛋	≤1.0
杂粮(玉米、高粱、小麦)	≤1.0	水果	≤1.0

4. 砷（As）

砷俗称砒，在环境中多以化合物的形式存在，常见的有三氧化二砷（砒霜）、二硫化二砷（雄黄）、三氯化砷、氰化砷等，其中砒霜（As_2O_3）是众所周知的毒药，砒霜中毒后，食道及咽喉均有灼烧感、腹部疼痛，随之呕吐、头痛、血压降低、呼吸减慢、最后心力衰竭而死。与As_2O_3相比，As_2O_5的毒性较小。长期接触空气中的砷可引起鼻中隔穿孔、咽喉炎等呼吸道症状，皮肤损害表现为角化过度、皮肤色素沉着，血液系统损害表现为贫血、粒细胞减少。长期接触砷可引起末梢血管循环不良，发生坏疽，易患肺癌和皮肤癌。妇女在妊娠期间长期与砷接触可导致畸胎。砷的化合物虽然有毒，但使用得当可以治病。中药“回疗丹”含As_2O_3，可用于消肿、止痛、解毒、拔脓。研究表明，砷的毒性与价态、化合物类别有关，三价砷毒性较五价砷大，有机砷比无机砷的毒性小得多。有色冶金、化工、含砷农药、井水都是砷的主要污染源，我国规定饮用水中砷的最高允许浓度为0.04mg/L，居住区空气中砷的日平均浓度不超过3μg/m^3。表10-6是食品中总砷允许量标准。

表10-6　食品中总砷允许量

品种	指标/(mg/kg)	品种	指标/(mg/kg)
粮食	≤0.7	发酵酒	≤0.5
酱油	≤0.5	食用植物油	≤0.1
食醋	≤0.5	酱	≤0.5
食盐	≤0.5	味精	≤0.5
发酵性豆制品	≤0.5	非发酵性豆制品及面筋	≤0.5
酱腌菜	≤0.5	淀粉类制品	≤0.5
糖类	≤0.5	冷饮食品	≤0.5
绿茶、红茶	≤0.5	赤砂糖	≤1.0
蔬菜	≤0.5	糕点	≤0.5
水果	≤0.5	肉、蛋	≤0.5
牛乳及乳制品	≤0.2	淡水鱼	≤0.5

第二节 生命物质与健康

一、蛋白质与健康

1. 蛋白质

蛋白质是一种化学结构非常复杂的有机高分子化合物，含氮、碳、氢、氧等元素，还含有硫、钙、磷、铁、锌、铜、锰、铬、镁等少量元素。蛋白质是由不同数目的氨基酸以肽键相连接而成的生物大分子，组成蛋白质的氨基酸只有20种。蛋白质可以被酸、碱和蛋白酶催化水解为氨基酸。氨基酸的种类很多，结构各异。蛋白质的结构和相对分子质量不同，但各种蛋白质的含氮量平均为16%。

蛋白质根据分子形状分为球状蛋白（如蛋清蛋白）和纤维状蛋白（如丝蛋白）两大类。球状蛋白分子接近球状，较易溶于水。在血液、淋巴、肌肉及所有的细胞液中都含有大量的球蛋白。纤维状蛋白不溶于水，其分子类似细棒或纤维状，在动物体内或体表起支持和保护作用。

蛋白质根据分子组成分为简单蛋白和结合蛋白。简单蛋白由多肽链组成，完全水解的产物为α-氨基酸。结合蛋白由简单蛋白和非蛋白两部分构成，如叶绿蛋白和细胞色素等。

蛋白质根据营养分为完全蛋白质、半完全蛋白质、不完全蛋白质。完全蛋白质所含的氨基酸种类和比例符合人体需要，容易吸收利用。如鸡蛋、鱼、畜禽肉、奶类、大豆蛋白质中含有人体所需的数量充足、组成比例非常接近人体需要的氨基酸。半完全蛋白质所含各种必需氨基酸种类基本齐全，但相互比例不合适，氨基酸组成不平衡，以它作为蛋白质来源，虽可维持生命，但对促进生长发育的功能很差。如小麦、大麦中的蛋白质。不完全蛋白质中所含氨基酸种类不全、质量也差。如软骨、韧带、肌腱和肉皮等中的蛋白质。

2. 蛋白质与健康

心脏跳动、呼吸运动等都与蛋白质有关，蛋白质在人体中的作用包括参与生理活动和劳动做功、参与氧和二氧化碳的运输、参与维持人体的渗透压、具有防御功能、参与人体内物质代谢的调节。

饮食中的蛋白质主要存在于瘦肉、蛋类、豆类及鱼类中。如果蛋白质缺乏，对于成年人则肌肉消瘦、肌体免疫力下降、贫血，严重者将产生水肿。对于未成年人，则生长发育停滞、贫血、智力发育差、视觉差。相反，如果蛋白质过量，由于蛋白质在体内不能贮存，将会因代谢障碍产生蛋白质中毒甚至于死亡。

饮食结构不合理（早餐不吃、吃宵夜等），导致睡眠质量差。人的大脑与脑垂体的分泌多与少影响人的睡眠，脑垂体是由氨基酸组成的，脑垂体是人体的生物钟。

肝脏是合成与转蛋白质尤其是内脏蛋白质的主要器官。各种肝炎及肝硬化，一方面破坏了肝细胞，另一方面使肝的RNA蛋白质合成受到障碍，这两种机制都是肝合成蛋白质的数量减少，进入血液的蛋白质也相应降低。营养治疗肝炎的目的是促进肝代谢，改善肝营养，调整免疫功能，以及解除某些症状，供给充足的营养，以促进肝糖原的形成保护肝细胞，并增强其再生能力预防腹水和贫血的发生。增强机体抵抗力，刺激胆汁分泌，加速废物排出，防止病情加重。

二、脂类与健康

1. 脂类

脂类是生物体中所有能够溶于有机溶剂的多种化合物的总称，其元素组成主要为碳、氢、氧三种，以及氮和磷等。脂类大都是脂肪酸与多元醇所组成的酯，有些是异戊二烯的聚合物，有些脂类具有亲水的极性端和疏水的脂链（或脂环）。脂类都不溶于水，易溶于有机溶剂。

脂类是脂肪和类脂的总称。脂肪是由甘油和脂肪酸组成的三酰甘油酯，其中甘油分子比较简单，而脂肪酸的种类和长短却不相同。自然界有40多种脂肪酸，一般由4～24个碳原子组成。脂肪酸分饱和脂肪酸、单不饱和脂肪酸、多不饱和脂肪酸三大类，其中甘油三酯是猪油、花生油、豆油、菜油、芝麻油的主要成分。类脂包括糖脂、磷脂、固醇类和脂蛋白等。重要的磷脂有卵磷脂和脑磷脂。卵磷脂主要存在于动物的脑、肾、肝、心和大豆、花生、核桃、蘑菇等中，脑磷脂主要存在于脑骨髓和血液中。固醇类分为胆固醇和类固醇。胆固醇主要存在于脑、神经组织、肝、肾和蛋黄中，体内胆固醇除食物中供应一部分外，肝脏还制造一部分。胆固醇是皮肤合成维生素D的原料，是肾上腺皮质激素和性激素的主要成分，胆固醇还是合成胆汁酸的原料，如果没有胆固醇，人体就不能合成胆汁酸。胆汁酸的功能是乳化脂肪，帮助消化与吸收，缺乏胆汁酸时脂肪吸收就会发生障碍，这些都是生命活动不可缺少的物质，而且胆固醇还是其他营养素新陈代谢不可缺少的。胆固醇在血液中含量过高，会在动脉壁上沉积，形成动脉硬化，引起心脏病和高血压。类固醇中的豆固醇存在于大豆中，豆固醇虽然不被人体吸收，但可以抑制小肠对胆固醇的吸收。谷固醇存在于谷胚中，酵母固醇存在于酵母和饮类中。植物固醇和动物固醇似乎都在小肠同一部位吸收，由于植物固醇对这些部位的竞争性抑制、阻止了胆固醇的吸收，这对于动脉粥样硬化、冠心病患者选择食物可能具有某种重要意义。

2. 脂肪与健康

脂肪是构成生物膜的重要物质，也是机体代谢所需燃料的贮存形式和运输形式。脂肪在人体中的作用包括供给和贮存热能、构成自身组织、维持体温，保护器官、促进脂溶性维生素的吸收，增加食欲和饱腹感、供给脂肪酸，调节生理功能。

体重超过标准体重20%即为肥胖症。单纯性肥胖症指非内分泌、代谢等疾病所致的体内脂肪增多。单纯性肥胖症的病因主要由于摄食过多所致，可有一定遗传因素。肥胖症的主要表现为不同程度的脂肪堆积，脂肪分布以及颈、躯干或臀部为主。显著肥胖者常伴热、多汗、行动不灵活、易感疲劳等，肥胖者不能耐受较重的体力活动。严重肥胖者可能会有高血压、左心室肥大等现象，还有些患者可伴有糖尿病或高脂血症，易发生动脉粥样硬化及缺血性心脏或胆石症。

三、糖与健康

1. 糖

糖类是生物体中重要的生命有机物之一，也是自然界分布最广、含量最丰富的有机化合物之一。在生物体内，糖经过一系列的分解反应后释放出大量能量，供给生命活动；同时，糖分解过程中形成的某些中间产物，可作为合成脂类、蛋白质、核酸等生物大分子物质的原料。糖在人体中的作用包括释放大量的能量供生命活动、构成机体并参与细胞的许多生命活动、控制脂肪和蛋白质的代谢、维持神经系统的功能与保肝解毒、纤维素维护人体胃肠道中正常菌群结构免致菌群失调。

2. 糖与健康

糖在体内代谢需维生素 B_1 参与，如摄入过多的糖，维生素 B_1 消耗量势必增加，视觉神经便容易发生炎症。体内过多的糖也会引起身体缺钙，由此眼膜的弹性降低，最后发展为近视。血液中如含有过量的糖，白细胞的杀菌作用会在一定程度上受到抑制，结核病便可乘虚而入。糖多会引起血管内脂肪代谢紊乱，导致肾脏负担进一步加重，使肾炎加剧。体内过多的糖会转成脂肪，致使皮脂分泌增多。对化脓性皮肤病，溢脂性皮炎患者来说，过多的皮脂会影响疾病的治疗。糖使胃增加胃酸的分泌量，进而增加胃痛患者的疼痛感。糖也会抑制胃肠的正常蠕动，引起便秘和痔疮。

人体肠道中的大肠杆菌能利用纤维素合成泛酸、尼克酸、谷维素、核黄素、肌醇、维生素、生物素等，以保障人体对这些生命物质的需求。食用纤维素密度小，体积大，进食后增加胃肠容量，增强饱腹感，防止肥胖；纤维素刺激胃肠道，使消化液分泌增加、胃肠蠕动加强，使食物残渣排泄增快，可预防大肠肿瘤发生；纤维素能阻碍脂肪吸收，螯合胆固醇等，从而抑制肌体对胆固醇的吸收，可防止动脉硬化，预防心、脑血管病和糖尿病的发生。

四、维生素与健康

1. 维生素

维生素是维持人体正常生理功能所必需的有机化合物，对物质代谢和生命活动都起着重要作用。维生素已经有 20 多种，其中人们每天需要的维生素大约 14 种，即维生素 A、维生素 B、维生素 C、维生素 D、维生素 E、维生素 K 和维生素 B 族（B_1、B_2、B_5、B_6、B_{12}、叶酸、泛酸和生物素）。

维生素按溶解性质分为脂溶性维生素和水溶性维生素。脂溶性维生素指溶解于脂肪、乙醇、氯仿等油脂类溶剂，主要包括维生素 A、维生素 D、维生素 E、维生素 K 等。水溶性维生素主要是维生素 B 族和维生素 C。维生素 B 族主要包括维生素 B_1、维生素 B_2、泛酸、维生素 B_6、维生素 PP、维生素 H、维生素 B_{12} 等。维生素的生理功能主要是构成人体内的多种酶，参与物质代谢。维生素 C 是水溶性维生素中唯一不属于 B 族的成员。

维生素有以下几方面特点。

① 维生素具有外源性，也就是说人类只有通过食物获取维生素，因此，维生素成为人类每日必需的七大类营养素之一。

② 维生素具有微量性，也就是说人类对它的需要量非常之微在人体中的含量也非常之微，但它又确是维持生命所必不可少的要素。

③ 维生素具有调节性，也就是说对人体的生理活动而言它主要参与新陈代谢过程中的调节作用，从而维持了肌体的正常活动。

④ 维生素具有特异性，也就是说各种维生素在调节生命活动过程中往往具有独特的作用，这种作用往往难为其他因子所代替，因而如果饮食中缺乏某种维生素，人类往往要产生特异的病，即某种维生素缺乏症。

由于人和动物不能合成维生素，而植物能够合成。因此，人体中的维生素主要来自于食物中的植物和动物内脏等。表 10-7 是维生素的来源和功能简介。

表 10-7　维生素的来源和功能简介

名　　称	每日最低需要量/mg	食物来源	功能	维生素缺乏症
水溶性的维生素 B_1	1.5	各种谷物、豆、动物的肝、脑、心、肾脏	形成与柠檬酸掀起环有关的酶	脚气病，心力衰竭
维生素 B_2(核黄素)	1～2	牛奶、鸡蛋、肝、酵母、阔叶蔬菜	电子传递链的辅酶	皮肤皲裂，视觉失调
维生素 B_6(砒哆醇)	1～2	豆，猪肉，动物内脏	氨基酸和脂肪酸代谢的辅酶	幼儿惊厥，成人皮肤病
维生素 B_{12}(氰钴胺)	2～5	肾，脑，由肠内细菌合成	合成核蛋白	恶性贫血
抗赖皮病维生素(烟酸)	17～20	酵母，精瘦肉，动物的肝，各种谷物	NAD，NADP，氢转移中的辅酶	糙皮病，皮损伤，腹泻，痴呆
维生素 C(抗坏血酸)	75	柑橘类水果，绿色蔬菜	使结缔组织和碳水化合物代谢保持正常	坏血病，牙龈出血，牙齿松动，关节肿大
叶酸	0.5～0.1	酵母，动物内脏，麦芽	合成核蛋白	贫血症，抑制细胞的分裂
泛酸	8～10	酵母，动物肝脏，肾，蛋黄	形成辅酶 A(CON)的一部分	运动神经元失调，消化不良
维生素 H(生物素)	0.15～0.3	动物肝脏，蛋清，利马豆，由肠内细菌合成	合成蛋白，CO 的固定，氨基转移	皮肤病
脂溶性维生素 A(A_1-松香油)(A_2-脱氢松香油)	0.8～0.1	绿色和黄色蔬菜及水果，鳕鱼肝油	形成视色素，使上皮结构保持正常	夜盲，皮损伤，眼病(过量维生素 A 中毒，极度过敏，骨脱钙，脑压增高)
维生素 D(D_2-骨化醇)(D_2-胆钙化醇)	$(5\sim10)\times10^{-3}$	鱼油，肝皮肤中由太阳光激活的前维生素	使从肠吸收的 Ca^{2+} 增加，对牙和骨的形成是重要的	佝偻病(骨发育不良，每日超过 2000IU 使幼儿生长缓慢)
维生素 E(生育酚)	10～40，决定不饱和脂肪酸的吸收	绿色阔叶菜	保持红细胞的抗溶血能力	增强红细胞的脆性
维生素 K(K_2-叶绿酯)	0.07～0.14	由肠细菌产生	促成肝里凝血酶原的合成	凝结作用的丧失

注：IU 表示国际单位；1 个国际单位维生素 A 相当于 0.3445μg 醋酸维生素 A 或等于 0.6μg (γ) β-胡萝卜素；1 个国际单位维生素 D 相当于 0.025μg 晶体维生素 D。

2. 维生素与健康

维生素是维持人体正常生命和健康所必需的一类营养素。它们不能在体内合成，或合成量不足，必须由外界供应。人体中维生素的主要作用是调节机体代谢。

缺乏维生素A可引起夜盲、干眼病及角膜软化症，具体表现为在较暗光线下视物不清、眼睛干涩、易疲劳等。如果具有该症状应及时补充蛋黄、牛奶、瘦肉、菠菜、西红柿、胡萝卜、大白菜、鱼类、动物肝脏等。

缺乏维生素 B_1 易发生干眼症、视神经炎或球后视神经炎等，具体表现为眼睛干燥、视力下降、瞳孔散大、对光反应迟钝、眼动时有牵拉痛、眼眶深部有压迫和痛感等。如果具有该症状应及时补充糙米、面粉、豆制品、动物肝脏、花生、南瓜子、豆芽、土豆、杏仁、核桃仁等富含维生素 B_1 的食物。

缺乏维生素 B_2 常会导致视神经炎、睑缘炎、结膜炎等，具体表现为视力下降、眼睛怕光、流泪、结膜充血等。常吃含维生素 B_2 丰富的食物，如酵母、奶品、牛肉、动物肝脏、黄豆、菠菜、苋菜、木耳、葵花籽及水果等，将有助防治上述眼病发生。

缺乏维生素C会引起眼睑、前房、玻璃体、视网膜等部位出血，还可导致白内障等。因为维生素C的主要作用是维持细胞间质的形成，参与组织细胞的氧化还原反应和体内其他代谢反应，并有软化血管的作用。如能及时补充富含维生素C的食物，主要是多吃新鲜绿叶蔬菜和水果，将有利于防止上述眼部位和全身部位的出血。因维生素C可减弱光线与氧气对眼睛水晶体的损害（与白内障发病有关），所以，多吃维生素C丰富的食物，能延缓白内障的发生。

缺乏维生素 B_{12} 后可引起舌炎、腹泻和巨幼红细胞性贫血，常伴有感觉迟钝、肢体运动失调等神经症状。女性长期口服避孕药和食用肉类较少者会引起维生素 B_{12} 缺乏。除从饮食中补充外，还可肌肉注射维生素 B_{12} 50～100mg，也可隔日肌注 50～200mg。维生素 B_1 缺乏不仅可引起脚气病，还可累及心脏，并使人脾气暴躁，困倦乏力，神经过敏，喜怒无常。

酒精会干扰维生素 B_1 吸收，加上食物过于精细和长期使用避孕药，就更容易发生维生素 B_1 缺乏，需防止食物过精，避免饮酒，必要时可口服维生素 B_1 治疗。

第三节　食品与健康

一、食品添加剂与健康

1. 食品添加剂

食品添加剂是指把改善食品品质和色、香、味，以及为防腐和加工工艺的需要而加入食品中的化学合成或天然物质。食品添加剂在一定条件下可防止食品腐败变质，增强食品的保藏性，可以改善风味，改变食品的感官性状，有利于食品加工操作和提高食品的营养价值，并可满足特殊产品需要等。

食品添加剂种类繁多，按其来源可分为天然品和人工合成品，按其功能可分为防腐剂、抗氧化剂、着色剂、增稠剂、甜味剂、酸味剂等。

食品防腐剂是防止因微生物作用引起食品腐败变质，延长食品保存期的一种食品添加剂，它还有防止食物中毒的作用。如酱油中一般含有防腐剂苯甲酸钠，面包和豆制品常常添加防腐剂丙酸钙，酱菜、果酱、调味品和饮料中常加入山梨酸钾，葡萄酒等果酒的防腐传统上用亚硫酸盐等。

抗氧化剂能够阻止或延迟食品氧化，并能提高食品的稳定性和延长食品的贮存期。常用的油性抗氧化剂有丁基羟基酚基茴香醚（BHA）、二丁基羟基甲苯（BHT）、混合生育酚浓缩物等，水溶性抗氧化物有抗坏血酸及其钠盐、植酸等。生育酚即维生素 E，它是目前国际上唯一大量生产的天然抗氧化剂。天然生育酚的热稳定性高、耐光、耐射线性强，所以适用于在高温炸油中应用，也可用做薄膜包装食品用。抗坏血酸及其钠盐是安全无害的水溶性抗氧化剂，它广泛用于啤酒、无醇饮料、果蔬食品、肉制品中，以防止变色、褪色、变味。

着色剂是在食品加工过程中，为了改善食品的色泽，增进人们的食欲，提高食用价值，加入的食用色素。合成色素多属于煤焦油染料，不仅无营养价值，而且大多数对人体有害，我国规定只有苋菜红、胭脂红、柠檬黄、靛蓝四种合成色素能用于食品着色，而且还规定了不得使用合成色素着色的食品种类。在天然色素方面允许使用的主要有姜黄素、辣椒素、甜菜红、β-胡萝卜素等，并大力提倡研究开发安全性高的天然色素。

香料、香精是用以改善或增强食品芳香气味的食品添加剂。甜味剂主要包括天然甜味剂和人工甜味剂。天然甜味剂有蔗糖、葡萄糖等，人工甜味剂有糖精、环己基糖精等。糖精在人体内不起代谢作用，而直接排出体外，因此一般认为无害，国际上对糖精的食用皆采取限制态度，婴儿食品中不允许使用糖精。

2. 食品添加剂与健康

严格遵守国家规定的《食品添加剂卫生管理办法》，正确使用添加剂，严格控制使用的品种、范围和数量。联合国粮农组织及世界卫生组织所属的食品添加剂专家委员会规定了食品添加剂的人体每日允许摄入量，简称 ADI。人体每日允许摄入量系指人类终生每日摄入该化合物质对人体健康无任何已知不良效应的剂量，以相当人体每公斤体重的毫克数表示。

据美国卫生基金会和国家癌症研究所分析，全世界每年罹患癌症的 500 万人中，有 50%左右是食品污染造成的，其中有一些正是来自食品添加剂。如用工业用盐酸制作化学酱油可引起慢性砷中毒等。某些添加剂可引起某些高敏人群的变态反应，如糖精可引起皮炎，表现为红、肿、痒；食品中过量的添加剂会对儿童的生长发育和身心健康造成不利影响，儿童尤其是婴幼儿的免疫系统发育尚不成熟，肝脏的解毒能力较弱，极容易对食品中的添加剂产生过敏反应。

饲料添加剂在动物及动物产品中残留，并通过畜产品直接危害人体健康。或以粪、尿的形式排出体外，在植物、动物体内富集，通过食物链传递给人类，对人类的健康产生间接影响。激素类饲料添加剂，如性激素、生长激素、甲状腺激素、兴奋剂等，都能促进动物生长发育、提高日增重，但同时也污染动物。兴奋剂如盐酸克伦特罗（瘦肉精）可提高动物的瘦肉率，但该物质药性强、化学性质稳定、难分解、难溶化，极易在动物产品中残留，再加上一般烹调不能使其失活，人食用含有大量“瘦肉精”的动物产品后，会出现心动过速、血压升高、肌肉震颤、心悸、恶心、头痛和神经过敏等神经中枢中毒失控现象，严重者出现抽搐、昏厥，尤其对高血压、心脏病、糖尿病、甲亢、前列腺肥大患者危险性更大。

二、食品污染与健康

1. 食品污染

食品污染是指食品受到有害物质的侵袭，致使食品的质量安全性、营养性和感官性状发生改变的过程。食品本身不应含有毒、有害的物质，但是食品在种植或饲养、生长、收割或宰杀、生产、加工、贮存、运输、销售到食用以前的各个环节中，由于环境因素或人为条件可能使某种有毒、有害物质进入食品中造成污染，使食品的营养价值和卫生质量降低。食品污染后使食物变质、使人引起食物中毒使人致癌。

2. 食品污染与健康

在日常生活中长期食入农药超标的水果和蔬菜，影响人体的免疫系统和造血系统，导致癌肿、血液病和免疫紊乱所引起的诸多疾病。有机氯农药在人体脂肪中蓄积，诱导肝脏的酶类，是肝硬化肿大原因之一。习惯性头痛、头晕、乏力、多汗、抑郁、记忆力减退、脱发、体弱等均是有毒蔬菜的隐性作用，是引发各种癌症等疾病的预兆。长期食用受污染蔬菜，是导致癌症、动脉硬化、心血管病、胎儿畸形、死胎、早夭、早衰等疾病的重要原因。

陶瓷餐具按其装饰方法的不同，分为釉上彩、釉下彩、釉中彩三种。其铅、镉溶出量主要来源于制品表面的釉上装饰材料，长期使用这些餐具盛放醋、酒、果汁、蔬菜等有机酸含量高的食品时，餐具中的铅等重金属就会溶出并随食品一起进入人体蓄积，会引发慢性铅中毒。塑料餐具聚乙烯、聚苯乙烯、聚丙烯塑料等制品较为安全，再生塑料或添加深色色素的塑料及非食品用塑料，不能用于盛放或包装食品。在使用一次性发泡塑料餐具装热食物和热开水的过程中，一般超过 65℃时它含有的双酚类等有毒物质就会释出，侵入食物，带来污染。不锈钢餐具是由铁铬合金再掺入一些微量元素制成的，不可长时间盛放强酸或强碱性食品，不能用不锈钢器皿煎熬中药。清洗不锈钢器皿切勿用强碱性或强氧化性的化学药剂如苏打、漂白粉、次氯酸钠等进行洗涤。铝制餐具轻巧耐用，但铝在人体内积累过多，可引起智力下降，记忆力衰退，导致老年性痴呆。铝可在神经细胞中大量滞留引起神经症状。油漆筷子是我国的传统食具，但油漆是高分子有机化合物，大多含有有毒的化学成分，油漆脱落随食物一起进入胃内，有毒物质进入人体被蓄积，就有发生慢性中毒的危险。使用筷子还应经常消毒，并每半年更换一次，以免筷子成为疾病的传播媒介。

三、烧烤、膨化、油炸食品与健康

1. 烧烤食品与健康

烧烤食品就是在煤火或木炭上熏烤食物。在食品加工中，油温过高动物性蛋白食品经过煎、炸等高温处理会分解出致癌的诱变剂。

烧烤食品除了会直接沾染炭尘外，油烟中还含有氮氧化物、硫化物、氟化物、砷、多环芳烃、3,4-苯并芘（强致癌物）等多种有害物质。如羊肉被烧焦时，焦化的蛋白质对人体有害。如果经常食用被苯并芘污染的烧烤食品，致癌物质会在体内蓄积，有诱发胃癌、肠癌的危险。烧烤腌制食物中还存在另一种致癌物质——亚硝胺。食用过多烧煮、熏烤太过的蛋白质类食物，如烤羊肉串、烤鱼串等，将严重影响青少年的视力，导致眼睛近视。

2. 膨化食品与健康

膨化食品是以谷类、豆类、薯类、蔬菜等为原料，经膨化设备的加工，制造出品种繁多，外形精巧，营养丰富，酥脆香美的食品。膨化不仅可以改变原料的外形、状态，也改变了原料中的分子结构和性质形成某些新的物质。

膨化食品最大的危害是含铅毒，积聚在人体内难以排出。血液里铅含量高时，会影响神经系统，心血管系统，消化系统和造血系统，造成精神呆滞、厌食、贫血、呕吐等症状。

膨化食品在生产过程中向食品加入泡打粉（铝盐化学膨松剂），使铝残留量超标，进入人体细胞的铝可与多种蛋白质、酶、三磷酸腺苷等人体重要物质结合，影响体内的多种生化反应，干扰细胞和器官的正常代谢，导致某些功能障碍，甚至出现一些疾病。长期食用铝含量过高的膨化食品，会干扰人的思维、意识与记忆功能，引起神经系统病变，表现为记忆减退，视觉与运动协调失灵，脑损伤、智力下降，严重者可能痴呆。摄入过量的铝，还能置换出沉积在骨质中的钙，抑制骨生成，发生骨软化症等。另外含铝高的膨化食品大部分属高脂、高热量食品，将促使体液酸性化，也易带来肥胖、糖尿病、高血压、高血脂等富贵病。

膨化食品中普遍高盐、高味精，易导致高血压和心血管病等，处于生长发育期的儿童更应少吃膨化食品，以免影响正常饮食，导致营养不良。

3. 油炸食品与健康

油炸食品油条、油饼、炸鸡腿、炸薯条等香气诱人、口感爽脆，令人食欲大增。食用油经高温加热后分子结构发生变化，如不饱和脂肪酸下降，部分脂肪酸变为反式结构。如果使用的是氢化油，在煎炸前就已经改变了油的分子结构。油脂的这些变化均不利于对心、脑血管疾病的防治。经过高温加热后，被炸食物中的许多营养素也会因高温遭受严重破坏，食品营养素减少，只提供了热量，过多食用油炸食物会使人发生营养失衡。

食物经油炸后，原本不含或含脂肪的食物其脂肪成倍地增加。如同为面条，每 100g 普通面条脂肪含量仅为 0.7g，而方便面（要经油炸）每 100g 的脂肪含量为 21.1g。脂肪是高热能的食物，虽然难以消化，但吸收率高，过多摄入必然导致热量过剩，导致肥胖。肥胖则导致心、脑血管疾病和高血压、血脂紊乱、糖尿病、痛风及某些癌症的发生概率大大增加，也使已有的糖尿病变得更加难以控制。

食物经油炸后，表面被大量的油脂包裹，消化油脂的难度比较大。过多食用油炸食物后，会使人感到腹部饱胀不适，尤其是肝、胆、胰腺、胃肠道功能较差的人，可能因此而诱发或加重某些疾病。一些平常较易消化的食物也可因高温的作用发生变性，而变得难以消化。

四、饮酒、功能饮料、饮茶与健康

1. 饮酒与健康

（1）白酒

酒的主要成分是酒精（乙醇的水溶液）。各种饮用酒中都含有不同浓度的乙醇。白酒的度数是指白酒中含乙醇的体积分数，如 50 度白酒是指 100mL 白酒中含酒精为 50mL。酒中有水和其他的化学物质，在白酒生产过程中，从原料和酿造过程中产生一些有害物质，主要有甲醇、醛类、杂醇油、铅、氰化物等。

甲醇对人体有很大的毒性，食入 4～10g 就可引起严重中毒。甲醇急性中毒表现有恶心、胃痛、呼吸困难、昏迷等症状。少量甲醇会引起慢性中毒，表现为头晕、头痛、视力减退（不能矫正）视野缩小，严重者可双目失明，以及耳鸣等症状。甲醇在人体内有蓄积作用，不易排出体外，在人体内氧化成甲醛和甲酸，而甲酸的毒性比甲醇大 6 倍，甲醛的毒性比甲醇大 30 倍。

醛类包括甲醛、乙醛和糖醛，主要是在发酵过程中产生的。乙醛的毒性是乙醇的 10 倍，糖醛相当于乙醇的 83 倍。经常饮用含乙醛高的酒容易成瘾。甲醛的毒性最大，饮含有 10g 甲醛的酒，就可以使人死亡。

杂醇油是白酒的重要香气成分之一，杂醇油的中毒和麻醉作用均比乙醇强，使饮用者头痛、头晕，所谓的饮酒上头主要就是杂醇油的作用。

人体内 1g 乙醇可使血管扩张，心率加快，心脏收缩力加强，血液的流速加快及体内各器官血流量增加，故适量饮酒可有效的防止冠心病和动脉硬化；少量酒精也能振奋神经系统，有助于消除疲劳，提高工作效率，适量酒精还能刺激味觉，引起消化液分泌的增加，有增强食欲之效果。

长期饮酒或饮酒过量，会对人体产生麻醉和刺激作用。健康人体重每千克每次饮用 0.6～0.8mL 酒精是适量的，这样体重 60kg 的人，每次饮用酒精可达 36～48mL，相当于 50 度的白酒 72～96mL，也就是一两多不到二两酒。酒精对肝脏、肾脏、胃肠道、神经系统、循环系统都有一定毒性，一些口腔癌、咽癌、喉癌、结肠癌及上呼吸道癌的患者与过量饮酒也有密切关系。

工业酒精中常常含有甲醇，甲醇有毒，饮用后会使眼睛失明，量多时则使人中毒致死。喝醋不解酒，因为乙醇和乙酸不是在什么情况下都能发生酯化反应的，反而使胃肠受到醋酸的刺激作用。

（2）葡萄酒

葡萄酒一般含酒精 10%～16%，其化学成分来自葡萄汁，现已分析出的成分有 250 种以上，主要包括糖类（葡萄糖、果糖、戊糖、树胶质、黏液质）、有机酸（酒石酸、苹果酸、琥珀酸、柠檬酸）、无机盐（氧化钾、氧化镁）、含氮物质（平均含氮量 0.027%～0.05%，蛋白质 1g/L，含 18 种氨基酸）维生素及类生素物质（硫胺素、核黄素、尼克酸、维生素 B_6、维生素 B_{12}、泛酸、叶酸、生物素、维生素 C)、醇类、单宁和色素。

葡萄酒是无机矿物营养素和有机维生素的良好来源，可供人体一定热量，促进食欲，使人体处于舒适、欣快的状态中，有利于身心健康。经常饮用适量葡萄酒具有防衰老、益寿延年的效果，具有滋补作用。葡萄酒中的单宁物质，可增加肠道肌肉系统中平滑肌肉纤维的收缩，有调整结肠的功能，对结肠炎有一定疗效，具有消化作用。甜白葡萄酒含有山梨醇，有助消化，防止便秘。白葡萄酒中酒石酸钾、硫酸钾、氧化钾含量较高，可防止水肿和维持体内酸碱平衡，具有利尿作用。葡萄酒中的抗菌物质对流感病毒有抑制作用，具有杀菌作用。葡萄酒能直接被人体吸收、消化，在 4 小时内全部消耗掉而不会使体重增加，补充人体需要的水分和多种营养素，具有减肥作用。

（3）啤酒

啤酒人们称它为“液体面包”，是一种以麦芽为原料，添加酒花，经酵母发酵酿制而成的一种含二氧化碳、起泡、低酒精度的饮料酒。啤酒商标上标的度数不是指酒精含量，而是指麦芽汁中含糖的浓度，通常以每千克麦芽汁中含糖类物质的质量（g）的 1/10 为标准。如每千克麦芽汁中若含有 120g 糖类物质，该啤酒就是 12 度，其酒精含量一般为 3%～3.5%。纯生啤酒是啤酒业技术、管理、装备等综合实力进步的重要标志。与普通啤酒相比，纯生啤酒不经过巴氏杀菌或瞬时杀菌，避免了热因素对啤酒风味物质和营养成分的破坏，体现出“鲜、纯、生、净”的特点，有益于身体健康。

适度饮用啤酒可预防心脏冠状动脉硬化而引起的心脏病，同时还可以减少糖尿病的发病率。其中纯生啤酒还可促进人体对必需微量元素铬的吸收，是人体获得潜在铬的重要来源之一。心血管疾病与铬的含量成反比，铬可以加速胆固醇的分解和排泄，起到预防冠心病的作用。铬还有激活胰岛素的功能，对糖尿病的预防大有裨益。

饮用啤酒时尽量少吃油腻和热量高的饭菜，以避免长“啤酒肚”。注意空腹不宜饮用冰镇啤酒，啤酒和白酒易导致痛风，剧烈运动后饮啤酒易患痛风，肝炎患者愈后不宜多饮啤酒。

2. 功能饮料与健康

功能饮料是指通过调整饮料中天然营养素的成分和含量比例，以适应某些特殊人群营养需要的饮品。它包括营养素饮料、运动饮料和其他特殊用途饮料三类。营养素饮料是指人体日常活动所需的营养成分，这种饮料以脉动、激活、尖叫为代表；而运动饮料含有的电解质能很好地平衡人体的体液，以佳得乐、劲跑、维体等为代表；特殊用途饮料以红牛和健力宝为代表的能量饮料，主要作用为抗疲劳和补充能量。

功能饮料的特殊性决定了人们在强烈运动、体力消耗量大、大量流汗的情况下喝它才有用。功能饮料里都富含电解质，可以适当补充人体丢失的钙、锌等微量元素，以及出汗后缺失的盐分。而由于要激活身体机能，一些功能饮料里中还含有咖啡因、牛磺酸等刺激中枢神经的成分，可以提神抗疲劳。有的功能饮料里添加了某些保健成分，可以起到调理肠胃，促进脂肪代谢等作用。有的功能饮料里含有赖氨酸，是孩子生长发育过程中必须补充的。

运动功能饮料是功能性饮料的主要部分，市场上大部分的功能性饮料都是“运动型”的。这些起到运动平衡功能的饮料，大都含有大量蛋白质、多肽和氨基酸。蛋白质可以帮你降低血清中的胆固醇含量，防止血管的粥样硬化，很适合老年人饮用；多肽能有效抵抗高血压脑血栓，调节身体的免疫力，适合有心脑血管等慢性病的人饮用；氨基酸能充分补充人在运动后的体力消耗。这种饮料的成分与人体的体液相似，饮用后能迅速被身体吸收，解“口渴”更解“体渴”，能及时补充人体因为大量运动、劳动出汗所损失的水分和电解质（盐分），使体液达到平衡状态。

如果没有体力消耗喝这种饮料，水中的钠元素会增加机体负担，引起心脏负荷加大、血压升高，因此血压高人群应当注意选择。强调抗疲劳、提神醒脑的功能性饮料，消费者就不宜在睡觉前过多饮用；像一些含有咖啡因等刺激中枢神经成分的功能性饮料，儿童就应慎用。

3. 饮茶与健康

茶叶所含化学成分达到500多种，主要有咖啡碱、茶多酚、蛋白质、氨基酸、糖类、维生素、脂质、有机酸等有机化合物，还含有钾、钙、镁、钴、铁、锰、铝、钠、锌、铜、氮、磷、氟、碘、硒等28种无机营养元素。茶叶中各种化学成分组合比例十分协调，是“最理想的饮料”之一。

茶叶中含有的蛋白质、维生素、脂肪、糖类、矿物质是五大营养素，其中茶多酚、茶素、茶色素等又是都具有多种药理效应，因此茶是一种多维低糖和多功能的价廉物美的保健饮料。茶叶对人体的作用包括提神益思、消除疲劳、止渴生津、消食除腻、杀菌消炎、利尿解毒、补充营养、分解脂肪、防止放射性物质、抑制人体的癌细胞。

饮茶有益健康，但应注意正确饮茶。隔夜茶的茶杯上留有茶斑，茶叶容易被细菌污染，或发霉、发馊，导致腹泻，因此最好不饮隔夜茶；严重贫血、神经衰弱、失眠症的人不宜饮用浓茶；茶不能解酒，还可能加重酒醉的症状，茶中的茶碱会刺激肾脏加速利尿作用，把来不及完全氧化分解的乙醛提早引入肾脏，刺激肾脏，使肾脏负荷过重；只要注意茶叶的保存方法，隔年茶也可以放心饮用；红茶、绿茶并没有什么本质的区别，它们都具有抗氧化成分，对身体有益；茶饮料是用茶香料配对出来的，不具有茶叶的功效。

茶叶根部会有一些农药残留物，所以不要嚼茶叶根。

第四节 生活用品与健康

一、化妆品与健康

1. 化妆品

化妆品是以涂抹，喷洒或其他类似方法，施于人体表面任何部位（皮肤、毛发、指甲、口唇、口腔黏膜等），以达到清洁、消除不良气味、护肤、美容和修饰目的的产品。

化妆品是由各种原料经过合理调配加工而成的复配混合物。化妆品的原料种类繁多，性能各异。根据化妆品的原料性能和用途，大体上可分为基质原料和辅助原料两大类。基质原料包括油性原料（如油脂、蜡类原料、烃类、脂肪酸、脂肪醇和酯类等。在护肤产品中起保护、润湿和柔软皮肤作用，在发用产品中起定型、美发作用）、表面活性剂（能降低水的表面张力，具备去污、润湿、分散、发泡、乳化、增稠等功能）、保湿剂（防止膏体干裂，保持皮肤水分）、粉料（制造香粉类如爽身粉、香粉、粉饼、唇膏、胭脂以及眼影等，起到遮盖、滑爽、附着、吸收、延展作用）、颜料和染料（制造美容修饰类产品）、防腐剂和抗氧剂（在使用过程中抑制微生物生长）、香料（增加化妆品香味，提高产品身价）等。基质原料是化妆品的一类主体原料，在化妆品配方中占有较大比例，是化妆品中起到主要功能作用的物质。辅助原料则是对化妆品的成形、稳定或赋予色、香以及其他特性起作用，这些物质在化妆品配方中用量不大，但却极其重要。

按照剂型化妆品分为水性物（化妆水、生发水、科隆水、香水等）、乳状物（膏霜、乳液、发乳等）、粉剂（香粉、爽身粉、眼影粉、粉状香波等）、合剂（含粉末成分化妆水、水白粉等）、油剂（发油、指甲油、防晒油、蛤蜊油）、胶冻状化妆品（膏霜、香波、面膜等）、膏状化妆品（粉底用品、牙膏等）、块状化妆品（粉饼、挤压制品、胭脂等）、锭状化妆品（整发条、口红等）、笔状化妆品

（眉墨、眼线笔、口红等）、气溶胶型化妆品（头发喷洒剂、刮须膏、科隆水、香水等）和肥皂类（固型香皂、膏状香皂等）。

按照使用目的化妆品分为：洗净用化妆品（皮肤用有香皂、药皂、透明皂、洗粉、清洁霜等；头发用有香波、洗发粉、洗发膏、护发剂等；指甲用有脱膜剂、角质层除去剂等），基础化妆品（皮肤用有化妆水、乳液、化妆油、面膜等；头发用有生发水、发油、发乳等；指甲用有指甲磨光剂、指甲膏、底涂剂等），美容化妆品（皮肤用有白粉、胭脂、眉墨、眼影膏、眼线笔等；头发用有香发蜡、整发条、发油、发乳、头发固定液、染发剂、冷烫液、新型头发整形剂等；指甲用有指甲油上涂层，各种彩饰涂料），香化用化妆品（香水、花露水、科隆水、香粉等）等。

2. 化妆品与健康

化妆品具有护肤、美容、健身等功效，可改变人体形象，改变精神面貌，对人体的健康起着有利的作用。但化妆品的原料种类繁多，有的含有人体有害的化学物质，或在生产过程中，如环境不良可受到化学污染，生产中无菌操作不严、储存不当、消毒不良，则有利于微生物的生长繁殖等，均可对人体健康造成不良影响。根据中华人民共和国卫生部《化妆品卫生规范》的规定，在化妆品组分中禁用的化学物质有421种，限用的化学物质有三百余种。常见的有毒物质包括汞、砷、铅、镉及其化合物、甲醇、氢醌等。

健康皮肤的pH为5.0～5.6，属弱酸性。化妆品对人体的影响是通过皮肤吸收以后进入人体的，所以首先表现对皮肤的影响。皮肤专家经实践验证得出结论，皮肤的好与坏，其主要体现为皮肤的碱中和能力。如果皮肤pH长期在5.0～5.6之外，皮肤的碱中和能力就会减弱，肤质就会改变，最终导致皮肤的衰老和损害。

化妆品本身含有多种化学物质。一般说来，毒性均很低。但有些成分，如冷烫液中的硫代甘醇酸、染发剂中的对苯二胺及2,4-氨基苯甲醚等则属高毒类化学物。某些化妆品还可能含有致癌物，如亚硝基二乙醇胺。化妆品性痤疮是由于某些油性皮脂的人经常使用化妆品，反而阻塞皮脂的排放，继而感染造成的。化妆品还可对眼睛造成损害。眼部化妆品在画眼线或眉时，很容易掉入眼睑内，产生机械性刺激，损伤结膜、角膜，甚至发炎。其他化妆品误入眼内损伤眼睛，引起疼痛、灼热感、异物感、瘙痒、结膜充血、流泪、视力模糊等。

化妆品中的有毒化学物质如超过限量，可使体内有毒金属元素发生蓄积，出现毒性反应。铅给人体带来的危害除了对皮肤有影响外的，还会造成神经衰弱的表现，消化系统也会有一些症状，如便秘、食欲不振等。砷中毒会引起有神经系统的改变，以及周围神经的改变如手麻、脚麻四肢无力、疼痛等症状等。化妆品被微生物严重污染时，可使产品腐败、变质。化妆品被致病菌污染可能诱发感染，用被微生物污染的化妆品涂擦面部可引起疖肿，红斑、炎性、水肿、皮肤化脓感染。

防止化妆品危害人体的主要方法是不要使用变质、劣质的化妆品；要防止过敏反应，使用前先做皮肤试验，无发红发痒等反应时再用；避免化妆品吃进体内；睡眠时应将皮肤上涂的化妆品洗去，不要涂着化妆品入睡。

在选用化妆品时要应根据气候使用不同类型的化妆品，寒冷干燥的冬天宜用含油性大的化妆品，春夏秋宜用水分大的化妆品。选用适当化妆品，如油性皮肤应选用水包油型的霜剂，干性皮肤应选择油包水性的脂剂，皮肤娇嫩应选用刺激性小的化妆品。少女要选用专用化妆品，一般不要使用香水、香粉、口红等美容化妆品。小孩最好不用化妆品。

提倡使用天然化妆品，它是来自动、植物或矿物的有效元素的提取物。由于其具有无刺激性，含多种维生素等人体所需的成分以及取材新鲜等优点而倍受喜欢。

自己也能动手制作化妆品，可将苹果、黄瓜、西红柿等新鲜蔬菜的汁榨出，直接敷在面部、颈部或全身其他需要美容的部位、这些汁液还能收集起来，加入防腐剂，可以保存时间长一些。也可以将新鲜牛奶、蜂蜜、蛋清、面粉、香蕉末等涂于皮肤上，二十分钟后洗去，能起到清洁、滋润和营养皮肤的作用。还可以将柠檬汁、瓜果的根茎提取汁等加入适量防腐剂，以利长期保存。

二、洗涤剂与健康

1. 洗涤剂

洗涤剂是按专门配方配制的具有去污性能的产品，主要成分由表面活性剂和洗涤助剂两部分构成。表面活性剂能降低水的表面张力，起到润湿、增溶、乳化、分散等作用，使污垢从被洗物表面脱离分散到水中，然后再用清水把污物漂洗干净。洗涤助剂是能使表面活性剂充分发挥活性作用，从而提高洗涤效果的物质，助剂的变化往往能赋予洗涤剂产品特殊的性能。

洗涤剂主要有肥（香）皂、合成洗涤剂两类产品，在合成洗涤剂中，洗衣粉约占 2/3，液体洗涤剂约占 1/3，固体合成洗涤物极为罕见。

肥皂是各种脂肪酸的钠盐或者钾盐，一般借助油脂与碱发生皂化，通过全沸法、半沸法、冷却法、碳酸盐法等制作而成。合成洗涤剂主要包括洗衣粉和液体洗剂。洗衣粉主要是以直链烷基苯磺酸钠、烷基苯磺酸钠加入大量无机助剂，如硅酸钠、碳酸钠、硫酸钠等，通过喷雾制成蓬松干燥的粉末，然后混合添加洗涤助剂等装袋使用。液体洗剂是多种表面活性剂与 40%～80%的水复配而成。由于表面活性剂都有很好的水溶性，所以液体洗涤剂最大的特征就是有极好的水溶性，在低温下有较优异的洗涤特性。液体洗涤剂对人皮肤的刺激较小，没有碱性的灼烧感。

餐具洗涤剂一般是液体的，要求溶解迅速、泡沫稳定、去污性和分散性好，对皮肤无刺激，无异味。高泡型手洗餐具洗涤剂主要用烷基苯磺酸钠、烷基磺酸钠、烷基硫酸钠或脂肪醇聚氧乙烯醚硫酸钠等阴离子表面活性剂和一些非离子表面活性剂复配，同时加入烷基醉胺作稳泡剂。机器洗涤餐具用的洗涤剂尤其需要在配方中采取一定的措施，加入适当的配位剂，防止玻璃器皿上产生水纹膜。

卫生间的清洁剂有固体的和液体的，液体清洁剂多为酸性，去除尿碱和水锈特别有效。固体清洁剂有片状、块状、粉状，多为碱性清洁剂，但也有酸性的。

2. 洗涤剂与健康

化学洗涤剂是用石油垃圾开发的副产品，洗污能力主要来自表面活性剂。表面活性剂可以渗入人体，沾在皮肤上的洗涤剂大约有0.5%渗入血液，皮肤上若有伤口则渗透力提高10倍以上。进入人体内的化学洗涤剂毒素可使血液中钙离子浓度下降，血液酸化，人容易疲倦。这些毒素使肝脏的排毒功能降低，毒素淤积在体内，使人免疫力下降，肝细胞病变加剧，容易诱发癌症。

餐具洗涤剂中含有对人体有害的甲醇和荧光增白剂等，如果不小心使过量的甲醇吸入体内，则会引起失明，严重者会导致死亡。

洗涤剂易被土壤吸附，并污染地下水。洗涤剂中含有大量的含磷物质，当洗涤污水排入江河时，导致水体中磷元素含量骤增，从而引起藻类大量繁殖，造成水体富营养化。

我国积极提倡和推广低磷和无磷洗涤剂，颁布了无磷型洗衣粉的行业标准(GB/T 13171.2—2009)。

三、服装与健康

1. 服装原料

(1) 纤维

纤维是服装的主要原料，分为天然纤维和化学纤维两种。天然纤维主要包括植物纤维、动物纤维和矿物纤维三种，具有良好的吸湿性、手感好、穿着舒适、下水收缩、易起皱。太阳光照射使质地变脆、颜色发黄、强力下降、减少寿命。植物性纤维的主要成分为纤维素，它的基本结构是葡萄糖，如棉和麻。动物纤维的主要成分是蛋白质，通常称为蛋白质纤维。如蚕丝和羊毛。矿物纤维是从矿物中开采得到的一种天然无机纤维，是纺织工业的原料。

化学纤维是利用天然高分子物质或简单化学物质，经过系列化学加工，使之成为可以使用的纤维，如人造棉、人造丝、人造毛、涤纶、锦纶、丙纶等。化学纤维分为人造纤维和合成纤维。人造纤维是指以天然高分子物质为原料制造的纤维，主要有黏胶纤维、硝酸酯纤维、醋酯纤维、铜铵纤维和人造蛋白纤维等。特点是吸水性大、染色好、手感柔软，但易起皱，易变形，不耐磨。合成纤维是指以合成高分子物质为原料制造的纤维，主要有聚酰胺6纤维（锦纶或尼龙6），聚丙烯腈纤维（腈纶），聚酯纤维（涤纶），聚丙烯纤维（丙纶），聚乙烯醇缩甲醛纤维（维纶）以及特种纤维。特点是强度高、耐磨，但吸水性小。

（2）皮革

皮革包括动物皮和人造革两类，均适合做御寒外衣。动物皮革较透气、保暖性好、耐磨、坚韧，但怕水、易变形，产生折皱，甚至断裂；人造革的表面不怕受潮，但比较气闷。

常见的动物皮有牛皮、羊皮、猪皮以及其他珍奇动物（如鹿、虎、狐等）的皮。生皮包括表皮和真皮，表皮是皮肤最外层组织，主要由角朊（即蛋白质）细胞组成，根据角朊细胞的形态，表皮还可细分成若干层，它决定皮的粗糙程度。真皮是含有胶质的纤维组织，决定了皮的强韧程度和弹性。皮中的蛋白质主要为角蛋白，不溶于水、酸、碱及一般有机溶剂，有一定硬度和耐摩性。

人造革是把动物体上剥离的生皮加工成实用的皮料，也称为鞣制，即用鞣酸及重铬酸钾对生皮进行化学处理，使生皮规整、强度增大、干净、柔软。

2. 服装染料

颜料是从大自然中取得的矿物质，如红色的赤铁矿（氧化铁）。现在的各种颜料，大多采用化学方法制造，比天然颜料更加丰富多彩。

染料是使纤维和其他材料着色的物质，分天然和合成两大类。染料是有颜色的物质，能使一定颜色附着在纤维上，而且不易脱落、变色。天然染料分植物染料和动物染料。如从紫草、茜草和靛蓝草里分别得到赤紫、绛红和蓝色的染料，从海螺中提取紫色染料。合成染料最早是从煤焦油中提炼出来的。染料对于天然纤维和人造纤维都具有很大的亲着力，合成纤维中只有锦纶容易染色。丙纶、涤纶、氯纶等染色困难，在喷丝前将染料混在原料里，喷出带色的丝，使织物有颜色。

3. 服装与健康

（1）服装中的化学物质

人行走在道路上，服装极易沾染上汽车尾气（一氧化碳、臭氧化合物、二氧化硫、氮氧化合物、二氧化碳、铅化合物和油雾）、灰尘（尘粒上吸附病毒和细菌）等污染物，以及工作环境污染物。服装原材料使用的杀虫剂、化肥和除草剂，储存时使用的防腐剂、防霉剂、防蛀剂，纤维制造过程中使用的化学物质，制作过程中添加的染料、整理剂、添加剂。衣服洗涤过程中的引入化学物质，如干洗是利用清洁剂或溶剂来除掉衣服上的污渍，所用溶剂大多是一种高氧化物的化学品（可以是全氯乙烯、酒精、矿物油等）。在干洗过程中被衣服纤维吸附，待衣服干燥时从衣物内释放到空气中，从而影响人体的神经系统和肾脏系统。以及用水洗时使用的洗涤剂。

（2）服装与健康

人体的皮肤是中性或偏弱酸性的，如果服装的 pH 过高或者过低，都会破坏人体的平衡机理，使细菌进入到人体，造成伤害。服装对人体的健康危害主要以接触后引发的局部损害为常见，严重的也可出现全身症状。

化学物质对皮肤具有一定的刺激作用，通过与皮肤的直接接触或通过皮肤的微弱呼吸作用，对人体表皮产生影响，甚至导致炎症。一些染料中的化合物能释放出致癌物，如衣裤中的化学添加剂可能是引起白血病的祸根，许多男式衬衫用15种不同化学物质进行过处理，这样的衣服会释放出各种含毒物质，使人体发生病变。

服装整理剂对人体健康影响较大，如防止衣服缩水使用的甲醛树脂，增白采用的荧光增白剂，为了挺括作上浆处理等，对皮肤均有刺激作用。如甲醛就是一种过敏源，从纤维上游离到皮肤上的甲醛量超过一定限度时，就会引起变态反应皮炎，多分布在胸、背、肩、肘弯、大腿及脚部。

毛巾在使用过程中，频繁接触皮肤，毛孔中不断分泌出的油脂、汗渍等体液吸附在毛巾上，其中的油脂、蛋白质、皮屑、无机盐、灰垢等杂质都不容易溶解于水中。如果单纯用清水洗涤，很难洗干净，这些杂质就会在毛巾纤维中日积月累。此外，人们沐浴、洗脸时用的肥皂，极易与水中的钙镁离子结合形成钙、镁皂，顺着油脂渗入纤维间，使毛巾绒圈纤维发黏发硬、粗糙。每隔一段时间把毛巾放再热水中，加入洗涤液，煮或烫5min，搓洗后清水洗净，可防变硬。

新买来的床单都有一股异味，这是甲醛的气味。生产床单的过程中，甲醛的加入是用来防止面料易皱的缺点。所以新买的床单在使用前最好用食盐水浸泡后洗涤干净再用。食盐能消毒、杀菌、防棉布褪色，所以在用新床单之前，最好先用食盐水浸泡一下。

水与健康的关系

水是人体内含量最多的成分。只要失掉15%的水，生命就有危险。没有食物，人可以存活2至3周，而没有水，人几天后就会死于脱水。人在孤立无助的困境中，只要有水生命就会维持较长时间；生病时若无法进食，需要补充的首先是水。

口干是人体发生的需水信号，人们常常在此时才喝水。事实上，这是身体已脱水了。这种口干才喝水的不良习惯，导致身体经常性脱水，随之危害健康。水的生理作用主要有消化食物，以体液来溶解营养物质，传送养分到各个组织，担负吸收和搬运的任务；排泄人体新陈代谢产生的废物；保持细胞形态，提高代谢作用；调节体液黏度，改善体液组织的循环；调节人体体温，保持皮肤湿润与弹性。最好的办法是平时注意适时当地补充水分，避免发生脱水。身体经常性地、持续地缺乏水分，新陈代谢就无法顺利进行，身体的功能也会逐渐衰退。

水是常常被人们忽视的却有是人体所需的最基本的养分，代表了生命、健康、青春和活力。医学专家综合人体的需要，认为人一天平均摄取2.5升是适当的。人体所需的水分，首先从饮水获得，其次才从食物中获得。当摄入充足的水后，血液、淋巴液的循环才会显现良好状态。这样，即可保证供给身体所需的营养物质，又能够溶解废物，并消除毒素，进而增进内脏功能，皮肤也会滋润、光滑。这对年轻人和小孩的健康是必需的，对老年人尤为重要。

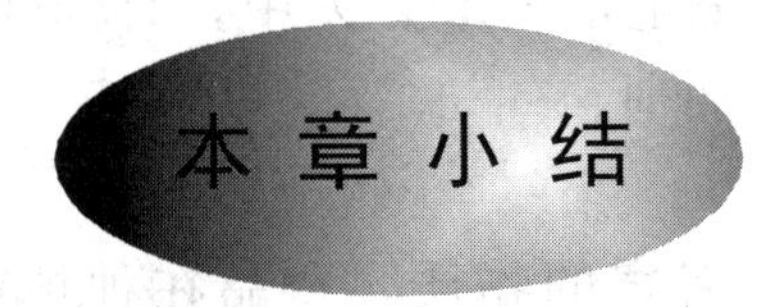

一、生命元素与健康

人体中，除C、H、O、N这四种占人体质量96%的元素外，其余的元素统称矿物质。

人体必需的常量元素：H、C、N、O、Na、Mg、S、P、K、Ca共11种。

人体必需的微量元素：F、Si、Vi、Cr、Mn、Co、Ni、Cu、Fe、Zn、Se、Mo、Sn、I共14种。

矿物质与健康的关系极为密切。人体缺少它们，则丧失功能，导致许多疾病；若过量摄入，亦会影响人体的各物质平衡，导致疾病。

人体摄入必需元素的主要途径是通过饮食而获得的。

二、生命物质与健康

1. 蛋白质与健康

蛋白质在人体中的作用包括参与生理活动和劳动做功、参与氧和二氧化碳的运输、参与维持人体的渗透压、具有防御功能、参与人体内物质代谢的调节。蛋白质主要存在于瘦肉、蛋类、豆类及鱼类中。肝脏是合成与转蛋白质尤其是内脏蛋白质的主要器官。

2. 脂类与健康

脂肪在人体中的作用包括供给和贮存热能、构成自身组织、维持体温，保护器官、促进脂溶性维生素的吸收，增加食欲和饱腹感、供给脂肪酸，调节生理功能。体重超过标准体重20%即为肥胖症。单纯性肥胖症的病因主要由于摄食过多所致，可有一定遗传因素。

3. 糖与健康

糖在体内代谢需维生素B_1参与，血液中如含有过量的糖，白细胞的杀菌作用会在一定程度上受到抑制，糖多会引起血管内脂肪代谢紊乱，体内过多的糖会转成脂肪。

4. 维生素与健康

维生素是维持正常生命过程所必需的一类有机物。它具有外源性、微量性、调节性、特异性等特点。维生素不能供给机体热能，也不能构成组织的物质，其主要功能是通过作为辅酶的成分调节机体代谢。维生素分水溶性和脂溶性两大类，按种类分A、B、C、D、E、K等20多种，其来源功能各不相同。

三、食品与健康

1. 食品添加剂与健康

食品添加剂按其功能可分为防腐剂、抗氧化剂、着色剂、增稠剂、甜味剂、酸味剂等。全世界每年罹患癌症的500万人中，有50%左右是食品污染造成的，其中有一些正是来自食品添加剂。

2. 食品污染与健康

食品本身不应含有毒、有害的物质，食品在种植或饲养、生长、收割或宰杀、生产、加工、贮存、运输、销售到食用以前的各个环节中，有毒、有害物质进入食品中造成污染，使食物变质、使人引起食物中毒使人致癌。

3. 烧烤、膨化、油炸食品与健康

烧烤食品就是在煤火或木炭上熏烤食物。烧烤食品除了会直接粘染炭尘外，油烟中还含有氮氧化物、硫化物、氟化物、砷、多环芳烃、3,4-苯并芘（强致癌物）等多种有害物质。

膨化食品最大的危害是含铅毒，积聚在人体内难以排出。膨化食品在生产过程中向食品加入泡打粉（铝盐化学膨松剂），使铝残留量超标，导致某些功能障碍。膨化食品中普遍高盐、高味精，易导致高血压和心血管病等。

油炸食品中的许多营养素因高温遭受严重破坏，食品营养素减少，只提供了热量，过多食用油炸食物会使人发生营养失衡。

4. 饮酒、功能饮料、饮茶与健康

各种饮用酒中都含有不同浓度的乙醇。长期饮酒或饮酒过量，会对人体产生麻醉和刺激作用。少量酒精能振奋神经系统，有助于消除疲劳，提高工作效率，适量酒精还能刺激味觉，引起消化液分泌的增加，有增强食欲之效果。经常饮用适量葡萄酒具有防衰老、益寿延年的效果，具有滋补作用。啤酒人们称它为“液体面包”。

功能饮料是指通过调整饮料中天然营养素的成分和含量比例，以适应某些特殊人群营养需要的饮品。人们在强烈运动、体力消耗量大、大量流汗的情况下喝它才有用。没有体力消耗、身体不舒服最好不要喝功能饮料。

茶叶对人体的作用包括提神益思、消除疲劳、止渴生津、消食除腻、杀菌消炎、利尿解毒、补充营养、分解脂肪、防止放射性物质、抑制人体的癌细胞。饮茶有益健康，但注意正确饮茶。

四、生活用品与健康

1. 化妆品与健康

化妆品是由各种原料经过合理调配加工而成的复配混合物。化妆品具有护肤、美容、健身等功效，可改变人体形象，改变精神面貌，对人体的健康起着有利的作用。但化妆品的原料种类繁多，有的含有人体有害的化学物质，或在生产过程中，化妆品中常见的有毒物质包括汞、砷、铅、镉及其化合物、甲醇、氢醌等。

2. 洗涤品与健康

洗涤剂是按专门配方配制的具有去污性能的产品，主要成分由表面活性剂和洗涤助剂两部分构成。洗涤剂主要有肥（香）皂、合成洗涤剂两类产品，在合成洗涤剂中，洗衣粉约占 2/3，液体洗涤剂约占 1/3，固体合成洗涤物极为罕见。

我国积极提倡和推广低磷和无磷洗涤剂。

3. 服装与健康

纤维（天然纤维和化学纤维）、皮革（动物皮和人造革）是服装的主要原料，服装对人体的健康危害主要以接触后引发的局部损害为常见，有害物质主要来源于环境、染料、洗涤剂、服装整理剂、甲醛或细菌等。

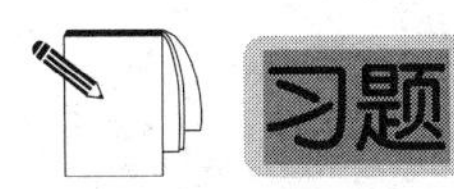

1. 填空题

（1）蛋白质是一种化学结构非常复杂的有机高分子化合物，含__________元素，还含有硫、钙、磷、铁、锌、铜、锰、铬、镁等少量元素。组成蛋白质的氨基酸只有__________种。

（2）__________是合成与转蛋白质尤其是内脏蛋白质的主要器官。

（3）脂肪在人体中的作用包括________________、构成自身组织、维持体温，保护器官、促进脂溶性维生素的吸收，增加食欲和饱腹感、供给脂肪酸，__________。体重超过标准体重__________即为肥胖症。

（4）糖在体内代谢需维生素__________参与，如摄入过多的糖，__________消耗量势必增加，视觉神经便容易发生炎症。

（5）食品添加剂可分为__________、__________、__________、增稠剂、甜味剂、酸味剂等。

（6）使用筷子还应经常消毒，并每__________更换一次，以免筷子成为疾病的传播媒介。

（7）膨化食品最大的危害是含__________，积聚在人体内难以排出。

（8）所谓的饮酒上头主要是__________的作用。

（9）健康皮肤的 pH __________之间，属弱酸性。

（10）洗涤剂主要成分由__________和__________两部分构成。

2. 蛋白质如何分类？简述蛋白质与健康的关系。

3. 什么是微量元素和常量元素？哪些是必需元素？哪些是非必需元素？举例说明它们对健康有何影响。

4. 胆固醇在人体中的作用与危害有哪些？

5. 糖在人体中的有哪些作用？纤维素对人体有何益处？

6. 举例说明维生素的种类。维生素的来源和功能有哪些？

7. 维生素的特点有哪些？人体维生素缺乏的危害有哪些？

8. 食品添加剂的种类和作用有哪些？着色剂在食品加工过程中的用途有哪些？

9. 饲料添加剂与人体的健康无关，对吗？请在网上及相关文献上找出让人信服的理由。

10. 食品污染的来源和危害有哪些？

11. 陶瓷餐具的色彩越鲜艳越好吗？试说明原因。

12. 膨化食品在生产过程中加入泡打粉对人体有何影响？

13. 酒的主要化学成分是什么？它在人体内发生一些什么化学变化？饮酒过量有什么危害？

14. 甲醇对人体有很大的毒性指的是什么？

15. 为什说葡萄酒对人体具有滋补作用？

16. 为什么说啤酒是“液体面包”？适度饮用纯生啤酒有何益处？

17. 功能饮料能否代替水来补充人体所需的水分？如何科学饮茶？

18. 化妆品的种类有哪些？化妆品的功能和作用有哪些？如何选用化妆品？

19. 什么是服装污染？服装污染从何而来？有哪些危害？

20. 结合实际谈一谈怎样避免服装中的化学污染。

21. 下列说法是否正确？试简要分析并将错误之处改正。

(1) 饮酒不利健康，所以不要饮酒。

(2) 为了加强营养应该多吃鱼、肉、蛋，少吃蔬菜。

(3) 人体可以从食物中摄取所需的维生素，但不能自身合成维生素。

附录一 相对原子质量表

（按照元素符号的字母次序排列）

元素		相对原子质量	元素		相对原子质量	元素		相对原子质量
符号	名称		符号	名称		符号	名称	
Ac	锕	[227]	H	氢	1.007 94(7)	Pu	钚	[244]
Ag	银	107.868 2(2)	He	氦	4.002 602(2)	Ra	镭	[226]
Al	铝	26.981 538(2)	Hf	铪	178.49(2)	Rb	铷	85.467 8(3)
Am	镅	[243]	Hg	汞	200.59(2)	Re	铼	186.207(1)
Ar	氩	39.948(1)	Ho	钬	164.930 32(2)	Rf	铲	[261]
As	砷	74.921 60(2)	Hs	𬭶	[265]	Rh	铑	102.905 50(2)
At	砹	[210]	I	碘	126.904 47(3)	Rn	氡	[222]
Au	金	196.966 55(2)	In	铟	114.818(3)	Ru	钌	101.07(2)
B	硼	10.811(7)	Ir	铱	192.217(3)	S	硫	32.065(5)
Ba	钡	137.327(7)	K	钾	39.098 3(1)	Sb	锑	121.760(1)
Be	铍	9.012 182(3)	Kr	氪	83.80(1)	Sc	钪	44.955 910(8)
Bh	𬭛	[264]	La	镧	138.905 5(2)	Se	硒	78.96(3)
Bi	铋	208.980 38(2)	Li	锂	6.941(2)	Sg	𬭳	[263]
Bk	锫	[247]	Lu	镥	174.967(1)	Si	硅	28.085 5(3)
Br	溴	79.904(1)	Lr	铹	[262]	Sm	钐	150.36(3)
C	碳	12.010 7(8)	Md	钔	[258]	Sn	锡	118.710(7)
Ca	钙	40.078(4)	Mg	镁	24.305 0(6)	Sr	锶	87.62(1)
Cd	镉	112.411(8)	Mn	锰	54.938 049(9)	Ta	钽	180.947 9(1)
Ce	铈	140.116(1)	Mo	钼	95.94(1)	Tb	铽	158.925 34(2)
Cf	锎	[251]	Mt	鿏	[268]	Tc	锝	[98]
Cl	氯	35.453(2)	N	氮	14.006 7(2)	Te	碲	127.60(3)
Cm	锔	[247]	Na	钠	22.989 770(2)	Th	钍	232.038 1(1)
Co	钴	58.933 200(9)	Nb	铌	92.906 38(2)	Ti	钛	47.867(1)
Cr	铬	51.996 1(6)	Nd	钕	144.24(3)	Tl	铊	204.383 3(2)
Cs	铯	132.905 45(2)	Ne	氖	20.179 7(6)	Tm	铥	168.934 21(2)
Cu	铜	63.546(3)	Ni	镍	58.693 4(2)	U	铀	238.028 91(3)
Db	𬭊	[262]	No	锘	[259]	Uun		[269]
Dy	镝	162.50(3)	Np	镎	[237]	Uuu		[272]
Er	铒	167.259(3)	O	氧	15.999 4(3)	Uub		[277]
Es	锿	[252]	Os	锇	190.23(3)	V	钒	50.941 5(1)
Eu	铕	151.964(1)	P	磷	30.973 761(2)	W	钨	183.84(1)
F	氟	18.998 403 2(5)	Pa	镤	231.035 88(2)	Xe	氙	131.293(6)
Fe	铁	55.845(2)	Pb	铅	207.2(1)	Y	钇	88.905 85(2)
Fm	镄	[257]	Pd	钯	106.42(1)	Yb	镱	173.04(3)
Fr	钫	[223]	Pm	钷	[145]	Zn	锌	65.39(2)
Ga	镓	69.723(1)	Po	钋	[209]	Zr	锆	91.224(2)
Gd	钆	157.25(3)	Pr	镨	140.907 65(2)			
Ge	锗	72.64(1)	Pt	铂	195.078(2)			

注：1. 相对原子质量录自 1999 年国际原子量表，以 $^{12}C=12$ 为基准。

2. 相对原子质量加方括号的为放射性元素的半衰期最长的同位素的质量数。

3. 相对原子质量末尾数的准确度加注在其后的括号内。

附录二　一些常见元素中英文名称对照表

元素符号	中文名称(拼音)	英文名	元素符号	中文名称(拼音)	英文名
Al	铝(lǚ)	aluminum	Mg	镁(měi)	magneslum
Ag	银(yín)	silver	Mn	锰(měng)	manganese
Ar	氩(yà)	argon	N	氮(dàn)	nltrogen
Au	金(jīn)	gold	Na	钠(nà)	sodium
B	硼(péng)	boron	Ne	氖(nǎi)	neon
Ba	钡(bèi)	barium	Ni	镍(niè)	nickel
Be	铍(pí)	beryllitim	O	氧(yǎng)	oxygen
Br	溴(xiù)	bromine	P	磷(lín)	phosphorus
C	碳(tàn)	carbon	Pb	铅(qinān)	lead
Ca	钙(gài)	caldtim	Pt	铂(bó)	platinum
Cl	氯(lǜ)	chlorine	Ra	镭(léi)	radium
Co	钴(gǔ)	cobalt	Rn	氡(dōng)	radon
Cr	铬(gè)	chromium	S	硫(liú)	sulfur
Cu	铜(tóng)	copper	Sc	钪(kàng)	scandium
F	氟(fú)	cluorine	Se	硒(xī)	selenitim
Fe	铁(tiě)	iron	Si	硅(guī)	silicon
Ga	镓(jiā)	gallium	Sn	锡(xī)	tin
Ge	锗(zhě)	germanltim	Sr	锶(sī)	strontium
H	氢(qīng)	hydrogen	Ti	钛(tài)	tltanltim
He	氦(hài)	helitim	U	铀(yóu)	uranium
Hg	汞(gǒng)	mercury	V	钒(fán)	vanaditim
I	碘(diǎn)	iodine	W	钨(wū)	ttingsten
K	钾(jiǎ)	potassium	Xe	氙(xiān)	xenon
Kr	氪(kè)	krypton	Zn	锌(xīn)	zinc
Li	锂(lǐ)	lithium			

附录三　部分酸、碱和盐的溶解性表（20℃）

阳离子＼阴离子	OH^-	NO_3^-	Cl^-	SO_4^{2-}	CO_3^{2-}
H^+		溶、挥	溶、挥	溶	溶、挥
NH_4^+	溶、挥	溶	溶	溶	溶
K^+	溶	溶	溶	溶	溶
Na^+	溶	溶	溶	溶	溶
Ba^{2+}	溶	溶	溶	不	不
Ca^{2+}	微	溶	溶	微	不
Mg^{2+}	不	溶	溶	溶	微
Al^{3+}	不	溶	溶	溶	—
Mn^{2+}	不	溶	溶	溶	不
Zn^{2+}	不	溶	溶	溶	不
Fe^{2+}	不	溶	溶	溶	不
Fe^{3+}	不	溶	溶	溶	—
Cu^{2+}	不	溶	溶	溶	不
Ag^+	—	溶	不	微	不

注："溶"表示那种物质可溶于水，"不"表示不溶于水，"微"表示微溶于水，"挥"表示挥发性，"—"表示那种物质不存在或遇到水就分解了。

参 考 文 献

[1] 顾莉琴，程若男，郑林等．化妆品化学．北京：中国商业出版社，2000
[2] 李明阳．化妆品化学，北京：科学出版社，2002
[3] 杨小红．健康化学．合肥：合肥工业大学出版社，2004
[4] 古国榜，李朴主编．无机化学．第2版．北京：化学工业出版社，2005
[5] 朱裕贞，顾达，黑恩成．现代基础化学．第2版．北京：化学工业出版社，2005
[6] 张正兢主编．基础化学．北京：化学工业出版社，2007
[7] 李淑华主编．基础化学．北京：化学工业出版社，2007
[8] 马腾文，殷胜．服装材料．北京：化学工业出版社，2007
[9] 马力．食品化学与营养学．北京：中国轻工业出版社，2007
[10] 刘树兴，吴少雄．食品化学．北京：中国计量出版社，2008
[11] 朱权主编．化学基础．北京：化学工业出版社，2008
[12] 陈建华，马春玉主编．无机化学．北京：科学出版社，2009
[13] 刘冬莲，高申主编．无机与分析化学．北京：化学工业出版社，2009
[14] 何谨馨．染料化学．北京：中国纺织出版社，2009

元素周期表

IUPAC 2013

+2 +3 +4 +5 +6	95 Am 镅▲ $5f^7 7s^2$ 243.06138(2)✦

- 氧化态(单质的氧化态为0，未列入；常见的为红色)
- 原子序数
- 元素符号(红色的为放射性元素)
- 元素名称(注▲的为人造元素)
- 价层电子构型
- 以 ^{12}C=12为基准的原子量(注✦的是半衰期最长同位素的原子量)

s区元素　p区元素　d区元素　ds区元素　f区元素　稀有气体

周期＼族	1 ⅠA	2 ⅡA	3 ⅢB	4 ⅣB	5 ⅤB	6 ⅥB	7 ⅦB	8 ⅧB(Ⅷ)	9 ⅧB(Ⅷ)	10 ⅧB(Ⅷ)	11 ⅠB	12 ⅡB	13 ⅢA	14 ⅣA	15 ⅤA	16 ⅥA	17 ⅦA	18 ⅧA(0)	电子层
1	−1 +1 1 H 氢 $1s^1$ 1.008																	2 He 氦 $1s^2$ 4.002602(2)	K
2	+1 3 Li 锂 $2s^1$ 6.94	+2 4 Be 铍 $2s^2$ 9.0121831(5)											+3 5 B 硼 $2s^2 2p^1$ 10.81	−4 +2 +4 6 C 碳 $2s^2 2p^2$ 12.011	−3 −2 −1 +1 +2 +3 +4 +5 7 N 氮 $2s^2 2p^3$ 14.007	−2 −1 8 O 氧 $2s^2 2p^4$ 15.999	−1 9 F 氟 $2s^2 2p^5$ 18.998403163(6)	10 Ne 氖 $2s^2 2p^6$ 20.1797(6)	L K
3	−1 +1 11 Na 钠 $3s^1$ 22.98976928(2)	+2 12 Mg 镁 $3s^2$ 24.305											+3 13 Al 铝 $3s^2 3p^1$ 26.9815385(7)	−4 +2 +4 14 Si 硅 $3s^2 3p^2$ 28.085	−3 −2 +1 +3 +5 15 P 磷 $3s^2 3p^3$ 30.973761998(5)	−2 +2 +4 +6 16 S 硫 $3s^2 3p^4$ 32.06	−1 +1 +3 +5 +7 17 Cl 氯 $3s^2 3p^5$ 35.45	18 Ar 氩 $3s^2 3p^6$ 39.948(1)	M L K
4	−1 +1 19 K 钾 $4s^1$ 39.0983(1)	+2 20 Ca 钙 $4s^2$ 40.078(4)	+3 21 Sc 钪 $3d^1 4s^2$ 44.955908(5)	−1 0 +2 +3 +4 22 Ti 钛 $3d^2 4s^2$ 47.867(1)	0 ±1 +2 +3 +4 +5 23 V 钒 $3d^3 4s^2$ 50.9415(1)	−3 0 ±1 ±2 +3 +4 +5 +6 24 Cr 铬 $3d^5 4s^1$ 51.9961(6)	−2 0 ±1 +2 ±3 +4 +5 +6 +7 25 Mn 锰 $3d^5 4s^2$ 54.938044(3)	−2 0 ±1 +2 +3 +4 +5 +6 26 Fe 铁 $3d^6 4s^2$ 55.845(2)	0 ±1 +2 +3 +4 +5 27 Co 钴 $3d^7 4s^2$ 58.933194(4)	0 ±1 +2 +3 +4 28 Ni 镍 $3d^8 4s^2$ 58.6934(4)	+1 +2 +3 +4 29 Cu 铜 $3d^{10} 4s^1$ 63.546(3)	+1 +2 30 Zn 锌 $3d^{10} 4s^2$ 65.38(2)	+1 +3 31 Ga 镓 $4s^2 4p^1$ 69.723(1)	+2 +4 32 Ge 锗 $4s^2 4p^2$ 72.630(8)	−3 +3 +5 33 As 砷 $4s^2 4p^3$ 74.921595(6)	−2 +2 +4 +6 34 Se 硒 $4s^2 4p^4$ 78.971(8)	−1 +1 +3 +5 +7 35 Br 溴 $4s^2 4p^5$ 79.904	+2 +4 36 Kr 氪 $4s^2 4p^6$ 83.798(2)	N M L K
5	−1 +1 37 Rb 铷 $5s^1$ 85.4678(3)	+2 38 Sr 锶 $5s^2$ 87.62(1)	+3 39 Y 钇 $4d^1 5s^2$ 88.90584(2)	+1 +2 +3 +4 40 Zr 锆 $4d^2 5s^2$ 91.224(2)	0 ±1 +2 +3 +4 +5 41 Nb 铌 $4d^4 5s^1$ 92.90637(2)	0 ±1 ±2 +3 +4 +5 +6 42 Mo 钼 $4d^5 5s^1$ 95.95(1)	0 ±1 +2 +3 +4 +5 +6 +7 43 Tc 锝▲ $4d^5 5s^2$ 97.90721(3)✦	0 +1 ±2 +3 +4 +5 +6 +7 +8 44 Ru 钌 $4d^7 5s^1$ 101.07(2)	0 ±1 +2 +3 +4 +5 +6 45 Rh 铑 $4d^8 5s^1$ 102.90550(2)	0 +1 +2 +3 +4 46 Pd 钯 $4d^{10}$ 106.42(1)	+1 +2 +3 47 Ag 银 $4d^{10} 5s^1$ 107.8682(2)	+1 +2 48 Cd 镉 $4d^{10} 5s^2$ 112.414(4)	+1 +3 49 In 铟 $5s^2 5p^1$ 114.818(1)	+2 +4 50 Sn 锡 $5s^2 5p^2$ 118.710(7)	−3 +3 +5 51 Sb 锑 $5s^2 5p^3$ 121.760(1)	−2 +2 +4 +6 52 Te 碲 $5s^2 5p^4$ 127.60(3)	−1 +1 +3 +5 +7 53 I 碘 $5s^2 5p^5$ 126.90447(3)	+2 +4 +6 +8 54 Xe 氙 $5s^2 5p^6$ 131.293(6)	O N M L K
6	−1 +1 55 Cs 铯 $6s^1$ 132.90545196(6)	+2 56 Ba 钡 $6s^2$ 137.327(7)	57~71 La~Lu 镧系	+1 +2 +3 +4 72 Hf 铪 $5d^2 6s^2$ 178.49(2)	0 ±1 +2 +3 +4 +5 73 Ta 钽 $5d^3 6s^2$ 180.94788(2)	0 ±1 ±2 +3 +4 +5 +6 74 W 钨 $5d^4 6s^2$ 183.84(1)	0 ±1 +2 +3 +4 +5 +6 +7 75 Re 铼 $5d^5 6s^2$ 186.207(1)	0 +1 +2 +3 +4 +5 +6 +7 +8 76 Os 锇 $5d^6 6s^2$ 190.23(3)	0 ±1 +2 +3 +4 +5 +6 77 Ir 铱 $5d^7 6s^2$ 192.217(3)	0 +2 +3 +4 +5 +6 78 Pt 铂 $5d^9 6s^1$ 195.084(9)	+1 +2 +3 +5 79 Au 金 $5d^{10} 6s^1$ 196.966569(5)	+1 +2 +3 80 Hg 汞 $5d^{10} 6s^2$ 200.592(3)	+1 +3 81 Tl 铊 $6s^2 6p^1$ 204.38	+2 +4 82 Pb 铅 $6s^2 6p^2$ 207.2(1)	−3 +3 +5 83 Bi 铋 $6s^2 6p^3$ 208.98040(1)	−2 +2 +3 +4 +6 84 Po 钋 $6s^2 6p^4$ 208.98243(2)✦	±1 +5 +7 85 At 砹 $6s^2 6p^5$ 209.98715(5)✦	+2 86 Rn 氡 $6s^2 6p^6$ 222.01758(2)✦	P O N M L K
7	+1 87 Fr 钫▲ $7s^1$ 223.01974(2)✦	+2 88 Ra 镭 $7s^2$ 226.02541(2)✦	89~103 Ac~Lr 锕系	104 Rf 𬬻▲ $6d^2 7s^2$ 267.122(4)✦	105 Db 𬭊▲ $6d^3 7s^2$ 270.131(4)✦	106 Sg 𬭳▲ $6d^4 7s^2$ 269.129(3)✦	107 Bh 𬭛▲ $6d^5 7s^2$ 270.133(2)✦	108 Hs 𬭶▲ $6d^6 7s^2$ 270.134(2)✦	109 Mt 鿏▲ $6d^7 7s^2$ 278.156(5)✦	110 Ds 𫟼▲ 281.165(4)✦	111 Rg 𬬭▲ 281.166(6)✦	112 Cn 鿔▲ 285.177(4)✦	113 Nh 鿭▲ 286.182(5)✦	114 Fl 𫓧▲ 289.190(4)✦	115 Mc 镆▲ 289.194(6)✦	116 Lv 𫟷▲ 293.204(4)✦	117 Ts 鿬▲ 293.208(6)✦	118 Og 鿫▲ 294.214(5)✦	Q P O N M L K

★ 镧系	+3 57 La★ 镧 $5d^1 6s^2$ 138.90547(7)	+2 +3 +4 58 Ce 铈 $4f^1 5d^1 6s^2$ 140.116(1)	+3 +4 59 Pr 镨 $4f^3 6s^2$ 140.90766(2)	+2 +3 +4 60 Nd 钕 $4f^4 6s^2$ 144.242(3)	+3 61 Pm 钷▲ $4f^5 6s^2$ 144.91276(2)✦	+2 +3 62 Sm 钐 $4f^6 6s^2$ 150.36(2)	+2 +3 63 Eu 铕 $4f^7 6s^2$ 151.964(1)	+3 64 Gd 钆 $4f^7 5d^1 6s^2$ 157.25(3)	+3 +4 65 Tb 铽 $4f^9 6s^2$ 158.92535(2)	+3 +4 66 Dy 镝 $4f^{10} 6s^2$ 162.500(1)	+3 67 Ho 钬 $4f^{11} 6s^2$ 164.93033(2)	+3 68 Er 铒 $4f^{12} 6s^2$ 167.259(3)	+2 +3 69 Tm 铥 $4f^{13} 6s^2$ 168.93422(2)	+2 +3 70 Yb 镱 $4f^{14} 6s^2$ 173.045(10)	+3 71 Lu 镥 $4f^{14} 5d^1 6s^2$ 174.9668(1)
★ 锕系	+3 89 Ac★ 锕 $6d^1 7s^2$ 227.02775(2)✦	+3 +4 90 Th 钍 $6d^2 7s^2$ 232.0377(4)	+3 +4 +5 91 Pa 镤 $5f^2 6d^1 7s^2$ 231.03588(2)	+2 +3 +4 +5 +6 92 U 铀 $5f^3 6d^1 7s^2$ 238.02891(3)	+3 +4 +5 +6 +7 93 Np 镎 $5f^4 6d^1 7s^2$ 237.04817(2)✦	+3 +4 +5 +6 +7 94 Pu 钚 $5f^6 7s^2$ 244.06421(4)✦	+2 +3 +4 +5 +6 95 Am 镅▲ $5f^7 7s^2$ 243.06138(2)✦	+3 +4 96 Cm 锔▲ $5f^7 6d^1 7s^2$ 247.07035(3)✦	+3 +4 97 Bk 锫▲ $5f^9 7s^2$ 247.07031(4)✦	+2 +3 +4 98 Cf 锎▲ $5f^{10} 7s^2$ 251.07959(3)✦	+2 +3 99 Es 锿▲ $5f^{11} 7s^2$ 252.0830(3)✦	+2 +3 100 Fm 镄▲ $5f^{12} 7s^2$ 257.09511(5)✦	+2 +3 101 Md 钔▲ $5f^{13} 7s^2$ 258.09843(3)✦	+2 +3 102 No 锘▲ $5f^{14} 7s^2$ 259.1010(7)✦	+3 103 Lr 铹▲ $5f^{14} 6d^1 7s^2$ 262.110(2)✦